Die chemischen Processe
und
stöchiometrischen Berechnungen

bei den

Prüfungen und Wertbestimmungen der im
Arzneibuche für das Deutsche Reich (vierte Ausgabe)
aufgenommenen Arzneimittel.

Die chemischen Processe
und
stöchiometrischen Berechnungen

bei den

Prüfungen und Wertbestimmungen der im
Arzneibuche für das Deutsche Reich (vierte Ausgabe)
aufgenommenen Arzneimittel.

Gleichzeitig theoretischer Teil

der

Anleitung zur Erkennung und Prüfung aller im
Arzneibuche für das Deutsche Reich (vierte Ausgabe)
aufgenommenen Arzneimittel.

Von

Dr. Max Biechele,
Apotheker.

Berlin.
Verlag von Julius Springer.
1902.

ISBN 978-3-642-89540-1   ISBN 978-3-642-91396-9 (eBook)
DOI 10.1007/978-3-642-91396-9

Softcover reprint of the hardcover 1st edition 1902

Vorrede.

Schon öfters aufgefordert, seiner Anleitung zur Prüfung der Arzneimittel eine Erklärung der dabei stattfindenden chemischen Vorgänge beizufügen, konnte sich der Verfasser hierzu nie entschliessen, weil dadurch der Umfang des Buches zu gross geworden wäre und die Übersichtlichkeit des Textes bei der Benutzung des Buches in der Praxis Schaden gelitten hätte. Wohl hätte man die chemischen Processe in diesem Buche als Fussnoten kurz durch Formeln ohne weitere Erklärung zum Ausdruck bringen können, doch wäre damit den weniger Geübten und Lernenden nur wenig gedient gewesen. Es mussten daher die chemischen Processe und stöchiometrischen Berechnungen in einem eigenen Buche mit den Formelgleichungen eingehend entwickelt werden, um sie allgemein leicht verständlich zu machen. Bei den einzelnen Arzneistoffen finden nur die Prüfungen Erwähnung, welche vom chemischen Standpunkte aus zu erklären sind und durch chemische Formelgleichungen zum Ausdruck gebracht werden können, während Farbenreaktionen und physikalische Eigenschaften nicht erwähnt sind. Das Buch enthält auch eine Atom- und Molekulargewichtstabelle der Elemente und der im Arzneibuche vorkommenden chemischen Verbindungen nebst deren Formeln. Am Schlusse sind die Reagentien und volumetrischen Lösungen aufgeführt, und dabei die chemischen Vor-

VI Vorrede.

gänge bei deren Prüfung und bei der Einstellung der letzteren auf einen bestimmten Gehalt berücksichtigt. Möge dieser theoretische Teil der Anleitung zur Prüfung der Arzneistoffe eine gleich freundliche Aufnahme finden, wie der praktische Teil, von dem vor kurzem die 11. Auflage erschienen ist.

Regensburg, im Juli 1902.

Der Verfasser.

Berichtigungen.

Seite 117 Zeile 17 statt „2 Fe(OH)$_3$" zu setzen: „**Fe(OH)$_3$**".
„ 122 bei Ferrum oxydat. saccharat. Zeile 4 statt „einer Lösung" zu setzen: „**eine** Lösung".
„ 168 Zeile 14 statt „C$_4$H$_5$KH$_6$" zu setzen: „**C$_4$H$_5$KO$_6$**".
„ 194 Zeile 9 von unten statt „5 ccm" zu setzen: „**5 g**".
„ 238 Zeile 4 von unten statt „$\frac{0{,}00915}{2}$" zu setzen: „$\frac{\mathbf{0{,}009915}}{\mathbf{2}}$"

Atom- und Molekulargewichte

der Elemente und der im D. A.-B. vorkommenden
chemischen Verbindungen nebst Formeln.

Acetanilidum	$C_6H_5N{<}{{H}\atop{CH_3CO}}$	135,13
Acidum aceticum	$CH_3 . COOH$	60,04
„ arsenicosum	As_2O_3	198
„ benzoicum	$C_6H_5 . COOH$	122,06
„ boricum	H_3BO_3	62,03
„ camphoricum	$C_8H_{14}\{{{COOH}\atop{COOH}}$	200,16
„ carbolicum	$C_6H_5 . OH$	94,06
„ chromicum	CrO_3	100,1
„ citricum	$C_6H_8O_7 . H_2O$	210,1
„ formicicum	$H . COOH$	46,02
„ hydrobromicum	HBr	80,97
„ hydrochloricum	HCl	36,46
„ hydrocyanicum	HCN	27,05
„ lacticum	$C_3H_6O_3$	90,06
„ nitricum	HNO_3	63,05
„ oxalicum	$C_2O_4H_2 . 2 H_2O$	126,06
„ phosphoricum	H_3PO_4	98,03
„ salicylicum	$C_6H_4\{{{OH}\atop{COOH}}$	138,06
„ sulfuricum	H_2SO_4	98,08
„ sulfurosum	H_2SO_3	82,08
„ tannicum	$C_{14}H_{10}O_2$	322,1
„ tartaricum	$C_4H_6O_6$	150,06
„ trichloraceticum	$C_2HCl_3O_2$	163,63
Aconitinum	$C_{33}H_{45}NO_{12}$	647,49
Aether	$(C_2H_5)_2O$	74,10
Aether aceticus	$CH_3 . COO C_2H_5$	88,08
„ bromatus	C_2H_5Br	109,1
Alumen	$K_2Al_2(SO_4)_4 . 24 H_2O$	949,22
Aluminium	Al	27,1
„ sulfuricum	$Al_2(SO_4)_3 . 18 H_2O$	666,74
Ammoniak	NH_3	17,07

Ammonium bromatum	NH_4Br	98,04
„ carbonicum	$(NH_4)HCO_3$ $+ CO {<}{{NH_2}\atop{O(NH_4)}}$	157,23
„ chloratum	NH_4Cl	53,53
„ oxalicum	$(NH_4)_2C_2O_4 \cdot H_2O$	142,18
„ rhodanatum	$(NH_4)CNS$	76,18
Amylenum hydratum	$C_5H_{11} \cdot OH$	88,12
Amylium nitrosum	$C_5H_{11} \cdot NO_2$	117,15
Apomorphinum hydrochloric.	$C_{17}H_{17}NO_2 \cdot HCl$	303,67
Aqua destillata	H_2O	18,02
Arecolinum hydrobromicum	$C_8H_{13}NO_2 \cdot HBr$	236,14
Argentum	Ag	107,93
„ nitricum	$AgNO_3$	169,97
Arsenum	As	75
Atropinum (und Scopolamin.)	$C_{17}H_{23}NO_3$	289,27
Atropinum sulfuricum	$(C_{17}H_{23}NO_3)_2 \cdot H_2SO_4$	676,62
Baryum	Ba	137,40
„ chloratum	$BaCl_2 \cdot 2 H_2O$	244,34
„ nitricum	$Ba(NO_3)_2$	261,48
„ sulfuricum	$BaSO_4$	232,70
Bismutum	Bi	208,5
„ subgallicum	$C_7H_5O_5 \cdot Bi(OH)_2$	411,57
„ subnitricum	$BiNO_3(OH)_2$	564,09
„ subsalicylicum	$C_6H_4{\{{OH}\atop{COO(BiO)}}$	361,55
Borax	$Na_2B_4O_7 \cdot 10 H_2O$	382,30
Borum	B	11
Bromoformium	$CHBr_3$	252,89
Bromum	Br	79,96
Brucinum	$C_{23}H_{26}N_2O_4$	394,34
Butylum isosulfocyanatum (Im Spiritus Cochleariae enthalten.)	$SCN \cdot C_4H_9$	115,19
Calcaria usta	CaO	56
Calcium	Ca	40
„ carbonic. praecipit.	$CaCO_3$	100
„ hydricum	$Ca(OH)_2$	74,02
„ oxalicum	$CaC_2O_4 \cdot H_2O$	146,02
„ phosphoricum	$CaHPO_4 \cdot 2 H_2O$	172,05
„ sulfuricum ustum	$CaSO_4$	136,06
Carboneum	C	12

Carboneum sulfuratum	CS_2	76,12
Cerussa	$2\,PbCO_3 + Pb(OH)_2$	774,72
Chinin und Chinidin	$C_{20}H_{24}N_2O_2$	324,32
Chininum hydrochloricum	$C_{20}H_{24}N_2O_2 \cdot HCl \cdot 2\,H_2O$	396,82
„ sulfuricum	$(C_{20}H_{24}N_2O_2)_2 \cdot H_2SO_4 + 8\,H_2O$	890,88
Cinchonin und Cinchonidin	$C_{19}H_{22}N_2O$	294,3
Chloralum formamidatum	$(CCl_3 \cdot COH) \cdot (HCONH_2)$	192,43
„ hydratum	$C_2HCl_3O \cdot H_2O$	165,38
Chloroformium	$CHCl_3$	119,36
Chlorum	Cl	35,45
Chromum	Cr	52,1
Chrysarobinum	$C_{30}H_{26}O_7$	498,26
Cocainum hydrochloricum	$C_{17}H_{21}NO_3 \cdot HCl$	339,71
Codeinum phosphoricum	$C_{18}H_{21}NO_3 \cdot H_3PO_4 \cdot 2\,H_2O$	433,32
Coffeïnum	$C_8H_{10}N_4O_2 \cdot H_2O$	212,28
Cresolum	$C_6H_4\begin{cases}OH\\CH_3\end{cases}$	108,08
Cuprum	Cu	63,6
„ sulfuricum	$CuSO_4 \cdot 5\,H_2O$	249,76
Emetinum	$C_{30}H_{40}N_2O_5$	508,48
Ferrum	Fe	56
„ citricum oxydatum	$Fe(C_6H_5O_7) \cdot 3\,H_2O$	299,11
„ jodatum	FeJ_2	309,7
„ lacticum	$Fe(C_3H_5O_3)_2 \cdot 3\,H_2O$	288,16
„ sesquichloratum	$Fe_2Cl_6 \cdot 12\,H_2O$	540,94
„ sulfuricum	$FeSO_4 \cdot 7\,H_2O$	278,2
„ „ oxydatum ammoniatum	$Fe_2(NH_4)_2(SO_4)_4 \cdot 24\,H_2O$	964,64
Ferrum sulfuricum siccum	$2\,FeSO_4 \cdot 3\,H_2O$	358,18
Formaldehydum	$H \cdot COH$	30,2
Glycerinum	$C_3H_5(OH)_3$	92,08
Homatropinum hydrobromic.	$C_{16}H_{21}NO_3 \cdot HBr$	356,22
Hydrargyrum	Hg	200,3
„ bichloratum	$HgCl_2$	271,2
„ bijodatum	HgJ_2	454
„ chloratum	Hg_2Cl_2	471,5
„ cyanatum	$Hg(CN)_2$	252,38
„ oxydatum	HgO	216,3
„ praecipitatum album	$HgClNH_2$	251,81

Hydrargyrum salicylicum	$C_6H_4\begin{cases}O\\COO\end{cases}\!\!>\!Hg$	336,34
Hydrastinum hydrochloricum	$C_{11}H_{11}NO_2 \cdot HCl$	225,6
Hydrogenium	H	1,01
Jodoformium	CHJ_3	393,56
Jodum	J	126,85
Kali causticum fusum	KOH	56,16
Kalium	K	39,15
„ aceticum	$C_2H_3KO_2$	98,18
„ bicarbonicum	$KHCO_3$	100,16
„ bromatum	KBr	119,11
„ carbonicum	K_2CO_3	138,3
„ chloricum	$KClO_3$	122,6
„ dichromicum	$K_2Cr_2O_7$	294,5
„ jodatum	KJ	166
„ nitricum	KNO_3	101,19
„ permanganicum	$KMnO_4$	158,15
„ sulfuricum	K_2SO_4	174,36
„ tartaricum	$C_4H_4K_2O_6$	226,3
Lithargyrum	PbO	222,9
Lithium	Li	7,03
„ carbonicum	Li_2CO_3	74,06
„ salicylicum	$C_6H_4\begin{cases}OH\\COOLi\end{cases}$	144,08
Magnesia usta	MgO	40,36
Magnesium	Mg	24,36
„ carbonicum	$4\,MgCO_3 \cdot Mg(OH)_2 + 6\,H_2O$	503,94
„ sulfuricum	$MgSO_4 \cdot 7\,H_2O$	246,56
„ „ siccum	$MgSO_4 \cdot 2\,H_2O$	156,46
Manganum	Mn	55
Mentholum	$C_{10}H_{20}O$	156,2
Methyl-Pelletierin	$C_9H_{17}NO$	155,21
Methylsulfonalum (Trionalum)	$\begin{matrix}CH_3\\C_2H_5\end{matrix}\!>\!C\!<\!\begin{matrix}SO_2C_2H_5\\SO_2C_2H_5\end{matrix}$	242,3
Minium	Pb_3O_4	684,7
Morphinum	$C_{17}H_{19}NO_3$	285,23
Morphinum hydrochloric.	$C_{17}H_{19}NO_3 \cdot HCl + 3\,H_2O$	375,75
Naphtalinum	$C_{10}H_8$	128,08
Naphtolum	$C_{10}H_7 \cdot OH$	144,08
Natrium	Na	23,05

Atom- und Molekulargewichte etc. XI

Natrium aceticum	$C_2H_3NaO_2 + 3\,H_2O$	136,14
„ bicarbonicum	$NaHCO_3$	84,06
„ bromatum	$NaBr$	103,01
„ carbonicum	$Na_2CO_3 + 10\,H_2O$	286,3
„ „ siccum	$Na_2CO_3 + 2\,H_2O$	142,14
„ chloratum	$NaCl$	58,5
„ hydricum	$NaOH$	40,06
„ jodatum	NaJ	149,9
„ nitricum	$NaNO_3$	85,09
„ phosphoricum	$Na_2HPO_4 + 12\,H_2O$	358,35
„ salicylicum	$C_6H_4\begin{cases}OH\\COONa\end{cases}$	160,1
„ sulfuricum	$Na_2SO_4 + 10\,H_2O$	322,36
„ „ siccum	$Na_2SO_4 + H_2O$	160,18
„ thiosulfuricum	$Na_2S_2O_3 + 5\,H_2O$	248,32
Nitrogenium	N	14,04
Oleum Sinapis	$CSN \cdot C_3H_5$	99,15
Oxygenium	O	16
Paraldehydum	$(C_2H_4O)_3$	132,12
Pelletierinum	$C_8H_{15}NO$	141,19
Phenacetinum	$C_6H_4(OC_2H_5)NH(CH_3CO)$	179,17
Phenylum salicylicum	$C_6H_4\begin{cases}OH\\COOC_6H_5\end{cases}$	214,1
Phosphorus	P	31
Physostigminum salicylicum	$C_{15}H_{21}N_3O_2 \cdot C_7H_6O_3$	413,39
„ sulfuricum	$(C_{15}H_{21}N_3O_2)_2 \cdot H_2SO_4$	648,74
Pilocarpinum hydrochloricum	$C_{11}H_{16}N_2O_2 \cdot HCl$	244,69
Platinum	Pt	194,8
Plumbum	Pb	206,9
„ aceticum	$Pb(C_2H_3O_2)_2 + 3\,H_2O$	379,06
Pyrazolinum phenyldimethylicum	$C_{11}H_{12}N_2O$	188,2
Pyrazolinum phenyldimethylicum salicylic.	$C_{11}H_{12}N_2O \cdot C_7H_6O_3$	326,28
Pyrogallolum	$C_6H_3(OH)_3$	126,06
Resorcinum	$C_6H_4\begin{cases}OH\,1\\OH\,2\end{cases}$	110,06
Saccharum	$C_{12}H_{22}O_{11}$	342,22
„ lactis	$C_{12}H_{22}O_{11} + H_2O$	360,24
Santoninum	$C_{15}H_{18}O_3$	246,18
Scopolaminum hydrobromic	$C_{17}H_{21}NO_4 \cdot HBr + 3\,H_2O$	438,28

Silicium	Si	28,4
Spiritus	$C_2H_5 \cdot OH$	46,06
Stannum	Sn	118,5
Stibium	Sb	120
„ sulfurat. aurant.	Sb_2S_5	400,3
„ „ nigrum	Sb_2S_3	336,18
Strychninum	$C_{21}H_{22}N_2O_2$	334,3
„ nitricum	$C_{21}H_{22}N_2O_2 \cdot HNO_3$	397,35
Sulfonalum	$\begin{array}{c}CH_3\\CH_3\end{array}{>}C{<}\begin{array}{c}SO_2C_2H_5\\SO_2C_2H_5\end{array}$	228,28
Sulfur	S	32,06
Tartarus depuratus	$C_4H_5KO_6$	188,2
„ natronatus	$KNaC_4H_4O_6 + 4\,H_2O$	282,32
„ stibiatus	$[K(SbO)C_4H_4O_6]_2 + H_2O$	664,4
Terpinum hydratum	$C_{10}H_{16} \cdot 3\,H_2O$	190,22
Theobrominum natrio-salicylicum	$C_7H_7N_4O_2Na$ $+ C_6H_4\begin{cases}OH\\COONa\end{cases}$	362,38
Thymolum	$C_{10}H_{14}O$	150,14
Veratrinum	$C_{32}H_{49}NO_9$	591,53
Zincum	Zn	65,4
„ aceticum	$Zn(C_2H_3O_2)_2 + 2\,H_2O$	219,5
„ chloratum	$ZnCl_2$	136,3
„ oxydatum	ZnO	81,4
„ sulfuricum	$ZnSO_4 + 7\,H_2O$	287,6

Acetanilidum — Antifebrin.

$C_6H_5 . NH(CH_3CO)$.

Antifebrin entwickelt beim Erhitzen mit Kalilauge aromatisch riechende Dämpfe von Anilin.

$$C_6H_5 . NH(CH_3CO) + KOH = C_6H_5 . NH_2 + C_2H_3KO_2$$
Antifebrin   Kaliumhydroxyd   Anilin   Kaliumacetat

Wird obige Flüssigkeit mit einigen Tropfen Chloroform versetzt und von neuem erhitzt, so entwickelt sich ein widerlicher Geruch von Isocyanphenyl (Isonitril).

$$C_6H_5 . NH_2 + CCl_3H + 3 KOH = C_6H_5N \equiv C$$
Anilin   Chloroform   Kaliumhydroxyd   Isocyanphenyl

$$+ 3 KCl + 3 H_2O$$
Kaliumchlorid

Beim Kochen von Antifebrin mit Salzsäure bildet sich zum Teil salzsaures Anilin und Essigsäure.

$$C_6H_5 . NH . (CH_3CO) + H_2O + HCl = C_6H_5 . NH_2 . HCl$$
Antifebrin   Salzsaures Anilin

$$+ CH_3 . COOH$$
Essigsäure

Wird diese Lösung mit Karbolsäurelösung versetzt, so ruft Chlorkalklösung eine schmutzig violettblaue Färbung hervor, die beim Übersättigen der Lösung mit Ammoniakflüssigkeit beständig indigblau wird, indem sich ein blauer Farbstoff Indophenol:

$N < {}^{C_6H_4 . OH}_{C_6H_4 . OH}$ bildet.

Antifebrin löst sich in Schwefelsäure ohne Färbung auf, indem sich schwefelsaures Anilin und Essigsäure bildet.

$$2 [C_6H_5 . NH(CH_3CO)] + H_2SO_4 + 2 H_2O = (C_6H_5 . NH_2)_2 . H_2SO_4$$
Antifebrin   Schwefelsaures Anilin

$$+ 2 (CH_3 . COOH)$$
Essigsäure.

Acetum.

Eine 6 prozentige Lösung von $CH_3.COOH$.

Wird Essig mit Natronlauge neutralisiert, so entsteht Natriumacetat $CH_3.COONa$. In dieser Lösung entsteht auf Zusatz von einigen Tropfen Eisenchloridlösung eine tiefrote Farbe, indem sich Ferriacetat bildet.

$$3\ (CH_3.COONa)\ +\ FeCl_3\ =\ (CH_3.COO)_3Fe\ +\ 3\ NaCl$$
Natriumacetat Ferrichlorid Ferriacetat Natriumchlorid

Enthält der Essig Metalle, wie Kupfer, Blei, so erzeugt Schwefelwasserstoff eine dunkle Fällung von Metallsulfid; bei Gegenwart von Zink entsteht eine weisse Fällung von Zinksulfid.

$$(CH_3.COO)_2Cu\ +\ H_2S\ =\ CuS\ +\ 2\ (CH_3.COOH)$$
Kupferacetat Kupfersulfid Essigsäure

20 ccm Essig sollen, nach dem Mischen mit 0,5 ccm Baryumnitratlösung und 1 ccm Zehntel-Normal-Silbernitratlösung ein Filtrat geben, welches weder durch Baryumnitratlösung noch durch Silbernitratlösung verändert wird.

Die im Essig enthaltene **Schwefelsäure** oder die Sulfate erzeugen mit Baryumnitrat eine weisse Fällung von Baryumsulfat.

$$H_2SO_4\ +\ Ba(NO_3)_2\ =\ BaSO_4\ +\ 2\ HNO_3$$
Schwefelsäure Baryumnitrat Baryumsulfat Salpetersäure
98,08 261,48

0,5 ccm Baryumnitratlösung $(1 = 20)$ enthalten $\dfrac{0,5}{20} = 0,025$ g

Baryumnitrat gelöst. Diese vermögen nach obiger Formelgleichung:
$$261,48 : 98,08 = 0,025 : x.$$
$$x = 0,00937\ g\ \text{Schwefelsäure zu fällen.}$$

Diese Menge darf in 20 ccm des Essigs enthalten sein; in 1 Liter des letzteren also $50 \times 0,00937 = 0,4685$ g.

Durch die Silbernitratlösung werden **Salzsäure** oder Chloride als Silberchlorid gefällt.

$$HCl\ :\ AgNO_3\ =\ AgCl\ +\ HNO_3$$
Silbernitrat Silberchlorid
36,46 169,97

1 ccm Zehntel-Normal-Silbernitratlösung enthält 0,016997 g Silbernitrat. Diese vermögen nach obiger Formel:
$$169,97 : 36,46 = 0,016997 : x$$
$$x = 0,003646\ g\ \text{Chlorwasserstoff zu fällen.}$$

Diese Menge darf in 20 ccm Essig enthalten sein; in 1 Liter des letzteren 50 × 0,003646 g = 0,1823 g Chlorwasserstoff. Enthält der Essig in 20 ccm mehr als 0,00937 g Schwefelsäure und mehr als 0,003646 g Chlorwasserstoff, so wird das Filtrat durch beide Reagentien noch eine Fällung erleiden.

Werden 2 ccm Essig mit 2 ccm Schwefelsäure gemischt und dann mit 1 ccm Ferrosulfatlösung überschichtet, so entsteht, sobald der Essig **Salpetersäure** oder ein **Nitrat** (in diesem Falle macht die Schwefelsäure die Salpetersäure frei) enthält, eine braune Zone zwischen beiden Flüssigkeiten, indem die Salpetersäure einen Teil Ferrosulfat zu Ferrisulfat oxydiert und dadurch zu Stickoxyd wird, welches sich mit einem andern Teil Ferrosulfat zu der braunen Verbindung $FeSO_4 \cdot NO$ vereinigt.

$$6\ FeSO_4 + 2\ HNO_3 + 3\ H_2SO_4 = 3\ Fe_2(SO_4)_3$$
Ferrosulfat $\hspace{5em}$ Ferrisulfat
$$+ 2\ NO + 4\ H_2O.$$
Stickoxyd

Der Essig muss eine alkalisch reagierende Asche geben.

Beim Veraschen gehen die Acetate in Carbonate über und bei stärkerem Erhitzen bleibt Calciumoxyd und Magnesiumoxyd zurück. Enthält der Essig **Mineralsäure** wie Salzsäure oder Schwefelsäure, so bilden sich beim Verdampfen Chloride und Sulfate, und diese bleiben beim Glühen zurück. Die Asche reagiert in diesem Falle neutral oder sauer.

Zur Neutralisation von 10 ccm Essig sollen 10 ccm Normal-Kalilauge erforderlich sein.

Beim Neutralisieren bildet sich Kaliumacetat.

$CH_3 \cdot COOH$ + KOH = $CH_3 \cdot COOK$ + H_2O
Essigsäure $\hspace{1em}$ Kaliumhydroxyd $\hspace{1em}$ Kaliumacetat
60,04 $\hspace{4em}$ 56,16

1 Molekül Kaliumhydroxyd = 56,16 sättigt 1 Molekül Essigsäure = 60,04.

1000 ccm Normal-Kalilauge enthalten 56,16 g Kaliumhydroxyd,
1 „ „ „ enthält 0,05616 g „
1 „ „ „ sättigt 0,06004 g Essigsäure,
10 „ „ „ sättigen 0,6004 g „

Diese Menge Essigsäure soll in 10 ccm Essig enthalten sein, in 100 g Essig also 6,004 g Essigsäure.

Acetum pyrolignosum crudum —
Roher Holzessig.

Derselbe enthält als Hauptbestandteil mindestens 6 Prozent Essigsäure, ferner Methylalkohol und Aceton und wechselnde Mengen von teerartigen Produkten, die sich zum Teil ausscheiden, zum Teil gelöst bleiben.

Der rohe Holzessig darf nur Spuren von Ferriacetat enthalten. Die filtrierte verdünnte Lösung darf daher mit Kaliumferrocyanidlösung höchstens hellblau gefällt werden. Mehr als Spuren von Ferrisalzen erzeugen damit eine dunkelblaue Fällung von Ferriferrocyanid (Berlinerblau).

$$4\,[(CH_3.COO)_3Fe] + 3\,K_4FeCy_6 = Fe_4(FeCy_6)_3$$
Ferriacetat — Kaliumferrocyanid — Ferriferrocyanid
$$+ 12\,(CH_3.COOK)$$
Kaliumacetat

Auch darf derselbe nicht mehr als Spuren von Schwefelsäure und Salzsäure enthalten, erkennbar durch Baryumnitrat- und Silbernitratlösung.

Formel siehe bei Acetum.

Ist Kupfer oder Blei zugegen, so werden diese durch Schwefelwasserstoff als dunkle Schwefelmetalle, Zink als weisses Zinksulfat gefällt.

Formel siehe bei Acetum.

Sind mehr als Spuren von Ferrisalzen zugegen, so scheidet sich auf Zusatz von Schwefelwasserstoff Schwefel aus.

$$2\,[Fe(CH_3.COO)_3] + H_2S = 2\,[Fe(CH_3.COO)_2]$$
Ferriacetat — Ferroacetat
$$+ 2\,CH_3.COOH + S$$
Essigsäure

10 ccm Holzessig sollen nach Zusatz von 10 ccm Normal-Kalilauge nicht alkalisch reagieren.

10 ccm Normal-Kalilauge sättigen 0,6004 g Essigsäure (siehe bei Acetum).

Diese Menge Essigsäure muss mindestens in 10 ccm Holzessig enthalten sein. Enthält derselbe weniger Essigsäure, so wird die Flüssigkeit nach Zusatz von 10 ccm Normal-Kalilauge alkalisch reagieren.

Acetum pyrolignosum rectificatum —
Gereinigter Holzessig.

Derselbe muss mindestens 5 Prozent Essigsäure enthalten. Ausserdem enthält derselbe noch Methylalkohol und Aceton, doch weniger teerartige Bestandteile als der rohe Holzessig.

Metalle, Schwefelsäure und Sulfate, Salzsäure und Chloride werden in demselben, wie bei Acetum pyrolignosum crudum angegeben, nachgewiesen.

20 ccm Kaliumpermanganatlösung sollen nach dem Versetzen mit einer Mischung aus 1 ccm gereinigtem Holzessig, 9 ccm Wasser und 30 ccm verdünnter Schwefelsäure die rote Farbe innerhalb 5 Minuten vollständig verlieren. Der gereinigte Holzessig enthält nämlich noch verschiedene, oxydierbare Teerbestandteile. Wird Kaliumpermanganat bei Gegenwart von oxydierbaren Stoffen mit verdünnter Schwefelsäure zusammengebracht, so entsteht Manganosulfat und Kaliumsulfat unter Freiwerden von Sauerstoff, welcher zur Oxydation dieser Stoffe verwendet wird, und es findet Entfärbung statt.

$$2\,KMnO_4 \;+\; 3\,H_2SO_4 \;=\; K_2SO_4 \;+\; 2\,MnSO_4$$
Kaliumpermanganat　　　　Kaliumsulfat　Manganosulfat
$$+\; 5\,O \;+\; 3\,H_2O$$

Zum Neutralisieren von 10 ccm gereinigtem Holzessig sollen nicht weniger als 8,4 ccm und nicht mehr als 9 ccm Normal-Kalilauge erforderlich sein.

Formel siehe bei Acetum.

1 ccm Normal-Kalilauge sättigt 0,06004 g Essigsäure
　　　　　　　　　　　　　　(siehe bei Acetum),
8,4 „　　„　　„　sättigen 8,4 × 0,06004
　　　　　　　　　　= 0,504 g Essigsäure,
9　„　　„　　„　„　9 × 0,06004
　　　　　　　　　　= 0,54 g　„

In 100 ccm gereinigtem Holzessig sollen also nicht weniger als 5,04 g und nicht mehr als 5,4 g Essigsäure enthalten sein.

Acetum Scillae — Meerzwiebelessig.

Zur Neutralisation von 10 ccm Meerzwiebelessig sollen 8,0 bis 8,5 ccm Normal-Kalilauge erforderlich sein.

6 Acidum aceticum.

1 ccm Normal-Kalilauge sättigt 0,06004 g Essigsäure
(siehe bei Acetum),
8 „ „ „ sättigen 8 × 0,06004
= 0,48 g Essigsäure,
8,5 „ „ „ „ 8.5 × 0,06004
= 0,51 g „
100 ccm Meerzwiebelessig sollen 4,8 bis 5,1 Prozent Essigsäure enthalten.

Acidum aceticum — Essigsäure.

Enthält mindestens 96 Prozent Essigsäure.

Wird eine Mischung von Essigsäure und Wasser (1 = 20) mit Natronlauge neutralisiert, so wird Natriumacetat: $CH_3 . COONa$ gebildet. In dieser Lösung erzeugt Eisenchloridlösung eine tiefrote Färbung von Ferriacetat.

Formel siehe bei Acetum.

Eine Mischung aus 1 ccm Essigsäure und 3 ccm Zinnchlorürlösung soll im Laufe einer Stunde eine dunklere Färbung nicht annehmen.

Enthält die Essigsäure eine Arsenverbindung, so scheidet sich metallisches Arsen aus unter Bildung von Zinnchlorid.

$$As_2O_3 + 6 HCl + 3 SnCl_2 = As_2$$
Arsenige Säure Zinnchlorür
$$+ 3 H_2O + 3 SnCl_4$$
Zinnchlorid

Die Essigsäure darf nicht durch Schwefelsäure, Salzsäure und Metalle verunreinigt sein.

Prüfung und Formel siehe bei Acetum.

1 ccm Kaliumpermanganatlösung soll, mit einer Mischung von 5 ccm Essigsäure und 15 ccm Wasser versetzt, die rote Farbe innerhalb 10 Minuten nicht verlieren.

Sind oxydierbare Stoffe, wie schweflige Säure oder empyreumatische Stoffe zugegen, so werden diese durch den aus dem Kaliumpermanganat freiwerdenden Sauerstoff oxydiert und es findet eine Entfärbung der Flüssigkeit statt.

Formel siehe bei Acetum pyrolignosum rectificatum.

Ist keine freie Mineralsäure zugegen, so scheidet sich ein brauner, flockiger Niederschlag von der Zusammensetzung $KH_3Mn_4O_{10} = 4 MnO_2 . H_2O . KOH$ ab.

Acidum aceticum dilutum.

Zum Neutralisieren von 5 ccm einer Mischung von 1 Teil Essigsäure und 9 Teilen Wasser sollen mindestens 7 ccm Normal-Kalilauge erforderlich sein.

Formel für die Neutralisation siehe bei Acetum.

1 ccm Normal-Kalilauge sättigt 0,06004 g Essigsäure
(siehe bei Acetum),
8 „ „ „ sättigen 8 × 0,06004
= 0,48032 g Essigsäure.

Diese Menge Essigsäure soll in 5 ccm der verdünnten Essigsäure (1 = 10), entsprechend 0,5 g offizineller Säure, enthalten sein. In 100 g der letzteren müssen daher mindestens 200 × 0,48032 = 96,064 g wasserfreie Essigsäure enthalten sein.

Berücksichtigt man das spezifische Gewicht der verdünnten Essigsäure (1 = 10), welches 1,0136 beträgt, so berechnet sich ein anderer Prozentgehalt. 5 ccm wiegen nämlich 5 × 1,0136 = 5,068 g, und in diesen sind 0,5068 g offizinelle Säure. Diese enthalten 0,48032 g wasserfreie Essigsäure; in 100 g der offizinellen Säure sollen mindestens enthalten sein:

0,5068 : 0,48032 = 100 : x

x = 94,77 Prozent wasserfreie Essigsäure.

Acidum aceticum dilutum — Verdünnte Essigsäure.

30 prozentige Essigsäure.

Wird die verdünnte Essigsäure mit Natronlauge neutralisiert so entsteht Natriumacetat: $CH_3 . COONa$, und in dieser Lösung erzeugt Eisenchloridlösung eine tiefrote Färbung von Ferriacetat.

Formel siehe bei Acetum.

Die Prüfung auf Arsen erfolgt wie bei Acidum aceticum (siehe dort).

Die Prüfung auf Schwefelsäure, Salzsäure, Metalle erfolgt wie bei Acetum (siehe dort).

Die Prüfung auf oxydierbare Substanzen, wie schweflige Säure, empyreumatische Stoffe geschieht wie bei Acidum aceticum (siehe dort).

Zum Neutralisieren von 5 ccm verdünnter Essigsäure sollen 26 ccm Normal-Kalilauge erforderlich sein.

Formel für die Neutralisation siehe bei Acetum.

1 ccm Normal-Kalilauge sättigt 0,06004 g Essigsäure.
26 „ „ „ sättigen 26 × 0,06004
= 1,56104 g Essigsäure.

Diese Menge Essigsäure soll in 5 ccm verdünnter Essigsäure, welche unter Zugrundelegung des spezifischen Gewichts 5 × 1,041 = 5,205 g wiegen, enthalten sein. In 100 g der verdünnten Essigsäure sollen enthalten sein:

$$5,205 : 1,56014 = 100 : x$$
$$x = 29,99 \text{ g Essigsäure.}$$

Acidum arsenicosum — Arsenige Säure.

As_2O_3.

Wird arsenige Säure auf Kohle vorsichtig erhitzt, so wird sie zu metallischem Arsen reduziert und der Dampf des letzteren besitzt Knoblauchgeruch.

$$\underset{\text{Arsenige Säure}}{As_2O_3} + C = As_2 + \underset{\text{Kohlenoxyd}}{3\,CO}$$

Arsenige Säure löst sich in 10 Teilen Ammoniakflüssigkeit klar auf unter Bildung von Ammoniummetarsenit.

$$\underset{\text{Arsenige Säure}}{As_2O_3} + \underset{\text{Ammoniak}}{2\,NH_3} + H_2O = \underset{\text{Ammoniummetarsenit}}{2\,(NH_4)\,AsO_2}$$

Obige Lösung soll nach Zusatz von 10 Teilen Wasser durch überschüssige Salzsäure nicht gelb gefärbt werden.

Enthält die arsenige Säure Schwefelarsen, so löst sich dieses in Ammoniakflüssigkeit als Ammoniummetarsenit und Ammoniummetasulfarsenit auf. Beim Übersättigen dieser Lösung mit Salzsäure scheidet sich Arsentrisulfid aus, und die Flüssigkeit färbt sich gelb.

$$\underset{\text{Arsentrisulfid}}{2\,As_2S_3} + \underset{\text{Ammoniak}}{4\,NH_3} + 2\,H_2O = \underset{\text{Ammoniummetarsenit}}{(NH_4)\,AsO_2}$$
$$+ \underset{\text{Ammoniummetasulfarsenit}}{3\,(NH_4)\,AsS_2}$$

$$\underset{\text{Ammoniummetarsenit}}{(NH_4)\,AsO_2} + \underset{\text{Ammoniummetasulfarsenit}}{3\,(NH_4)\,AsS_2} + 4\,HCl$$
$$= \underset{\text{Arsentrisulfid}}{2\,As_2S_3} + \underset{\text{Ammoniumchlorid}}{4\,NH_4Cl} + 2\,H_2O$$

10 ccm einer aus 0,5 g arseniger Säure und 3 g Natriumbicarbonat in 20 ccm siedendem Wasser bereiteten und nach dem Erkalten auf 100 ccm verdünnten Lösung sollen 10 ccm Zehntel-Normal-Jodlösung entfärben.

Beim Lösen der arsenigen Säure in einer heissen Lösung von Natriumbicarbonat bildet sich Natriummetarsenit und Kohlendioxyd entweicht.

$$As_2O_3 \;+\; 2\,NaHCO_3 \;=\; 2\,NaAsO_2$$
Arsenige Säure Natriumbicarbonat   Natriummetarsenit
$$+\; 2\,CO_2 \;+\; H_2O$$
Kohlendioxyd

Wird obige alkalische Lösung mit Zehntel-Normal-Jodlösung versetzt, so findet Entfärbung statt, indem das Jod als Natriumjodid gebunden wird und eine Oxydation des Natriummetarsenit zu Natriummetarseniat stattfindet.

$$2\,NaAsO_2 \;+\; 6\,NaHCO_3 \;+\; 4\,J \;=\; 4\,NaJ$$
Natriummetarsenit Natriumbicarbonat $4 \cdot 126{,}85$ Natriumjodid
entsprechend
1 Molekül
$As_2O_3 = 198$
$$+\; 2\,Na_2HAsO_4 \;+\; 6\,CO_2 \;+\; 2\,H_2O$$
Natriumarseniat Kohlendioxyd

4 Atome Jod oxydieren 2 Molekül Natriummetarsenit, entsprechend 1 Molekül arsenige Säure. 1 Atom Jod $= 126{,}85$ oxydiert daher $^1/_4$ Molekül arsenige Säure $= \dfrac{198}{4} = 49{,}5$.

1000 ccm Zehntel-Normal-Jodlösung enthalten 12,685 g Jod
1 „ „ „ „ enthält 0,012685 g Jod
1 „ „ „ „ oxydiert 0,00495 g arsen.Säure
10 „ „ „ „ oxydieren 0,0495 g „ „

Diese Menge arsenige Säure soll in 10 ccm der Lösung, welche 0,05 g des Präparats enthält, gelöst sein. 100 g des Präparats müssen mindestens $2000 \times 0{,}0495 = 99$ g arsenige Säure enthalten.

Acidum benzoicum — Benzoesäure.

$$C_6H_5 \cdot COOH.$$

Wird 0,2 g Benzoesäure mit 20 ccm Wasser und 1 ccm Normal-Kalilauge übergossen und unter häufigem Umschütteln 15 Minuten stehen gelassen, so geht Kaliumbenzoat in Lösung.

$$C_6H_5 \cdot COOH \;+\; KOH \;=\; C_6H_5 \cdot COOK \;+\; H_2O$$
Benzoesäure Kaliumhydroxyd Kaliumbenzoat
122,06   56,16

1 ccm Normal-Kalilauge enthält 0,05616 g Kaliumhydroxyd und vermag daher 0,122 g Benzoesäure aufzulösen.

Filtriert man obige Lösung und versetzt das Filtrat mit 1 Tropfen Eisenchloridlösung, so entsteht ein **rotbrauner Niederschlag** von Ferribenzoat, weil die aus Harz sublimierte Benzoesäure auch phenolartige Substanzen enthält, welche durch Kalilauge gelöst und mit dem Ferribenzoat gefällt werden.

$$2\,FeCl_3 + 3\,(CH_3 . COOK) + 3\,H_2O = Fe_2\,(CH_3COO)_3\,(OH)_3$$
Ferrichlorid   Kaliumbenzoat   Ferribenzoat
$$+ 3\,KCl + 3\,HCl$$
Kaliumchlorid

Das Kaliumsalz der **Harnbenzoesäure** und der **künstlichen Benzoesäure** erzeugt mit Eisenchlorid einen rötlichgelben Niederschlag von Ferribenzoat.

Eine Mischung aus 1 Teil Benzoesäure, 1 Teil Kaliumpermanganat und 10 Teilen Wasser soll, in einem lose verschlossenen Probierrohr einige Zeit erwärmt und dann abgekühlt, beim Öffnen des Probierrohrs nicht nach Bittermandelöl riechen.

Wurde die Benzoesäure aus Sumatra-Benzoe sublimiert, so enthält sie Zimtsäure und diese wird durch den Sauerstoff des Kaliumpermanganats beim Erwärmen zu Benzaldehyd (Bittermandelöl), Kohlendioxyd und Wasser oxydiert.

$$C_6H_5CH = CH . COOH + 4\,O = C_6H_5 . COH + 2\,CO_2 + H_2O.$$
Zimtsäure   Benzaldehyd   Kohlendioxyd

0,1 g Benzoesäure soll mit 1 ccm Ammoniakflüssigkeit eine gelbe bis bräunliche, trübe Lösung geben.

Die Benzoesäure löst sich in Ammoniakflüssigkeit als Ammoniumbenzoat. Da die sublimierte Harzbenzoesäure auch flüchtige Riechstoffe und brenzliche Stoffe enthält, die in Ammoniakflüssigkeit nur teilweise löslich sind, so ist die Lösung trübe und gefärbt. — **Harnbenzoesäure** und **künstliche Benzoesäure** lösen sich in Ammoniakflüssigkeit farblos.

$$C_6H_5 . COOH + NH_3 = C_6H_5 . COO(NH_4)$$
Benzoesäure   Ammoniak   Ammoniumbenzoat

Wird obige Lösung mit 2 ccm verdünnter Schwefelsäure versetzt, so scheidet sich Benzoesäure wieder aus.

$$2\,[C_6H_5 . COO(NH_4)] + H_2SO_4 = 2\,C_6H_5 . COOH +$$
Ammoniumbenzoat   Benzoesäure
$$(NH_4)_2SO_4$$
Ammoniumsulfat

Acidum boricum. 11

Durch diese Mischung sollen 5 ccm Kaliumpermanganatlösung nach Verlauf von 4 Stunden fast vollständig entfärbt werden. Die riechenden und brenzlichen Stoffe der Harzbenzoesäure werden durch den Sauerstoff des Kaliumpermanganats oxydiert, und es findet Entfärbung statt, während bei Harnbenzoesäure und künstlicher Benzoesäure keine Entfärbung erfolgte, weil diese keine derartigen, oxydierbaren Stoffe enthalten.

0,2 g Benzoesäure sollen, mit 0,3 g Calciumcarbonat gemischt und nach Zusatz von etwas Wasser eingetrocknet und geglüht, einen Rückstand hinterlassen, welcher in Salpetersäure gelöst und mit Wasser zu 10 ccm verdünnt, durch Silbernitratlösung nach 5 Minuten höchstens schwach opalisierend getrübt wird.

Benzoesäure lässt sich auch aus Benzotrichlorid darstellen, und letzteres erhält man durch längere Einwirkung von Chlor auf siedendes Toluol.

$$C_6H_5 . CH_3 + 6 Cl = C_6H_5 . CCl_3 + 3 HCl$$
Toluol   Benzotrichlorid

Durch längeres Kochen des Benzotrichlorids mit Wasser am Rückflusskühler entsteht Benzoesäure.

$$C_6H_5 . CCl_3 + 2 H_2O = C_6H_5 . COOH + 3 HCl$$
Benzotrichlorid   Benzoesäure

Bei dieser Darstellung bilden sich aber auch am Benzolkern gechlorte Benzoesäuren wie Monochlorbenzoesäure, $C_6H_4Cl . COOH$ etc., welche man durch Krystallisation von der Benzoesäure nicht trennen, und aus denen Chlor durch Silbernitrat nicht direkt niedergeschlagen werden kann. Es müssen daher diese Verbindungen durch Glühen mit Calciumcarbonat zerstört werden, wobei sich Calciumchlorid bildet. Versetzt man die salpetersäurehaltige Lösung des Glührückstandes mit Silbernitrat, so scheidet sich Silberchlorid aus.

$$CaCl_2 + 2 AgNO_3 = 2 AgCl + Ca(NO_3)_2$$
Calciumchlorid Silbernitrat   Silberchlorid Calciumnitrat

Eine starke Trübung zeigt daher an, dass die Benzoesäure aus Toluol künstlich dargestellt wurde.

Acidum boricum — Borsäure.
$$B(OH)_3$$

Beim Erhitzen bläht sich die Borsäure stark auf und schmilzt zu einer nach dem Erkalten glasartigen Masse.

Bis 100° erhitzt, verliert die Borsäure (Orthoborsäure) Wasser und wird zu Metaborsäure.

$$B(OH)_3 = BO_2H + H_2O$$
Orthoborsäure Metaborsäure

Bei weiterem Erhitzen auf 140° bis 150° giebt die Metaborsäure weiter Wasser ab und verwandelt sich in Tetraborsäure, welche beim Erkalten glasartig erstarrt.

$$4\,BO_2H = H_2B_4O_7 + H_2O$$
Metaborsäure Tetraborsäure

Beim Glühen verliert die Tetraborsäure alles Wasser und es bildet sich Borsäureanhydrid.

$$H_2B_4O_7 = 2\,B_2O_3 + H_2O$$
Tetraborsäure Borsäureanhydrid

Lösungen von Borsäure in Weingeist (1 = 16) oder Glycerin (1 = 40) verbrennen mit grüngesäumter Flamme, indem sich leicht flüchtige Äther, wie Borsäureäthyläther, bezw. Borsäureglycerinäther, bilden.

$$B(OH)_3 + 3\,(C_2H_5.OH) = (C_2H_5)_3BO_3 + 3\,H_2O$$
Borsäure   Aethylalkohol   Borsäureäthyläther

$$B(OH)_3 + C_3H_5(OH)_3 = C_3H_5.BO_3 + 3\,H_2O$$
Borsäure   Glycerin   Borsäureglycerinäther

Die Borsäurelösung (1 = 50) soll keine Veränderung erleiden

    durch Schwefelwasserstoffwasser, a)
    durch Baryumnitratlösung, b)
    durch Silbernitratlösung, c)
    durch Ammoniumoxalatlösung d) und
    durch Natriumphosphatlösung nach Zusatz von Ammoniakflüssigkeit e).

a) **Metalle** (Kupfer, Blei) werden als Metallsulfide gefällt.

$$CuCl_2 + H_2S = CuS + 2\,HCl$$
Kupferchlorid   Kupfersulfid

b) **Schwefelsäure** und **Sulfate** erzeugen eine weisse Fällung von Baryumsulfat.

Formel siehe Acetum.

c) **Salzsäure** und **Chloride** geben eine weisse Fällung von Silberchlorid.

Formel siehe Acetum.

Acidum camphoricum. 13

d) **Calciumsalze** werden als Calciumoxalat gefällt.

$CaCl_2$ + $(NH_4)_2C_2O_4$ + H_2O = $CaC_2O_4 . H_2O$
Calciumchlorid Ammoniumoxalat   Calciumoxalat
+ $2 NH_4Cl$
Ammoniumchlorid

e) **Magnesiumsalze** erzeugen einen Niederschlag von Ammonium-Magnesiumphosphat.

$MgCl_2$ + Na_2HPO_4 + NH_3 + $6 H_2O$
Magnesiumchlorid Natriumphosphat Ammoniak
= $(NH_4)MgPO_4 . 6 H_2O$ + $2 NaCl$
Ammonium-Magnesiumphosphat Natriumchlorid

50 ccm einer unter Zusatz von Salzsäure bereiteten wässerigen Lösung (1 = 50) sollen durch 0,5 ccm Kaliumferrocyanidlösung nicht sofort gebläut werden.

Sind mehr als Spuren von Ferrisalz zugegen, so entsteht sogleich eine blaue Fällung von Ferriferrocyanid (Berlinerblau).

$4 FeCl_3$ + $3 K_4FeCy_6$ = $Fe_4(FeCy_6)_3$ + $12 KCl$
Ferrichlorid Kaliumferrocyanid Ferriferrocyanid Kaliumchlorid

Acidum camphoricum — Kamphersäure.
$C_8H_{14}(COOH)_2$.

Eine kalt gesättigte Lösung der Kamphersäure soll keine Veränderung erleiden

durch Silbernitratlösung, a) und
durch Baryumnitratlösung. b)

a) **Salzsäure** erzeugt eine weisse Fällung von Silberchlorid.
Formel siehe Acetum.

b) **Schwefelsäure** erzeugt eine Fällung von Baryumsulfat.
Formel siehe Acetum.

Eine Mischung aus 2 ccm obiger Lösung und 2 ccm Schwefelsäure soll, nach dem Überschichten mit 1 ccm Ferrosulfatlösung, eine gefärbte Zone nicht geben.

Bei Gegenwart von **Salpetersäure** oxydiert diese einen Teil Ferrosulfat zu Ferrisulfat, und wird dadurch zu Stickoxyd, welches sich mit einem andern Teil Ferrosulfat zu der braunen Verbindung $FeSO_4 . NO$ vereinigt.

Formel siehe Acetum.

Wird Kamphersäure stark erhitzt, so verflüchtigt sie sich unter Entwickelung weisser Dämpfe von Kamphersäureanhydrid vollständig.

$$C_8H_{14}(COOH)_2 = C_8H_{14}{<}{CO \atop CO}{>}O + H_2O$$

Kamphersäure   Kamphersäureanhydrid

Zum Neutralisieren von 1 g getrockneter Kamphersäure sollen 10 ccm Normal-Kalilauge erforderlich sein.

Bei der Neutralisation mit Kalilauge bildet sich Kaliumkamphorat.

$$C_8H_{14}(COOH)_2 + 2\,KOH = C_8H_{14}(COOK)_2 + 2\,H_2O$$
Kamphersäure   Kaliumkamphorat
200,16   2 . 56,16

1 Molekül Kaliumhydroxyd = 56,16 sättigt $\frac{1}{2}$ Molekül
Kamphersäure = $\dfrac{200,16}{2}$ = 100,08.

1000 ccm Normal-Kalilauge enthalten 56,16 g Kaliumhydroxyd,
1   „   „   „   enthält   0,05616 g   „
1   „   „   „   sättigt   0,10008 g Kamphersäure,
10 „   „   „   sättigen 1,0008 g   „

Es ist daher vollkommen reine Kamphersäure gefordert.

Acidum carbolicum — Karbolsäure.

$$C_6H_5 . OH.$$

Die Karbolsäure löst sich reichlich in Natronlauge unter Bildung von Natriumphenolat.

$$C_6H_5 . OH + NaOH = C_6H_5 . ONa + H_2O$$
Karbolsäure Natriumhydroxyd Natriumphenolat
(Phenol)

In einer Lösung von 1 Teil Karbolsäure in 50000 Teilen Wasser erzeugt Bromwasser noch einen weissen, flockigen Niederschlag von Tribromphenol.

$$C_6H_5 . OH + 6\,Br = C_6H_2Br_3 . OH$$
Karbolsäure   Tribromphenol
$$+ 3\,HBr$$
Bromwasserstoff

Acidum chromicum — Chromsäure.

$$CrO_3$$

Die Krystalle entwickeln beim Erwärmen mit Salzsäure Chlor unter Bildung von Chromichlorid.

$$2\,CrO_3 + 12\,HCl = 2\,CrCl_3 + 6\,Cl + 6\,H_2O$$
Chromsäure   Chromichlorid

Die wässerige, mit Salzsäure versetzte Lösung der Chromsäure (1 = 100) soll durch Baryumnitratlösung nicht verändert werden.

Schwefelsäure erzeugt eine weisse Fällung von Baryumsulfat.

Formel siehe Acetum.

Der Zusatz von Salzsäure bezweckt, die Bildung von schwer löslichem Baryumchromat zu verhindern, da letzteres durch die Salzsäure zu Baryumchlorid und Chromsäure gelöst wird.

$$BaCrO_4 + 2\,HCl = BaCl_2 + CrO_3 + H_2O$$
Baryumchromat   Baryumchlorid   Chromsäure

Der nach dem Glühen von 0,2 g Chromsäure verbleibende Rückstand soll an Wasser nichts abgeben.

Beim Glühen der Chromsäure entweicht Sauerstoff und im Rückstand ist Chromoxyd.

$$2\,CrO_3 = Cr_2O_3 + 3\,O$$
Chromsäure   Chromoxyd

Enthält das Präparat Kaliumdichromat, $K_2Cr_2O_7$, beigemengt, so wird dieses beim Glühen nicht zugesetzt, und geht beim Behandeln des Rückstandes mit Wasser in Lösung.

Acidum citricum — Citronensäure.

$$C_6H_8O_7 \cdot H_2O = C_3H_4(OH)(COOH)_3 \cdot H_2O$$

Die Citronensäure schmilzt bei höherer Temperatur und verkohlt.

Bei 100° verliert sie alles Krystallwasser und geht bei 175° unter weitere Abgabe von Wasser in Aconitsäure über.

$$C_6H_8O_7 = C_6H_6O_6 + H_2O$$
Citronensäure   Aconitsäure

Höher als 175^0 erhitzt, zerfällt sie in Itakonsäure und Kohlendioxyd und bei weiterem Erhitzen giebt erstere Wasser ab und wird zu Itakonsäureanhydrid.

$$C_6H_6O_6 = C_5H_6O_4 + CO_2$$
Aconitsäure Itakonsäure Kohlendioxyd
$$C_5H_6O_4 = C_5H_4O_3 + H_2O$$
Itakonsäure Itakonsäureanhydrid

Beim Glühen findet Verkohlung statt.

Eine Mischung aus 1 ccm der wässerigen Lösung (1 = 10) mit 40 bis 50 ccm Kalkwasser bleibt klar. Es entsteht Calciumcitrat, das in der Kälte gelöst bleibt. Wird die Flüssigkeit eine Minute gekocht, so scheidet sich das Calciumcitrat als weisser, flockiger Niederschlag aus, weil es in heissem Wasser weniger löslich ist, als in kaltem. Dieser Niederschlag löst sich beim Abkühlen in einem verschlossenen Gefässe innerhalb 3 Stunden wieder auf. Es muss dieses in einem verschlossenen Gefässe geschehen, weil sich aus dem überschüssigen Kalkwasser durch die Kohlensäure der Luft Calciumcarbonat abscheiden würde.

$$2\,C_6H_8O_7 + 3\,Ca(OH)_2 = (C_6H_5O_7)_2Ca_3 + 6\,H_2O$$
Citronensäure Calciumhydroxyd Calciumcitrat
$$Ca(OH)_2 + CO_2 = CaCO_3 + H_2O$$
Calciumhydroxyd Kohlendioxyd Calciumcarbonat

Wird Citronensäure mit Schwefelsäure erwärmt, so spaltet sich Kohlenoxyd und Wasser ab und Acetondicarbonsäure wird gebildet.

$$C_6H_8O_7 = CO + H_2O + CO{<}^{CH_2\,.\,COOH}_{CH_2\,.\,COOH}$$
Citronensäure Kohlenoxyd   Acetondicarbonsäure

Weinsäure, Zucker wird durch Schwefelsäure gebräunt.

Die wässerige Lösung (1 = 10) soll nicht verändert werden
durch Baryumnitratlösung a) und
Ammoniumoxalatlösung b).

a) **Schwefelsäure** oder **Sulfate** erzeugen eine weisse Fällung von Baryumsulfat.

Formel siehe Acetum.

b) **Calciumsalze** werden als Calciumoxalat gefällt.
$$CaSO_4 + (NH_4)_2C_2O_4 + H_2O = CaC_2O_4\,.\,H_2O$$
Calciumsulfat Ammoniumoxalat   Calciumoxalat
$$+ (NH_4)_2SO_4$$
Ammoniumsulfat

Eine mit Ammoniakflüssigkeit bis zur schwach sauren Reaktion abgestumpfte Lösung von 5 g Citronensäure in 10 ccm Wasser, wobei sich Ammoniumcitrat, $(C_6H_5O_7)(NH_4)_3$, bildet, soll durch Schwefelwasserstoffwasser nicht verändert werden.

Bei Gegenwart von Schwermetallen, Kupfer, Blei, entsteht eine dunkle Fällung von Metallsulfid.

Formel siehe bei Acidum boricum.

Acidum formicicum — Ameisensäure.

24 bis 25 prozentige Ameisensäure, $H \cdot COOH$.

Ameisensäure bildet beim Vermischen mit Bleiessig einen weissen, krystallinischen Niederschlag von Bleiformiat.

$6 (H \cdot COOH) + [2 Pb (C_2H_3O_2)_2 + Pb(OH)_2]$
Ameisensäure   Basisches Bleiacetat
$= 3 (H \cdot COO)_2 Pb + 4 C_2H_4O_2 + 2 H_2O$
Bleiformiat   Essigsäure

Die mit Wasser verdünnte Ameisensäure (1 = 6) giebt durch Sättigen mit gelbem Quecksilberoxyd eine klare Lösung, welche beim Erhitzen unter Gasentwicklung allmählich metallisches Quecksilber abscheidet.

Beim Sättigen der Ameisensäure mit Quecksilberoxyd geht Mercuriformiat in Lösung.

$2 (H \cdot COOH) + HgO = (H \cdot COO)_2 Hg + H_2O$
Ameisensäure   Quecksilberoxyd   Mercuriformiat

Wird diese Lösung gelinde erwärmt, so scheidet sich Mercuroformiat aus unter Freiwerden von Kohlendioxyd und Kohlenoxyd.

$2 (H \cdot COO)_2 Hg = (H \cdot COO)_2 Hg_2 + CO_2 + CO$
Mercuriformiat   Mercuroformiat   Kohlendioxyd   Kohlenoxyd
$+ H_2O$

Bei stärkerem Erhitzen wird das Mercuroformiat zu metallischem Quecksilber unter Entwicklung von Kohlendioxyd und Kohlenoxyd reduziert.

$(H \cdot COO)_2 Hg_2 = Hg_2 + CO_2 + CO + H_2O$
Mercuroformiat   Kohlendioxyd   Kohlenoxyd

Ameisensäure soll nach dem Neutralisieren mit Kalilauge nicht stechend oder brenzlich riechen.

Biechele, Chemische Processe.

Acidum formicicum.

Bei der Neutralisation mit Kalilauge entsteht Kaliumformiat.

$$H.COOH + KOH = H.COOK + H_2O$$
Ameisensäure Kaliumhydroxyd Kaliumformiat
46,02   56,16

Ein brenzlicher Geruch nach dem Neutralisieren zeigt empyreumatische Stoffe an, ein stechender Geruch Allylalkohol oder Acrolein.

Allylalkohol kann sich bei der Darstellung der Ameisensäure bilden, wenn der Ameisensäure-Glycerinäther zu stark erhitzt wurde.

$$C_3H_5 \begin{cases} COOH \\ (OH)_2 \end{cases} = C_3H_5.OH + CO_2 + H_2O$$
Ameisensäure-Glycerinäther Allylalkohol Kohlendioxyd

Acrolein bildet sich, wenn das Glycerin bei der Darstellung der Ameisensäure zu stark erhitzt wurde.

$$C_3H_5(OH)_3 = C_3H_4O + 2 H_2O$$
Glycerin   Acrolein

Eine Lösung von Ameisensäure in Wasser (1 = 6) soll weder durch Silbernitratlösung (a), noch nach dem Neutralisieren mit Ammoniakflüssigkeit durch Calciumchloridlösung (b), noch durch Schwefelwasserstoffwasser (c) verändert werden.

a) **Salzsäure** erzeugt eine weise Fällung von Silberchlorid.
Formel siehe Acetum.

b) Beim Neutralisieren mit Ammoniak entsteht Ammoniumformiat, $H.COO(NH_4)$. Ist Oxalsäure zugegen, so entsteht auch Ammoniumoxalat $(NH_4)_2 C_2 O_4$. Auf Zusatz von Calciumchlorid entsteht im letzteren Falle ein Niederschlag von Calciumoxalat.

Formel siehe bei Acidum boricum.

c) **Schwermetalle**, wie Kupfer, Blei, geben eine dunkle Fällung von Metallsulfid.

$$(H.COO)_2 Cu + H_2S = CuS + 2 (H.COOH)$$
Kupferformiat   Kupfersulfid   Ameisensäure

Wird eine Lösung von 1 ccm Ameisensäure in 5 ccm Wasser mit 1,5 g gelbem Quecksilberoxyd unter wiederholtem Umschütteln im Wasserbade erwärmt, so scheidet sich metallisches Quecksilber aus und Kohlendioxyd entweicht. Findet keine Gasentwicklung mehr statt, so reagiert die Flüssigkeit neutral.

$$HgO + H.COOH = Hg + CO_2 + H_2O$$
Quecksilberoxyd Ameisensäure   Kohlendioxyd

Acidum hydrobromicum.

Enthält die Ameisensäure Essigsäure, so löst sich Merkuriacetat auf, und dieses erteilt dem Filtrate saure Reaktion.

2 (CH_3 . COOH) + HgO = (CH_3 . $COO)_2$Hg + H_2O
Essigsäure   Quecksilberoxyd   Merkuriacetat

Zum Neutralisieren von 5 ccm Ameisensäure sind 28 bis 29 ccm Normal-Kalilauge erforderlich.

Bei der Neutralisation entsteht Kaliumformiat.

Formel siehe oben.

1 Molekül Ameisensäure = 46,02 braucht 1 Molekül Kaliumhydroxyd = 56,16 zur Neutralisation.

1 ccm Normal-Kalilauge enthält 0,05616 g Kaliumhydroxyd
(siehe Acidum camphoricum).
1 „ „ „ sättigt 0,04602 g Ameisensäure
28 „ „ „ sättigen 28 × 0,04602
= 1,28856 g Ameisensäure
29 „ „ „ „ 29 × 0,04602
= 1,33458 g „

Diese Menge Ameisensäure soll in 5 ccm des Präparats enthalten sein, welche unter Zugrundelegung des spezifischen Gewichts 5 × 1,060 bis 1,063 = 5,3 bis 5,315 wiegen.

In 100 g des Präparats sollen daher enthalten sein:

5,3 : 1,28856 = 100 : x   x = 24,31 g Ameisensäure bis
5,315 : 1,33458 = 100 : x   x = 25,1 g „

Acidum hydrobromicum — Bromwasserstoffsäure.

25 prozentige HBr.

Chloroform färbt sich beim Schütteln mit Bromwasserstoffsäure, welche mit Chlorwasser versetzt ist, braungelb, indem das Chlor aus dem Bromwasserstoff Brom frei macht, und dieses sich in Chloroform auflöst.

HBr + Cl = HCl + Br
Bromwasserstoff

Mit Silbernitratlösung giebt sie einen gelblichweissen, in Ammoniakflüssigkeit wenig löslichen Niederschlag von Silberbromid.

HBr + $AgNO_3$ = AgBr + HNO_3
Bromwasserstoff Silbernitrat Silberbromid

Acidum hydrobromicum.

Die mit 5 Raumteilen Wasser verdünnte Säure soll nach dem annähernden Neutralisieren mit Ammoniakflüssigkeit, wobei sich Ammoniumbromid, NH_4Br bildet,
durch Schwefelwasserstoffwasser (a) und
durch Baryumnitratlösung (b)
keine Veränderung erleiden.

a) **Schwermetalle** erzeugen eine dunkle Fällung von Metallsulfid.

$$CuBr_2 + H_2S = CuS + 2HBr$$
Kupferbromid   Kupfersulfid Bromwasserstoff

b) **Schwefelsäure** erzeugt eine weisse Fällung von Baryumsulfat.

Formel siehe bei Acetum.

Beim Schütteln mit der gleichen Menge Chloroform soll sich dieses weder gelb noch, nach vorherigem Zusatz eines Tropfen Eisenchloridlösung, violett färben.

Freies Brom löst sich in Chloroform mit gelber Farbe. Bei Gegenwart von **Jodwasserstoff** macht Eisenchlorid Jod frei unter Bildung von Eisenchlorür, und das Jod löst sich in Chloroform mit violetter Farbe.

$$HJ + FeCl_3 = FeCl_2 + J + HCl$$
Jodwasserstoff Eisenchlorid Eisenchlorür

10 ccm einer Mischung aus Bromwasserstoffsäure und Wasser (3 g = 100 ccm) mit Ammoniakflüssigkeit genau neutralisiert, wobei sich Ammoniumbromid NH_4Br bildet, und mit einigen Tropfen Kaliumchromatlösung versetzt, sollen durch höchstens 9,3 ccm Zehntel-Normal-Silbernitratlösung bleibend gerötet werden. Ammoniumchlorid wird durch Silbernitrat gefällt, indem sich Silberbromid ausscheidet.

$$NH_4Br + AgNO_3 = AgBr + (NH_4)NO_3$$
Ammoniumbromid Silbernitrat Silberbromid Ammoniumnitrat
  entsprechend   169,96
1 Molekül
$HBr = 80,97$

Zugleich wird aus dem Kaliumchromat rotes Silberchromat gefällt (a), das aber, so lange Ammoniumbromid noch vorhanden, beim Umrühren wieder entschwindet, indem sich Ammoniumchromat und Silberbromid bildet (b).

a) $$K_2CrO_4 + 2AgNO_3 = Ag_2CrO_4 + 2KNO_3$$
Kaliumchromat Silbernitrat Silberchromat Kaliumnitrat

Acidum hydrobromicum

b) Ag_2CrO_4 + $2 NH_4Br$ = $(NH_4)_2CrO_4$
Silberchromat Ammoniumbromid Ammoniumchromat
+ $2 AgBr$
Silberbromid

Erst, wenn alles Ammoniumbromid gefällt ist, bleibt das Silberchromat unzersetzt, und die Flüssigkeit bleibt gerötet.

1 Molekül Bromwasserstoff = 80,97 braucht 1 Molekül Silbernitrat = 169,97 zur vollständigen Fällung.

1000 ccm Zehntel-Normal-Silbernitratlösung enthalten 16,997 g Silbernitrat.

1 ccm Zehntel-Normal-Silbernitratlösung enthält 0,016997 g Silbernitrat.

1 ccm Zehntel-Normal-Silbernitratlösung fällt 0,008097 g Bromwasserstoff.

10 ccm der Lösung der Bromwasserstoffsäure (3 g = 100 ccm) enthalten 0,3 g Säure, und da diese 25 Prozent Bromwasserstoff enthält: $\frac{0,3}{4}$ = 0,075 g Bromwasserstoff. Diese bedürfen zur vollständigen Fällung:

0,008097 : 1 ccm = 0,075 : x
x = 9,26 ccm Zehntel-Normal-Silbernitratlösung.

Das Arzneibuch gestattet 9,3 ccm, also um 0,04 ccm mehr, weil es eine geringe Verunreinigung mit Chlorwasserstoff zulässt.

1 Molekül Chlorwasserstoff = 36,46 braucht 1 Molekül Silbernitrat = 169,97 zur Fällung.

1 ccm Zehntel-Normal-Silbernitratlösung fällt 0,003646 g Chlorwasserstoff. (Siehe Acetum.)

0,075 g Chlorwasserstoff brauchen zur Fällung:

0,003646 : 1 ccm = 0,075 : x   x = 20,6 ccm Zehntel-Normal-Silbernitratlösung.

Es wurde also zur Fällung von 0,075 g Chlorwasserstoff 20,6 — 9,26 = 11,34 ccm Zehntel-Normal-Silbernitratlösung mehr gebraucht, als zur Fällung von 0,075 g Bromwasserstoff, und dieser Mehrverbrauch zeigt 100 Prozent Chlorwasserstoff an.

Obiger vom Arzneibuche gestattete Mehrverbrauch = 0,04 ccm entspricht daher:

11,34 : 100 = 0,04 : x
x = 0,35 Prozent Chlorwasserstoff.

1 ccm Bromwasserstoffsäure soll, mit 1 ccm Salpetersäure zum Kochen erhitzt, und nach dem Erkalten mit Ammoniakflüssigkeit übersättigt, durch Magnesiumsulfatlösung auch nach längerem Stehen nicht verändert werden.

Acidum hydrobromicum.

Das Präparat kann durch **Phosphorsäure** und **phosphorige Säure** verunreinigt sein. Um letztere ebenfalls in Phosphorsäure umzuwandeln, kocht man mit Salpetersäure, wobei Stickoxyd frei wird.

$$3 H_3PO_3 + 2 HNO_3 = 3 H_3PO_4 + 2 NO + H_2O$$
Phosphorige Säure Phosphorsäure Stickoxyd

Beim Übersättigen mit Ammoniakflüssigkeit entsteht Ammoniumbromid und Ammoniumnitrat, event. sekundäres Ammoniumphosphat.

$$H_3PO_4 + 2 NH_3 = (NH_4)_2HPO_4$$
Phosphorsäure Ammoniak Sekundäres Ammoniumphosphat

Auf Zusatz von Magnesiumsulfatlösung würde sich durch das überschüssige Ammoniak Magnesiumhydroxyd ausscheiden, was aber durch die vorhandenen Ammoniumsalze verhindert wird.

Ist ein **Phosphat** zugegen, so scheidet sich nach kürzerer oder längerer Zeit Ammonium-Magnesiumphosphat aus.

$$(NH_4)_2HPO_4 + MgSO_4 + 6 H_2O +$$
Sekundäres Ammoniumphosphat Magnesiumsulfat
$$NH_3 = (NH_4)MgPO_4 \cdot 6 H_2O + (NH_4)_2SO_4$$
Ammoniak Ammonium-Magnesiumphosphat Ammoniumsulfat

10 ccm der mit Wasser verdünnten Bromwasserstoffsäure (1 = 10) sollen durch 0,5 ccm Kaliumferrocyanidlösung nicht sofort gebläut werden.

Sind Ferrisalze zugegen, so entsteht sofort eine blaue Färbung von **Ferriferrocyanid** (Berlinerblau).

Formel für Ferribromid $FeBr_3$ ganz analog wie bei Acidum boricum für Ferrichlorid.

Zum Neutralisieren von 5 ccm Bromwasserstoffsäure sollen 18,7 ccm Normal-Kalilauge erforderlich sein.

Bei der Neutralisation bildet sich Kaliumbromid und Wasser.

$$HBr + KOH = KBr + H_2O$$
Bromwasserstoff Kaliumhydroxyd Kaliumbromid
80,97   56,16

1 Molekül Bromwasserstoff = 80,97 braucht 1 Molekül Kaliumhydroxyd = 56,16 zur Neutralisation.

1 ccm Normal-Kalilauge enthält 0,05616 g Kaliumhydroxyd
(siehe Acidum camphoricum),
1 „ „ „ sättigt 0,08097 g Bromwasserstoff,
18,7 „ „ „ sättigen 18,7 × 0,08097
= 1,514139 g „

Acidum hydrochloricum.

Diese Menge soll in 5 ccm des Präparates enthalten sein; diese wiegen unter Zugrundelegung des spezifischen Gewichts $5 \times 1,208 = 6,04$ g. In 100 g der Säure müssen enthalten sein: $6,04 : 1,514139 = 100 : x \quad x = 25,06$ g Bromwasserstoff.

Die Bromwasserstoffsäure muss vor Licht geschützt aufbewahrt werden, weil dieselbe unter dem Einfluss von Licht und Luft in Wasser und Brom zerlegt wird, und letzteres bleibt in der Säure mit gelber Farbe gelöst

$$2 \, HBr + O = H_2O + Br_2$$

Acidum hydrochloricum — Salzsäure.

25 prozentige HCl.

Auf Zusatz von Silbernitratlösung scheidet sich aus Salzsäure ein weisser, käsiger, in Ammoniakflüssigkeit löslicher Niederschlag von Silberchlorid aus.

Formel siehe Acetum.

Beim Erwärmen mit Braunstein entwickelt Salzsäure Chlor unter Bildung von Manganchlorür und Wasser.

$$\underset{\text{Mangansuperoxyd}}{MnO_2} + 4 \, HCl = \underset{\text{Manganchlorür}}{MnCl_2} + Cl_2 + 2 \, H_2O$$

Eine Mischung aus 1 ccm Salzsäure und 3 ccm Zinnchlorürlösung soll im Laufe einer Stunde eine dunklere Färbung nicht annehmen.

Bei Gegenwart von Arsenverbindung wird metallisches Arsen gefällt unter Bildung von Zinnchlorid.

$$\underset{\text{Arsentrichlorid}}{2 \, AsCl_3} + \underset{\text{Zinnchlorür}}{3 \, SnCl_2} = As_2 + \underset{\text{Zinnchlorid}}{3 \, SnCl_4}$$

Die mit 5 Raumteilen Wasser verdünnte und mit Ammoniakflüssigkeit annähernd neutralisierte Salzsäure, wobei sich Ammoniumchlorid, NH_4Cl, bildet, soll Jodstärkelösung nicht sofort bläuen.

Ist freies Chlor zugegen, so macht dieses aus dem Jodzink Jod frei und dieses verbindet sich mit dem Stärkemehl zur blauen Jodstärke.

$$\underset{\text{Zinkjodid}}{ZnJ_2} + 2 \, Cl = \underset{\text{Zinkchlorid}}{ZnCl_2} + J_2$$

Auch soll dieselbe weder durch Schwefelwasserstoffwasser a), noch innerhalb 5 Minuten durch Baryumnitratlösung b), selbst nicht nach Zusatz von Jodlösung c), bis zu schwach gelben Färbung, verändert werden.

a) Schwermetalle, wie Kupfer, Blei, Zinn, werden als dunkle Metallsulfide gefällt.

Formel siehe Acidum boricum.

Freies Chlor, Schwefeldioxyd, Ferrichlorid bringen eine weissliche Fällung von Schwefel hervor.

$$5\ SO_2\ +\ 5\ H_2S\ =\ 4\ H_2O\ +\ 5\ S\ +\ H_2S_5O_6$$
Schwefeldioxyd   Pentathionsäure

$$2\ FeCl_3\ +\ H_2S\ =\ 2\ FeCl_2\ +\ 2\ HCl\ +\ S$$
Ferrichlorid   Ferrochlorid

b) Schwefelsäure erzeugt eine weisse Fällung von Baryumsulfat.

Formel siehe Acetum.

c) Bei Gegenwart von schwefliger Säure wird diese durch das Jod mit Hülfe von Wasser zu Schwefelsäure oxydiert, und letztere erzeugt dann mit Baryumnitratlösung obigen Niederschlag.

$$H_2SO_3\ +\ J_2\ +\ H_2O\ =\ H_2SO_4\ +\ 2\ HJ$$
Schweflige Säure   Jodwasserstoff

10 ccm der mit Wasser verdünnten Salzsäure (1 = 10) sollen durch 0,5 ccm Kaliumferrocyanidlösung nicht sofort gebläut werden.

Ferrichlorid erzeugt eine blaue Färbung von Ferriferrocyanid (Berlinerblau).

Formel siehe Acidum boricum.

Beim Neutralisieren von 5 ccm Salzsäure sollen 38,5 ccm Normal-Kalilauge erforderlich sein.

Bei der Neutralisation der Salzsäure wird Kaliumchlorid und Wasser gebildet.

$$HCl\ +\ KOH\ =\ KCl\ +\ H_2O$$
Chlorwasserstoff   Kaliumhydroxyd
    36,46   56,16

1 ccm Normal-Kalilauge enthält 0,05616 g Kaliumhydroxyd
(siehe Acidum camphoricum),
1 „ „ „ sättigt 0,03646 g Chlorwasserstoff,
38,5 „ „ „ sättigen 38,5 × 0,03646
= 1,40371 g „

Diese Menge Chlorwasserstoff soll in 5 ccm Salzsäure enthalten sein, welche unter Zugrundelegung des spezifischen Gewichts $5 \times 1,124 = 5,62$ g wiegen. 100 g Salzsäure müssen enthalten: $5,62 : 1,40371 = 100 : x \quad x = 24,98$ g Chlorwasserstoff.

Acidum lacticum — Milchsäure.

Annähernd 25 Prozent $C_3H_6O_3 = CH_3—CH(OH).COOH$.

Die Milchsäure entwickelt mit Kaliumpermanganatlösung Aldehydgeruch.

Der Sauerstoff des Kaliumpermanganats verwandelt die Milchsäure in Acetaldehyd, Kohlendioxyd und Wasser.

$$C_2H_4 \begin{vmatrix} OH \\ COOH \end{vmatrix} + O = CH_3.COH + CO_2 + H_2O$$

Milchsäure   Acetaldehyd   Kohlendioxyd

Milchsäure soll bei gelindem Erwärmen einen Geruch nach Fettsäuren nicht entwickeln.

Wird bei der Gährung des Zuckers die entstehende Milchsäure nicht alsbald neutralisiert, so entsteht Buttersäuregährung, indem die Milchsäure unter Freiwerden von Kohlendioxyd und Wasserstoff in Buttersäure übergeht. Enthält die Milchsäure Buttersäure, so entwickelt sich beim Erwärmen ein unangenehmer Geruch.

$$2 \left[C_2H_4 \begin{vmatrix} OH \\ COOH \end{vmatrix} \right] = C_3H_7.COOH + 2CO_2 + 4H$$

Milchsäure   Buttersäure   Kohlendioxyd

Die mit Wasser verdünnte Milchsäure $(1 = 10)$ soll weder durch Schwefelwasserstoffwasser (a), noch durch Baryumnitrat- (b), Silbernitrat- (c), oder Ammoniumoxalatlösung (d), oder überschüssiges Kalkwasser (e), durch letzteres auch nicht beim Erhitzen (f) verändert werden.

a) **Schwermetalle**, wie Kupfer, Blei, erzeugen eine dunkle Fällung von Metallsulfid, Zink ein weisse von Zinksulfid.

$$\left[C_2H_4 \begin{vmatrix} OH \\ COO \end{vmatrix} \right]_2 Zn + H_2S = ZnS + 2 \left[C_2H_4 \begin{vmatrix} OH \\ COOH \end{vmatrix} \right]$$

Zinklactat   Zinksulfid   Milchsäure

b) **Schwefelsäure** bringt eine weisse Fällung von Baryumsulfat hervor.

Formel siehe Acetum.

c) **Salzsäure** erzeugt eine weisse Fällung von Silberchlorid.
Formel siehe Acetum.

d) **Calciumsalze** geben eine weisse Fällung von Calciumoxalat.
Formel siehe Acidum boricum.

e) Ist **Oxalsäure** oder **Weinsäure** zugegen, so scheidet sich in der Kälte ein weisser Niederschlag von Calciumoxalat, bezw. Calciumtartrat aus.

$$C_4H_6O_6 + Ca(OH)_2 = C_4H_4CaO_6 + 2 H_2O$$
Weinsäure Calciumhydroxyd Calciumtartrat

f) Entsteht erst beim Erhitzen ein Niederschlag, so ist **Citronensäure** zugegen, indem das Calciumcitrat in heissem Wasser weniger löslich ist, als in kaltem.
Formel siehe Acidum citricum.

Acidum nitricum — Salpetersäure.

25 Prozent HNO_3.

Salpetersäure löst Kupfer unter Entwicklung von gelbroten Dämpfen zu einer blauen Flüssigkeit auf.

Es wird Kupfernitrat gebildet, und Stickoxyd frei, welches Sauerstoff aus der Luft aufnimmt, und als Stickstoffdioxyd entweicht.

$$3 Cu + 8 HNO_3 = 3 [Cu(NO_3)_2] + 4 H_2O$$
Kupfer Kupfernitrat
$$+ 2 NO$$
Stickoxyd
$$2 O = 2 NO_2.$$

Eine mit Ammoniakflüssigkeit annähernd neutralisierte wässerige Lösung der Salpetersäure (1 = 6), wobei sich Ammoniumnitrat, $(NH_4)NO_3$ bildet, soll durch Schwefelwasserstoffwasser nicht verändert werden (a), und durch Baryumnitratlösung soll sie innerhalb 5 Minuten nicht mehr als opalisierend getrübt werden (b).

a) **Schwermetalle**, wie Kupfer, Blei, erzeugen eine dunkle Fällung von Metallsulfid.

$$Pb(NO_3)_2 + H_2S = PbS + 2 HNO_3$$
Bleinitrat Bleisulfid

Acidum nitricum. 27

b) **Schwefelsäure** erzeugt eine weisse Fällung von Baryumsulfat.
Formel siehe Acetum.

Durch Silbernitratlösung soll die wässerige Lösung der Salpetersäure (1 = 6) nicht verändert werden.

Salzsäure giebt eine weisse Fällung von Silberchlorid.
Formel siehe Acetum.

Die mit Wasser verdünnte, mit einem Stückchen Zink kurze Zeit versetzte Salpetersäure (1 = 3) soll eine zugesetzte, kleine Menge von Chloroform nach dem Schütteln nicht violett färben.

Zink entwickelt mit verdünnter Salpetersäure Wasserstoff unter Bildung von Zinknitrat (a). Ist **Jodsäure** zugegen, so wird diese durch den Wasserstoff zu Jodwasserstoff reduziert (b), und dieser setzt sich mit einem andern Teil Jodsäure in Jod und Wasser um (c). Das Jod löst sich in Chloroform mit violetter Farbe.

a) $Zn + 2\,HNO_3 = Zn(NO_3)_2 + H_2$
   Zink   Zinknitrat
b) $HJO_3 + 3\,H_2 = 3\,H_2O + HJ$
   Jodsäure   Jodwasserstoff
c) $HJO_3 + 5\,HJ = 3\,J_2 + 3\,H_2O$
   Jodsäure Jodwasserstoff

10 ccm der mit Wasser verdünnten Salpetersäure (1 = 10) sollen durch Zusatz von 0,5 ccm Kaliumferrocyanidlösung nicht sofort gebläut werden.

Ferrinitrat erzeugt eine blaue Fällung von Ferriferrocyanid (Berlinerblau).

$4\,Fe(NO_3)_3 + 3\,K_4FeCy_6 = Fe_4(FeCy_6)_3$
Ferrinitrat Kaliumferrocyanid Ferriferrocyanid
$+ 12\,KNO_3$
Kaliumnitrat

Zum Neutralisieren von 5 ccm Salpetersäure sollen 22,9 ccm Normal-Kalilauge erforderlich sein.

Bei der Neutralisation bildet sich Kaliumnitrat und Wasser.
$HNO_3 + KOH = KNO_3 + H_2O$
63,05   56,16   Kaliumnitrat

1 ccm Normal-Kalilauge		enthält	0,05616 g Kaliumhydroxyd (siehe Acid. camphoricum),
1 „	„	„	sättigt 0,06305 g Salpetersäure,
22,9 „	„	„	sättigen 22,9 × 0,06305 = 1,443845 g „

Diese Menge soll in 5 ccm der Säure enthalten sein, welche unter Zugrundelegung des spezifischen Gewichts $5 \times 1{,}153 = 5{,}765$ g wiegen. 100 g der Säure müssen enthalten:

$$5{,}765 : 1{,}443845 = 100 : x$$
$$x = 25{,}04 \text{ g Salpetersäure.}$$

Acidum phosphoricum — Phosphorsäure.

25 Prozent H_3PO_4.

Wird Phosphorsäure mit Natriumcarbonatlösung neutralisiert, so entsteht sekundäres Natriumphosphat und Kohlendioxyd entweicht (a). Versetzt man diese Lösung mit Silbernitratlösung, so scheidet sich gelbes tertiäres Silberphosphat aus (b).

a) H_3PO_4 + Na_2CO_3 = Na_2HPO_4
Phosphorsäure   Natriumcarbonat   Secundäres Natriumphosphat
+ CO_2 + H_2O
Kohlendioxyd

b) Na_2HPO_4 + $3\,AgNO_3$ = Ag_3PO_4
Sekundäres Natrium-   Silbernitrat   Tertiäres Silber-
phosphat   phosphat
+ $2\,NaNO_3$ + HNO_3
Natriumnitrat

Eine Mischung aus 1 ccm Phosphorsäure und 3 ccm Zinnchlorürlösung soll im Laufe einer Stunde eine dunklere Färbung nicht annehmen.

Enthält die Phosphorsäure Arsensäure, so scheidet sich braunes, metallisches Arsen aus unter Bildung von Zinnchlorid.

$$2\,H_3AsO_4 + SnCl_2 + 2\,HCl = As_2 + SnCl_4$$
Arsensäure   Zinnchlorür   Zinnchlorid
$$+ 4\,H_2O$$

Phosphorsäure soll weder durch Silbernitratlösung, sowohl in der Kälte (a), als auch beim Erwärmen (b), noch beim Vermischen mit Schwefelwasserstoffwasser verändert werden (c).

a) Salzsäure erzeugt schon in der Kälte eine weisse Fällung von Silberchlorid.

Formel siehe Acetum.

Acidum phosphoricum.

b) Ist **phosphorige Säure** zugegen, so entsteht beim Erwärmen eine Bräunung oder ein braunschwarzer Niederschlag, indem sich metallisches Silber ausscheidet unter Bildung von Phosphorsäure.

$$H_3PO_3 \;+\; 2\,AgNO_3 + H_2O = Ag_2 + H_3PO_4$$
Phosporige Säure   Silbernitrat   Phosphorsäure
$$+ 2\,HNO_3$$

c) **Schwermetalle**, wie Kupfer, Blei, erzeugen eine dunkle Fällung von Metallsulfid.

Formel siehe Acidum nitricum.

Entsteht eine milchig weisse Trübung, so kann dieses von **Schwefeldioxyd** oder **Jodsäure** herrühren, indem Schwefel abgeschieden wird und in ersterem Falle Pentathionsäure gebildet (a), und in letzterem Jod frei wird (b).

a) Formel siehe bei Acidum hydrochloricum.

b) $2\,HJO_3 + 5\,H_2S = 5\,S + J_2 + 6\,H_2O$
   Jodsäure

Nach dem Verdünnen mit 3 Raumteilen Wasser soll sie weder durch Baryumnitratlösung (a), noch nach Zusatz von Ammoniakflüssigkeit (b) durch Ammoniumoxalatlösung verändert werden (c).

a) Schwefelsäure erzeugt eine weisse Fällung von Baryumsulfat.

Formel siehe Acetum.

b) Entsteht beim Übersättigen mit Ammoniakflüssigkeit ein flockiger Niederschlag, so ist Thonerde zugegen.

$$Al_2(SO_4)_3 \;+\; 6\,NH_3 \;+\; 6\,H_2O = 2\,Al(OH)_3$$
Aluminiumsulfat Ammoniak   Aluminiumhydroxyd
$$+ 3\,(NH_4)_2SO_4$$
Ammoniumsulfat

c) Entsteht erst auf Zusatz von Ammoniumoxalat ein Niederschlag, so zeigt dieses Knochen-Phosphorsäure an, welche stets saures Calciumphosphat enthält.

$$CaH_4(PO_4)_2 \;+\; (NH_4)_2C_2O_4 \;+\; 2\,NH_3$$
Primäres Calciumphosphat Ammoniumoxalat   Ammoniak
$$+ H_2O = CaC_2O_4 \cdot H_2O \;+\; 2\,[(NH_4)_2HPO_4]$$
              Calciumoxalat   Sekundäres Ammoniumphosphat

Eine Mischung aus 2 ccm Phosphorsäure und 2 ccm Schwefelsäure soll beim Überschichten mit 1 ccm Ferrosulfatlösung eine gefärbte Zone nicht bilden.

Ist salpetrige Säure oder Salpetersäure zugegen, so oxydieren diese einen Teil Ferrosulfat zu Ferrisulfat, und es wird Stickoxyd frei, welches sich mit einem anderen Teil Ferrosulfat zu der braunen Verbindung $FeSO_4 . NO$ vereinigt.

$$2 HNO_2 + 2 FeSO_4 + H_2SO_4 = Fe_2(SO_4)_3$$
Salpetrige Säure   Ferrosulfat   Schwefelsäure   Ferrisulfat
$$+ 2 H_2O + 2 NO$$
Stickoxyd

Formel für die Salpetersäure siehe bei Acetum.

Acidum salicylicum — Salicylsäure.

$$C_6H_4 <{OH \atop COOH}$$

Beim schnellen Erhitzen wird die Salicylsäure zersetzt in Karbolsäure und Kohlendioxyd.

$$C_6H_4 <{OH \atop COOH} = C_6H_5 . OH + CO_2$$
Salicylsäure   Karbolsäure   Kohlendioxyd

Salicylsäure löst sich in Natriumcarbonatlösung bei gewöhnlicher Temperatur klar auf unter Bildung von Natriumsalicylat und Entweichen von Kohlendioxyd.

$$2 \left[C_6H_4 <{OH \atop COOH} \right] + Na_2CO_3 = 2 \left[C_6H_4 <{OH \atop COONa} \right]$$
Salicylsäure   Natriumcarbonat   Natriumsalicylat
$$+ CO_2 + H_2O$$
Kohlendioxyd

Die Lösung der Salicylsäure in Weingeist (1 = 10) soll, nach Zusatz von wenig Salpetersäure, durch Silbernitratlösung nicht verändert werden.

Salzsäure oder Natriumchlorid erzeugen eine weisse Fällung von Silberchlorid.

$$NaCl + AgNO_3 = AgCl + NaNO_3$$
Natriumchlorid   Silbernitrat   Silberchlorid   Natriumnitrat

Acidum sulfuricum — Schwefelsäure.

94 bis 98 Prozent H_2SO_4.

In der stark mit Wasser verdünnten Lösung von Schwefelsäure wird durch Baryumnitratlösung ein weisser Niederschlag von Baryumsulfat erzeugt.

Formel siehe Acetum.

Acidum sulfuricum.

Wird 1 ccm eines erkalteten Gemisches von 1 Raumteil Schwefelsäure und 2 Raumteilen Wasser in 3 ccm Zinnchlorürlösung gegossen, so soll die Mischung im Laufe einer Stunde keine dunklere Farbe annehmen.

Bei Gegenwart von arseniger Säure und Arsensäure scheidet sich braunes metallisches Arsen aus unter Bildung von Zinnchlorid.

Formel für arsenige Säure siehe Acidum aceticum.

Formel für Arsensäure siehe Acidum phosphoricum.

3 bis 4 Tropfen Kaliumpermanganatlösung sollen, mit 10 ccm der mit 5 Raumteilen Wasser verdünnten Säure versetzt, in der Kälte nicht sogleich entfärbt werden.

Ist **salpetrige Säure** oder **schweflige Säure** zugegen, so werden diese durch den Sauerstoff des Kaliumpermanganats zu Salpetersäure oder Schwefelsäure oxydiert unter Bildung von Kaliumsulfat und Manganosulfat, und es findet Entfärbung der Flüssigkeit statt.

$$2\ KMnO_4\ +\ 3\ H_2SO_4\ +\ 5\ HNO_2\ =\ K_2SO_4$$
Kaliumpermanganat　　Salpetrige Säure　Kaliumsulfat
$$+\ 2\ MnSO_4\ +\ 5\ HNO_3\ +\ 3\ H_2O$$
Manganosulfat

$$2\ KMnO_4\ +\ 3\ H_2SO_4\ +\ 5\ SO_2\ +\ 2\ H_2O$$
Kaliumpermanganat　　　Schwefeldioxyd
$$=\ K_2SO_4\ +\ 2\ MnSO_4\ +\ 5\ H_2SO_4$$
Kaliumsulfat　Manganosulfat

Die mit 20 Raumteilen Wasser verdünnte und mit Ammoniakflüssigkeit annähernd neutralisierte Schwefelsäure, wobei sich Ammoniumsulfat $(NH_4)_2SO_4$ bildet, soll durch Schwefelwasserstoffwasser nicht verändert werden.

Schwermetalle, wie Kupfer, Blei, erzeugen eine dunkle Fällung von Metallsulfid.

$$CuSO_4\ +\ H_2S\ =\ CuS\ +\ H_2SO_4$$
Kupfersulfat　　　　Kupfersulfid

Durch Silbernitratlösung soll die wässerige Lösung nicht getrübt werden.

Salzsäure erzeugt eine weisse Fällung von Silberchlorid.

Formel siehe Acetum.

2 ccm Schwefelsäure sollen beim Überschichten mit 1 ccm Ferrosulfatlösung eine gefärbte Zone nicht bilden.

Bei Gegenwart von salpetriger Säure und Salpetersäure oxydieren diese einen Teil Ferrosulfat zu Ferrisulfat, und werden zu Stickoxyd, das sich mit einem anderen Teil Ferrosulfat zu der braunen Verbindung $FeSO_4 . NO$ vereinigt.

Formel für salpetrige Säure siehe Acidum phosphoricum.
Formel für Salpetersäure siehe Acetum.

Beim Überschichten von 2 ccm Schwefelsäure mit 2 ccm Salzsäure, welche ein Körnchen Natriumsulfit gelöst enthält, soll weder eine rötliche Zone (a), noch beim Erwärmen eine rot gefärbte Ausscheidung entstehen (b).

a) Wird Natriumsulfit in Salzsäure gelöst, so wird Schwefeldioxyd frei. Ist selenige Säure zugegen, so wird diese zu Selen reduziert, und es entsteht eine rötliche Zwischenzone.

Na_2SO_3 + 2 HCl = 2 NaCl + SO_2 + H_2O
Natriumsulfit   Natriumchlorid Schwefeldioxyd

H_2SeO_3 + 2 SO_2 + H_2O = Se + 2 H_2SO_4
Selenige Säure Schwefeldioxyd   Selen

b) Enthält die Schwefelsäure Selensäure, so wird diese erst beim Erwärmen mit Salzsäure zu seleniger Säure reduziert unter Freiwerden von Chlor, und die selenige Säure wird dann durch Schwefeldioxyd wie oben zu Selen reduziert.

H_2SeO_4 + 2 HCl = H_2SeO_3 + Cl_2 + H_2O
Selensäure   Selenige Säure

Acidum tannicum — Gerbsäure.

$$C_{14}H_{10}O_9 = \frac{C_6H_2(OH)_3 . CO}{C_6H_2(OH)_3 . CO} > O$$

Die Gerbsäure kann entstanden betrachtet werden aus 2 Molekülen Gallussäure (Trioxybenzoesäure), $C_7H_6O_5 = C_6H_2 \begin{array}{l} (OH)_3 \\ COOH \end{array}$, aus welchen 1 Molekül Wasser ausgetreten ist.

$2 C_7H_6O_5 - H_2O = C_{14}H_{10}O_9$
Gallussäure   Gerbsäure

Aus der wässerigen Lösung (1 = 5) wird die Gerbsäure durch Zusatz von Schwefelsäure oder von Natriumchlorid abgeschieden, indem derselben das Lösungsmittel entzogen wird.

Eisenchloridlösung erzeugt in einer wässerigen Gerbsäurelösung einen blauschwarzen Niederschlag von Ferritannat, der wechselnde Zusammensetzung besitzt. Auf Zusatz von Schwefelsäure verschwindet dieser Niederschlag wieder, indem sich Ferrisulfat $Fe_2(SO_4)_3$ bildet, und Gerbsäure frei wird.

Acidum tartaricum — Weinsäure.

$$C_4H_6O_6 = C_2H_2(OH)_2 \begin{cases} COOH \\ COOH \end{cases}$$

Die wässerige Lösung der Weinsäure (1 = 3) giebt mit Kaliumacetatlösung einen krystallinischen Niederschlag von saurem Kaliumtartrat (a); mit überschüssigem Kalkwasser einen anfangs flockigen, bald krystallinisch werdenden Niederschlag von Calciumtartrat (b). Dieser löst sich in Ammoniumchloridlösung und in Natronlauge auf. Beim Kochen letzterer Lösung scheidet sich Calciumtartrat aus, das beim Erkalten sich wieder löst.

Enthält die Weinsäure Traubensäure, welche damit isomer ist, so scheidet sich auch traubensaures Calcium ab, das aber in Ammoniumchloridlösung nicht löslich ist.

a) $C_4H_6O_6$ + CH_3 . COOK = $C_4H_5KO_6$ + CH_3 . COOH
Weinsäure Kaliumacetat Saures Kaliumtartrat Essigsäure

b) $C_4H_6O_6$ + $Ca(OH)_2$ = $C_4H_4CaO_6$ + $2 H_2O$
Weinsäure Calciumhydroxyd Calciumtartrat

Die wässerige Lösung der Weinsäure (1 = 10) soll weder durch Baryumnitrat- (a), noch durch Ammoniumoxalatlösung (b), noch, mit Ammoniakflüssigkeit bis zur schwach sauren Reaktion versetzt, durch Calciumsulfatlösung verändert werden (c).

a) Schwefelsäure erzeugt eine weisse Fällung von Baryumsulfat.

Formel siehe Acetum.

b) Calciumsalze geben eine weisse Fällung von Calciumoxalat.

Formel siehe Acidum citricum.

c) Ist Traubensäure oder Oxalsäure zugegen, so entsteht eine weisse Fällung von traubensaurem Calcium oder Calciumoxalat.

$C_4H_6O_6$. H_2O + $CaSO_4$ = $C_4H_4CaO_6$
Traubensäure Calciumsulfat Traubensaures Calcium
+ H_2SO_4 + H_2O

34 Acidum trichloraceticum.

$$H_2C_2O_4 \cdot H_2O + CaSO_4 = CaC_2O_4 \cdot H_2O$$
Oxalsäure Calciumsulfat Calciumoxalat
$$+ H_2SO_4 + H_2O$$

Die Lösung von 5 g Weinsäure in 10 ccm soll, nach dem Versetzen mit Ammoniakflüssigkeit bis zur schwach sauren Reaktion, durch Schwefelwasserstoffwasser nicht verändert werden.

Schwermetalle, wie Kupfer, Blei, geben eine dunkle Fällung von Metallsulfid.

Formel siehe Acidum sulfuricum.

Acidum trichloraceticum — Trichloressigsäure.

$$CCl_3 \cdot COOH$$

Die Krystalle entwickeln beim Erhitzen mit überschüssiger Kalilauge deutlich Chloroformgeruch; die Säure zerfällt damit in Chloroform und Kaliumcarbonat.

$$CCl_3 \cdot COOH + 2 KOH = CHCl_3 + K_2CO_3$$
Trichloressigsäure Kaliumhydroxyd Chloroform Kaliumcarbonat
$$+ H_2O$$

10 ccm der wässerigen Lösung (1 = 10) dürfen, nach dem Zusatz von 2 Tropfen Zehntel-Normal-Silbernitratlösung, höchstens schwach opalisierend getrübt werden.

Salzsäure erzeugt eine weisse Fällung von Silberchlorid.

Formel siehe Acetum.

Zur Neutralisation von 1 g zuvor getrockneter Trichloressigsäure sollen nicht mehr als 6,1 ccm Normal-Kalilauge erforderlich sein.

Bei der Neutralisation mit Kalilauge entsteht Kaliumtrichloracetat.

$$CCl_3 \cdot COOH + KOH = CCl_3 \cdot COOK + H_2O$$
Trichloressigsäure Kaliumhydroxyd Kaliumtrichloracetat
163,36 56,16

1 Molekül Trichloressigsäure = 163,36 braucht 1 Molekül Kaliumhydroxyd = 56,16 zur Neutralisation.

1 ccm Normal-Kalilauge enthält 0,05616 g Kaliumhydroxyd
(siehe bei Acidum camphoricum),
1 „ „ „ sättigt 0,16336 g Trichloressigsäure,
6,1 „ „ „ sättigen 6,1 × 0,16336
= 0,996496 g „

Diese Menge muss in 1 g des Präparats enthalten sein, in 100 g des letzteren also 99,649 g.
Enthält das Präparat fremde Säuren mit niedrigerem Molekulargewicht, wie Monochloressigsäure, Weinsäure etc., so wird 1 g desselben mehr Normal-Kalilauge zur Sättigung brauchen, als 6,1 ccm.

Adeps suillus — Schweineschmalz.

Werden 10 g Schweineschmalz in 10 ccm Chloroform gelöst, 10 ccm Weingeist und 1 Tropfen Phenolphtalein hinzugefügt, so soll die Lösung nach Zusatz von 0,2 ccm Normal-Kalilauge und nach kräftigem Umschütteln rotgefärbt sein.

Das Schweinefett ist ein Gemenge neutraler zusammengesetzter Äther des Glycerins mit den Fettsäuren: Ölsäure, Palmitin- und Stearinsäure. Durch den Einfluss des Sauerstoffes der Luft erleiden diese Äther eine Spaltung in Glycerin und freie Fettsäuren, und letztere werden weiter zu flüchtigen, unangenehm riechenden, sauer reagierenden Stoffen oxydiert (Ranzigwerden). Das Schweinefett muss weniger freie Säuren enthalten, als 0,2 ccm Normal-Kalilauge zu neutralisieren vermögen, so dass durch diese Menge Kalilauge alkalische Reaktion erzeugt wird.

Kocht man 2 Teile Schweinefett mit 3 Teilen Kalilauge und 2 Teilen Weingeist, bis sich die Mischung klärt, so soll sie, bei Zugabe von 50 Teilen Wasser und 10 Teilen Weingeist, eine klare oder nur schwach opalisierende Flüssigkeit geben.

Kocht man Schweinefett mit Kalilauge, so wird dasselbe verseift, indem sich die Fettsäuren mit dem Kalium verbinden und Glycerin frei wird. Es bildet sich ölsaures, palmitinsaures und stearinsaures Kalium (Seifen).

$$C_3H_5(C_{18}H_{33}O_2)_3 + 3\ KOH = C_3H_5(OH)_3$$
Ölsaures Glycerin Kaliumhydroxyd Glycerin
(Triolein)

$$+ 3\ C_{18}H_{33}KO_2$$
Ölsaures Kalium

Auf ganz analoge Weise wird das palmitinsaure Glycerin (Tripalmitin), $C_3H_5(C_{16}H_{31}O_2)_3$, und das stearinsaure Glycerin (Tristearin), $C_3H_5(C_{18}H_{35}O_2)_3$ zersetzt.

Zur Bestimmung der Jodaufnahmefähigkeit löst man etwa 1 g Schweineschmalz in 15 ccm Chloroform, fügt je 25 ccm weingeistige Jodlösung und weingeistige Quecksilberchloridlösung hinzu, und lässt 4 Stunden lang an einem vor direktem Tageslicht geschützten Orte stehen. Alsdann versetzt man mit 1,5 g Kaliumjodid und 100 ccm Wasser und titriert mit Zehntel-Normal-Natriumthiosulfatlösung bis zur Entfärbung. 100 Teile Schweineschmalz sollen nicht weniger als 46 und nicht mehr als 66 Teile Jod aufnehmen.

Die Fette sind Glyceride gesättigter und ungesättigter Fettsäuren. Zu ersteren gehören Palmitinsäure, Stearinsäure etc., zu letzteren Ölsäure, Leinölsäure, Linolensäure etc. Lässt man auf Fette eine alkoholische Lösung von Jod und Quecksilberchlorid einwirken, so wird eine gewisse Menge Jod von den ungesättigten Fettsäuren und deren Glyceriden aufgenommen, indem Chlorjodadditionsprodukte der Fettsäuren entstehen, während die gesättigten Fettsäuren und deren Glyceride kein Jod aufnehmen. Je nach der Natur der ungesättigten Fettsäuren binden dieselben eine verschiedene Menge Jod. So binden die Glieder der Ölsäure für je 1 Molekül 2 Atome Jod, die der Leinölsäure 4 Atome und die der Linolensäure 6 Atome Jod. Da nun die Fette und Öle eine verschiedene Menge ungesättigter Fettsäuren besitzen, so ist auch die Menge Jod, welche dieselben aufzunehmen vermögen, eine verschiedene, und bewegt sich dieselbe für ein und dasselbe Fett innerhalb gewisser, konstanter Grenzen. — Die Menge Jod, welche 100 Teile eines Fettes oder Öles zu binden vermögen, wird Jodzahl genannt. Man erhält dieselbe, wenn man das Fett mit einer bestimmten Menge weingeistiger Jodquecksilberchloridlösung behandelt, und hierauf die vom Fett nicht gebundene Menge Jod mittels Zehntel-Normal-Natriumthiosulfatlösung bestimmt. Ebenso wird die in einer gleichen Menge Jodquecksilberchloridlösung enthaltene Menge Jod auf gleiche Weise festgestellt. Aus der Differenz beider Bestimmungen erfährt man, wie viel Jod von der abgewogenen Fettmenge gebunden wurde und berechnet dann diese Menge Jod auf 100 Teile Fett.

Der Zusatz von Kaliumjodid bezweckt, das Jod in der Flüssigkeit, welche durch den Zusatz von Natriumthiosulfatlösung wässerig wird, in Lösung zu halten.

Die Bestimmung des Jods mittels Zehntel-Normal-Natriumthiosulfatlösung beruht auf der Bildung von Natriumjodid und Natriumtetrathionat..

$$2\,J + 2\,(Na_2S_2O_3 \cdot 5\,H_2O) = 2\,NaJ$$
$$2 \cdot 126{,}85 \quad \text{Natriumthiosulfat} \quad \text{Natriumjodid}$$
$$2 \cdot 248{,}32$$
$$+ Na_2S_4O_6 + 10\,H_2O$$
$$\text{Natriumtetrathionat}$$

Adeps suillus. 37

1 Molekül Natriumthiosulfat 248,32 bindet 1 Atom Jod
= 126,85.
1000 ccm Zehntel-Normal-Natriumthiosulfatlösung enthalten
24,832 g Natriumthiosulfat,
1 ccm Zehntel-Normal-Natriumthiosulfatlösung enthält
0,024832 g Natriumthiosulfat,
1 ccm Zehntel-Normal-Natriumthiosulfatlösung bindet
0,012685 g Jod.

Enthält das Schweinefett fremde Fette oder Öle beigemengt,
so wird dadurch die Jodzahl erhöht oder erniedrigt.

Berechnung der Jodzahl.

Hat man z. B. 0,45 g Mandelöl abgewogen, und wurden zur
Bindung des ungebundenen Jods 55 ccm Zehntel-Normal-Natriumthiosulfatlösung gebraucht, während die gleiche Menge Jodlösung
zum Titrieren 90 ccm Zehntel-Normal-Natriumthiosulfatlösung
nötig hatten, so wurde von dem Mandelöl so viel Jod gebunden,
als 90—55 = 35 ccm Zehntel-Normal-Natriumthiosulfatlösung zu
binden vermögen.

1 ccm Zehntel-Normal-Natriumthiosulfatlösung bindet
0,012685 g Jod (siehe oben).

35 ccm Zehntel-Normal-Natriumthiosulfatlösung binden
$35 \times 0,012685 = 0,443975$ g Jod.

Diese Menge Jod wurde von 0,45 g Mandelöl gebunden.

100 Teile Mandelöl binden: $\dfrac{0,443975 \times 100}{0,45} = 98,6$ T. Jod

und dieses ist die Jodzahl.

Aether — Äther.

$$C_2H_5-O-C_2H_5$$

Lässt man 2 ccm Äther in einer Glasschale bei gewöhnlicher
Temperatur verdunsten, so hinterbleibt ein feuchter Beschlag,
welcher blaues Lackmuspapier nicht röten soll.

Der Äther erleidet unter dem Einfluss von Luft und Licht
eine Zersetzung unter Bildung von Wasserstoffsuperoxyd und
Vinylalkohol (a). Durch Einwirkung des Wasserstoffsuperoxyds
auf Äther entsteht andererseits Vinylalkohol, Wasser und Ozon (b)
und letzteres oxydiert den Vinylalkohol zu Essigsäure (c), welche

bei freiwilliger Verdunstung des Äthers zurückbleibt und die saure Reaktion bedingt.

a) $\begin{matrix}C_2H_5\\C_2H_5\end{matrix}{>}O + O_3 = 2\;(CH_2{=}CHOH) + H_2O_2$
  Äther　　　　　　　　Vinylalkohol　Wasserstoffsuperoxyd

b) $9\;H_2O_2 + 3\left(\begin{matrix}C_2H_5\\C_2H_5\end{matrix}{>}O\right) = 6\;(CH_2{=}CHOH)$
  Wasserstoffsuperoxyd　Äther　　　　　　Vinylalkohol
  $+ 12\;H_2O + O_3$
  　　　　　　　Ozon

c) $6\;(CH_3{=}CHOH) + 3\;O_3 = 6\;(CH_3 . COOH) + 3\;H_2O$
  Vinylalkohol　　　　Ozon　　　　Essigsäure

Ist Vinylalkohol im Äther, so färbt dieser in Stücke zerstossenes Kaliumhydroxyd gelblich; dasselbe geschieht bei Gegenwart von Aldehyd, indem sich Aldehydharz bildet.

10 ccm Äther sollen, mit 1 ccm Kaliumjodidlösung geschüttelt, innerhalb einer Stunde eine Färbung nicht annehmen.

Bei Gegenwart von Wasserstoffsuperoxyd wird aus dem Kaliumjodid Jod in Freiheit gesetzt, das sich in Äther mit gelber Farbe löst.

$H_2O_2 + 2\;KJ = J_2 + 2\;KOH$
Wasserstoffsuperoxyd　Kaliumjodid　　　　Kaliumhydroxyd

Aether aceticus — Essigäther.

$CH_3 . COO\,(C_2H_5)$

Durch längere Einwirkung von Luft auf Essigäther bildet sich Essigsäure, und der Essigäther reagiert dann sauer.

$CH_3 . COO\,(C_2H_5) + O_2 = 2\;CH_3 . COOH$
Essigäther　　　　　　　　　　Essigsäure

Beigemengtes Fuselöl, $C_5H_{11} . OH$ und dessen Äther bleiben beim Verdunsten des Essigäthers zurück und der Rückstand besitzt einen unangenehmen Geruch.

Aether bromatus — Äthylbromid.

C_2H_5Br

Darstellung. In ein Gemisch von 12 Teilen Schwefelsäure und 7 Teilen Weingeist von 0,816 spez. Gew. werden all-

Aether pro narcosi.

mählich 12 Teile gepulvertes Kaliumbromid eingetragen, und die Mischung aus dem Sandbad der Destillation unterworfen. Alkohol und Schwefelsäure vereinigen sich zu Äthylschwefelsäure und Wasser (a), und erstere setzt sich mit dem Kaliumbromid um in Äthylbromid, das überdestilliert, und saueres Kaliumsulfat (b).

a) $C_2H_5 . OH + H_2SO_4 = C_2H_5 . HSO_4 + H_2O$
Äthylalkohol   Äthylschwefelsäure

b) $C_2H_5 . HSO_4 + KBr = C_2H_5Br + KHSO_4$
Äthylschwefel-   Kaliumbromid   Äthylbromid   Saueres Kalium-
säure   sulfat

Das Destillat schüttelt man zuerst mit einem gleichen Raumteil Schwefelsäure, um es von dem beigemengten Alkohol und Äther zu befreien, sodann mit einer Lösung von Kaliumcarbonat (1 = 20), um die vorhandene Bromwasserstoffsäure unter Bildung von Kaliumbromid zu entfernen, entwässert dann mit Calciumchlorid, und destilliert aus dem Wasserbade.

$2 HBr + K_2CO_3 = 2 KBr + CO_2$
Bromwasserstoff   Kaliumcarbonat   Kaliumbromid   Kohlendioxyd
$+ H_2O$

Prüfung. Schüttelt man 5 ccm Äthylbromid und 5 ccm Wasser einige Sekunden lang, hebt von dem Wasser sofort 2,5 ccm ab, und versetzt sie mit 1 Tropfen Silbernitratlösung, so soll die Mischung mindestens 5 Minuten lang klar bleiben.

Enthält das Präparat Bromwasserstoffsäure oder Bromalkalien, so entsteht eine weisse Fällung von Silberbromid.

$KBr + AgNO_3 = AgBr + KNO_3$
Kaliumbromid   Silbernitrat   Silberbromid   Kaliumnitrat

Unter dem Einfluss von Licht, Wasser und Luft wird das Äthylbromid zersetzt, indem sich Bromwasserstoff bildet, und Brom frei wird.

$C_2H_5Br + H_2O = C_2H_5 . OH + HBr$
Äthylbromid   Äthylalkohol   Bromwasserstoff

$2 HBr + O = Br_2 + H_2O$
Bromwasserstoff

Aether pro narcosi — Narkoseäther.

Die chemischen Vorgänge bei der Prüfung wie bei Äther.

Agaricinum — Agaricin.

Das Agaricin stellt eine zweibasische Säure dar, und besitzt die Formel: $C_{16}H_{30}O_5 \cdot H_2O = C_{14}H_{27}(OH)\begin{cases}COOH \\ COOH\end{cases} + H_2O$. Kalilauge und Ammoniakflüssigkeit lösen das Agaricin klar auf unter Bildung von agaricinsaurem Kalium und Ammonium.

Alcohol absolutus — Absoluter Alkohol.

$C_2H_5 \cdot OH$ mit bis 1 Prozent Wasser.

Durch längere Einwirkung des Sauerstoffs der Luft wird der Alkohol zu Acetaldehyd und letzterer zu Essigsäure oxydiert, und der Alkohol besitzt dann saure Reaktion.

$$C_2H_5 \cdot OH + O = C_2H_4O + H_2O$$
Äthylalkohol $\quad\quad$ Acetaldehyd

$$C_2H_4O + O = C_2H_4O_2$$
Acetaldehyd $\quad\quad$ Essigsäure

10 ccm absoluter Alkohol sollen sich nach dem Zusatz von 5 Tropfen Silbernitratlösung selbst beim Erwärmen weder trüben noch färben.

Enthält der Alkohol Chloride, so entsteht schon in der Kälte eine weisse Fällung von Silberchlorid.

Formel siehe Acidum benzoicum.

Erfolgt beim Erwärmen eine dunkle Färbung, so ist Acetaldehyd zugegen, welches metallisches Silber abscheidet.

$$C_2H_4O + 2\,AgNO_3 + H_2O = C_2H_4O_2 + Ag_2 + 2\,HNO_3$$
Acetaldehyd $\quad$ Silbernitrat $\quad\quad\quad$ Essigsäure

Eine bis 1 ccm verdunstete Mischung von 10 ccm absolutem Alkohol und 0,2 ccm Kalilauge soll nach dem Übersättigen mit verdünnter Schwefelsäure nicht nach Fuselöl riechen.

Enthält der Alkohol Amylester, z. B. essigsauren Amyläther, so wird dieser beim Eindampfen mit Kalilauge zersetzt und Amylalkohol (Fuselöl) in Freiheit gesetzt, dessen unangenehmer Geruch beim Übersättigen des überschüssig vorhandenen Kaliumhydroxyds mit verdünnter Schwefelsäure deutlich hervortritt.

$$CH_3 \cdot COO(C_5H_{11}) + KOH = C_5H_{11} \cdot OH$$
Essigsaurer Amyläther $\quad$ Kaliumhydroxyd $\quad$ Amylalkohol
$$+ CH_3 \cdot COOK$$
Kaliumacetat

Alumen. 41

Die rote Farbe einer Mischung aus 10 ccm absolutem Alkohol und 1 ccm Kaliumpermanganatlösung soll nicht nach Ablauf von 20 Minuten in gelb übergehen. Bei Gegenwart von Aldehyd, Fuselölen, Extraktivstoffen und anderen organischen Stoffen tritt eine Farbenveränderung in Gelb ein, indem diese Stoffe durch den Sauerstoff des Kaliumpermanganats oxydiert werden. So wird Acetaldehyd zu Essigsäure oxydiert.

$$C_2H_4O + O = C_2H_4O_2$$
Acetaldehyd Essigsäure

Absoluter Alkohol soll durch Schwefelwasserstoffwasser nicht gefärbt werden. Metalle, wie Kupfer, Blei, erzeugen eine dunkle Fällung von Metallsulfid.

Formel siehe Acetum.

Alumen — Kali-Alaun.

$$Al_2K_2(SO_4)_4 + 24\ H_2O.$$

Die wässerige Lösung des Kali-Alauns giebt mit Natronlauge einen weissen, gallertartigen Niederschlag von Aluminiumhydroxyd (a), der im Überschusse des Fällungsmittels löslich ist, indem sich Natriumaluminat bildet (b). Auf genügenden Zusatz von Ammoniumchloridlösung scheidet sich wieder Aluminiumhydroxyd aus unter Bildung von Natriumchlorid und Freiwerden von Ammoniak (c).

a) $Al_2K_2(SO_4)_4 \cdot 24\ H_2O + 6\ NaOH = 2\ Al(OH)_3$
Kali-Alaun Natriumhydroxyd Aluminiumhydroxyd
$+ K_2SO_4 + 3\ Na_2SO_4 + 24\ H_2O$
Kaliumsulfat Natriumsulfat

b) $Al(OH)_3 + 3\ NaOH = Al(ONa)_3 + 3\ H_2O$
Aluminiumhydroxyd Natriumhydroxyd Natriumaluminat

c) $Al(ONa)_3 + 3\ NH_4Cl = Al(OH)_3$
Natriumaluminat Ammoniumchlorid Aluminiumhydroxyd
$+ 3\ NaCl + 3\ NH_3$
Natriumchlorid Ammoniak

In der gesättigten, wässerigen Lösung erzeugt Weinsäurelösung bei kräftigem Umschütteln innerhalb einer halben Stunde einen krystallinischen Niederschlag von saurem Kaliumtartrat.

$Al_2K_2(SO_4)_4 \cdot 24\ H_2O + 2\ C_4H_6O_6 = 2\ C_4H_5KO_6$
Kali-Alaun Weinsäure Saueres Kaliumtartrat
$+ Al_2(SO_4)_3 + H_2SO_4 + 24\ H_2O$
Aluminiumsulfat

Die wässerige Lösung (1 = 10) soll durch Schwefelwasserstoffwasser nicht verändert werden.

Metalle, wie Kupfer, Blei, erzeugen eine dunkle Fällung von Metallsulfid.

Formel siehe bei Acidum sulfuricum.

Bei Gegenwart von Eisenalaun wird Schwefel abgeschieden.

$Fe_2Na_2(SO_4)_4 \cdot 24\ H_2O + H_2S = 2\ FeSO_4 + Na_2SO_4 + S$
Eisen-Natrium-Alaun　　　　　Ferrosulfat　Natriumsulfat
　　　　　$+ H_2SO_4 + 24\ H_2O$

20 ccm derselben Lösung sollen durch Zusatz von 0,5 ccm Kaliumferrocyanidlösung nicht sofort gebläut werden.

Ferrisalze erzeugen eine blaue Fällung von Ferriferrocyanid (Berlinerblau).

$2\ Fe_2(SO_4)_3 + 3\ K_4FeCy_6 = Fe_4(FeCy_6)_3 + 6\ K_2SO_4$
Ferrisulfat　Kaliumferrocyanid　Ferriferrocyanid　Kaliumsulfat

1 g gepulverter Kali-Alaun soll beim Erhitzen mit 1 ccm Wasser und 3 ccm Natronlauge Ammoniak nicht entwickeln.

Ist Ammoniak-Alaun vorhanden, so wird Ammoniak frei.

$Al_2(NH_4)_2(SO_4)_4 \cdot 24\ H_2O + 2\ NaOH$
Ammoniakalaun　　　Natriumhydroxyd
$= Al_2(SO_4)_3 + Na_2SO_4 + 2\ NH_3 + 26\ H_2O$
Aluminiumsulfat　Natriumsulfat　Ammoniak

Aluminium sulfuricum — Aluminiumsulfat.

$$Al_2(SO_4)_3 \cdot 18\ H_2O.$$

Die wässerige Lösung des Aluminiumsulfats giebt mit Baryumnitratlösung einen weissen, in Salzsäure unlöslichen Niederschlag von Baryumsulfat (a), mit Natronlauge einen farblosen, gallertartigen Niederschlag von Aluminiumhydroxyd (b), der sich im Überschusse des Fällungsmittels als Natriumaluminat auflöst (c) und auf genügenden Zusatz von Ammoniumchloridlösung wieder ausscheidet unter Bildung von Natriumchlorid und Freiwerden von Ammoniak (d).

a) $Al_2(SO_4)_3 + 3\ Ba(NO_3)_2 = 3\ BaSO_4 + 2\ Al(NO_3)_3$
Aluminiumsulfat　Baryumnitrat　Baryumsulfat　Aluminiumnitrat

b) $Al_2(SO_4)_3 + 6\ NaOH = 2\ Al(OH)_3$
Aluminiumsulfat　Natriumhydroxyd　Aluminiumhydroxyd
$+ 3\ Na_2SO_4$
Natriumsulfat

c und d siehe bei Alumen.

Die filtrierte wässerige Lösung (1 = 10) darf durch Schwefelwasserstoffwasser nicht verändert (a), noch auf Zusatz einer gleichen Menge Zehntel - Normal - Natriumthiosulfatlösung, mehr als opalisierend getrübt werden (b).

a) **Metalle**, wie Kupfer, Blei, erzeugen eine dunkle Fällung von Metallsulfid.

Formel siehe Acidum sulfuricum.

b) Bei Gegenwart von **freier Schwefelsäure** scheidet sich Schwefel ab unter Freiwerden von Schwefeldioxyd und Bildung von Natriumsulfat.

$$Na_2S_2O_3 + H_2SO_4 = Na_2SO_4 + H_2O$$
Natriumthiosulfat   Natriumsulfat
$$+ SO_2 + S$$
Schwefeldioxyd

Die Prüfung auf **Ferrisalz** erfolgt wie bei Alumen (siehe dort); die auf **arsenige Säure** und **Arsensäure** mittels Zinnchlorürlösung.

Formel für arsenige Säure siehe Acidum sulfuricum.
Formel für Arsensäure siehe Acidum phosphoricum.

Ammonium bromatum — Ammoniumbromid.

$$NH_4Br$$

Die wässerige Lösung des Ammoniumbromids färbt nach Zusatz von wenig Chlorwasser Chloroform beim Schütteln rotbraun (a) und entwickelt beim Erhitzen mit Natronlauge Ammoniak (b).

a) Das Chlor macht aus dem Ammoniumbromid das Brom frei und dieses löst sich in Chloroform mit rotbrauner Farbe.

$$NH_4Br + Cl = NH_4Cl + Br$$
Ammoniumbromid   Ammoniumchlorid

Ein Überschuss von Chlor ist zu vermeiden, indem sich farbloses Chlorbrom bilden würde.

b) Das Natriumhydroxyd treibt das Ammoniak unter Bildung von **Natriumbromid** aus.

$$NH_4Br + NaOH = NaBr + NH_3$$
Ammoniumbromid Natriumhydroxyd Natriumbromid Ammoniak
$$+ H_2O$$

Eine kleine Menge des zerriebenen Salzes soll sich, auf weissem Porzellan ausgebreitet, auf Zusatz weniger Tropfen verdünnter Schwefelsäure nicht sofort gelb färben.

44 Ammonium bromatum.

Ist Ammoniumbromat zugegen, so wird durch die Schwefelsäure Bromsäure in Freiheit gesetzt und zugleich aus dem Ammoniumbromid Bromwasserstoff. Bromsäure und Bromwasserstoff setzen sich in Brom und Wasser um.

$$NH_4Br + (NH_4)BrO_3 + H_2SO_4 = (NH_4)_2SO_4$$
Ammoniumbromid   Ammoniumbromat   Ammoniumsulfat
$$+ HBrO_3 + HBr$$
Bromsäure   Bromwasserstoff

$$HBrO_3 + 5\,HBr = 3\,Br_2 + 3\,H_2O$$
Bromsäure   Bromwasserstoff

Die wässerige Lösung des Salzes soll klar und neutral sein.

Saure Reaktion könnte von Bromwasserstoff herrühren, welcher durch zu starkes Erhitzen beim Eindampfen des Salzes entstanden ist.

$$NH_4Br = NH_3 + HBr$$

Durch Einwirkung der Luft auf den Bromwasserstoff wird Brom frei, und das Präparat färbt sich gelb.

$$2\,HBr + O = H_2O + Br_2$$

Obige wässerige Lösung soll keine Veränderung erleiden
durch Schwefelwasserstoffwasser (a),
durch Baryumnitratlösung (b) und
durch verdünnte Schwefelsäure (c).

a) Metalle, wie Kupfer, Blei, zeigen eine dunkle Fällung von Metallsulfid.

Formel siehe bei Acidum hydrobromicum.

b) Ammoniumsulfat erzeugt eine weisse Fällung von Baryumsulfat.

$$(NH_4)_2SO_4 + Ba(NO_3)_2 = BaSO_4 + 2\,(NH_4)NO_3$$
Ammoniumsulfat   Baryumnitrat   Baryumsulfat   Ammoniumnitrat

c) Ist Baryumbromid zugegen, so entsteht eine weisse Fällung von Baryumsulfat.

$$BaBr_2 + H_2SO_4 = BaSO_4 + 2\,HBr$$
Baryumbromid   Baryumsulfat

20 ccm der wässerigen Lösung (1 = 20) sollen durch 0.5 ccm Kaliumferrocyanidlösung nicht sofort gebläut werden.

Ferrisalze erzeugen eine blaue Fällung von Ferriferrocyanid (Berlinerblau).

Formel für Ferribromid $FeBr_3$ ganz analog wie für Ferrichlorid bei Acidum boricum.

Ammonium bromatum.

10 ccm der wässerigen Lösung des bei 100^0 getrockneten Salzes (3 g = 100 ccm) sollen nach Zusatz einiger Tropfen Kaliumchromatlösung nicht mehr als 30,9 ccm Zehntel-Normal-Silbernitratlösung bis zu bleibender Rötung erfordern.

Wird eine Lösung von Ammoniumbromid mit Silbernitratlösung versetzt, so scheidet sich Silberbromid aus.

$$NH_4Br \;+\; AgNO_3 \;=\; (NH_4)NO_3 \;+\; AgBr$$
Ammoniumbromid Silbernitrat Ammoniumnitrat Silberbromid
98,04 169,97

Zugleich scheidet sich aus dem Kaliumchromat rotes Silberchromat aus (a). Dieser Niederschlag verschwindet so lange beim Umrühren, als noch Ammoniumbromid zugegen, indem er sich damit in Ammoniumchromat und Silberbromid umsetzt (b). a und b. Formeln siehe bei Acidum hydrobromicum.

Erst wenn alles Ammoniumbromid gefällt ist, bleibt das Silberchromat unzersetzt, und die Flüssigkeit ist gerötet.

1 Molekül Ammoniumbromid = 98,04 braucht 1 Molekül Silbernitrat = 169,97 zur Fällung.

1 ccm Zehntel-Normal-Silbernitratlösung enthält 0,016997 g Silbernitrat (siehe Acidum hydrobromicum),

1 ccm Zehntel-Normal-Silbernitratlösung fällt 0,009804 g Ammoniumbromid.

In den zur Prüfung verwendeten 10 ccm der Lösung sind 0,3 g Ammoniumbromid enthalten. Diese bedürfen zur Fällung: 0,009804 : 1 ccm = 0,3 : x

x = 30,6 ccm Zehntel-Normal-Silbernitratlösung.

Das Arzneibuch gestattet 30,9 ccm, also 0,3 ccm mehr, weil es einen geringen Ammoniumchloridgehalt des Präparats zulässt.

1 Molekül Ammoniumchlorid = 53,53 braucht 1 Molekül Silbernitrat = 169,97 zur Fällung.

1 ccm Zehntel-Normal-Silbernitratlösung fällt 0,005353 g Ammoniumchlorid.

0,3 g Ammoniumchlorid brauchen zur Fällung:
0,005353 : 1 ccm = 0,3 : x

x = 56,04 ccm Zehntel-Normal-Silbernitratlösung.

Es würde also zur Fällung von 0,3 g Ammoniumchlorid 56,04—30,6 = 25,44 ccm Zehntel-Normal-Silbernitratlösung mehr gebraucht, als zur Fällung von 0,3 g Ammoniumbromid, und dieser Mehrverbrauch zeigt 100 Prozent Ammoniumchlorid an.

Obiger vom Arzneibuche gestattete Mehrverbrauch = 0,3 ccm entspricht daher:

25,44 : 100 = 0,3 : x
x = 1,18 Prozent Ammoniumchlorid.

Diese Menge gestattet das Arzneibuch in 100 Teilen Ammoniumbromid.

Ammonium carbonicum — Ammoniumcarbonat.

Das käufliche Ammoniumcarbonat stellt ein Gemenge von saurem Ammoniumcarbonat, $(NH_4)HCO_3$, und carbaminsaurem Ammonium dar. Die Carbaminsäure leitet sich ab von der hypothetischen Kohlensäure $CO{<}{OH \atop OH}$, in welcher eine Hydroxylgruppe durch eine Amidogruppe ersetzt ist, also $CO{<}{NH_2 \atop OH}$; das carbaminsaure Ammonium besitzt die Formel: $CO{<}{NH_2 \atop O(NH_4)}$.

Ammoniumcarbonat braust mit Säuren auf, indem sich ein Ammoniumsalz der betreffenden Säure bildet, und Kohlendioxyd entweicht.

$$(NH_4)HCO_3 + CO{<}{NH_2 \atop O(NH_4)} + 3\ CH_3.COOH$$
Ammoniumcarbonat   Essigsäure
$$= 3\ [CH_3.COO(NH_4)] + 2\ CO_2 + H_2O$$
Ammoniumacetat   Kohlendioxyd

Es verwittert an der Luft und ist häufig an der Luft mit einem weissen Pulver bedeckt. Bei der Verwitterung des Salzes entweicht Kohlendioxyd und Wasser und saueres Ammoniumcarbonat bleibt als weisses Pulver zurück.

$$(NH_4)HCO_3 + CO{<}{NH_2 \atop O(NH_4)} = (NH_4)HCO_3 + CO_2$$
Ammoniumcarbonat   Saueres Ammoniumcarbonat
$$+\ 2\ NH_3$$

Das Ammoniumcarbonat löst sich in etwa 5 Teilen Wasser langsam, aber vollständig auf.

In der Lösung ist saueres Ammoniumcarbonat und neutrales Ammoniumcarbonat enthalten, indem das Ammoniumcarbaminat Wasser aufnimmt und sich in neutrales Carbonat verwandelt.

Ammonium carbonicum.

$$(NH_4)HCO_3 + CO\begin{cases} NH_2 \\ O(NH_4) \end{cases} + H_2O$$

Ammoniumcarbonat

$$= (NH_4)HCO_3 \quad + \quad (NH_4)_2CO_3$$

Saueres Ammonium- Neutrales Ammoniumcarbonat   carbonat

Die wässerige Lösung des Salzes (1 = 20) soll nach Übersättigen mit Essigsäure (siehe oben) keine Veränderung erleiden durch Schwefelwasserstoffwasser (a),
durch Baryumnitratlösung (b), und
durch Ammoniumoxalatlösung (c).

a) **Schwermetalle**, wie Kupfer, Blei, erzeugen eine dunkle Fällung von Metallsulfid.

Formel siehe bei Acetum.

b) **Ammoniumsulfat** giebt eine weisse Fällung von Baryumsulfat.

Formel siehe Ammonium bromatum.

c) **Calciumverbindungen** geben eine weisse Fällung von Calciumoxalat.

Formel siehe Acidum boricum.

Die mit Salzsäure übersättigte Lösung (1 = 20), wobei sich Ammoniumchlorid, NH_4Cl, bildet, soll durch Zusatz von Eisenchloridlösung nicht gerötet werden.

Enthält das Salz Rhodanammonium, so entsteht eine rote Färbung von Eisenrhodanid.

$$3\,[CN.S(NH_4)] + FeCl_3 = Fe(CN.S)_3$$

Rhodanammonium Ferrichlorid Eisenrhodanid
$$+ 3\,NH_4Cl$$
Ammoniumchlorid

Die mit Silbernitratlösung im Überschusse versetzte wässerige Lösung (1 = 20) soll, nach dem Übersättigen mit Salpetersäure, weder gebräunt, noch innerhalb 2 Minuten mehr als opalisierend getrübt werden.

Auf Zusatz von Silbernitrat wird Silbercarbonat gefällt (a) und wenn gleichzeitig Ammoniumchlorid zugegen ist, auch Silberchlorid (b).

a) $(NH_4)HCO_3 + CO\begin{cases} NH_2 \\ O(NH_4) \end{cases} + NH_4Cl \quad + \quad 3\,AgNO_3$

Ammoniumcarbonat Ammoniumchlorid Silbernitrat

$$= Ag_2CO_3 \quad + \quad AgCl \quad + \quad 3\,(NH_4)NO_3 + CO_2 + NH_3$$

Silbercarbonat Silberchlorid Ammoniumnitrat Ammoniak

Wird mit Salpetersäure übersättigt, so löst sich das Silbercarbonat als Silbernitrat und Kohlendioxyd entweicht; das Silberchlorid bleibt ungelöst.

$$Ag_2CO_3 \;+\; 2\,HNO_3 \;=\; 2\,AgNO_3 \;+\; CO_2 \;+\; H_2O$$
Silbercarbonat   Silbernitrat

Enthält das Präparat Ammoniumthiosulfat, so entsteht durch Silbernitrat eine Fällung von Silberthiosulfat (a). Beim Übersättigen mit Salpetersäure wird die unterschweflige Säure **frei**, welche aber sogleich in Schwefel, Schwefeldioxyd und Wasser zerfällt (b). Bei gleichzeitiger Anwesenheit von Silbernitrat verbindet sich der Schwefel mit dem Silber zu Silbersulfid und das Schwefeldioxyd wird zu Schwefelsäure oxydiert (c).

a) $(NH_4)_2S_2O_3 \;+\; 2\,AgNO_3 \;=\; Ag_2S_2O_3$
Ammoniumthiosulfat   Silbernitrat   Silberthiosulfat
$\qquad\qquad\qquad +\; 2\,(NH_4)NO_3$
                Ammoniumnitrat

b) $Ag_2S_2O_3 \;+\; 2\,HNO_3 \;=\; 2\,AgNO_3 \;+\; SO_2$
Silberthiosulfat   Silbernitrat   Schwefeldioxyd
$\qquad\qquad\qquad +\; S \;+\; H_2O$

c) $2\,AgNO_3 \;+\; S \;+\; SO_2 \;+\; 2\,H_2O \;=\; Ag_2S$
Silbernitrat   Schwefeldioxyd   Silbersulfid
$\qquad\qquad +\; H_2SO_4 \;+\; 2\,HNO_3$

Ammonium chloratum — Ammoniumchlorid.

NH_4Cl.

Die wässerige Lösung des Salzes giebt mit Silbernitratlösung versetzt einen weissen Niederschlag von Silberchlorid (a) und entwickelt beim Erwärmen mit Natronlauge Ammoniak (b).

a) $NH_4Cl \;+\; AgNO_3 \;=\; AgCl \;+\; (NH_4)NO_3$
Ammoniumchlorid   Silbernitrat   Silberchlorid   Ammoniumnitrat

b) $NH_4Cl \;+\; NaOH \;=\; NH_3$
Ammoniumchlorid   Natriumhydroxyd   Ammoniak
$\qquad\qquad +\; NaCl \;+\; H_2O$
           Natriumchlorid

Die wässerige Lösung (1 = 20) soll nicht verändert werden:
    durch Schwefelwasserstoffwasser (a),
    durch Baryumnitratlösung (b),
    durch Ammoniumoxalatlösung (c), oder
    durch verdünnte Schwefelsäure (d).

a) **Schwermetalle**, wie Kupfer, Blei, erzeugen eine dunkle Fällung von Metallsulfid.

Formel siehe Acidum hydrochloricum.

b) **Ammoniumsulfat** erzeugt eine weisse Fällung von Baryumsulfat.

Formel siehe Ammonium bromatum.

c) **Calciumsalze** geben eine weisse Fällung von Calciumoxalat.

Formel siehe Acidum boricum.

d) **Blei** giebt eine weisse Fällung von Bleisulfat.

$$PbCl_2 + H_2SO_4 = PbSO_4 + 2\,HCl$$
Bleichlorid $\qquad$ Bleisulfat

Nach Ansäuern mit Salzsäure soll die Lösung auf Zusatz von Eisenchloridlösung nicht gerötet werden.

Rhodanammonium erzeugt eine rote Färbung von Eisenrhodanid.

Formel siehe Ammonium carbonicum.

20 ccm der wässerigen Lösung sollen durch 0,5 ccm Kaliumferrocyanidlösung nicht sofort gebläut werden.

Ferrisalze erzeugen eine blaue Fällung von Ferriferrocyanid (Berlinerblau).

Formel siehe Acidum boricum.

Ammonium chloratum ferratum —
Eisensalmiak.

Das Präparat stellt keine chemische Verbindung, sondern ein Gemenge von Ammoniumchlorid, NH_4Cl, und Eisenchlorid, $FeCl_3$ dar.

Zur **Bestimmung des Eisens** löst man 1 g Eisensalmiak in 10 ccm Wasser und 2 ccm Salzsäure, versetzt die Lösung mit 2 g Kaliumjodid und lässt 1 Stunde lang bei gewöhnlicher Temperatur in einem verschlossenen Glase stehen, worauf man mit Zehntel-Normal-Natriumthiosulfatlösung titriert. Von letzterer Lösung sollen zur Bindung des ausgeschiedenen Jods 4,4 bis 4,6 ccm erforderlich sein.

Wird eine mit Salzsäure versetzte Lösung von Eisensalmiak mit Kaliumjodid zusammengebracht, so wird Jod in Freiheit gesetzt unter Bildung von Ferrochlorid und Kaliumchlorid.

$$FeCl_3 \;+\; KJ \;=\; KCl \;+\; FeCl_2$$
Ferrichlorid Kaliumjodid Kaliumchlorid Ferrochlorid
entsprechend
1 Atom Fe = 56
$$+ \; J$$
$$126,85$$

1 Molekül Ferrichlorid, entsprechend 1 Atom Eisen = 56, macht 1 Atom Jod = 126,85 frei.

Das Jod wird von dem Natriumthiosulfat gebunden unter Bildung von Natriumjodid und Natriumtetrathionat.

Formel siehe bei der Jodzahlbestimmung von Adeps suillus.

1 Molekül Natriumthiosulfat = 248,32 bindet 1 Atom Jod, und da 1 Atom Eisen = 56 1 Atom Jod in Freiheit setzt (siehe oben), so entspricht 1 Molekül Natriumthiosulfat auch 1 Atom Eisen = 56.

1 ccm Zehntel-Normal-Natriumthiosulfatlösung enthält 0,024832 g Natriumthiosulfat (siehe Adeps suillus).

1 ccm Zehntel-Normal-Natriumthiosulfatlösung entspricht 0,0056 g Eisen.

4,4 bis 4,6 ccm Zehntel-Normal-Natriumthiosulfatlösung entsprechen 4,4 bis 4,6 × 0,0056 = 0,02464 bis 0,02576 g Eisen.

Diese Menge Eisen soll in 1 g des Präparats enthalten sein; in 100 g des letzteren sind 2,464 bis 2,576 g Eisen enthalten.

Amylenum hydratum — Amylenhydrat.

$$C_5H_{11} \cdot OH = \begin{matrix} CH_3 \\ CH_3 \\ C_2H_5 \end{matrix} \!\!> COH$$

20 ccm der wässerigen Lösung (1 = 20) sollen 2 Tropfen Kaliumpermanganatlösung innerhalb 10 Minuten nicht entfärben.

Amylenhydrat erleidet als tertiärer Alkohol keine Oxydation. Sind jedoch **Äthylalkohol** oder **Amylalkohol** oder deren Aldehyde zugegen, so werden diese durch den Sauerstoff des Kaliumpermanganats oxydiert, und es findet Entfärbung statt.

$$3\,(C_2H_5 \cdot OH) \;+\; 4\,KMnO_4 \;=\; 3\,C_2H_3KO_2$$
Äthylalkohol Kaliumpermanganat Kaliumacetat
$$+\; KH_3Mn_4O_{10} \;+\; 3\,H_2O$$
Mangansuperoxydkali

Die wässerige Lösung soll auf Silbernitratlösung, welche zuvor mit überschüssiger Ammoniakflüssigkeit versetzt ist, bei 10 Minuten langem Erwärmen im Wasserbad nicht reduzierend wirken.

Bei Gegenwart von Aldehyden, wie Acetaldehyd, Valeraldehyd, wird das Silbernitrat beim Erwärmen zu metallischem Silber reduziert, und es entsteht ein Ammoniumsalz der betreffenden Säure.

$$C_2H_4O \;+\; 2\,AgNO_3 \;+\; 3\,NH_3 + H_2O$$
Acetaldehyd Silbernitrat Ammoniak

$$=\; C_2H_3(NH_4)O_2 \;+\; Ag_2 \;+\; 2\,(NH_4)NO_3$$
Ammoniumacetat Ammoniumnitrat

Amylium nitrosum — Amylnitrit.

$$C_5H_{11}\,.\,NO_2$$

5 ccm Amylnitrit sollen die alkalische Reaktion einer Mischung aus 0,1 ccm Ammoniakflüssigkeit und 1 ccm Wasser nicht aufheben.

Durch Einwirkung von Luft, Licht und Wasser findet eine Zersetzung des Präparats statt, indem es in Amylalkohol und salpetrige Säure zerfällt; bei weiterer Oxydation der letzteren entsteht Salpetersäure (a). Die freie salpetrige Säure oxydiert einen Teil Amylalkohol zu Valeriansäure (b).

a) $C_5H_{11}\,.\,NO_2 \;+\; H_2O \;=\; C_5H_{11}\,.\,OH \;+\; HNO_2$
Amylnitrit Amylalkohol Salpetrige Säure

b) $C_5H_{11}\,.\,OH \;+\; 4\,HNO_2 \;=\; C_4H_9\,.\,COOH$
Amylalkohol Salpetrige Säure Valeriansäure
$+\; 3\,H_2O \;+\; 4\,NO$
Stickoxyd

5 ccm des Präparats dürfen nicht so viel freie Säure enthalten, dass 0,0096 g Ammoniak neutralisiert werden, welche in 0,1 g Ammoniakflüssigkeit enthalten sind.

1 ccm Amylnitrit soll eine Mischung aus 1,5 ccm Silbernitratlösung, 1,5 ccm absolutem Alkohol und einigen Tropfen Ammoniakflüssigkeit bei gelindem Erwärmen nicht bräunen oder schwärzen.

Ist Valeraldehyd, entstanden durch teilweise Zersetzung des Präparats, vorhanden, so wird beim Erwärmen metallisches Silber ausgeschieden, unter Bildung von Ammoniumvaleriat.

52 Apomorphin. hydrochloric. — Aqua Amygdalar. amarar.

$$C_4H_9 . COH + 2\ AgNO_3 + 3\ NH_3 + H_2O = Ag_2$$
Valeraldehyd   Silbernitrat   Ammoniak
$$+ C_4H_9 . COO(NH_4) + 2\ (NH_4)NO_3$$
Ammoniumvaleriat   Ammoniumnitrat

Apomorphinum hydrochloricum —
Apomorphinhydrochlorid.

$$C_{17}H_{17}NO_2 . HCl.$$

Die wässerige Lösung des Salzes wird durch Natriumbicarbonatlösung gefällt, indem sich Apomorphin ausscheidet, das sich an der Luft sehr bald grün färbt, indem es sich oxydiert.

$$C_{17}H_{17}NO_2 . HCl + NaHCO_3 = C_{17}H_{17}NO_2$$
Apomorphinhydrochlorid   Natriumbicarbonat   Apomorphin
$$+ NaCl + H_2O + CO_2$$
Natriumchlorid

Silbernitratlösung wird von der mit Ammoniakflüssigkeit versetzten Lösung des Salzes sofort reduziert, indem sich metallisches Silber ausscheidet.

$$C_{17}H_{17}NO_2 . HCl + 2\ AgNO_3 + 3\ NH_3 + H_2O$$
Apomorphinhydrochlorid   Silbernitrat   Ammoniak
$$= Ag_2 + NH_4Cl + 2\ (NH_4)NO_3 + \text{Oxydationsprodukt}$$
Ammoniumchlorid   Ammoniumnitrat   des Apomorphins

Aqua Amygdalarum amararum —
Bittermandelwasser.

Eine Lösung von Benzaldehyd-Cyanwasserstoff $C_6H_5 . COH + HCN$, sowie Cyanwasserstoffsäure, HCN, und Benzaldehyd, $C_6H_5 . COH$.

Darstellung. 12 Teile grob gepulverte, bittere Mandeln werden ohne Erwärmen ausgepresst, um sie vom fetten Öle zu befreien, dann in ein mittelfeines Pulver verwandelt, und dieses mit 20 Teilen Wasser in einen Brei verwandelt, worauf man mittels Wasserdämpfen aus einer Destillierblase unter sorgfältiger Abkühlung 9 Teile in eine Vorlage destilliert, welche drei Teile Weingeist enthält. Das Destillat prüfe man auf seinen Gehalt an Cyanwasserstoff, und verdünne es nötigenfalls mit einer Mischung aus 1 Teil Weingeist und 3 Teilen Wasser so weit, dass in 1000 Teilen desselben 1 Teil Cyanwasserstoff enthalten ist.

Aqua Amygdalarum amararum.

Die bitteren Mandeln enthalten ein Glykosid: Amygdalin und ein Ferment, Emulsin. Werden die bitteren Mandeln mit Wasser zerrieben, so zerfällt das Amygdalin unter Einwirkung des Emulsins in Cyanwasserstoff, Benzaldehyd und Traubenzucker.

$$C_{20}H_{27}NO_{11} + 2\,H_2O = HCN + C_6H_5\cdot COH$$
Amygdalin $\qquad\qquad$ Cyanwasserstoff $\quad$ Benzaldehyd
$$+ 2\,(C_6H_{12}O_6)$$
Traubenzucker

Cyanwasserstoff und Benzaldehyd bleiben nur zum Teil ungebunden; sie verbinden sich zum grössten Teil zu dem Additionsprodukte Benzaldehyd-Cyanwasserstoff. Diese Verbindung sowie freier Cyanwasserstoff und Benzaldehyd gehen mit den Wasserdämpfen über.

Die Prüfung des Destillats auf den Cyanwasserstoffgehalt siehe unten.

Prüfung. Der eigenartige, starke Geruch des Bittermandelwassers soll auch nach Bindung der Blausäure mittels Silbernitratlösung verbleiben.

Durch Silbernitrat wird nur die freie Blausäure als Silbercyanid gefällt, während der Benzaldehyd-Cyanwasserstoff und das freie Benzaldehyd unzersetzt bleiben und den starken Geruch auch noch nach der Fällung bedingen.

$$HCN + AgNO_3 = AgCN + HNO_3$$
Cyanwasserstoff $\quad$ Silbernitrat $\quad$ Silbercyanid
$\;\;$ 27,05 $\qquad\qquad$ 167,97

Werden 10 ccm Bittermandelwasser mit 0,8 ccm Zehntel-Normal-Silbernitratlösung und einigen Tropfen Salpetersäure vermischt, und wird vom entstandenen Niederschlag abfiltriert, so soll das Filtrat auf weiteren Zusatz von Silbernitratlösung nicht mehr getrübt werden.

Nur die freie Cyanwasserstoffsäure wird durch Silbernitrat gefällt.

Formel siehe oben.

1 Molekül Silbernitrat = 169,97 fällt 1 Molekül Cyanwasserstoff = 27,05.

1 ccm Zehntel-Normal-Silbernitratlösung enthält 0,016997 g Silbernitrat (siehe Acidum hydrobromicum),

1 ccm Zehntel-Normal-Silbernitratlösung fällt 0,002705 g Cyanwasserstoff,

0,8 ccm Zehntel-Normal-Silbernitratlösung fällen $0,8 \times 0,002705 = 0,0022164$ g Cyanwasserstoff.

Aqua Amygdalarum amararum.

10 ccm Bittermandelwasser sollen nicht mehr als 0,0022164 g freie Blausäure enthalten; ist von letzterer mehr enthalten, so wird das Filtrat durch Silbernitratlösung noch eine Trübung von Silbercyanid geben, und es würde dieses auf einen Zusatz von Blausäure zum Bittermandelwasser schliessen lassen.

Zur Bestimmung des Blausäuregehaltes verdünnt man 25 ccm Bittermandelwasser mit 100 ccm Wasser, versetzt sie mit 1 ccm Kalilauge und dann unter fortwährendem Umrühren mit Zehntel-Normal-Silbernitratlösung, bis eine bleibende, weisse Trübung eingetreten ist. Hierzu sollen mindestens 4,5 ccm und höchstens 4,8 ccm Zehntel-Normal-Silbernitratlösung erforderlich sein.

Die Kalilauge bindet den freien Cyanwasserstoff zu Kaliumcyanid und hebt die Verbindung Benzaldehydcyanwasserstoff $C_6H_5 . COH . HCN$ auf, indem Kaliumcyanid entsteht und Benzaldehyd, $C_6H_5 . COH$, frei wird.

$$HCN + KOH = KCN + H_2O$$
Cyanwasserstoff   Kaliumhydroxyd   Kaliumcyanid

Silbernitrat setzt sich mit dem Kaliumcyanid um in Silbercyanid und Kaliumnitrat, und ersteres verbindet sich mit Kaliumcyanid zu der löslichen Doppelverbindung Silber-Kaliumcyanid.

$$2 KCN + AgNO_3 = AgCN . KCN$$
Kaliumcyanid   Silbernitrat   Silber-Kaliumcyanid
entsprech. 2 Molek. HCN   169,79
$= 2 . 27,05$

$$+ KNO_3$$
Kaliumnitrat

Ist alles Cyan in diese lösliche Doppelverbindung übergeführt, so wird diese durch weiteren Zusatz von Silbernitrat zersetzt, indem sich Silbercyanid ausscheidet.

$$AgCN . KCN + AgNO_3 = 2 AgCN + KNO_3$$
Silber-Kaliumcyanid   Silbernitrat   Silbercyanid   Kaliumnitrat

1 Molekül Silbernitrat $= 169,97$ entspricht 2 Molekülen Cyanwasserstoff $= 54,1$.

1 ccm Zehntel-Normal-Silbernitratlösung enthält 0,016997 g Silbernitrat (siehe Acid. hydrobromic.).

1 ccm Zehntel-Normal-Silbernitratlösung entspricht 0,00541 g Cyanwasserstoff.

4,5 bis 4,8 ccm Zehntel-Normal-Silbernitratlösung entsprechen 4,5 bis 4,8 $\times$ 0,00541 $= 0,023345$ bis 0,025968 g Cyanwasserstoff.

Diese Menge soll in 25 ccm Bittermandelwasser enthalten sein, welche unter Zugrundelegung des specifischen Gewichts:

25 × 0,970 bis 0,980 = 24,25 bis 24,5 g

wiegen. In 100 g Bittermandelwasser müssen enthalten sein:

$$\frac{0{,}023345 \times 100}{24{,}25} = 0{,}0963 \text{ g bis}$$

$$\frac{0{,}025968 \times 100}{24{,}5} = 0{,}105 \text{ g Cyanwasserstoff.}$$

Unter dem Einfluss von Luft und Licht erleidet das Benzaldehyd und der Cyanwasserstoff eine Veränderung. Das Benzaldehyd wird zu Benzoesäure oxydiert (a), der Cyanwasserstoff unter Beihilfe von Wasser in Ammoniumformiat verwandelt (b).

a) $C_6H_5 . COH + O = C_6H_5 . COOH$
   Benzaldehyd   Benzoesäure

b) $HCN + 2 H_2O = H . COO(NH_4)$
   Cyanwasserstoff   Ammoniumformiat

Auch kann sich das Benzaldehyd in das polymere Benzoin $(C_6H_5 . COH)_2$ umwandeln, das sich in gelblichen Krystallen ausscheidet.

Aqua Calcariae — Kalkwasser.

Eine gesättigte Lösung von Calciumhydroxyd.

Darstellung. 1 Teil gebrannter Kalk wird mit 4 Teilen Wasser gelöscht. Der entstandene Brei wird mit 50 Teilen Wasser gemischt, und nach Klärung der Mischung die klare, wässerige Flüssigkeit weggeschüttet. Den Bodensatz schüttelt man mit weiteren 50 Teilen Wasser mehrmals kräftig durch und lässt absetzen.

Wird gebrannter Kalk mit Wasser übergossen, so nimmt derselbe unter starker Erhitzung Wasser auf und es entsteht Calciumhydroxyd.

$$CaO + H_2O = Ca(OH)$$
Calciumoxyd   Calciumhydroxyd

Beim Schütteln mit Wasser entsteht eine gesättigte Lösung von Calciumhydroxyd. Zugleich löst sich auch etwas Kaliumhydroxyd, welches beim Brennen des Kalksteins aus dem meist vorhandenen, verwitterten Feldspath (Aluminium-Kaliumsilicat) entstanden ist. Um dieses Kaliumhydroxyd zu entfernen, giesst man den ersten Auszug hinweg.

Prüfung. Zum Neutralisieren von 100 ccm Kalkwasser sollen nicht weniger als 4 und nicht mehr als 4,5 ccm Normal-Salzsäure erforderlich sein.

Salzsäure neutralisiert das Calciumhydroxyd unter Bildung von Calciumchlorid.

$$Ca(OH)_2 + 2\,HCl = CaCl_2 + 2\,H_2O$$
Calciumhydroxyd   2 . 36,46   Calciumchlorid
74,02

1 Molekül Chlorwasserstoff = 36,46 sättigt $^1/_2$ Molekül Calciumhydroxyd = 37,01.

1000 ccm Normal-Salzsäure enthalten 36,46 g Chlorwasserstoff,
1 „ „ „ enthält 0,03646 g „
1 „ „ „ sättigt 0,03701 g Calciumhydroxyd
4 bis 4,5 ccm „ „ sättigen 4 bis 4,5 × 0,03701
= 0,14804 bis 0,166545 g Calciumhydroxyd.

Diese Menge Calciumhydroxyd soll in 100 ccm Kalkwasser enthalten sein.

Aqua chlorata — Chlorwasser.

1000 Teile enthalten 4 bis 5 Teile Chlor.

Gehaltsprüfung. 25 g Chlorwasser werden in eine wässerige Lösung von 1 g Kaliumjodid in 5 g Wasser eingegossen und mit Zehntel-Normal-Natriumthiosulfatlösung titriert. Zur Bindung des ausgeschiedenen Chlors sollen 28,2 bis 35,3 ccm Zehntel-Normal-Natriumthiosulfatlösung erforderlich sein.

Wird Chlorwasser zu einer Kaliumjodidlösung gebracht, so wird Jod frei und Kaliumchlorid gebildet.

$$KJ + Cl = KCl + J$$
Kaliumjodid   35,45   Kaliumchlorid   126,85

1 Atom Chlor = 35,45 macht 1 Atom Jod = 126,85 frei.

Das freie Jod wird durch Natriumthiosulfat gebunden unter Bildung von Natriumjodid und Natriumtetrathionat.

Formel siehe bei Jodzahlbestimmung von Adeps suillus.

1 Molekül Natriumthiosulfat = 248,32 bindet 1 Atom Jod = 126,85. Da 1 Atom Jod von 1 Atom Chlor in Freiheit gesetzt wird, so entspricht 1 Molekül Natriumthiosulfat auch 1 Atom Chlor = 35,45.

1 ccm Zehntel-Normal-Natriumthiosulfatlösung enthält 0,024832 g Natriumthiosulfat (siehe Adeps suillus),
1 ccm Zehntel-Normal-Natriumthiosulfatlösung entspricht 0,003545 g Chlor,
28,2 bis 35,3 ccm Zehntel-Normal-Natriumthiosulfatlösung entsprechen 28,2 bis 35,3 $\times$ 0,003545 = 0,099969 bis 0,1251385 g Chlor.

Diese Menge Chlor soll in 25 g Chlorwasser enthalten sein; 100 g des letzteren soll also mindestens 4 $\times$ 0,099969 = 0,399876 g und höchstens 4 $\times$ 0,125137 = 0,500562 g Chlor enthalten.

Das Chlorwasser muss vor Licht geschützt aufbewahrt werden, indem dasselbe durch Einwirkung von Luft und Licht eine Zersetzung erleidet. Es bildet sich Chlorwasserstoff und Sauerstoff wird frei.

$$Cl_2 + H_2O = 2\ HCl + O$$

Aqua destillata — Destilliertes Wasser.

Das destillierte Wasser soll weder
  durch Silbernitratlösung (a) noch
  durch Quecksilberchloridlösung (b), noch
  durch Schwefelwasserstoffwasser (c), auch nach Zusatz
    von Ammoniakflüssigkeit (d)
eine Veränderung erleiden.

a) **Chloride** erzeugen eine weisse Fällung von Silberchlorid. Formel siehe Acidum benzoicum.

b) **Ammoniak** erzeugt eine weisse Fällung von Quecksilberamidochlorid.

$2\ NH_3$ + $HgCl_2$ = NH_2HgCl + NH_4Cl
Ammoniak Quecksilber- Quecksilberamido- Ammonium-
          chlorid   chlorid   chlorid

c) Spuren von **Kupfer, Blei** erzeugen eine dunkle, Zink eine weisse Fällung von Metallsulfid.
Formel siehe Acidum hydrochloricum.

d) **Eisen** giebt eine dunkle Fällung von Ferrosulfid.

$FeSO_4$ + H_2S + $2\ NH_3$ = FeS + $(NH_4)_2SO_4$
Ferrosulfat   Ammoniak   Ferrosulfid Ammoniumsulfat

Beim Vermischen mit 2 Raumteilen Kalkwasser soll es klar bleiben.

Bei Gegenwart von **Kohlendioxyd** entsteht eine weisse Fällung von Calciumcarbonat.

$$CO_2 \;+\; Ca(OH)_2 \;=\; CaCO_3 + H_2O$$
Kohlendioxyd Calciumhydroxyd Calciumcarbonat

Werden 100 ccm destilliertes Wasser, nach Zusatz von 1 ccm verdünnter Schwefelsäure, bis zum Sieden erhitzt und hierauf mit 0,3 ccm Kaliumpermanganatlösung versetzt und 3 Minuten lang im Sieden erhalten, so soll die Flüssigkeit nicht entfärbt werden.

Sind **organische Stoffe** oder **salpetrige Säure** vorhanden, so werden diese durch den Sauerstoff des Kaliumpermanganats oxydiert, und die Flüssigkeit wird entfärbt.

$$5\,HNO_2 \;+\; 2\,KMnO_4 \;+\; 3\,H_2SO_4$$
Salpetrige Säure Kaliumpermanganat Schwefelsäure
$$=\; K_2SO_4 \;+\; 2\,MnSO_4 \;+\; 5\,HNO_3 + 3\,H_2O$$
Kaliumsulfat Manganosulfat

Argentum foliatum — Blattsilber.

$$Ag$$

Das Blattsilber ist in Salpetersäure zu einer farblosen, klaren Flüssigkeit löslich, indem sich Silbernitrat bildet.

$$3\,Ag + 4\,HNO_3 = 3\,AgNO_3 + NO + 2\,H_2O$$
Silbernitrat Stickoxyd

Besitzt die Lösung eine bläuliche Farbe, so ist **Kupfernitrat** zugegen.

Formel siehe Acidum nitricum.

Ein unlöslicher Rückstand könnte von **Zinn** oder **Antimon** herrühren, indem diese durch die Salpetersäure in unlösliche Metazinnsäure oder Metantimonsäure verwandelt werden.

$$Sn + 4\,HNO_3 = H_2SnO_3 + 4\,NO_2 + H_2O$$
Zinn Metazinnsäure Stickstoffdioxyd

$$Sb + 5\,HNO_3 = HSbO_3 + 5\,NO_2 + 2\,H_2O$$
Antimon Metantimonsäure

In der Lösung von Silbernitrat erzeugt Salzsäure einen weissen, käsigen Niederschlag von Silberchlorid.

Formel siehe Acidum hydrochloricum.

Enthält die Lösung **Kupfernitrat**, so wird sie auf Zusatz von Ammoniakflüssigkeit tiefblau gefärbt, indem Kupfer-Ammoniumnitrat $Cu(NO_3)_2 + 4\,NH_3$ in Lösung geht.

Argentum nitricum — Silbernitrat.

$$AgNO_3$$

Die wässerige Lösung des Salzes giebt mit Salzsäure einen weissen Niederschlag von Silberchlorid, der in Ammoniakflüssigkeit löslich ist.

Formel siehe Acidum hydrochloricum.

Entsteht durch Ammoniak ein Niederschlag, so kann dieser von Wismut oder Blei herrühren.

$$Bi(NO_3)_3 + 3\,NH_3 + 2\,H_2O = BiO_2H$$
Wismutnitrat Ammoniak Wismuthydroxyd
$$+ 3\,(NH_4)NO_3$$
Ammoniumnitrat

Eine blaue Färbung der ammoniakalischen Lösung rührt von Kupfer her, indem Kupfer-Ammoniumnitrat, $Cu(NO_3)_2 + 4\,NH_3$ in Lösung geht.

Wird die wässerige Lösung des Salzes in der Siedehitze mit Salzsäure vollständig ausgefällt, wobei sich Silberchlorid bildet, und Salpetersäure in Lösung geht, so darf beim Verdampfen des Filtrats kein Rückstand bleiben.

Formel siehe Acidum hydrochloricum.

Argentum nitricum cum Kalio nitrico — Salpeterhaltiges Silbernitrat.

$$AgNO_3 + x\,KNO_3$$

Bestimmung des Silbernitratgehaltes. 1 g des Präparats wird in 10 ccm Wasser gelöst, die Lösung mit 20 ccm Zehntel-Normal-Natriumchloridlösung versetzt, und mit einigen Tropfen Kaliumchromatlösung vermischt, hierauf mit Zehntel-Normal-Silbernitratlösung bis zur Röthung der Flüssigkeit titrirt; hierzu sollen 0,5 bis 1 ccm letzterer Lösung erforderlich sein.

Wird die Lösung des Salzes mit Natriumchloridlösung versetzt, so scheidet sich Silberchlorid aus.

$$NaCl + AgNO_3 = AgCl + NaNO_3$$
Natriumchlorid Silbernitrat Silberchlorid Natriumnitrat
58,5   169,97

Da etwas mehr Zehntel-Normal-Natriumchlorid zugesetzt wurde, als zur Fällung des Silbers nötig ist, so wird der kleine Überschuss durch Zehntel-Normal-Silbernitratlösung zurücktitrirt.

Als Indikator dient Kaliumchromatlösung, aus welcher Silbernitrat rotes Silberchromat ausscheidet (a). So lange aber noch Natriumchlorid zugegen, verschwindet dieser Niederschlag beim Umrühren wieder, indem sich Natriumchromat und Silberchlorid bildet (b).

a) $K_2CrO_4 \;+\; 2\,AgNO_3 \;=\; Ag_2CrO_4 \;+\; 2\,KNO_3$
Kaliumchromat   Silbernitrat   Silberchromat   Kaliumnitrat

b) $Ag_2CrO_4 \;+\; 2\,NaCl \;=\; Na_2CrO_4 \;+\; 2\,AgCl$
Silberchromat   Natriumchlorid   Natriumchromat   Silberchlorid

Erst wenn alles Chlor an das Silber gebunden ist, bleibt das Silberchromat unzersetzt und die rote Farbe bestehen.

1 Molekül Silbernitrat $= 169{,}97$ braucht 1 Molekül Natriumchlorid $= 58{,}5$ zur Fällung (siehe obige Formel).

1 ccm Zehntel-Normal-Silbernitratlösung enthält 0,016997 g Silbernitrat,

1 ccm Zehntel-Normal-Natriumchloridlösung enthält 0,00585 g Natriumchlorid.

Es entspricht daher 1 ccm ersterer Lösung 1 ccm der letzteren.

Wenn zum Zurücktitrieren der Zehntel-Normal-Natriumchloridlösung 0,5 bis 1 ccm Zehntel-Normal-Silbernitratlösung nötig sind, so wurden $20-0{,}5$ bis $1 = 19{,}5$ bis 19 ccm Zehntel-Normal-Natriumchloridlösung zur Fällung des Silbers verwendet. Letztere entsprechen:

19,5 bis $19 \times 0{,}016997 = 0{,}33144$ bis 0,3229 g Silbernitrat.

Diese Menge soll in 1 g des Präparats enthalten sein, was einem Prozentgehalt von 33,14 bis 32,29 an Silbernitrat entspricht.

Atropinum sulfuricum — Atropinsulfat.

$$(C_{17}H_{23}NO_3)_2 \cdot H_2SO_4$$

Wird 0,01 g Atropinsulfat mit 5 Tropfen rauchender Salpetersäure im Wasserbade eingetrocknet, so bleibt ein kaum gelblich gefärbter Rückstand. Es bildet sich Apoatropinsulfat.

$(C_{17}H_{23}NO_3)_2 \cdot H_2SO_4 \;=\; (C_{17}H_{21}NO_2)_2 \cdot H_2SO_4 \;+\; 2\,H_2O$
Atropinsulfat   Apoatropinsulfat

Wird der Rückstand mit alkoholischer Kalilauge versetzt, so entsteht eine violette Färbung (Vitalische Reaktion).

Die wässerige Lösung des Salzes (1 = 60) wird durch Natronlauge getrübt, indem sich Atropin ausscheidet.

$(C_{17}H_{23}NO_3)_2 \cdot H_2SO_4 + 2\,NaOH = 2\,C_{17}H_{23}NO_3$
Atropinsulfat   Natriumhydroxyd   Atropin
$+ Na_2SO_4 + 2\,H_2O$
Natriumsulfat

Balsamum Copaïvae — Copaivabalsam.

Der Copaivabalsam stellt eine Auflösung von Harzen in wechselnden Mengen ätherischen Öles dar. Die Harze bestehen zum grössten Teil aus amorphen Säuren. Esterartige Verbindungen sind nur wenig vorhanden. Ausserdem enthält derselbe einen Bitterstoff.

Um die Säurezahl d. i. die Menge Kaliumhydroxyd in Milligrammen zu bestimmen, welche zur Neutralisation der in 1 g des Balsam enthaltenen freien Säuren nötig ist, löst man 1 g des Balsams in 50 g Weingeist, setzt 10 Tropfen Phenolphtaleinlösung zu und dann weingeistige Halb-Normal-Kalilauge bis zur Rötung; es sollen von letzterer Lösung nicht weniger als 2,7 und nicht mehr als 3 ccm gebraucht werden.

Die Kalilauge neutralisiert die freie Harzsäure.

1000 ccm Halb-Normal-Kalilauge enthalten 28,08 g Kaliumhydroxyd,
1 „ „ „ „ enthält 0,02808 g „
2,7 bis 3 ccm „ „ „ enthalten 2,7 bis 3 × 0,02808
= 0,0758 bis 0,08424 g Kaliumhydroxyd.

Die Säurezahl des Balsams ist daher 75,8 bis 84,24.

Um die Esterzahl d. i. die Menge Kaliumhydroxyd in Milligrammen, welche zur Zersetzung der in 1 g Balsam enthaltenen Ester (Verbindungen der Harzsäuren mit Alkoholen) nötig ist, zu bestimmen, fügt man der Mischung weitere 20 ccm weingeistige Halb-Normal-Kalilauge hinzu, erhitzt die gesamte Flüssigkeit eine Viertelstunde im Wasserbade und titriert mit Halb-Normal-Salzsäure; zum Neutralisieren der überschüssigen Kalilauge sollen mindestens 19,7 ccm Säure erforderlich sein.

Beim Kochen der Mischung mit überschüssiger Kalilauge werden die Ester zersetzt, indem sich die Harzsäuren mit dem Kalium verbinden, und die Alkohole frei werden.

Den Überschuss der Kalilauge bestimmt man mit Halb-Normal-Salzsäure.

Beim Neutralisieren der Kalilauge mit Salzsäure entsteht Kaliumchlorid und Wasser.

$$KOH + HCl = KCl + H_2O$$
Kaliumhydroxyd 36,46
56,16

1000 ccm Halb-Normal-Kalilauge enthalten 28,08 g Kaliumhydroxyd,
1000 „ „ „ -Salzsäure „ 18,23 g Chlorwasserstoff.

Es sind daher gleiche Raumteile beider Flüssigkeiten einander äquivalent. Braucht man zum Zurücktitrieren 19,7 ccm Halb-Normal-Salzsäure, so wurden $20-19,7 = 0,3$ ccm Halb-Normal-Kalilauge zur Zersetzung der Ester verwendet. Diese enthalten aber $0,3 \times 0,02808 = 0,008424$ g Kaliumhydroxyd oder in Milligrammen ausgedrückt 8,42, und dieses ist die Esterzahl.

Nachdem die Säure- und Esterzahl für eine und dieselbe Substanz ziemlich constant ist, so drücken Änderungen dieser Zahlen eine Verunreinigung oder Verfälschungen mit fremden Stoffen aus.

Balsamum peruvianum — Perubalsam.

Der Perubalsam enthält gegen 60 Prozent Cinnamein, ein Gemenge von Benzoesäure-Benzyläther und Zimmtsäure-Benzyläther in wechselndem Gemenge, freie Zimmtsäure und etwas Benzoesäure und Harz, welches ebenfalls einen Ester darstellt.

Zur Bestimmung der Verseifungszahl d. i. die Menge Kaliumhydroxyd in Milligrammen, welche zur Bindung der freien Säuren und zur Zersetzung der Ester in 1 g Balsam nötig ist, löst man 1 g Perubalsam in 20 ccm Weingeist, fügt 50 ccm weingeistige Halb-Normal-Kalilauge zu und erhitzt das Gemisch eine halbe Stunde im Wasserbad.

Es wird dadurch das Harz und das Cinnamein verseift, indem die Säuren vom Kali gebunden und die Alkohole freigemacht werden; auch werden die freien Säuren des Balsams vom Kali gebunden.

$$C_9H_7O_2 \cdot C_7H_7 + C_9H_8O_2 + 2\,KOH$$
Zimmtsäure-Benzyläther   Zimmtsäure   Kaliumhydroxyd
$$= 2\,C_9H_7KO_2 + C_7H_7 \cdot OH + H_2O$$
Zimmtsaures Kalium   Benzylalkohol

Auf analoge Weise wird der Benzoesäure-Benzyläther zersetzt, und die freie Benzoesäure gebunden.

Zur Bestimmung der überschüssig zugesetzten Kilauge verdünnt man das Gemisch mit 300 ccm Wasser und titriert mit

Halb-Normal-Salzsäure bis zur Neutralisation. Es sollen hierzu nicht mehr als 42 ccm Säure erforderlich sein. Es wurden daher zur Verseifung 50—42 = 8 ccm Halb-Normal-Kalilauge verwendet. Letztere enthalten 8 × 0,02808 = 0,22464 g Kaliumhydroxyd (siehe bei Balsamum Copaïvae). Die Verseifungszahl ist in diesem Falle 224,64.

Um den Gehalt an Cinnamein zu bestimmen, schüttelt man die Mischung aus 2,5 g Perubalsam, 5 ccm Wasser und 5 ccm Natronlauge dreimal mit je 10 ccm Äther aus, dunstet den Äther ab, und erwärmt den Rückstand im Wasserbade bis zum constanten Gewicht.

Beim Behandeln mit Natronlauge werden die freien Säuren gebunden, und gehen in wässerige Lösung, während das Cinnamein beim Schütteln mit Äther in Lösung geht und beim Verdunsten desselben zurückbleibt. Dasselbe soll für 2,5 g Perubalsam mindestens 1,4 g betragen. Es entspricht dieses einem Prozentsatz von 40 × 1,4 = 56.

Die Esterzahl des Cinnameins bestimmt man, indem man obigen Rückstand in 25 ccm Weingeist löst, nach Zusatz von 25 ccm weingeistiger Halb-Normal-Kalilauge eine halbe Stunde lang im Wasserbade erwärmt, mit 10 Tropfen Phenolphtaleinlösung versetzt, und dann mit Halb-Normal-Salzsäure bis zur Entfärbung; es sollen hierzu nicht mehr als 13,2 ccm Säure erforderlich sein.

Die Zersetzung des Cinnameins mittels Kaliumhydroxyd siehe oben.

Werden zum Zurücktitrieren 13,2 ccm Halb-Normal-Salzsäure verwendet, so wurden zur Zersetzung des Cinnameins 25—13,2 = 11,8 ccm Halb-Normal-Kalilauge gebraucht. Diese enthalten 11,8 × 0,02808 = 0,331344 g Kaliumhydroxyd
(siehe Balsamum Copaïvae).

Diese Menge Kaliumhydroxyd soll zur Zersetzung von 1,4 g Cinnamein gebraucht werden; für 1 g des letzteren berechnet sich: $\frac{0,331344}{1,4} = 0,2366$ g Kaliumhydroxyd. Die Esterzahl für Cinnamein ist demnach 236,6.

Balsamum tolutanum — Tolubalsam.

Der Tolubalsam enthält als Hauptbestandteil ein Harz, welches einen Ester darstellt, dann Benzoesäure- und Zimmtsäure-Benzyläther, freie Benzoesäure und Zimmtsäure, und eine geringe Menge Vanillin.

Bestimmung der **Säurezahl**. 1 g Tolubalsam soll nicht weniger als 4 und nicht mehr als 6 ccm weingeistige Halb-Normal-Kalilauge zur Neutralisation der freien Zimmtsäure und Benzoesäure bedürfen.

1 ccm Halb-Normal-Kalilauge enthält 0,02808 g Kaliumhydroxyd,
4 bis 6 ccm „ „ „ enthalten 4 bis 6 $\times$ 0,02808
= 0,11232 bis 0,16848 g Kaliumhydroxyd.

Die Säurezahl ist 112,32 bis 168,48.

Bestimmung der **Verseifungszahl**. Man versetzt obige neutralisierte Lösung des Balsams mit noch so viel weingeistiger Halb-Normal-Kalilauge, dass die Gesamtmenge der Lauge 20 ccm beträgt, erhitzt eine halbe Stunde im Wasserbade, wodurch das Harz und die Ester unter Bindung der Säuren an das Kalium und Freiwerden von Alkoholen verseift werden, und titriert die überschüssig zugesetzte Kalilauge mit Halb-Normal-Salzsäure zurück. Es sollen hiezu 13,2 bis 14,5 ccm Säure gebraucht werden, so dass 20—13,2 bis 14,5 = 6,8 bis 5,5 ccm Halb-Normal-Kalilauge zur Verseifung verwendet wurden.

1 ccm Halb-Normal-Kalilauge enthält 0,02808 g Kaliumhydroxyd, 6,8 bis 5,5 ccm Halb-Normal-Kalilauge enthalten 6,8 bis 5,5 $\times$ 0,02808 = 0,19094 bis 0,15444 g Kaliumhydroxyd.

Die Verseifungszahl des Balsams ist demnach 190,94 bis 154,44.

Baryum chloratum — Baryumchlorid.

$BaCl_2 \cdot 2 H_2O$

Die wässerige Lösung des Salzes giebt mit verdünnter Schwefelsäure einen Niederschlag von Baryumsulfat (a), mit Silbernitratlösung einen Niederschlag von Silberchlorid (b).

$BaCl_2 + H_2SO_4 = BaSO_4 + 2 HCl$
Baryumchlorid Baryumsulfat

$BaCl_2 + 2 AgNO_3 = 2 AgCl + Ba(NO_3)_2$
Silbernitrat Silberchlorid Baryumnitrat

Die wässerige Lösung soll durch Schwefelwasserstoffwasser nicht verändert werden. Metalle, wie Kupfer, Blei, geben eine dunkle Fällung von Metallsulfid.

Formel siehe bei Acidum hydrochloricum.

25 ccm der wässerigen Lösung werden in der Siedehitze mit verdünnter Schwefelsäure versetzt, wodurch Baryumsulfat gefällt wird und Chlorwasserstoff in Lösung geht. Das Filtrat soll nach dem Verdunsten und Glühen keinen wägbaren Rückstand geben.

Formel siehe oben.

20 ccm der wässerigen Lösung (1 = 20) sollen durch 0,5 ccm Kaliumferrocyanidlösung nicht gebläut werden.

Ferrisalze geben eine blaue Fällung von Ferriferrocyanid (Berlinerblau).

Formel siehe bei Acidum boricum.

Bismutum subgallicum — Basisches Wismutgallat.

$$C_7H_5O_5 \cdot Bi(OH)_2 = C_6H_2(OH)_3CO_2 \cdot Bi(OH)_2$$

Wird 0,1 g des Salzes mit überschüssigem Schwefelwasserstoffwasser geschüttelt, so entsteht ein schwarzer Niederschlag von Wismutsulfid.

$$2\,[C_7H_5O_5 \cdot Bi(OH)_2] + 3\,H_2S = Bi_2S_3 + 2\,C_7H_6O_5$$
Basisches Wismutgallat   Wismutsulfid   Gallussäure
$$+ 4\,H_2O$$

Wird das Filtrat zum Kochen erhitzt, um überschüssigen Schwefelwasserstoff zu verjagen, und erkalten gelassen, so erzeugt verdünnte Eisenchloridlösung eine blauschwarze Färbung von Ferrigallat von wechselnder Zusammensetzung.

Wird 1 g des Salzes eingeäschert, der verbleibende gelbe Rückstand in Salpetersäure gelöst, die Lösung vorsichtig zur Trockne verdampft und der Rückstand abermals geglüht, so sollen mindestens 0,52 g Wismutoxyd zurückbleiben.

Beim Einäschern des Salzes verbrennt die Gallussäure und es bleibt metallisches Wismut, Wismutoxyd und Kohle im Rückstand. Um alles Wismut in Wismutoxyd zu verwandeln und die Kohle zu entfernen, behandelt man den Glührückstand mit Salpetersäure und glüht nochmals.

2 Moleküle basisches Wismutgallat = 2 . 411,7 geben 1 Molekül Wismutoxyd, $Bi_2O_3 = 465$.

1 g des Präparates hinterlässt beim Glühen $\dfrac{465}{823,4} = 0{,}5649\,g$ Wismutoxyd.

Bismutum subgallicum.

Wird das so erhaltene Wismutoxyd in Salpetersäure gelöst, so geht Wismutnitrat in Lösung (a). Diese Lösung soll
durch Baryumnitratlösung (b),
durch Silbernitratlösung (c) und
durch verdünnte Schwefelsäure (d)
nicht verändert werden.

a) $Bi_2O_3 \;+\; 6\,HNO_3 \;=\; 2\,Bi(NO_3)_3 \;+\; 3\,H_2O$
   Wismutoxyd   Wismutnitrat

b) Sulfate erzeugen eine weisse Fällung von Baryumsulfat.

$$Bi_2(SO_4)_3 \;+\; 3\,Ba(NO_3)_2 \;=\; 3\,BaSO_4$$
Wismutsulfat Baryumnitrat   Baryumsulfat
$$+\; 2\,Bi(NO_3)_3$$
Wismutnitrat

c) Chloride erzeugen eine weisse Fällung von Silberchlorid.

$$BiCl_3 \;+\; 3\,AgNO_3 \;=\; 3\,AgCl \;+\; Bi(NO_3)_3$$
Wismutchlorid Silbernitrat Silberchlorid Wismutnitrat

d) Blei giebt eine weisse Fällung von Bleisulfat.

$$Pb(NO_3)_2 \;+\; H_2SO_4 \;=\; PbSO_4 \;+\; 2\,HNO_3.$$
Bleinitrat   Bleisulfat

Wird obige Lösung mit überschüssiger Ammoniakflüssigkeit versetzt, so scheidet sich Wismuthydroxyd aus. Das Filtrat soll farblos sein. Ist Kupfer zugegen, so löst sich Kupfer-Ammoniumnitrat $Cu(NO_3)_2 + 4\,NH_3$ mit blauer Farbe auf.

$$Bi(NO_3)_3 \;+\; 3\,NH_3 \;+\; 2\,H_2O \;=\; HBiO_2$$
Wismutnitrat   Ammoniak   Wismuthydroxyd
$$+\; 3\,(NH_4)NO_3$$
Ammoniumnitrat

1 g des Salzes löst sich in 5 ccm Natronlauge klar auf; die braunrote Lösung soll beim Erwärmen mit einem Gemisch von je 0,5 g Zinkfeile und Eisenpulver Ammoniak nicht entwickeln.

Zink und Natronlauge entwickeln Wasserstoffgas (a). Das Eisen dient nur zur Beförderung des Prozesses. Ist Salpetersäure zugegen, so wird diese durch den Wasserstoff zu Ammoniak reduziert (b).

a) $Zn \;+\; 2\,NaOH \;=\; Zn(ONa)_2 \;+\; H_2$
     Natriumhydroxyd Zinkoxydnatrium

b) $HNO_3 \;+\; 8\,H \;=\; NH_3 \;+\; 3\,H_2O$
                          Ammoniak

Eine Mischung aus 1 g des Salzes und 3 ccm Zinnchlorürlösung soll im Laufe einer Stunde eine dunklere Färbung nicht annehmen.

Arsenverbindungen werden durch Zinnchlorür zu metallischem Arsen reduziert unter Bildung von Zinnchlorid.

$$2\,BiAsO_4 \;+\; SnCl_2 \;+\; 8\,HCl \;=\; As_2 \;+\; 2\,BiCl_3$$
Wismutarseniat   Zinnchlorür   Wismutchlorid
$$+\;SnCl_4 \;+\; 4\,H_2O$$
Zinnchlorid

Bismutum subnitricum — Basisches Wismutnitrat.

$$BiO\,.\,NO_3\,.\,H_2O$$

Darstellung. 1 Teil gepulvertes Wismut wird in 5 Teilen Salpetersäure von 1,200 spez. Gew., welche zuvor auf 75° bis 90° erhitzt war, ohne Unterbrechung in kleinen Mengen eingetragen, und die gegen das Ende sich abschwächende, heftige Einwirkung durch verstärktes Erhitzen der Wismutlösung unterstützt. Es löst sich Wismutnitrat auf unter Freiwerden von Stickoxyd.

$$2\,Bi \;+\; 8\,HNO_3 \;+\; 6\,H_2O \;=\; 2\,[Bi(NO_3)_3\,.\,5\,H_2O]$$
Wismut   Wismutnitrat
$$+\;2\,NO$$
Stickoxyd

Die Lösung wird nach mehrtägigem Stehen klar abgegossen, und zur Krystallisation eingedampft. Enthält das Wismut Arsen, so wird dieses beim Erwärmen mit Salpetersäure zu Arsensäure oxydiert, und diese setzt sich mit dem Wismutnitrat um in unlösliches Wismutarseniat und Salpetersäure.

$$H_3AsO_4 \;+\; Bi(NO_3)_3 \;=\; BiAsO_4 \;+\; 3\,HNO_3$$
Arsensäure   Wismutnitrat   Wismutarseniat

1 Teil der Krystalle wird mit 4 Teilen Wasser gleichmässig zerrieben und unter Umrühren in 21 Teile siedendes Wasser eingetragen. Es scheidet sich basisches Wismutnitrat aus und Salpetersäure geht in die Flüssigkeit.

$$Bi(NO_3)_3 \;+\; 2\,H_2O \;=\; BiO\,.\,(NO_3)\,.\,H_2O \;+\; 2\,HNO_3$$
Wismutnitrat   Basisches Wismutnitrat   Salpetersäure

Sobald sich der Niederschlag abgesetzt hat, wird die überstehende Flüssigkeit abgegossen, der Niederschlag gesammelt und nach Ablaufen des Filtrats mit einem gleichen Raumteil kaltem Wasser nachgewaschen und bei 30° getrocknet.

Bismutum subnitricum.

Das basische Salz besitzt je nach der Temperatur und je nach der Menge des Wassers und nach der Dauer der Einwirkung des Wassers auf das basische Salz eine wechselnde Zusammensetzung, und es muss deshalb die Vorschrift des Arzneibuches genau eingehalten werden, um ein Präparat von gleicher Zusammmensetzung zu erhalten. Je länger das Wasser auf das Präparat einwirkt, eine desto basischere Verbindung erhält man.

Prüfung. 100 Teile des Präparats hinterlassen beim Glühen unter Enwicklung gelbroter Dämpfe von Stickstoffdioxyd 79 bis 82 Teile Wismutoxyd.

$$2 \, [BiO \cdot (NO_3) \cdot H_2O] \;=\; Bi_2O_3 \;+\; 2 \, NO_2$$
Basisches Wismutnitrat   Wismutoxyd   Stickstoffdioxyd
$$2 \cdot 304{,}56 \qquad\qquad 465$$
$$O + 2 \, H_2O$$

609,12 Teile basisches Wismutnitrat hinterlassen 465 Teile Wismutoxyd; 100 Teile des ersteren: $\dfrac{465 \cdot 100}{609{,}12} = 76{,}3$ Teile Wismutoxyd.

Das Arzneibuch gestattet eine noch etwas basischere Verbindung, indem es 79 bis 82 Teile Wismutoxyd zulässt.

0,5 g des Präparats lösen sich bei gewöhnlicher Temperatur in 25 ccm verdünnter Schwefelsäure ohne Entwicklung von Kohlensäure klar auf. Es löst sich Wismutsulfat auf.

$$2 \, [BiO \cdot NO_3 \cdot H_2O] \;+\; 3 \, H_2SO_4 \;=\; Bi_2(SO_4)_3$$
Basisches Wismutnitrat   Wismutsulfat
$$+ \; 2 \, HNO_3 \;+\; 4 \, H_2O$$

Ist basisches Wismutcarbonat, $(BiO)_2 \cdot CO_3 \cdot H_2O$ oder andere Carbonate zugegen, so findet beim Auflösen Kohlensäure-Entwicklung statt.

Ein Teil dieser Lösung soll auf Zusatz von überschüssiger Ammoniakflüssigkeit, wobei sich Wismuthydroxyd ausscheidet, ein farbloses Filtrat geben.

$$Bi_2(SO_4)_3 \;+\; 6 \, NH_3 \;+\; 4 \, H_2O \;=\; 2 \, HBiO_2$$
Wismutsulfat   Ammoniak   Wismuthydroxyd
$$+ \; 3 \, (NH_4)_2SO_4$$
Ammoniumsulfat

Ist Kupfer zugegen, so löst sich dieses als Kupfer-Ammoniumsulfat $CuSO_4 + 4 \, NH_3$ auf und das Filtrat ist blau gefärbt.

Bismutum subnitricum.

Ein anderer Teil der Lösung soll mit Schwefelwasserstoffwasser übersättigt, wobei sich Wismutsulfid ausscheidet, ein Filtrat geben, welches beim Verdunsten einen wägbaren Rückstand nicht hinterlässt, da im Filtrat nur Schwefelsäure enthalten ist.

$$Bi_2(SO_4)_3 + 3\,H_2S = Bi_2S_3 + 3\,H_2SO_4$$
Wismutnitrat　　　　　　　Wismutsulfid

Salze der Alkalien und alkalische Erden werden vom Schwefelwasserstoffwasser nicht niedergeschlagen, und bleiben beim Verdunsten des Filtrats im Rückstand.

Wird 1 g des Präparats bis zum Aufhören der Dampfbildung erhitzt, so bleibt Wismutoxyd zurück (Formel siehe oben). Wird dieses in wenig Salzsäure gelöst, so löst sich Wismutchlorid auf. Diese Lösung mit der doppelten Raummenge Zinnchlorürlösung versetzt soll im Laufe einer Stunde keine dunkle Färbung annehmen. Enthält das Salz Wismutarseniat, so scheidet sich metallisches Arsen aus unter Bildung von Zinnchlorid (Formel siehe bei Bismutum subgallicum).

$$Bi_2O_3 + 6\,HCl = 2\,BiCl_3 + 3\,H_2O$$
Wismutoxyd　　　　　Wismutchlorid

0,5 g des Präparats sollen, in 5 ccm Salpetersäure gelöst, eine klare Flüssigkeit geben. Es löst sich Wismutnitrat. Ist Wismutarseniat zugegen, so ist die Lösung trübe.

$$BiO \cdot NO_3 \cdot H_2O + 2\,HNO_3 = Bi(NO_3)_3 + 2\,H_2O$$
Basisches Wismutnitrat　　　　　　Wismutnitrat

Obige Lösung darf durch 0,5 ccm Silbernitratlösung höchstens opalisierend getrübt (a), sowie durch 0,5 ccm einer mit der gleichen Menge Wasser verdünnten Baryumnitratlösung nicht verändert werden (b).

a) **Chloride** erzeugen eine weisse Fällung von Silberchlorid. Formel siehe bei Bismutum subgallicum.

b) **Sulfate** geben eine weisse Fällung von Baryumsulfat. Formel siehe bei Bismutum subgallicum.

Mit Natronlauge im Überschusse erwärmt, soll es Ammoniak nicht entwickeln.

Es wird Wismuthydroxyd gefällt und Natriumnitrat geht in Lösung.

$$BiO \cdot NO_3 \cdot H_2O + NaOH = HBiO_2$$
Basisches Wismutnitrat　Natriumhydroxyd　Wismuthydroxyd
$$+ NaNO_3 + H_2O$$
Natriumnitrat

Ist ein **Ammoniumsalz** zugegen, so wird Ammoniak frei.

$(NH_4)NO_3 \;+\; NaOH \;=\; NH_3 \;+\; NaNO_3$
Ammoniumnitrat   Natriumhydroxyd   Ammoniak   Natriumnitrat
$+\; H_2O$

Bismutum subsalicylicum —
Basisches Wismutsalicylat.

$$C_6H_4 \begin{cases} OH \\ COO(BiO) \end{cases}$$

Beim Übergiessen des Salzes mit Schwefelwasserstoffwasser entsteht eine braunschwarze Färbung, indem Wismutsulfid gebildet wird.

$$2 \left[C_6H_4 \begin{cases} OH \\ COO(BiO) \end{cases} \right] + 3\,H_2S \;=\; Bi_2S_3$$

Basisches Wismutsalicylat   Wismutsulfid

$$2 \left[C_6H_4 \begin{cases} OH \\ COOH \end{cases} \right] + 2\,H_2O$$

Salicylsäure

Wird 1 g des Salzes eingeäschert, der verbleibende Rückstand in Salpetersäure gelöst, die Lösung vorsichtig zur Trockne eingedampft, und der Rückstand abermals geglüht, so sollen mindestens 0,63 g Wismutoxyd zurückbleiben.

Beim Glühen des Salzes verbrennt die Salicylsäure und Wismutoxyd bleibt zurück. Ein Teil des letzteren wird durch die Kohle zu metallischem Wismut reduziert. Um alles Wismut in Wismutoxyd zu verwandeln behandelt man den Rückstand mit Salpetersäure und glüht noch einmal.

2 Moleküle = 2 . 361,5 basisches Wismutsalicylat geben 1 Molekül = 465 Wismutoxyd, 1 g des Salzes giebt daher:

$$\frac{465}{723} = 0{,}635 \text{ g Wismutoxyd.}$$

Das so erhaltene Wismutoxyd wird in Salpetersäure gelöst, wobei sich Wismutnitrat bildet (Formel siehe bei Bismutum subgallicum). Die Lösung soll weder
  durch Baryumnitratlösung (a), noch
  durch Silbernitratlösung (b), noch
  durch 2 Raumteile verdünnte Schwefelsäure (c)
verändert werden.

a, b und c. Formeln siehe bei Bismutum subgallicum.

Nach Zusatz von überschüssiger Ammoniakflüssigkeit, wobei Wismuthydroxyd gefällt wird, soll sie ein farbloses Filtrat geben. Formel siehe bei Bismutum subgallicum.

Ist Kupfer zugegen, so löst sich dieses als Kupfer-Ammoniumnitrat $Cu(NO_3)_2 + 4 NH_3$ und das Filtrat ist blau gefärbt.

Nach Zusatz von überschüssigem Schwefelwasserstoffwasser, wodurch Wismutsulfid gefällt wird, soll sie ein Filtrat geben, welches nach dem Eindampfen einen wägbaren Rückstand nicht hinterlässt.

$$2\ Bi(NO_3)_3 + 3\ H_2S = Bi_2S_3 + 6\ HNO_3$$
Wismutnitrat — Wismutsulfid

Salze der Alkalien und alkalische Erden werden durch Schwefelwasserstoff nicht niedergeschlagen, und bleiben beim Verdunsten des Filtrats im Rückstand.

Eine Mischung aus 1 g basischem Wismutsalicylat und 3 ccm Zinnchlorürlösung soll im Laufe einer Stunde eine dunklere Färbung nicht annehmen.

Enthält das Präparat Wismutarseniat, so wird metallisches Arsen gefällt unter Bildung von Zinnchlorid.

Formel siehe bei Bismutum subgallicum.

Erwärmt man 0,5 g des Salzes mit 5 ccm Natronlauge unter Zusatz von je 0,5 g Zinkfeile und Eisenpulver, so soll sich Ammoniak nicht entwickeln.

Natronlauge fällt Wismuthydroxyd unter Bildung von Natriumsalicylat.

$$C_6H_4\begin{cases} OH \\ COO(BiO) \end{cases} + NaOH = HBiO_2$$
Basisches Wismutsalicylat — Natriumhydroxyd — Wismuthydroxyd

$$+ C_6H_4\begin{cases} OH \\ COONa \end{cases}$$
Natriumsalicylat

Zink und Natronlauge entwickeln Wasserstoffgas. Das Eisen dient nur zur Beförderung des Prozesses. Etwa vorhandene Salpetersäure wird durch den Wasserstoff zu Ammoniak reduziert. Formeln siehe bei Bismutum subgallicum.

Bolus alba — Weisser Thon.

Er besteht hauptsächlich aus wasserhaltigem Aluminiumsilicat von der Zusammensetzung $Al_2Si_2O_7 + x\,aq$.

Der weisse Thon soll noch beim Übergiessen mit Salzsäure nicht aufbrausen, soll also keine Carbonate, wie Calciumcarbonat enthalten.

$$CaCO_3 \;+\; 2\,HCl \;=\; CaCl_2 \;+\; CO_2 \;+\; H_2O$$
Calciumcarbonat — Calciumchlorid — Kohlendioxyd

Borax — Natriumborat.

$$Na_2B_4O_7 \cdot 10\,H_2O$$

Beim Erhitzen bläht sich der Borax auf und schmilzt, indem er sein Krystallwasser abgiebt, zu einem farblosen Glase, $Na_2B_4O_7$. Die wässerige Lösung soll weder durch Schwefelwasserstoffwasser (a), noch durch Ammoniumoxalatlösung (b) verändert werden.

a) Metalle, wie Kupfer, Blei, erzeugen eine dunkle Fällung von Metallsulfid.

Formel siehe bei Acidum hydrochloricum.

b) Calciumverbindungen erzeugen eine weisse Fällung von Ammoniumoxalat.

$$CaCl_2 \;+\; (NH_4)_2C_2O_4 \;+\; H_2O \;=\; CaC_2O_4 \cdot H_2O \;+\; 2\,NH_4Cl$$
Calciumchlorid — Ammoniumoxalat — Calciumoxalat — Ammoniumchlorid

Nach dem Ansäuern mit Salpetersäure, wobei kein Aufbrausen stattfinden soll, von Carbonat herrührend, darf sie weder
  durch Baryumnitratlösung (a), noch
  durch Silbernitratlösung (b)
mehr als opalisierend getrübt werden.

a) Natriumsulfat erzeugt eine weisse Fällung von Baryumsulfat.

$$Na_2SO_4 \;+\; Ba(NO_3)_2 \;=\; BaSO_4 \;+\; 2\,NaNO_3$$
Natriumsulfat — Baryumnitrat — Baryumsulfat — Natriumchlorid

b) Natriumchlorid giebt eine weisse Fällung von Silberchlorid.

Formel siehe bei Argent. nitric. cum Kalio nitrico.

50 ccm der Lösung sollen, mit Salzsäure angesäuert, durch 0,5 ccm Kaliumferrocyanidlösung nicht sofort gebläut werden.

Ferrisalz erzeugt eine blaue Fällung von Ferriferrocyanid (Berlinerblau).

Formel siehe bei Acidum boricum.

Bromoformium — Bromoform.

$CHBr_3$ + ca. 4 Prozent Alkohol.

Wird Bromoform mit gleichen Raumteilen Wasser geschüttelt, und dieses über eine mit gleich viel Wasser verdünnte Silbernitratlösung geschichtet, so soll keine Trübung entstehen.

Enthält Bromoform Bromwasserstoff, ein Zersetzungsprodukt des Präparats (siehe unten), so entsteht eine weisse Fällung von Silberbromid.

$$HBr + AgNO_3 = AgBr + HNO_3$$
Bromwasserstoff Silbernitrat Silberbromid

Beim Schütteln von 2 ccm Bromoform und 2 ccm Wasser und 0,5 ccm Jodzinklösung soll sofort weder die Stärkelösung gebläut, noch das Bromoform gefärbt werden.

Enthält das Bromoform freies Brom, so macht dieses aus dem Zinkjodid Jod frei und dieses bildet mit dem Stärkemehl blaue Jodstärke; bei grösserer Menge von freiem Brom löst sich das freigemachte Jod in Bromoform mit violetter Farbe.

$$ZnJ_2 + Br_2 = ZnBr_2 + J_2$$
Zinkjodid Zinkbromid

Bromoform soll nicht erstickend riechen.

Unter dem Einflusse von Luft und Licht erleidet das Bromoform eine Zersetzung, indem es sich rötlich färbt. Es bildet sich Kohlenoxybromid, das erstickend riecht, und Bromwasserstoff.

$$CHBr_3 + O = COBr_2 + HBr$$
Bromoform Kohlenoxybromid Bromwasserstoff

Bromum — Brom.

Br

Brom soll sich in Natronlauge zu einer dauernd klar bleibenden Flüssigkeit auflösen, indem sich Natriumbromid und Natriumbromat bildet.

$$6\,NaOH + 6\,Br = 5\,NaBr + NaBrO_3$$
Natriumhydroxyd Natriumbromid Natriumbromat
$$+ 3\,H_2O$$

Organische Bromverbindungen, wie Bromoform $CHBr_3$ oder Bromkohlenstoff CBr_4 bleiben als ölige Tropfen ungelöst.

Eine Lösung in Wasser (1 = 30) soll, mit überschüssigem, gepulvertem Eisen geschüttelt, eine Flüssigkeit geben, welche nach Zusatz von Eisenchlorid- und Stärkelösung nicht gebläut wird.

Wird eine Lösung von Brom mit überschüssigem Eisen geschüttelt, so löst sich Eisenbromür.

$$Fe + Br = FeBr_2$$
$$\text{Eisenbromür}$$

Ist Jod zugegen, so bildet sich auf ganz analoge Weise Eisenjodür FeJ_2. Das Eisenbromür wird vom Eisenchlorid nicht verändert, wohl aber das Eisenjodür, indem Jod frei wird unter Bildung von Eisenchlorür; das freie Jod verbindet sich mit dem Stärkemehl zur blauen Jodstärke.

$$FeJ_2 + 2\,FeCl_3 = 3\,FeCl_2 + J_2$$
$$\text{Eisenjodür} \quad \text{Eisenchlorid} \quad \text{Eisenchlorür}$$

Calcaria chlorata — Chlorkalk.

$$Ca(ClO)_2 \cdot CaCl_2 + x\,Ca(OH)_2$$

Chlorkalk giebt auf Zusatz von Essigsäure unter reichlicher Chlorentwicklung eine Lösung von Calciumacetat (a), in welcher nach dem Verdünnen mit Wasser und Filtrieren, durch Ammoniumoxalatlösung ein weisser Niederschlag von Calciumoxalat entsteht (b).

a) $Ca(ClO)_2 \cdot CaCl_2 + 4\,C_2H_4O_2 = 2\,Ca(C_2H_3O_2)_2$
  Chlorkalk   Essigsäure   Calciumacetat
  $+ 4\,Cl + 2\,H_2O$

b) $Ca(C_2H_3O_2)_2 + (NH_4)_2C_2O_4 + H_2O = CaC_2O_4 \cdot H_2O$
  Calciumacetat   Ammoniumoxalat   Calciumoxalat
  $+ 2\,(NH_4)C_2H_3O_2$
  Ammoniumacetat

Bestimmung des Chlorgehalts. 0,5 g Chlorkalk werden mit einer Lösung von 1 g Kaliumjodid in 20 ccm Wasser gemischt und mit 20 Tropfen Salzsäure angesäuert.

Zur Bindung des in der klaren, rotbraunen Lösung ausgeschiedenen Jods sollen mindestens 35,2 ccm Zehntel-Normal-Natriumthiosulfatlösung erforderlich sein.

Wird Chlorkalk mit Salzsäure versetzt, so löst sich Calciumchlorid und Chlor wird frei.

$$Ca(ClO)_2 \cdot CaCl_2 + 4\,HCl = 2\,CaCl_2 + 4\,Cl + 2\,H_2O$$
  Chlorkalk   Calciumchlorid

Das freigewordene Chlor macht aus dem Kaliumjodid eine äquivalente Menge Jod frei unter Bildung von Kaliumchlorid.

$$KJ + Cl = J + KCl$$
Kaliumjodid 35,45 126,85 Kaliumchlorid

Das Jod wird von dem Natriumthiosulfat unter Bildung von Natriumjodid und Natriumtetrathionat gebunden.

Formel siehe bei der Jodzahlbestimmung von Adeps suillus.

1 Molekül Natriumthiosulfat $= 248,32$ bindet 1 Atom Jod, entsprechend 1 Atom Chlor $= 35,45$.

1 ccm Zehntel-Normal-Natrumthiosulfatlösung enthält 0,02483 g Natriumthiosulfat,
1 „ „ „ „ entspricht 0,003545 g Chlor,
35,2 ccm „ „ „ entsprechen
$35,2 \times 0,003545 = 0,124784$ g Chlor.

Diese Menge Chlor soll mindestens in 0,5 g Chlorkalk enthalten sein; 100 g des letzteren müssen mindestens $200 \times 0,124784 = 24,9568$ g Chlor ehthalten.

Calcaria usta — Gebrannter Kalk.

$$CaO$$

Wird gebrannter Kalk mit der Hälfte seines Gewichts Wasser besprengt, so erhitzt er sich sehr stark und zerfällt zu einem Pulver, indem sich Calciumhydroxyd bildet.

$$CaO + H_2O = Ca(OH)_2$$
Calciumoxyd Calciumhydroxyd

Dieses Pulver soll sich in Salpetersäure bis auf einen geringen Rückstand fast ohne Aufbrausen auflösen, indem Calciumnitrat entsteht.

$$Ca(OH)_2 + 2 HNO_3 = Ca(NO_3)_2 + 2 H_2O$$
Calciumhydroxyd Calciumnitrat

Bei Gegenwart von Calciumcarbonat $CaCO_3$ entweicht Kohlendioxyd unter Aufbrausen.

Diese Lösung giebt, nach dem Verdünnen mit Wasser und nach Zusatz von Natriumacetatlösung im Überschusse, mit Ammoniumoxalatlösung einen weissen Niederschlag von Calciumoxalat (a). Durch das Natriumacetat wird die überschüssige Salpetersäure gebunden, in welcher das Calciumoxalat löslich wäre, und es entsteht Natriumnitrat und Essigsäure (b); in letzterer ist das Calciumoxalat unlöslich.

a) $Ca(NO_3)_2 + (NH_4)_2C_2O_4 + H_2O = CaC_2O_4 \cdot H_2O$
Calciumnitrat   Ammoniumoxalat   Calciumoxalat
$+ 2 (NH_4)NO_3$
Ammoniumnitrat
b) $NaC_2H_3O_2 + HNO_3 = NaNO_3 + C_2H_4O_2$
Natriumacetat   Natriumnitrat   Essigsäure

Calcium carbonicum praecipitatum —
Calciumcarbonat.

$CaCO_3$

Calciumcarbonat löst sich in Essigsäure unter Aufbrausen als Calciumacetat (a), und die Lösung giebt mit Ammoniumoxalatlösung einen weissen Niederschlag von Calciumoxalat (b).

a) $CaCO_3 + 2 C_2H_4O_2 = Ca(C_2H_3O_2)_2$
Calciumcarbonat   Essigsäure   Calciumacetat
$+ CO_2 + H_2O$
Kohlendioxyd

b) Formel siehe bei Calcaria chlorata.

Die mit Hilfe von verdünnter Essigsäure in der Siedehitze hergestellte Lösung von Calciumacetat (Formel siehe oben) soll durch Baryumnitratlösung nicht sofort verändert (a) und durch Silbernitratlösung nach 5 Minuten höchstens opalisierend getrübt werden (b).

a) Calciumsulfat erzeugt eine weisse Fällung von Baryumsulfat.

$CaSO_4 + Ba(NO_3)_2 = BaSO_4 + Ca(NO_3)_2$
Calciumsulfat Baryumnitrat Baryumsulfat Calciumnitrat

b) Natriumchlorid giebt eine weisse Fällung von Silberchlorid.

Formel siehe bei Argent. nitric. cum Kalio nitrico.

Obige Lösung soll weder nach dem Übersättigen mit Ammoniakflüssigkeit (a), noch mit Kalkwasser eine Ausscheidung geben (b).

a) Thonerde erzeugt farblose Flocken von Aluminiumhydroxyd, Eisen bräunliche Flocken von Eisenhydroxyd.

$Al(C_2H_3O_2)_3 + 3 NH_3 + 3 H_2O = Al(OH)_3$
Aluminiumacetat   Ammoniak   Aluminiumhydroxyd
$+ 3 (NH_4)C_2H_3O_2$
Ammoniumacetat

Formel für Ferriacetat, $Fe(C_2H_3O_2)_3$ ganz analog.

b) **Magnesiumsalze** erzeugen eine weisse Fällung von Magnesiumhydroxyd.

$Mg(C_2H_3O_2)_2$ + $Ca(OH)_2$ = $Mg(OH)_2$
Magnesiumacetat   Calciumhydroxyd   Magnesiumhydroxyd
+ $Ca(C_2H_3O_2)_2$
Calciumacetat

Die mit Hilfe von Salzsäure und 1 g Calciumcarbonat hergestellte wässerige Lösung, wobei sich Calciumchlorid bildet und Kohlendioxyd entweicht, soll durch 0,5 ccm Kaliumferrocyanid nicht gebläut werden.

Ferrisalz erzeugt eine blaue Fällung von Ferriferrocyanid (Berlinerblau).

Formel siehe bei Acidum boricum.

Calcium phosphoricum — Calciumphosphat.

$CaHPO_4 \cdot 2\,H_2O$

Darstellung. 20 Teile Calciumcarbonat werden in 50 Teilen Salzsäure und 50 Teilen Wasser zuletzt unter Erwärmen gelöst, wobei sich Calciumchlorid löst und Kohlendioxyd entweicht.

$CaCO_3$ + $2\,HCl$ = $CaCl_2$ + CO_2 + H_2O
Calciumcarbonat   Calciumchlorid   Kohlendioxyd

Die klar abgegossene Flüssigkeit wird mit Chlorwasser im Überschuss versetzt, um das etwa vorhandene Eisenchlorür in Eisenchlorid zu verwandeln (a). Nach dem Erwärmen zur Verjagung des Chlors lässt man eine halbe Stunde bei 35° bis 40° mit 1 Teil Kalkhydrat stehen. Das Eisenchlorid wird dadurch als Eisenhydroxyd gefällt (b).

a) $FeCl_2$ + Cl = $FeCl_3$
Eisenchlorür   Eisenchlorid

b) $2\,FeCl_3$ + $3\,Ca(OH)_2$ = $2\,Fe(OH)_3$
Eisenchlorid   Calciumhydroxyd   Eisenhydroxyd
+ $3\,CaCl_2$
Calciumchlorid

Der filtrierten, erkalteten Lösung wird 1 Teil Phosphorsäure zugesetzt und hierauf nach und nach eine Lösung von 61 Teilen Natriumphosphat in 300 Teilen warmem Wasser, die bis 25° bis 20° abgekühlt ist. Hierauf wird das Ganze so lange umgerührt, bis der entstandene Niederschlag krystallinisch geworden.

78 Calcium phosphoricum.

Das Ansäuern der Lösung mit Phosphorsäure bezweckt, das basische Calciumchlorid, das sich beim Digerieren mit Calciumhydroxyd gebildet hat, zu zersetzen und die Fällung des Calciums durch Natriumphosphat als sekundäres Calciumphosphat zu bewirken. Aus neutraler Lösung von Calciumchlorid wird in diesem Falle ein Gemenge von tertiärem und sekundärem Calciumphosphat gefällt.

$$CaCl_2 + Na_2HPO_4 + 2H_2O$$
Calciumchlorid Sekundäres Natriumphosphat

$$= CaHPO_4 \cdot 2H_2O + 2NaCl$$
Sekundäres Calciumphosphat Natriumchlorid

Der Niederschlag wird auf einem Tuche gesammelt und so lange mit Wasser ausgewaschen, bis eine Probe der Flüssigkeit mit Silbernitratlösung nur mehr eine schwache Opalescenz zeigt, also nur noch Spuren von Natriumchlorid zugegen sind. Nach dem Abtropfen wird der Niederschlag stark ausgepresst und bei gelinder Wärme getrocknet.

Formel siehe bei Argent. nitric. cum Kalio nitrico.

Prüfung. Das Calciumphosphat löst sich leicht in Salzsäure und in Salpetersäure, indem sich primäres Calciumphosphat und Calciumchlorid bezw. Calciumnitrat bildet.

$$2(CaHPO_4 \cdot 2H_2O) + 2HNO_3 = CaH_4(PO_4)_2$$
Sekundäres Calciumphosphat   Primäres Calciumphosphat

$$+ Ca(NO_3)_2 + 4H_2O$$
Calciumnitrat

Enthält das Präparat Calciumcarbonat, so entweicht Kohlendioxyd unter Aufbrausen.

Formel siehe bei Calcium carbonic. praecipitat.

Die mit Hilfe von verdünnter Essigsäure in der Siedehitze hergestellte, wässerige Lösung des Salzes, wobei primäres Calciumphosphat und Calciumacetat in Lösung geht (Formel ganz analog wie oben bei der Lösung des Salzes in Salpetersäure), giebt mit Ammoniumoxalatlösung einen weissen Niederschlag von Calciumoxalat.

$$CaH_4(PO_4)_2 + (NH_4)_2C_2O_4 + H_2O$$
Primäres Calciumphosphat Ammoniumoxalat

$$= CaC_2O_4 \cdot H_2O + 2(NH_4)H_2PO_4$$
Calciumoxalat Primäres Ammoniumphosphat

Calcium phosphoricum. 79

Beim Befeuchten des Salzes mit Silbernitratlösung wird dasselbe gelb gefärbt, indem sich sekundäres Silberphosphat bildet.

$$CaHPO_4 \cdot 2H_2O + 2AgNO_3 = Ag_2HPO_4$$
Sekundäres Calcium- Silbernitrat Sekundäres Silber-
phosphat   phosphat
$$+ Ca(NO_3)_2 + 2H_2O$$
Calciumnitrat

Eine Mischung aus 1 g Calciumphosphat und 3 ccm Zinnchlorürlösung soll im Laufe einer Stunde eine dunklere Färbung nicht annehmen. Ist eine Arsenverbindung vorhanden, so wird metallisches Arsen ausgeschieden unter Bildung von Zinnchlorid.

Formel siehe bei Acidum phosphoricum.

Wird 1 Teil des Salzes mit 20 Teilen Wasser geschüttelt, so soll das Filtrat nach dem Ansäuern mit Essigsäure durch Baryumnitratlösung nicht verändert werden.

Calciumsulfat erzeugt eine weisse Fällung von Baryumsulfat.

Formel siehe bei Calcium carbonic. praecipit.

Da sich Spuren von Calciumphosphat lösen, so würde durch Baryumnitrat eine weisse Trübung von Baryumphosphat entstehen. Um dieses zu verhindern, wird mit Essigsäure angesäuert.

Die mit Hilfe von Salpetersäure hergestellte, wässerige Lösung, wobei sich primäres Calciumphosphat und Calciumnitrat bildet (Formel siehe oben), darf durch Silbernitratlösung nach 2 Minuten höchstens opalisierend getrübt werden.

Chloride (Calciumchlorid, Natriumchlorid) geben eine weisse Fällung von Silberchlorid.

Formel siehe bei Argent. nitric. cum Kalio nitrico.

Wird obige Lösung mit überschüssiger Ammoniakflüssigkeit und Schwefelwasserstoffwasser versetzt, so darf nur ein rein weisser Niederschlag von tertiärem Calciumphosphat entstehen.

$$3[CaH_4(PO_4)_2] + 4NH_3 = Ca_3(PO_4)_2$$
Primäres Calcium- Ammoniak Tertiäres Calcium-
phosphat   phosphat
$$+ 4[(NH_4)H_2PO_4]$$
Primäres Ammoniumphosphat

Metalle, wie Kupfer, Blei, Eisen, werden durch Ammoniak als Hydroxyde gefällt (a) und verwandeln sich beim Behandeln mit Schwefelwasserstoffwasser in Metallsulfide (b), welche das tertiäre Calciumphosphat mehr oder weniger schmutzig färben.

80   Cantharides.

$$Pb(NO_3)_2 + 2\ NH_3 + 2\ H_2O = Pb(OH)_2 + 2\ (NH_4)NO_3$$
Bleinitrat Ammoniak   Bleihydroxyd   Ammoniumhydrat

$$Pb(OH)_2 + H_2S = PbS + 2\ H_2O$$
Bleihydroxyd   Bleisulfid

100 Teile Calciumphosphat sollen beim Glühen 25 bis 26 Teile an Gewicht verlieren.

Wird sekundäres Calciumphosphat geglüht, so verlieren 2 Moleküle desselben 5 Moleküle Wasser und Calciumpyrophosphat bleibt zurück.

$$2\ [CaHPO_4 . 2\ H_2O] = Ca_2P_2O_7 + 5\ H_2O$$
Sekundäres Calciumphosphat Calciumpyrophosphat 5 . 18,02
2 . 172,05

100 Teile Calciumphosphat verlieren beim Glühen:
344,1 : 90,1 = 100 : x   x = 26,18 Teile Wasser.

Cantharides — Spanische Fliegen.

Die spanischen Fliegen enthalten als wirksamen Bestandteil Cantharidin, $C_{10}H_{12}O_4$, teils frei, teils an Alkalien gebunden; ferner ein butterartiges, gelbes Fett und einen harzartigen Stoff.

Gehaltsbestimmung des Cantharidins. 25 g mittelfein gepulverte Spanische Fliegen werden mit 100 g Chloroform und 2 g Salzsäure ausgezogen. Die Salzsäure macht das an Alkalien gebundene Cantharidin frei, und letzteres wird wie das freie Cantharidin, das butterartige Öl und das Harz in Chloroform gelöst. Nachdem 52 g der Chloroformlösung abfiltriert wurden, wird das Chloroform abdestilliert und der Rückstand mit 5 ccm Petroleumbenzin behandelt. Dieses löst das Fett und Harz auf. Nach dem Filtrieren wird das Ungelöste noch zweimal mit Petroleumbenzin geschüttelt, wiederum filtriert und Filter und Kölbchen getrocknet; beide werden mit sehr verdünnter Ammoniumcarbonatlösung, welche die letzten Anteile der Petroleumätherlösung entfernt, und zuletzt mit Wasser gewaschen. Nachdem der Filterinhalt in das Kölbchen gebracht ist, wird bis zum konstanten Gewicht bei 100° getrocknet.

25 g Canthariden werden mit 102 Teilen Chloroform und Salzsäure behandelt.

52 Teile des Auszugs entsprechen 12,5 Teilen Canthariden.

12,5 Teile Canthariden sollen mindestens 0,1 g Cantharidin enthalten,
100   „   „   „   „   0,8 g   „   „

Cautschuc — Kautschuk.

Der Kautschuk besteht zum grössten Teil aus einem oder mehreren Kohlenwasserstoffen von der Formel $C_{10}H_{16}$.

Werden 0,2 g zerschnittener Kautschuk nach und nach in 2 g eines geschmolzenen Gemenges von 2 Teilen Natriumnitrat und 1 Teil Natriumcarbonat eingetragen, so verbrennt derselbe zu Kohlendioxyd und Wasser und ersteres verbindet sich mit dem Natrium zu Natriumcarbonat.

War der Kautschuk mit Schwefel behandelt (vulkanisierter Kautschuk), so wird der Schwefel zu Schwefelsäure oxydiert, die sich mit dem Natrium zu Natriumsulfat vereinigt. Wird die Schmelze in Wasser gelöst und mit Salpetersäure angesäuert, so erzeugt Baryumnitratlösung eine weisse Fällung von Baryumsulfat.

Formel siehe bei Borax.

Cera alba — Weisses Wachs.

Das weisse Wachs besteht der Hauptsache nach aus freier Cerotinsäure $C_{27}H_{54}O_2$ und Palmitinsäure-Myricyläther (Myricin) $C_{16}H_{31}O_2 \cdot C_{30}H_{61}$.

Wird 1 g weisses Wachs mit 10 ccm Wasser und 3 g Natriumcarbonat bis zum lebhaften Sieden erhitzt, so soll sich nach dem Erkalten das Wachs über der Salzlösung wieder abscheiden, und letztere darf nicht mehr als opalisierend getrübt erscheinen.

Enthält das Wachs Stearinsäure, Pflanzenwachs oder Talg, so bilden diese mit dem Natriumcarbonat Seifen, d. h. die Fettsäuren verbinden sich mit dem Natrium zu fettsaurem Natrium. Diese Seifen trennen sich aber beim Erkalten nicht von dem Wachs, sondern bilden eine emulsionsartige Flüssigkeit.

$$2\ C_{18}H_{36}O_2 + Na_2CO_3 = 2\ C_{18}H_{35}NaO_2$$
Stearinsäure Natriumcarbonat Stearinsaures Natrium
$$+ CO_2 + H_2O$$
Kohlendioxyd

Werden 5 g weisses Wachs mit 50 ccm Weingeist im Wasserbade bis zum beginnenden Sieden erhitzt, so löst sich die freie Cerotinsäure auf. Nach Zusatz von 20 Tropfen Phenolphtaleinlösung sollen zur Rötung 3,3 bis 4,3 ccm weingeistige Halb-

Normal-Kalilauge erforderlich sein. Es bildet sich cerotinsaures Kalium.

$$C_{27}H_{54}O_2 \;+\; KOH \;=\; C_{27}H_{53}KO_2 \;+\; H_2O$$
Cerotinsäure   Kaliumhydroxyd   Cerotinsaures Kalium

1 ccm Halb-Normal-Kalilauge enthält 0,02808 g Kaliumhydroxyd
(siehe Balsamum Copaivae),
3,3 bis 4,3 ccm Halb-Normal-Kalilauge enthalten 3,3 bis 4,3
$\times$ 0,02808 = 0,092664 bis 0,120744 g KOH

Diese Menge Kaliumhydroxyd ist zum Neutralisieren von 5 g Wachs nötig; 1 g Wachs braucht: $\dfrac{0,092664 \text{ bis } 0,120744}{5} = 0,01853$
bis 0,02414 g oder in Milligrammen ausgedrückt 18,53 bis 24,14 Kaliumhydroxyd und diese Zahl ist die **Säurezahl** des Wachses (siehe bei Balsamum Copaivae).

Zur Bestimmung der **Esterzahl** (siehe bei Balsamum Copaivae) werden zur obigen neutralisierten Lösung weitere 20 ccm weingeistige Halb-Normal-Kalilauge hinzugefügt, die Mischung eine halbe Stunde lang im Wasserbade erhitzt und die überschüssige Kalilauge mit Halb-Normal-Salzsäure zurücktitriert; es sollen hierzu 6,5 bis 7 ccm Säure erforderlich sein.

Beim Erhitzen mit weingeistiger Kalilauge wird der Palmitinsäure-Myricyläther zersetzt; es entsteht palmitinsaures Kalium (eine Seife) und Myricylalkohol wird frei.

$$C_{16}H_{31}O_2 \,.\, C_{30}H_{61} \;+\; KOH \;=\; C_{16}H_{31}KO_2$$
Palmitinsäure-Myricyl-   Kaliumhydroxyd   Palmitinsaures
äther   Kalium
$$+\; C_{30}H_{61} \,.\, OH$$
Myricylalkohol

Zum Zurücktitrieren der überschüssig zugesetzten Kalilauge wird Halb-Normal-Salzsäure verwendet. Gleiche Raumteile beider Flüssigkeiten sind einander äquivalent. Wurden zum Zurücktitrieren 6,5 bis 7 ccm Säure gebraucht, so wurden zur Zersetzung des Esters 20—6,5 bis 7 = 13,5 bis 13 ccm Halb-Normal-Kalilauge verwendet.

13,5 bis 13 ccm Halb-Normal-Kalilauge enthalten 13,5 bis 13 $\times$ 0,02808 = 0,37908 bis 0,36504 g Kaliumhydroxyd.

Diese Menge ist für 5 g Wachs nötig; 1 g Wachs braucht: $\dfrac{0,37908 \text{ bis } 0,36504}{5} = 0,07581$ bis 0,07301 g Kaliumhydroxyd
oder in Milligrammen ausgedrückt 75,81 bis 73,01 und diese Zahl ist die Esterzahl des weissen Wachses.

Cera flava — Gelbes Wachs.

Das gelbe Wachs enthält dieselben Bestandteile wie das weisse Wachs, ausserdem noch gelben Farbstoff.

Die Prüfung auf Stearinsäure, sowie die Bestimmung der Säure- und Esterzahl wie bei Cera alba.

Cerussa — Bleiweiss.

$$2\ Pb(CO_3) + Pb(OH)_2$$

Das Bleiweiss löst sich in Essigsäure und in verdünnter Salpetersäure, indem Bleiacetat bezw. Bleinitrat entsteht, und Kohlendioxyd entweicht.

$2\ Pb(CO_3) \cdot Pb(OH)_2 + 6\ C_2H_4O_2 = 3\ Pb(C_2H_3O_2)_2$
Basisches Bleicarbonat   Essigsäure   Bleiacetat
$+ 2\ CO_2 + 4\ H_2O$
Kohlendioxyd

In dieser Lösung wird durch Schwefelwasserstoffwasser ein schwarzer Niederschlag von Bleisulfid (a), durch verdünnte Schwefelsäure ein weisser von Bleisulfat (b) erzeugt.

a) $Pb(C_2H_3O_2)_2 + H_2S = PbS + 2\ C_2H_4O_2$
   Bleiacetat   Bleisulfid   Essigsäure

b) $Pb(C_2H_3O_2)_2 + H_2SO_4 = PbSO_4 + 2\ C_2H_4O_2$
   Bleiacetat   Bleisulfat   Essigsäure

Die Lösung in Essigsäure, wobei Bleiacetat gebildet wird (siehe oben), soll nach dem vollständigen Ausfällen des Bleies mit Schwefelwasserstoff (siehe oben) ein Filtrat geben, das nach dem Verdampfen einen wägbaren Rückstand nicht hinterlässt.

Calcium- und Baryumcarbonat werden von der Essigsäure als Acetate gelöst, durch Schwefelwasserstoff aber nicht gefällt und bleiben beim Verdunsten des Filtrats im Rückstand.

Wird 1 g Bleiweiss in 2 ccm Salpetersäure unter Zusatz von 4 ccm Wasser gelöst, so geht Bleinitrat in Lösung (a). Wird diese Lösung mit Natronlauge versetzt, so scheidet sich Bleihydroxyd aus (b), welches durch einen Überschuss von Natronlauge als Bleioxydnatrium gelöst wird (c).

a) Formel ganz analog wie bei der Lösung in Essigsäure.

b) $Pb(NO_3)_2$ + 2 NaOH = $Pb(OH)_2$
  Bleinitrat   Natriumhydroxyd   Bleihydroxyd
  + 2 $NaNO_3$
  Natriumnitrat

c) $Pb(OH)_2$ + 2 NaOH = $Pb(ONa)_2$ + 2 H_2O
  Bleihydroxyd   Natriumhydroxyd   Bleioxydnatrium

Wird zur obigen alkalischen Lösung 1 Tropfen verdünnte Schwefelsäure zugesetzt, so scheidet sich Bleisulfat aus (a), das beim Umschütteln wieder gelöst wird, weil es in Natronlauge löslich.

Enthält das Präparat Baryumcarbonat, so wird dieses von der Salpetersäure als Baryumnitrat gelöst und durch Natronlauge wird dasselbe in lösliches Baryumhydroxyd übergeführt (b). Auf Zusatz von Schwefelsäure scheidet sich Baryumsulfat aus (c), das beim Umschütteln sich nicht wieder löst.

a) $Pb(ONa)_2$ + 2 H_2SO_4 = $PbSO_4$ + Na_2SO_4
  Bleioxydnatrium   Bleisulfat   Natriumsulfat
  + 2 H_2O

b) $Ba(NO_3)_2$ + 2 NaOH = $Ba(OH)_2$
  Baryumnitrat   Natriumhydroxyd   Baryumhydroxyd
  + 2 $NaNO_3$
  Natriumnitrat

c) $Ba(OH)_2$ + H_2SO_4 = $BaSO_4$ + 2 H_2O
  Baryumhydroxyd   Baryumsulfat

Wird die alkalische Lösung mit überschüssiger Schwefelsäure versetzt, so scheidet sich Bleisulfat aus (Formel siehe oben). Wird die Flüssigkeit abfiltriert, so soll das Filtrat durch Kaliumferrocyanid nicht verändert werden.

Enthält das Präparat basisches Zinkcarbonat, so löst sich dieses in Salpetersäure als Zinknitrat, $Zn(NO_3)_2$, und letzteres wird durch überschüssige Natronlauge in lösliches Zinkoxydnatrium, $Zn(ONa)_2$, übergeführt (a), das durch Schwefelsäure nicht gefällt, sondern in lösliches Zinksulfat und Natriumsulfat verwandelt wird (b). Wird nun das Filtrat mit Kaliumferrocyanidlösung versetzt, so scheidet sich weisses Zinkferrocyanid aus (c).

a) Formel ganz analog wie bei Cerussa; siehe oben.

b) Formel analog wie beim Fällen von Bleioxydnatrium mit Schwefelsäure.

c) 2 $ZnSO_4$ + K_4FeCy_6 = Zn_2FeCy_6 + 2 K_2SO_4
  Zinksulfat   Kaliumferrocyanid   Zinkferrocyanid   Kaliumsulfat

100 Teile Bleiweiss sollen nach dem Glühen wenigstens 85 Teile Bleioxyd hinterlassen.

Beim Glühen entweicht Kohlendioxyd und Wasser und Bleioxyd bleibt zurück.

$$2\,Pb(CO_3)\,.\,Pb(OH)_2 \;=\; 3\,PbO \;+\; 2\,CO_2 \;+\; H_2O$$
Basisches Bleicarbonat — Bleioxyd — Kohlendioxyd
774,7 — 3 . 222,9

1 Molekül basisches Bleicarbonat = 774,7 giebt beim Glühen 3 Moleküle Bleioxyd = 668,7. 100 Teile des ersteren hinterlassen:

$$774,7 : 668,7 = 100 : x \quad x = 86,3 \text{ Teile Bleioxyd.}$$

Das Arzneibuch verlangt, dass beim Glühen mindestens 85 Prozent Bleioxyd zurückbleiben, ein Beweis, dass das Bleiweiss annähernd obiger Formel entsprechen soll.

Charta sinapisata — Senfpapier.

Zur Bestimmung des Gehalts an ätherischem Senföle werden 100 qcm in Streifen geschnittenes Senfpapier in einem Kölbchen mit 50 ccm Wasser von 20° bis 25° übergossen und unter wiederholtem Umschütteln in einem verschlossenen Kölbchen 10 Minuten lang stehen gelassen, worauf man 10 ccm Weingeist und 2 ccm Olivenöl zusetzt und unter sorgfältiger Abkühlung 20 bis 30 ccm in einen 100 ccm fassenden Messkolben abdestilliert, in welchem sich 10 ccm Ammoniakflüssigkeit befinden. Nach Zusatz von 10 ccm Zehntel-Normal-Silbernitratlösung füllt man mit Wasser bis zur Marke auf und lässt unter häufigem Umschütteln in dem verschlossenen Kolben 24 Stunden lang stehen.

Das Senfpulver enthält ein Glykosid, myronsaures Kalium, und einen Eiweisskörper, welcher als Ferment wirkt, das Myrosin. Wird das Senfpulver mit Wasser behandelt, so zerfällt das myronsaure Kalium durch den Einfluss von Myrosin in Allylsenföl, Traubenzucker und saures Kaliumsulfat.

$$C_{10}H_{18}KNO_{10}S_2 \;=\; CS\,.\,NC_3H_5 \;+\; C_6H_{12}O_6$$
Myronsaures Kalium — Allylsenföl — Traubenzucker
(Isocyanallyl)

$$+\; KHSO_4$$
Saueres Kaliumsulfat

Beim Destillieren mit Weingeist geht das Allylsenföl über. Der Zusatz von Olivenöl bezweckt, das Schäumen zu verhindern.

Das Allylsenföl bildet mit dem Ammoniak durch Addition Allylsulfoharnstoff (Thiosinamin) (a) und auf Zusatz von Silbernitrat wird Silbersulfid ausgeschieden und in Lösung ist Allylcyanamid (b).

a) $CS \cdot NC_3H_5 + NH_3 = CS {<} {NHC_3H_5 \atop NH_2}$

Allylsenföl   Ammoniak   Allylsulfoharnstoff
99,15

b) $CS{<}{NHC_3H_5 \atop NH_2} + 2\ AgNO_3 + 2\ NH_3$

Allylsulfoharnstoff   Silbernitrat   Ammoniak
2 . 169,97

$= Ag_2S + CN \cdot NHC_3H_5 + 2\ (NH_4)NO_3$
Silbersulfid   Allylcyanamid   Ammoniumnitrat

50 ccm des klaren Filtrats sollen alsdann, nach Zusatz von 6 ccm Salpetersäure und 1 ccm Ferriammoniumsulfatlösung nicht mehr als 3,8 ccm Zehntel-Normal-Ammoniumrhodanidlösung bis zum Eintritt der Rotfärbung erfordern.

Die überschüssige Zehntel-Normal-Silbernitratlösung wird durch Zehntel-Normal-Ammoniumrhodanidlösung zurücktitriert, indem Silberrhodanid gefällt wird.

$AgNO_3 + (NH_4)CNS = AgCNS + (NH_4)NO_3$
Silbernitrat   Ammonium-   Silberrhodanid   Ammonium-
169,97   rhodanid   nitrat
76,18

Als Indikator dient Ferriammoniumsulfatlösung, welche mit Ammoniumrhodanidlösung rotes Ferrirhodanid bildet.

$Fe_2(NH_4)_2(SO_4)_4 + 6\ (NH_4)CNS = 2\ Fe(CNS)_3$
Ferriammoniumsulfat   Ammoniumrhodanid   Ferrirhodanid

$+ 4\ (NH_4)_2SO_4$
Ammoniumsulfat

So lange aber noch Silbernitrat in Lösung ist, verschwindet diese rote Färbung beim Umschütteln wieder, indem sich Silberrhodanid und Ferrinitrat bildet.

$Fe(CNS)_3 + 3\ AgNO_3 = 3\ AgCNS + Fe(NO_3)_3$
Ferrirhodanid   Silbernitrat   Silberrhodanid   Ferrinitrat

Erst, wenn alles Silber als Silberrhodanid gefällt ist, bleibt das Ferrirhodanid unzersetzt und die Flüssigkeit erscheint rot gefärbt.

Chininum ferro-citricum.

1 Molekül Silbernitrat = 169,97 braucht zur Fällung
1 Molekül Ammoniumrhodanid = 76,18.
1 ccm Zehntel-Normal-Silbernitratlösung enthält 0,016997 g Silbernitrat,
1 „   „   „ -Ammoniumrhodanidlösung enthält 0,007618 g Ammoniumrhodanid.
Gleiche Raumteile beider Flüssigkeiten sind demnach einander äquivalent.

Braucht man zum Zurücktitrieren 3,8 ccm Zehntel-Normal-Ammoniumrhodanidlösung, so wurden, da nur die Hälfte der Flüssigkeit zum Titrieren verwendet wurde, 5 — 3,8 = 1,2 ccm Zehntel-Normal-Silbernitratlösung zur Bindung des Schwefels des Senföls verwendet.

1 Molekül Allylsenföl = 99,15 entspricht 2 Molekülen Silbernitrat = 2 . 169,97.

1 ccm Zehntel-Normal-Silbernitratlösung entspricht daher
$\frac{0,009915}{2}$ = 0,0049575 g Allylsenföl, und 1,2 ccm entsprechen
1,2 × 0,0049575 = 0,005949 g Allylsenföl, welches sich aus dem auf 50 qcm Senfpapier befindlichen Senfpulver zum mindesten entwickeln soll; für 100 qcm Senfpapier berechnet sich 0,011898 g Allylsenföl.

Da 100 g Senfpulver mindestens 0,555 g Allylsenföl entspricht (siehe bei Semen Sinapis), so entspricht obige Menge
Allylsenföl: $\frac{0,011898 \times 100}{0,555}$ = 2,14 g Senfpulver. Diese Menge soll sich in diesem Falle auf 100 qcm Senfpapier befinden.

Chininum ferro-citricum — Eisenchinincitrat.

Ein Gemenge von Ferrocitrat, Ferricitrat und Chinincitrat.

Die mit Salzsäure angesäuerte Lösung des Eisenchinincitrats giebt sowohl mit Kaliumferrocyanidlösung wie auch mit Kaliumferricyanidlösung eine blaue Fällung, indem im ersten Falle aus Ferricitrat Ferriferrocyanid (Berlinerblau) (a), im letzteren aus Ferrocitrat Ferroferricyanid (Turnbulls Blau) gefällt wird.

a) $2\ [Fe_2(C_6H_5O_7)_2]\ +\ 3\ K_4FeCy_6\ =\ Fe_4(FeCy_6)_3$
　　Ferricitrat　　　　Kaliumferrocyanid　　Ferriferrocyanid
　　　　$+\ 4\ C_6H_5K_3O_7$
　　　　　Kaliumcitrat

b) $Fe_3(C_6H_5O_7)_2 + 2\,K_3FeCy_6 = Fe_3(FeCy_6)_2$
Ferrocitrat Kaliumferricyanid Ferroferricyanid
$+ 2\,C_6H_5K_3O_7$
Kaliumcitrat

Mit Jodlösung entsteht eine braune Fällung von Jodchinin. Um den Chiningehalt des Präparats zu bestimmen, wird 1 g desselben in Wasser gelöst und mit Natronlauge bis zur stark alkalischen Reaktion versetzt. Es scheidet sich Ferrohydroxyd, Ferrihydroxyd und Chininhydrat aus. Dieser Niederschlag wird mit Äther ausgezogen, welcher das Chininhydrat löst, die Lösung verdampft und bei 100° getrocknet, wobei das Hydratwasser entweicht und mindestens 0,09 g Chinin zurückbleiben soll.

$Fe_3(C_6H_5O_7)_2 + Fe_2(C_6H_5O_7)_2 + C_{20}H_{24}N_2O_2 \cdot C_6H_8O_7$
Ferrocitrat Ferricitrat Chinincitrat
$+ 15\,NaOH = 3\,Fe(OH)_2 + 2\,Fe(OH)_3$
Natriumhydroxyd Ferrohydroxyd Ferrihydroxyd
$+ C_{20}H_{24}N_2O_2 \cdot 3\,H_2O + 5\,C_6H_5Na_3O_7$
Chininhydrat Natriumcitrat

Wird das aus einer grösseren Menge des Präparats in obiger Weise abgeschiedene Chinin in Weingeist gelöst und mit verdünnter Schwefelsäure neutralisiert, so bildet sich Chininsulfat; letzteres muss in seinem Verhalten den an dieses Salz gestellten Anforderungen entsprechen (siehe bei Chininum sulfuricum).

$2\,C_{20}H_{24}N_2O_2 + H_2SO_4 = (C_{20}H_{24}N_2O_2)_2 \cdot H_2SO_4$
Chinin Chininsulfat

1 g Eisenchinincitrat wird mit Salpetersäure durchfeuchtet, diese verdunstet und der Rückstand geglüht, bis alle Kohle verbrannt ist. Es sollen nicht weniger als 0,3 g Eisenoxyd zurückbleiben.

Die Salpetersäure oxydiert das Ferrocitrat zu Ferricitrat unter Bildung von Ferrinitrat und Stickstoffdioxyd entweicht. Beim Glühen verbrennt das Chinin und die Citronensäure, die Salpetersäure entweicht und Eisenoxyd bleibt zurück.

$Fe_3(C_6H_5O_7)_2 + 6\,HNO_3 = Fe_2(C_6H_5O_7)_2 + Fe(NO_3)_3$
Ferrocitrat Ferricitrat Ferrinitrat
$+ 3\,NO_2 + 3\,H_2O$
Stickstoffdioxyd

Enthält das Präparat Alkalisalze, so bleiben auch diese beim Glühen im Rückstand; wird letzterer mit Wasser behandelt, und dieses verdunstet, so bleibt ein Rückstand.

Ist Natriumcitrat zugegen, so verwandelt sich dieses beim Glühen in Natriumcarbonat, und das Wasser reagiert alkalisch.

Chininum hydrochloricum — Chininhydrochlorid.

$C_{20}H_{24}N_2O_2 \cdot HCl + 2\,H_2O$

Die wässerige Lösung des Salzes wird durch Chlorwasser und Ammoniakflüssigkeit grün gefärbt, indem sich ein grünes Harz ausscheidet (Thalleiochinreaktion).

Silbernitratlösung ruft in der wässerigen, mit Salpetersäure angesäuerten Lösung einen weissen Niederschlag von Silberchlorid hervor.

$C_{20}H_{24}N_2O_2 \cdot HCl + AgNO_3 = AgCl$
Chininhydrochlorid   Silbernitrat   Silberchlorid
$+ C_{20}H_{24}N_2O_2 \cdot HNO_3$
Chininnitrat

Die wässerige Lösung des Salzes (1 = 50) soll durch Baryumnitratlösung nur sehr wenig (a), durch verdünnte Schwefelsäure gar nicht getrübt werden (b).

a) Chininsulfat erzeugt eine weisse Fällung von Baryumsulfat.

$(C_{20}H_{24}N_2O_2)_2 H_2SO_4 + Ba(NO_3)_2 = BaSO_4$
Chininsulfat   Baryumnitrat   Baryumsulfat
$+ 2\,(C_{20}H_{24}N_2O_2 \cdot HNO_3)$
Chininnitrat

b) Baryumchlorid giebt eine weisse Fällung von Baryumsulfat.

$BaCl_2 + H_2SO_4 = BaSO_4 + 2\,HCl$
Baryumchlorid Schwefelsäure Baryumsulfat Chlorwasserstoff

Zur Prüfung auf fremde Chinaalkaloide werden 2 g Chininhydrochlorid in einem erwärmten Mörser in 20 ccm Wasser von 60° gelöst; die Lösung wird mit 1 g zerriebenem, unverwittertem Natriumsulfat versetzt und die Masse gleichmässig durchgearbeitet, wobei sich Chininsulfat und Natriumchlorid bildet.

$2\,(C_{20}H_{24}N_2O_2 \cdot HCl) + Na_2SO_4 = (C_{20}H_{24}N_2O_2)_2 \cdot H_2SO_4$
Chininhydrochlorid   Natriumsulfat   Chininsulfat
$+ 2\,NaCl$
Natriumchlorid

Nach dem Erkalten lässt man diese unter wiederholtem Umrühren eine halbe Stunde lang bei 15° stehen, presst sie alsdann durch ein trockenes Stück Leinwand von etwa 100 qcm Flächeninhalt aus und filtriert durch ein Filter von 7 cm Durchmesser. Das Chininsulfat löst sich zum Teil in Wasser. — Enthält das

Präparat fremde Chinaalkaloide, wie Hydrochinon, Cinchonin, Cinchonidin, Chinidin, so gehen auch diese als Sulfate in Lösung; doch sind dieselben weit löslicher als das Chininsulfat. — Da Filtrierpapier aus gesättigter Chininsulfatlösung eine gewisse Menge Chininsulfat zurückhält, so ist die Grösse des Filters genau einzuhalten.

Von dem 15^0 zeigenden Filtrate werden 5 ccm allmählich mit Ammoniakflüssigkeit von 15^0 versetzt, bis der entstandene Niederschlag wieder klar gelöst ist. Es sollen hierzu nicht mehr als 4 ccm Ammoniakflüssigkeit nötig sein.

In den 5 ccm des Filtrats ist so viel Chininsulfat gelöst, dass 4 ccm Ammoniakflüssigkeit hinreichen, das Chinin zu fällen und wieder aufzulösen.

$$(C_{20}H_{24}N_2O_2)_2 \cdot H_2SO_4 + 2\,NH_3 + 6\,H_2O$$
Chininsulfat Ammoniak

$$= 2\,(C_{20}H_{24}N_2O_2 \cdot 3\,H_2O) + (NH_4)_2SO_4$$
Chininhydrat Ammoniumsulfat

Obige fremden Alkaloide werden ebenfalls als Hydrate gefällt; da sie aber löslicher als Chininsulfat sind, so brauchen sie auch eine grössere Menge Ammoniak zu Fällung und Wiederauflösen, als reines Chininsulfat.

1 g Chininhydrochlorid soll bei 100^0 nicht mehr als 0,09 g an Gewicht verlieren.

1 Molekül Chininhydrochlorid = 396,82 verliert bei 100^0 2 Moleküle Wasser = 36,02. 1 g des Salzes verliert:

$$\frac{36,02}{396,82} = 0.09 \text{ g Wasser.}$$

Ist das Salz teilweise verwittert, so wird es weniger, ist es feucht, mehr Wasser verlieren.

Chininum sulfuricum — Chininsulfat.

$$(C_{20}H_{24}N_2O_2)_2 \cdot H_2SO_4 + 8\,H_2O$$

Thalleiochinreaktion wie bei Chininum hydrochloricum.

Ein Tropfen verdünnter Schwefelsäure ruft in der Lösung des Chininsulfats blaue Fluorescenz hervor, indem saueres Chininsulfat entsteht.

$$(C_{20}H_{24}N_2O_2)_2 \cdot H_2SO_4 + H_2SO_4 = 2\,(C_{20}H_{24}N_2O_2 \cdot H_2SO_4)$$
Chininsulfat Saueres Chininsulfat

In der wässerigen, mit Salpetersäure angesäuerten Lösung des Salzes ruft Baryumnitratlösung einen weissen Niederschlag von Baryumsulfat hervor.

Formel siehe bei Chininum hydrochloricum.

Auf Zusatz von Silbernitratlösung entstehe keine Veränderung. Chininhydrochlorid ruft eine weisse Fällung von Silberchlorid hervor.

Formel siehe bei Chininum hydrochloricum.

Zur Prüfung auf fremde Chinaalkaloide lässt man 2 g des Salzes bei 40° bis 50° völlig verwittern, wobei von den 8 Molekülen Krystallwasser 6 Moleküle entweichen, übergiesst mit 20 ccm Wasser und stellt eine halbe Stunde lang unter häufigem Umschütteln in ein auf 60° bis 65° erwärmtes Wasserbad. Alsdann setzt man das Probierrohr in Wasser von 15° und lässt unter häufigem Umschütteln 2 Stunden lang stehen. Hierauf wird durch Leinwand von 100 qcm abgepresst und gerade so verfahren, wie bei Chininum hydrochloricum angegeben.

1 g Chininsulfat soll bei 100° getrocknet nicht mehr als 0,15 g an Gewicht verlieren.

1 Molekül Chininsulfat = 890,88 verliert bei 100° 8 Moleküle Wasser = 144,16. 1 g des Salzes verliert:

$$\frac{144,16}{890,88} = 0,16 \text{ g Wasser.}$$

Das Arzneibuch lässt demnach ein etwas verwittertes Salz zu.

Chininum tannicum — Chinintannat.

Das Salz entspricht annähernd der Formel: $C_{20}H_{24}N_2O_2 . 2 C_{14}H_{10}O_9$

Die wässerige und weingeistige Lösung des Chinintannats wird durch Eisenchloridlösung blauschwarz gefärbt. Es entsteht Eisentannat von wechselnder Zusammensetzung.

Die mit Hilfe von Salpetersäure durch Schütteln und darauf folgendes Filtrieren bereitete wässerige Lösung des Chinintannats soll durch Schwefelwasserstoffwasser (a) nicht verändert, durch Silbernitrat (b) und Baryumnitratlösung (c) nicht sofort getrübt werden.

a) Metalle, wie Kupfer, Blei, geben eine dunkle Fällung von Metallsulfid.

Formel siehe bei Acidum nitricum.

b) Chloride erzeugen eine weisse Fällung von Silberchlorid. Formel siehe bei Argent. nitric. cum Kalio nitrico.

c) Schwefelsäure und Sulfate geben eine weisse Fällung von Baryumsulfat.
Formel siehe bei Chininum sulfuricum.

Zur Prüfung auf Chiningehalt mische man 1 g Chinintannat mit 4 ccm Wasser, versetze mit Natronlauge bis zur stark alkalischen Reaktion, wodurch Chininhydrat gefällt wird, und schüttele mit Äther aus, welcher das Chininhydrat auflöst. Nach dem Verdunsten des Äthers und Trocknen des Rückstandes bei 100° bleibt Chinin zurück. Es sollen mindestens 0,3 g Chinin hinterbleiben.

Das Präparat besteht demnach aus 30 Prozent Chinin und 70 Prozent Gerbsäure. Dividiert man die prozentische Zusammensetzung mit den entsprechenden Molekulargewichten, so erhält man den Quotienten: $\frac{30}{324} = 0,092$ für Chinin, $\frac{70}{322} = 0,21$ für Gerbsäure. Diese Quotienten verhalten sich nahezu wie 1 : 2 und dem Salze entspricht also annähernd obige Formel.

Wird das auf obige Weise aus einer grösseren Menge Chinintannat abgeschiedene Chinin in Weingeist gelöst, und mit verdünnter Schwefelsäure genau neutralisiert, so löst sich Chininsulfat (Formel siehe bei Chininum ferro-citricum). Das durch Verdunsten erhaltene Chininsulfat wird wie Chininum sulfuricum auf fremde Chinaalkaloide geprüft.

Chloralum formamidatum — Chloralformamid.

$(CCl_3 \cdot COH)(HCONH_2)$.

Beim Erwärmen mit Natronlauge giebt Chloralformamid eine trübe, unter Abscheidung von Chloroform sich klärende Lösung, deren Dämpfe rotes Lackmuspapier bläuen.

Die Verbindung wird zerlegt, indem Chloral in Chloroform und Natriumformiat, das Formamid unter Aufnahme von Wasser in Ammoniumformiat übergeht.

$$(CCl_3 \cdot COH)(HCONH_2) + NaOH + H_2O = CCl_3H$$
Chloralformamid   Natriumhydrooxyd   Chloroform
$$+ H \cdot COONa + H \cdot COO(NH_4)$$
Natriumformiat   Ammoniumformiat

Das Ammoniumformiat wird beim Erwärmen mit Natronlauge zersetzt in Natriumformiat und Ammoniak, welch letzteres rotes Lackmuspapier bläut

$$H \cdot COO(NH_4) + NaOH = H \cdot COONa$$
Ammoniumformiat Natriumhydroxyd Natriumformiat
$$+ NH_3 + H_2O$$
Ammoniak

Die weingeistige Lösung des Präparats soll blaues Lackmuspapier nicht röten und sich auf Zusatz von Silbernitratlösung nicht sofort verändern.

Durch Zersetzung des Präparats entstehen freie Säuren, wie Salzsäure, Ameisensäure und die Lösung reagiert sauer.

Salzsäure erzeugt mit Silbernitrat eine weisse Fällung von Silberchlorid.

Formel siehe bei Acetum.

0,2 g Chloralformamid soll beim vorsichtigen Erhitzen in offener Schale brennbare Dämpfe nicht entwickeln, was der Fall wäre, wenn Chloralalkoholat oder Urethan zugegen. Ersteres spaltet sich nämlich in Alkohol und Chloral, letzteres zerfällt mit Hilfe von Wasser in Alkohol, Kohlendioxyd und Ammoniak.

$$CCl_3 \cdot CH{<}^{OC_2H_5}_{OH} = C_2H_5 \cdot OH + CCl_3 \cdot COH$$
Chloralalkoholat   Äthylalkohol   Chloral

$$CO{<}^{NH_2}_{OC_2H_5} + H_2O = C_2H_5 \cdot OH + CO_2 + NH_3$$
Urethan   Äthylalkohol Kohlendioyd Ammoniak

Chloralum hydratum — Chloralhydrat.

$$CCl_3 \cdot COH + H_2O = CCl_3 \cdot CH{<}^{OH}_{OH}$$

Beim Erwärmen mit Natronlauge giebt Chloralhydrat eine trübe, unter Abscheidung von Chloroform sich klärende Lösung und Natriumformiat ist in Lösung.

$$CCl_3 \cdot CH{<}^{OH}_{OH} + NaOH = CCl_3H$$
Chloralhydrat Natriumhydroxyd Chloroform
$$+ H \cdot COONa + H_2O$$
Natriumformiat

Die Lösung von 1 g Chloralhydrat in 10 ccm Weingeist darf blaues Lackmuspapier erst beim Trocknen schwach röten (a), und sich auf Zusatz von Silbernitratlösung nicht sofort verändern (b).

a) Bei der Zersetzung des Präparates bildet sich Trichloressigsäure und Salzsäure, und die Lösung reagiert dann sauer.

$$CCl_3 . CH{<}^{OH}_{OH} + O = CCl_3 . COOH + H_2O$$
Chloralhydrat   Trichloressigsäure

b) Salzsäure erzeugt eine weisse Fällung von Silberchlorid. Formel siehe bei Acetum.

0,2 g Chloralhydrat sollen beim vorsichtigen Erhitzen in offener Schale brennbare Dämpfe nicht entwickeln.

Ist Chloralalkoholat oder Urethan zugegen, so zerfällt ersteres in Alkohol und Chloral, letzteres mit Hilfe von Wasser in Alkohol, Kohlendioxyd und Ammoniak.

Formeln siehe bei Chloralum formamidatum.

Chloroformium — Chloroform.

$$CCl_3H$$

Mit 2 Raumteilen Chloroform geschütteltes Wasser soll blaues Lackmuspapier nicht röten (a) und wenn es vorsichtig über eine mit gleich viel Wasser verdünnte Silbernitratlösung geschichtet wird, eine Trübung nicht hervorrufen (b).

a) Durch Einwirkung von Luft und Licht erleidet das Chloroform eine Zersetzung, indem Salzsäure und Phosgengas (Chlorkohlenoxyd) entsteht.

$$CCl_3H + O = HCl + COCl_2$$
Chloroform   Chlorwasserstoff   Chlorkohlenoxyd

b) **Salzsäure** bildet eine weisse Zwischenzone von Silberchlorid.

Formel siehe bei Acetum.

Eine gelbliche oder rötliche Zwischenzone könnte von **arseniger Säure** oder **Arsensäure** herrühren, indem sich Silberarsenit oder Silberarseniat ausscheidet.

$$H_3AsO_4 + 3 AgNO_3 = Ag_3AsO_4 + 3 HNO_3$$
Arsensäure   Silbernitrat   Silberarseniat

Beim Schütteln von Chloroform mit Jodzinkstärkelösung soll weder die Stärkelösung gebläut, noch das Chloroform gefärbt werden.

Enthält das Chloroform freies Chlor, so macht dieses aus dem Jodzink das Jod frei unter Bildung von Chlorzink und das Jod verbindet sich mit dem Stärkemehl zur blauen Jodstärke, zum Teil wird es von Chloroform mit violetter Farbe gelöst.

$$ZnJ_2 + Cl_2 = ZnCl_2 + J_2$$
Zinkjodid Zinkchlorid

Chloroform soll nicht erstickend riechen. Es würde dieses von dem bei der Zersetzung des Chloroforms sich bildenden Phosgengas herrühren.

Formel siehe oben.

Schwefelsäure wird beim Schütteln mit Chloroform nicht gebräunt, wohl aber, wenn fremde Chlorverbindungen, wie Äthylidenchlorid, gechlorte Amylverbindungen, von fuselhaltigem Alkohol herrührend, vorhanden sind.

Chrysarobinum — Chrysarobin.

$$C_{30}H_{26}O_7$$

Ammoniakflüssigkeit, welche man mit Chrysarobin schüttelt, nimmt im Laufe eines Tages allmählich karminrote Farbe an.

In alkalischer Lösung oxydiert sich das Chrysarobin durch den Sauerstoff der Luft zu Chrysophansäure und diese verbindet sich mit dem Ammoniak zu chrysophansaurem Ammoniak und nimmt dabei karminrote Farbe an.

$$C_{30}H_{26}O_7 + 4\,O = 2\,(C_{15}H_{10}O_4) + 3\,H_2O$$
Chrysarobin Chrysophansäure

Streut man 0,001 g Chrysarobin auf 1 Tropfen rauchende Salpetersäure und breitet die rote Lösung in dünnen Schichten aus, so wird diese beim Betupfen mit Ammoniakflüssigkeit violett.

Die Salpetersäure oxydiert das Chrysarobin zu Chrysophansäure, die sich mit dem Ammoniak verbindet.

Formel siehe oben.

Cocaïnum hydrochloricum — Cocainhydrochlorid.

$$C_{17}H_{21}NO_4 \cdot HCl$$

In der wässerigen, mit Salzsäure angesäuerten Lösung des Salzes ruft Quecksilberchloridlösung einen weissen (a), Jodlösung einen braunen (b), Kalilauge einen weissen, in Weingeist und in

Äther leicht löslichen Niederschlag (c) hervor; Silbernitratlösung erzeugt in der mit Salpetersäure angesäuerten Lösung einen weissen Niederschlag (d).

a) Es wird eine Doppelverbindung von Quecksilberchlorid und Cocainhydrochlorid gefällt.
b) Der Niederschlag ist eine Verbindung des Cocains mit Jod.
c) Es scheidet sich Cocain aus.

$$C_{17}H_{21}NO_4 \cdot HCl + KOH = C_{17}H_{21}NO_4$$
Cocainhydrochlorid Kaliumhydroxyd Cocain
$$+ KCl + H_2O$$
Kaliumchlorid

d) Es scheidet sich Silberchlorid aus.

$$C_{17}H_{21}NO_4 \cdot HCl + AgNO_3 = AgCl$$
Cocainhydrochlorid Silbernitrat Silberchlorid
$$+ C_{17}H_{21}NO_4 \cdot HNO_3$$
Cocainnitrat

Wird 0,1 g Cocainhydrochlorid mit 1 ccm Schwefelsäure 5 Minuten lang auf 100° erwärmt, so macht sich nach vorsichtigem Zusatz von 2 ccm Wasser der Geruch nach Benzoeäther bemerkbar und es findet beim Erkalten eine reichliche Ausscheidung von Krystallen statt, welche beim Hinzufügen von 2 ccm Weingeist wieder verschwinden.

Mit Schwefelsäure erwärmt wird Cocain in Freiheit gesetzt, das unter Aufnahme von Wasser in Ecgonin, einen stickstoffhaltigen Körper, Benzoesäure und Methylalkohol zerfällt.

$$C_{17}H_{21}NO_4 + 2 H_2O = C_9H_{15}NO_3 + C_6H_5 \cdot COOH$$
Cocain Ecgonin Benzoesäure
$$+ CH_3 \cdot OH$$
Methylalkohol

Ein Teil Benzoesäure verbindet sich mit dem Methylalkohol zu Benzoesäure-Methyläther, $C_6H_5 \cdot COO \cdot CH_3$, und macht sich durch den Geruch bemerkbar. Ein Teil Benzoesäure scheidet sich beim Erkalten krystallinisch ab.

Ein aus gleichen Teilen Cocainhydrochlorid und Quecksilberchlorür bereitetes Gemenge schwärzt sich beim Befeuchten mit verdünntem Weingeist, indem das Quecksilberchlorür zu metallischem Quecksilber reduziert wird.

Wird die Lösung von 0,05 g Cocainhydrochlorid in 5 ccm Wasser mit 5 Tropfen Chromsäurelösung versetzt, so entsteht durch jeden Tropfen ein gelber Niederschlag von Cocainchromat, welcher sich jedoch beim Umschwenken der Mischung wieder löst, auf weiteren Zusatz von 1 ccm Salzsäure sich aber wieder ausscheidet.

$$C_{17}H_{21}NO_4 \cdot HCl + CrO_3 + H_2O$$
Cocainhydrochlorid   Chromsäureanhydrid
$$= C_{17}H_{21}NO_4 \cdot H_2CrO_4 + HCl$$
Cocainchromat

0,1 g Cocainhydrochlorid soll, in 5 ccm Wasser unter Zusatz von 3 Tropfen verdünnter Schwefelsäure gelöst, eine Flüssigkeit liefern, welche durch 3 Tropfen Kaliumpermanganatlösung violett gefärbt wird; diese Färbung soll im Laufe einer halben Stunde keine Abnahme zeigen.

Enthält das Präparat Cinnamylcocain, $C_{19}H_{23}NO_4$, welches in den Cocablättern ebenfalls enthalten ist, so wird dieses durch den Sauerstoff des Kaliumpermanganats leicht oxydiert, und es findet eine Entfärbung der Flüssigkeit statt.

Formel siehe bei Acetum pyrolignos. rectific.

Wird die Lösung von 0,1 g Cocainhydrochlorid in 100 ccm Wasser mit 4 Tropfen Ammoniakflüssigkeit versetzt, so soll bei ruhigem Stehen innerhalb einer Stunde eine Trübung nicht entstehen.

Das durch Ammoniak frei gemachte Cocain bleibt beim ruhigen Stehen gelöst, scheidet sich aber krystallinisch aus, sobald die Flüssigkeit heftig umgerührt wird.

$$C_{17}H_{21}NO_4 \cdot HCl + NH_3 = C_{17}H_{21}NO_4 + NH_4Cl$$
Cocainhydrochlorid   Ammoniak   Cocain   Ammoniumchlorid

Enthält das Salz Isatropylcocain, $C_{19}H_{23}NO_4$, welche Base ebenfalls in den Cocablättern enthalten ist, so scheidet sich dieses schon bei ruhigem Stehen ab, da es in Ammoniakflüssigkeit weit schwieriger löslich ist, als das Cocain.

Codeïnum phosphoricum — Codeinphosphat.

$$C_{18}H_{21}NO_3 \cdot H_3PO_4 + 1\tfrac{1}{2} H_2O$$

100 Teile Codeinphosphat verlieren bei 100° nahezu 8 Teile an Gewicht.

1 Molekül Codeinphosphat = 424,31 verliert beim Erhitzen $1\tfrac{1}{2}$ Molekül Krystallwasser = 27; 100 g des ersteren verlieren:

$$424,31 : 27 = 100 : x \quad x = 6,4 \text{ g Krystallwasser.}$$

Das Arzneibuch gestattet demnach einen Feuchtigkeitsgehalt von 1,6 Prozent.

In der wässerigen Lösung des Salzes (1 = 20) ruft Silbernitratlösung einen gelben Niederschlag von tertiärem Silberphosphat (a), Kalilauge einen weissen Niederschlag von Codein (b) hervor.

a) $C_{18}H_{21}NO_3 . H_3PO_4 + 3\,AgNO_3 = Ag_3PO_4$
Codeinphosphat   Silbernitrat   Tertiäres Silberphosphat
$+ C_{18}H_{21}NO_3 . HNO_3 + 2\,HNO_3$
Codeinnitrat

b) $C_{18}H_{21}NO_3 . H_3PO_4 + 2\,KOH = C_{18}H_{21}NO_3$
Codeinphosphat   Kaliumhydroxyd   Codein
$+ K_2HPO_4 + 2\,H_2O$
Sekundäres Kaliumphosphat

Die Lösung eines Körnchens Kaliumferricyanid in 10 ccm Wasser, mit 1 Tropfen Eisenchloridlösung versetzt, soll durch 1 ccm der wässerigen Codeinphosphatlösung (1 = 100) nicht sofort blau gefärbt werden.

Enthält das Salz Morphin, so reduziert dieses das Kaliumferricyanid zu Kaliumferrocyanid unter Bildung von Oxydimorphin (a) und das Kaliumferrocyanid setzt sich mit dem Eisenchlorid um in Ferriferrocyanid (Berlinerblau) und Kaliumchlorid (b).

a) $4\,C_{17}H_{19}NO_3 + 4\,K_3FeCy_6 = 2\,C_{34}H_{36}N_2O_6$
Morphin   Kaliumferricyanid   Oxydimorphin
$+ 3\,K_4FeCy_6 + H_4FeCy_6$
Kaliumferrocyanid   Ferrocyanwasserstoff

b) Formel siehe bei Acidum boricum.

Die wässerige, mit Salpetersäure angesäuerte Lösung des Salzes (1 = 20) soll durch Silbernitratlösung (a) nicht verändert, und durch Baryumnitratlösung nicht sogleich getrübt werden (b).

a) Chloride erzeugen eine weisse Fällung von Silberchlorid. Das Ansäuern mit Salpetersäure bezweckt, die Fällung von Silberphosphat, Ag_3PO_4, zu verhindern.

Formel siehe bei Argent. nitric. cum Kalio nitrico.

b) Sulfate geben eine weisse Fällung von Baryumsulfat. Durch die Salpetersäure wird die Fällung von Baryumphosphat, $BaHPO_4$, verhindert.

Formel siehe bei Borax.

Coffeïno-Natrium salicylicum — Koffein-Natriumsalicylat.

Es stellt ein Gemenge von Koffein, $C_8H_{10}N_4O_2 \cdot H_2O$ und Natriumsalicylat, $C_6H_4(OH) \cdot COONa$ dar.

Beim Erhitzen in einem engen Probierrohre entwickelt das Salz weisse, nach Karbolsäure riechende Dämpfe, und giebt einen kohlehaltigen, mit Säure aufbrausenden, die Flamme gelb färbenden Rückstand.

Wird das Salz über 200° erhitzt, so zerfällt ein Teil des Natriumsalicylats in Phenol und Kohlendioxyd und es wird sekundäres Natriumsalicylat gebildet: Koffein sublimiert.

$$2\; C_6H_4 \begin{cases} OH \\ COONa \end{cases} = C_6H_5 \cdot OH \; + \; CO_2$$

Natriumsalicylat   Phenol   Kohlendioxyd

$$+ \; C_6H_4 \begin{cases} ONa \\ COONa \end{cases}$$

Sekundäres Natriumsalicylat

Bei stärkerem Erhitzen verbrennt die Salicylsäure und das Koffein und es bleibt Kohle und Natriumcarbonat zurück. Letzteres entwickelt, mit Säuren zusammengebracht, Kohlendioxyd unter Aufbrausen.

Die wässerige Lösung des Salzes (1 = 10) scheidet auf Zusatz von Salzsäure weisse, in Äther lösliche Krystalle von Salicylsäure aus unter Bildung von Natriumchlorid und das Koffein bleibt in der salzsauren Lösung gelöst.

$$C_6H_4 \begin{cases} OH \\ COONa \end{cases} + HCl = C_6H_4 \begin{cases} OH \\ COOH \end{cases} + NaCl$$

Natriumsalicylat   Salicylsäure   Natriumchlorid

Wird das Präparat mit Chloroform erwärmt, so löst sich das Koffein auf; wird das Natriumsalicylat abfiltriert, und das Filtrat zur Trockne verdunstet, so sollen von 0,5 g des Präparats mindestens 0,2 g Koffein zurückbleiben. Es besteht demnach aus ca. 40 Prozent Koffein und 60 Prozent Natriumsalicylat.

0,1 g des Präparats soll von 1 ccm Schwefelsäure ohne Aufbrausen und ohne Färbung gelöst werden.

Carbonate entwickeln Kohlendioxyd unter Aufbrausen.

Die wässerige Auflösung des Salzes (1 = 20) soll weder durch Schwefelwasserstoffwasser (a), noch durch Baryumnitratlösung (b) verändert werden.

a) **Metalle**, wie Kupfer, Blei, erzeugen eine dunkle Fällung von Metallsulfid.

$$\left[C_6H_4\begin{cases}OH\\COO\end{cases}\right]_2 Cu + H_2S = CuS + 2\,C_6H_4\begin{cases}OH\\COOH\end{cases}$$

Kupfersalicylat   Kupfersulfid   Salicylsäure

b) **Sulfate** geben eine weisse Fällung von Baryumsulfat. Formel siehe bei Borax.

2 Raumteile obiger Lösung sollen, mit 3 Raumteilen Weingeist versetzt und mit Salpetersäure angesäuert (a), durch Zusatz von Silbernitratlösung nicht verändert werden (b).

a) Die Salpetersäure macht Koffein und Salicylsäure frei (siehe oben bei der Zersetzung mit Salzsäure), welche sich in Weingeist lösen.

(b) **Chloride** erzeugen eine weisse Fällung von Silberchlorid. Formel siehe bei Argent. nitric. cum Kalio nitric.

Coffeïnum — Koffein.

$$C_8H_{10}N_4O_2 \cdot H_2O$$

Gerbsäure ruft in der wässerigen Koffeinlösung einen starken Niederschlag hervor, der sich im Überschusse das Fällungsmittel wieder auflöst. Derselbe ist gerbsaures Koffein und besitzt wechselnde Zusammensetzung.

Wird eine Lösung von 1 Teil Koffein in 10 Teilen Chlorwasser im Wasserbade eingedampft, so verbleibt ein gelbroter Rückstand von Amalinsäure $C_8(CH_3)_4N_4O_7$. Dieser Rückstand wird bei sofortiger Einwirkung von wenig Ammoniakflüssigkeit schön purpurrot gefärbt, indem sich Murexoin bildet.

Collodium — Kollodium.

Darstellung. 400 Teile Salpetersäure werden vorsichtig mit 1000 Teilen Schwefelsäure gemischt; letztere entzieht der Salpetersäure Wasser und konzentriert sie. Nachdem die Mischung auf $20°$ abgekühlt ist, drückt man in dieselbe 55 Teile gereinigte Baumwolle und lässt 24 Stunden stehen. Es bildet sich Salpetersäure-Äther der Cellulose und zwar Cellulosedinitrat neben wenig Cellulosetrinitrat, indem 2 oder 3 Wasserstoffatome aus der Cellulose austreten, mit einem Teil Sauerstoff der Salpetersäure

Wasser bildend, und an ihre Stelle eine entsprechende Anzahl NO_2-Gruppen treten.

$C_6H_{10}O_5$ + 2 HNO_3 = $C_6H_8O_3(O.NO_2)_2$ + 2 H_2O
Cellulose   Salpetersäure   Cellulosedinitrat

Auf analoge Weise wird Cellulosetrinitrat gebildet.

Nachdem man die Säure abtropfen gelassen und die Säure durch Waschen mit Wasser vollständig entfernt hat, trocknet man die Wolle, und versetzt 2 Teile derselben mit 6 Teilen Weingeist und 42 Teilen Äther. Nach wiederholtem Umschütteln löst sich das Cellulosedinitrat und -trinitrat auf und diese Lösung stellt das Kollodium dar.

Die Kollodiumwolle stellt keine Nitroverbindungen der Cellulose dar, sondern einen Salpetersäure-Äther der Cellulose, indem dieselbe mit ätzenden Alkalien behandelt, Alkalinitrate und Cellulose bildet.

$C_6H_8O_3(O.NO_2)_2$ + 2 KOH = $C_6H_{10}O_5$
Cellulosedinitrat   Kaliumhydroxyd   Cellulose
+ 2 KNO_3
Kaliumnitrat

Colophonium — Kolophonium.

Das Kolophonium besteht hauptsächlich aus dem Anhydrid der Abietinsäure $C_{19}H_{28}O_2$.

Zur Bestimmung des Säuregehaltes löst man 1 g Kolophonium bei gewöhnlicher Temperatur in 25 ccm weingeistiger Halb-Normal-Kalilauge und versetzt die Lösung nach Zusatz von 10 Tropfen Phenolphtaleinlösung mit Halb-Normal-Salzsäure bis zur Entfärbung. Hierzu sollen 18,6 bis 19,6 ccm Säure erforderlich sein.

Mit wässerigem Weingeist behandelt geht das Anhydrid in Abietinsäure über, und diese wird durch das Kaliumhydroxyd neutralisiert. Die überschüssig zugesetzte Halb-Normal-Kalilauge wird durch Halb-Normal-Salzsäure zurücktitriert. Da gleiche Volumina dieser Flüssigkeiten einander neutralisieren (siehe Balsamum Copaivae), so sollen zum Neutralisieren von 1 g Kolophonium 25—18,6 bis 19,6 = 6,4 bis 5,4 ccm Halb-Normal-Kalilauge gebraucht werden.

1 ccm Halb-Normal-Kalilauge enthält 0,02808 g Kaliumhydroxyd,

6,5 bis 5,4 ccm Halb-Normal-Kalilauge enthalten 6,5 bis 5,4 × 0,02808 = 0,17971 bis 0,15163 g Kaliumhydroxyd oder in Milligrammen ausgedrückt 179,71 bis 151,63.

Die Säurezahl des Kolophoniums soll zwischen diesen Zahlen schwanken.

Cortex Chinae — Chinarinde.

Die wichtigsten Alkaloide der Chinarinde sind Chinin, Chinidin, Cinchonin und Cinchonidin an Gerbsäure gebunden.

Zur Bestimmung des Alkaloidgehaltes werden 12 g feingepulverte, bei 100^0 getrocknete Chinarinde mit 90 g Äther, 30 g Chloroform und 10 g Natronlauge ausgezogen, 100 g dieser Chloroform-Ätherlösung abfiltriert und etwa die Hälfte davon abdestilliert. Den Rückstand bringt man in einen Scheidetrichter, spült das Kölbchen mit Chloroform-Äther nach, und schüttelt die vereinigten Flüssigkeiten mit 25 ccm Zehntel-Normal-Salzsäure. Die wässerige Schichte filtriert man in ein 100 ccm fassendes Kölbchen, schüttelt die Chloroform-Ätherlösung einige Male mit Wasser aus, filtriert letzteres durch dasselbe Filter und bringt die vereinigten Flüssigkeiten auf 100 ccm. 50 ccm dieser Flüssigkeit versetzt man mit einer Lösung eines Körnchens Hämatoxylin in 1 ccm Wasser und lässt unter Umschwenken so viel Zehntel-Normal-Kalilauge zufliessen, bis die Mischung eine hellgelbe, bei kräftigem Umschütteln rasch in bläulich-violett übergehende Färbung angenommen hat. Man soll hierzu nicht mehr als 4,3 ccm Lauge gebrauchen.

Die Natronlauge macht die Alkaloide frei und diese lösen sich in Chloroform-Äther. Wird diese Lösung mit Zehntel-Normal-Salzsäure geschüttelt, so bilden sich chlorwasserstoffsaure Alkaloide, welche in wässerige Lösung gehen. Da man überschüssige Zehntel-Normal-Salzsäure zugesetzt, so wird der Überschuss durch Zehntel-Normal-Kalilauge zurücktitriert. Gleiche Volumina beider Zehntel-Normal-Lösungen sind einander äquivalent. Hat man daher zum Zurücktitrieren 4,3 ccm Zehntel-Normal-Kalilauge gebraucht, so wurden, weil nur die Hälfte der Flüssigkeit zum Titrieren verwendet wurde, 12,5 — 4,3 = 8,2 ccm Zehntel-Normal-Salzsäure zur Bindung der Alkaloide verwendet.

Chinin und Chinidin sind einander isomer, und besitzen die Formel: $C_{20}H_{24}N_2O_2$ mit dem Molekulargewicht 324,32; ebenso sind Cinchonin und Cinchonidin einander isomer. Diese besitzen die Formel: $C_{19}H_{22}N_2O$ mit dem Molekulargewicht 294,3. Das Mittel dieser beiden Molekulargewichte beträgt: $\dfrac{324,32 + 294,3}{2}$ = 309,31.

1 ccm der Zehntel-Normal-Salzsäure entspricht 0,030931 g Chinaalkaloide,

8,2 ccm der Zehntel-Normal-Salzsäure entsprechen $8,2 \times 0,030931 = 0,253634$ g Chinaalkaloide.

50 ccm der zum Titrieren verwendeten Flüssigkeit entsprechen 5 g Chinarinde, und diese sollen mindestens obige Menge Chinaalkaloide enthalten; es entspricht dieses einem Prozentsatz von $20 \times 0,253634 = 5,07268$ Alkaloiden.

Als Indikator beim Titrieren wird Hämatoxylin $C_{16}H_{14}O_6 \cdot 3\,H_2O$ verwendet. Dieses ist im Campecheholz enthalten. Die wässerige Lösung des Hämatoxylins besitzt die Eigenschaft, durch ätzende Alkalien eine gelbliche, beim kräftigen Umschütteln bläulich violette Farbe anzunehmen.

Cortex Granati — Granatrinde.

Die Granatrinde enthält die Alkaloide: Pelletierin und Isopelletierin von gleicher Zusammensetzung: $C_8H_{15}NO$ (Molekulargewicht 141,19) und Methylpelletierin von der Formel: $C_9H_{17}NO$ (Molekulargewicht: 155,21).

Zur Bestimmung des Alkaloidgehaltes werden 12 g mittelfein gepulverte, bei 100° getrocknete Granatrinde mit 90 g Äther und 30 g Chloroform kräftig durchschüttelt, dann 10 ccm einer Mischung aus 2 Teilen Natronlauge und 1 Teil Wasser zugefügt und genau so behandelt, wie bei der Alkaloidbestimmung von Cortex Chinae angegeben, nur wird die Chloroform-Ätherlösung mit 50 ccm Hundertel-Normal-Salzsäure ausgeschüttelt. Auch wird die überschüssige Hundertel-Normal-Salzsäure mit Hundertel-Normal-Kalilauge zurücktitriert und als Indikator Jodeosin verwendet.

Zu diesem Zwecke werden 50 ccm der wässerigen Flüssigkeit mit 50 ccm Wasser und mit so viel Äther versetzt, dass die Schichte des letzteren 1 cm Höhe beträgt, dann 5 Tropfen Jodeosinlösung zugefügt und so viel Hundertel-Normal-Kalilauge, nach jedem Zusatz die Mischung kräftig durchschüttelnd, bis die untere, wässerige Schichte eine blasse rote Farbe angenommen hat. Es sollen hierzu nicht mehr als 11 ccm Lauge erforderlich sein.

Werden 11 ccm Hundertel-Normal-Kalilauge zum Zurücktitrieren gebraucht, so werden, weil gleiche Volumina der Hundertel-Normal-Lösungen einander äquivalent sind, und nur die Hälfte der Flüssigkeit zum Titrieren verwendet wurde, $25 - 11 = 14$ ccm Hundertel-Normal-Salzsäure zur Bindung der Alkaloide verwendet.

Das Mittel obiger beider Molekulargewichte der Alkaloide beträgt: $\dfrac{141,19 + 155,21}{2} = 148,2$.

1 ccm Hundertel-Normal-Salzsäure entspricht 0,001482 g Alkaloide,

14 „ „ „ „ entsprechen $14 \times 0,001482 = 0,02748$ g Alkaloide.

50 ccm der zum Titrieren verwendeten Flüssigkeit entsprechen 5 g Granatrinde; diese sollen mindestens obige Menge Alkaloide enthalten.

In 100 g Granatrinde sollen mindestens $20 \times 0,02748 = 0,41496$ g Alkaloide enthalten sein.

Das als Indikator verwendete Jodeosin, auch Tetrajodfluorescin genannt, besitzt die Formel: $C_{20}H_8J_4O_5$. Es wird aus dem Fluorescin dargestellt, das man in überschüssiger Natronlauge löst und mit Jod schüttelt. Beim Übersättigen der Lösung mit Salzsäure scheidet sich Jodeosin aus, das nochmals in Natronlauge gelöst und mit Salzsäure gefällt wird, worauf man es auswäscht. Das Jodeosin ist in Wasser unlöslich, löslich aber in Äther. Sobald aber das Wasser die geringste Spur von Alkali enthält, so löst es sich in demselben mit roter Farbe.

Cresolum crudum — Rohes Kresol.

Ein wechselndes Gemenge der drei isomeren Kresole: Ortho-, Para- und Meta-Kresol $C_6H_4\begin{cases} OH & 1\ 1\ 1 \\ OH_3 & 2\ 3\ 4 \end{cases}$, dem geringe Mengen Karbolsäure und Kohlenwasserstoffe beigemengt sind.

10 ccm rohes Kresol, mit 50 ccm Natronlauge und 50 ccm Wasser in einem 200 ccm fassenden Messcylinder mit Stöpsel geschüttelt, dürfen nach längerem Stehen nur wenige Flocken abscheiden. Es bildet sich Kresol-Natrium, das sich in Wasser

löst, während Naphtalin oder Brandharze sich in Flocken abscheiden.

$$C_6H_4 \begin{vmatrix} OH \\ CH_3 \end{vmatrix} + NaOH = C_6H_4 \begin{vmatrix} ONa \\ CH_3 \end{vmatrix} + H_2O$$
Kresol   Natriumhydroxyd   Kresol-Natrium

Setzt man alsdann 30 ccm Salzsäure und 10 g Natriumchlorid zu, schüttelt und lässt ruhig stehen, so sammelt sich die ölige Kresolschichte oben an; diese soll 8,5 bis 9 ccm betragen.

Salzsäure macht aus dem Kresol-Natrium die Kresole frei, welche sich, da sie in Natriumchloridlösung unlöslich sind, ausscheiden und oben ansammeln.

$$C_6H_4 \begin{vmatrix} ONa \\ CH_3 \end{vmatrix} + HCl = C_6H_4 \begin{vmatrix} OH \\ CH_3 \end{vmatrix} + NaCl$$
Kresol-Natrium   Kresol   Natriumchlorid

Cuprum sulfuricum — Kupfersulfat.

$$CuSO_4 + 5\,H_2O$$

Die wässerige Lösung des Salzes giebt mit Baryumnitratlösung einen weissen Niederschlag von Baryumsulfat.

$$CuSO_4 + Ba(NO_3)_2 = BaSO_4 + Cu(NO_3)_2$$
Kupfersulfat Baryumnitrat Baryumsulfat Kupfernitrat

Mit Ammoniakflüssigkeit im Überschusse entsteht eine klare, tiefblaue Flüssigkeit, in welcher Kupfersulfat-Ammoniak $CuSO_4 + 4\,NH_3$ gelöst ist.

Wird eine wässerige Lösung von 0,5 g Kupfersulfat mit Schwefelwasserstoffwasser im Überschusse versetzt, so scheidet sich alles Kupfer als Kupfersulfid aus (a). Wird der entstandene Niederschlag abfiltriert, so soll das farblose Filtrat nach Zusatz von Ammoniakflüssigkeit nicht gefärbt werden, und nach dem Abdampfen keinen wägbaren Rückstand hinterlassen.

Enthält das Präparat Ferrosulfat oder Zinksulfat, so werden diese durch Schwefelwasserstoff nicht gefällt, und sind in dem Filtrat enthalten. Auf Zusatz von Ammoniak scheidet sich, weil in der Flüssigkeit noch Schwefelwasserstoff enthalten ist, bei Gegenwart von Eisen ein schwarzer Niederschlag von Ferrosulfid (b), bei Gegenwart von Zink ein weisser von Zinksulfid aus.

a) $CuSO_4 + H_2S = CuS + H_2SO_4$
Kupfersulfat   Kupfersulfid

b) $FeSO_4$ + 2 NH_3 + H_2S = FeS
Ferrosulfat   Ammoniak   Ferrosulfid
+ $(NH_4)_2SO_4$
Ammoniumsulfat

Formel für Zink ganz analog wie für Eisen.

Sulfate des Eisens und Zinks, sowie der Alkalien und alkalischen Erden, die durch Schwefelwasserstoff nicht gefällt werden, bleiben beim Verdunsten des Filtrats im Rückstand.

Emplastrum Lithargyri — Bleipflaster.

Darstellung. 5 Teile Baumöl und 5 Teile Schweineschmalz werden mit 5 Teilen feingepulverter Bleiglätte, welche zuvor mit 1 Teil Wasser zu einem Brei angerieben ist, versetzt und unter wiederholtem Zusatz von Wasser und unter fortwährendem Umrühren so lange gekocht, bis die Pflasterbildung vollendet ist. Das noch warme Pflaster wird durch wiederholtes Auskneten mit Wasser vom Glycerin und durch längeres Erwärmen im Wasserbade vom Wasser befreit.

Das Baumöl besteht aus den Glycerinäthern der Ölsäure, Palmitinsäure und Arachinsäure, das Schweineschmalz aus den Glycerinäthern der Ölsäure, Palmitinsäure und Stearinsäure. Werden die Fette mit Bleiglätte (Bleioxyd) bei Gegenwart von Wasser gekocht, so verbinden sich die Fettsäuren mit dem Blei zu einem Pflaster und das Glycerin bleibt im Wasser gelöst. So zerfällt der Ölsäure-Glycerinäther (Triolein) beim Kochen mit Bleioxyd:

2 $[C_3H_5(C_{18}H_{33}O_2)_3]$ + 3 PbO + 3 H_2O = 2 $C_3H_5(OH)_3$
Ölsäure-Glycerinäther   Bleioxyd   Glycerin
+ 3 $[(C_{18}H_{33}O_2)_2Pb]$
Ölsaures Blei

Auf analoge Weise werden die Glycerinäther der Palmitinsäure, Stearinsäure und Arachinsäure beim Kochen mit Bleioxyd zerlegt.

Extractum Belladonnae — Belladonnaextrakt.

Das Belladonnaextrakt enthält die Alkaloide Hyoscyamin, Atropin und Scopolamin, welche die Formel $C_{17}H_{23}NO_3$ (Molekulargewicht 289,27) besitzen, wahrscheinlich an Äpfelsäure gebunden.

Zur Bestimmung des Alkaloidgehaltes werden 2 g Belladonnaextrakt in 5 ccm Wasser und 5 ccm absolutem Alkohol gelöst, 50 g Äther und 20 g Chloroform zugefügt und mit 10 ccm Natriumcarbonatlösung (1 = 3) unter häufigem Umschütteln 1 Stunde lang stehen gelassen. Von 50 ccm der Chloroform-Ätherlösung destilliere man etwa die Hälfte ab, und schüttle den Rückstand mit 20 ccm Hundertel-Normal-Salzsäure. Die wässerige Lösung filtriere man ab, bringe sie auf etwa 100 ccm, und titriere mit Hundertel-Normal-Kalilauge unter Anwendung von Jodeosin als Indikator wie bei Cortex Granati angegeben. Man soll zum Zurücktitrieren nicht mehr als 13 ccm Lauge gebrauchen.

Durch die Natriumcarbonatlösung werden die Alkaloide in Freiheit gelöst und lösen sich in dem Chloroform-Äther. Beim Schütteln dieser Lösung mit Hundertel-Normal-Salzsäure gehen die chlorwasserstoffsauren Alkaloide in wässerige Lösung. Nachdem mehr Salzsäure zugesetzt wurde, als zur Bindung der Alkaloide nötig ist, so wird der Überschuss mit Kalilauge zurücktitriert (siehe Cortex Granati).

Hat man zum Zurücktitrieren 13 ccm Hundertel-Normal-Kalilauge gebraucht, so wurden 20 — 13 = 7 ccm Hundertel-Normal-Salzsäure zur Bindung der Alkaloide verwendet.

1 ccm Hundertel-Normal-Kalilauge entspricht 0,0028927 g Alkaloide,

7 „ „ „ „ entsprechen 7 × 0,0028927 = 0,0202489 g Alkaloide.

Nachdem 2 g Extrakt mit 5 ccm absolutem Alkohol, 50 ccm Äther, und 20 g Chloroform behandelt, und von dieser Flüssigkeit 50 ccm abfiltriert wurden, so entsprechen letztere $\frac{2 \cdot 50}{75} = 1{,}333$ g Extrakt.

Diese Menge Extrakt soll mindestens obige Menge Alkaloide enthalten. In 100 g Extrakt sollen daher mindestens enthalten sein:

$$\frac{0{,}020248 \text{ g} \times 100}{1{,}333} = 1{,}519 \text{ g Alkaloide.}$$

Extractum Chinae aquosum —
Wässeriges Chinaextrakt.

Das Extrakt enthält die Alkaloide der Chinarinde (siehe Cortex Chinae) an Gerbsäure gebunden.

Zur **Alkaloidbestimmung** löse man 2 g des Extrakts in 5 g Wasser und 5 g absolutem Alkohol auf, setze 50 g Äther und 20 g Chloroform hinzu, sodann 10 ccm Natriumcarbonatlösung (1 = 3) und lasse unter Umschütteln 1 Stunde lang stehen. Dann filtrire man 50 g der Chloroform-Ätherlösung ab, destillire etwa die Hälfte ab, schüttle den Rückstand mit 10 ccm Zehntel-Normal-Salzsäure, filtrire die wässerige Flüssigkeit ab, wasche nach und bringe die Flüssigkeit auf 100 ccm. 50 ccm dieser Flüssigkeit titrire man mit Zehntel-Normal-Kalilauge unter Anwendung von Hämatoxylinlösung als Indikator, wie bei Cortex Chinae angegeben. Man soll zum Zurücktitriren nicht mehr als 3,7 ccm Lauge gebrauchen.

Das Natriumcarbonat macht die Alkaloide frei und diese lösen sich in Chloroform-Äther. Beim Ausschütteln mit Zehntel-Normal-Salzsäure gehen die chlorwasserstoffsauren Alkaloide in wässerige Lösung. Da mehr Salzsäure zugesetzt wurde, als zur Bindung der Alkaloide nötig ist, so wird der Überschuss mit Zehntel-Normal-Kalilauge zurücktitrirt.

100 ccm der wässerigen Flüssigkeit entsprechen 1,333 g Extrakt (Berechnung wie bei Extractum Belladonnae); von dieser wurde nur die Hälfte zum Titriren, entsprechend 0,666 g Extrakt, verwendet.

Werden 3,7 ccm Zehntel-Normal-Kalilauge zum Zurücktitriren verwendet, so wurden $5 - 3,7 = 1,3$ ccm Zehntel-Normal-Salzsäure zur Bindung der Alkaloide verwendet.

Das Mittel aus den Molekulargewichten der Chinaalkaloide beträgt 309,31 (siehe Cortex Chinae).

1 ccm Zehntel-Normal-Salzsäure entspricht 0,030931 g Chinaalkaloide,
1,3 „   „   „   „   entsprechen $1,3 \times 0,030931$
  $= 0,0402103$ g Chinaalkaloide.

Diese Menge Alkaloide soll in 0,666 g Extrakt enthalten sein; 100 g des letzteren müssen daher mindestens: $\dfrac{0,0402103 \times 100}{0,666}$
$= 6,037$ g Alkaloide enthalten.

Extractum Chinae spirituosum —
Weingeistiges Chinaextrakt.

Die **Bestimmung der Chinaalkaloide** geschieht wie bei Extractum Chinae aquosum, nur sollen zum Zurücktitriren nicht mehr als 2,3 ccm Zehntel-Normal-Kalilauge erforderlich sein.

Werden zum Zurücktitrieren 2,3 ccm Lauge erfordert, so wurden 5 — 2,3 = 2,7 ccm Zehntel-Normal-Salzsäure zum Binden der Alkaloide verwendet, welche in 0,666 g **Extrakt** enthalten sind.

2,7 ccm Zehntel-Normal-Salzsäure entsprechen $2,7 \times 0,030931 = 0,0835137$ g Alkaloide.

In 100 g Extrakt sollen mindestens: $\dfrac{0,0835137 \times 100}{0,666}$

= 12,54 g Chinaalkaloide enthalten sein.

Extractum Ferri pomati — Apfelsaures Eisenextrakt.

100 Teile Extrakt sollen mindestens 5 Teile Eisen enthalten.

Zur Bestimmung des Eisens wird 1 g des Extraktes eingeäschert, die Asche wiederholt mit einigen Tropfen Salpetersäure befeuchtet, der Verdampfungsrückstand geglüht und alsdann in 5 ccm heisser Salzsäure gelöst. Die Lösung wird mit 20 ccm Wasser verdünnt, nach dem Erkalten mit 2 g Kaliumjodid versetzt, eine Stunde lang bei gewöhnlicher Temperatur in einem verschlossenen Glase stehen gelassen und mit Zehntel-Normal-Natriumthiosulfatlösung titriert; zur Bindung des ausgeschiedenen Jods sollen mindestens 9 ccm Zehntel-Normal-Natriumthiosulfatlösung erforderlich sein.

Beim Einäschern des Extrakts verbrennt die organische Substanz und es bleibt Eisenoxyd zurück; ein kleiner Teil des letzteren wird durch die Kohle zu Eisen reduziert. Um das Eisen vollkommen in Eisenoxyd zu verwandeln, wird die Asche wiederholt mit Salpetersäure befeuchtet und geglüht. Wird das Eisenoxyd in Salzsäure gelöst, so bildet sich Ferrichlorid.

$$Fe_2O_3 + 6\,HCl = 2\,FeCl_3 + 3\,H_2O$$
Eisenoxyd   Ferrichlorid

Wird Eisenchloridlösung mit Kaliumjodid zusammengebracht, so wird Jod frei unter Bildung von Ferrochlorid und Kaliumchlorid.

Formel siehe bei Ammonium chloratum ferratum.

1 Molekül Ferrichlorid, entsprechend 1 Atom Eisen = 56 macht 1 Atom Jod = 126,85 frei.

Das frei gemachte Jod wird durch Zehntel-Normal-Natriumthiosulfatlösung unter Bildung von Natriumjodid und Natriumtetrathionat gebunden.

Formel siehe bei Jodzahlbestimmung von Adeps suillus.

1 Molekül Natriumthiosulfat = 248,32 bindet 1 Atom Jod = 126,85 und da 1 Atom Eisen 1 Atom Jod in Freiheit setzt (siehe oben), so entspricht 1 Molekül Natriumthiosulfat auch 1 Atom Eisen = 56.

1 ccm Zehntel-Normal-Natriumthiosulfatlösung enthält 0,024832 g Natriumthiosulfat,
1 „ „ „ „ entspricht 0,0056 g Eisen,
9 „ „ „ „ entsprechen 9 × 0,0056 g = 0,0504 g Eisen.

Diese Menge Eisen soll in 1 g Extrakt enthalten sein; 100 des letzteren müssen daher mindestens 5,04 g Eisen enthalten.

Extractum Hydrastis fluidum —
Hydrastis-Fluidextrakt.

Das Extrakt enthält die Alkaloide: Berberin und Hydrastin und einen fluorescierenden Körper Phytosterin.

Zur Bestimmung des Hydrastingehaltes dampft man 15 g des Fluidextrakts auf etwa 5 g ein, spült den Rückstand mit etwa 10 ccm Wasser in ein Arzneiglas, fügt 10 g Petroleumbenzin, 50 g Äther und 5 g Ammoniakflüssigkeit hinzu und lässt unter Umschütteln eine Stunde lang stehen. Von der klaren Ätherlösung filtriert man 50 g ab, setzt 10 ccm einer Mischung aus 1 Teil Salzsäure und 10 Teilen Wasser zu, und schüttelt tüchtig. Nach dem Klären lässt man die wässerige Flüssigkeit abfliessen, schüttelt den Äther noch zweimal mit angesäuertem Wasser aus und versetzt diese Auszüge mit Ammoniakflüssigkeit, fügt 50 ccm Äther zu, und lässt unter Umschütteln eine Stunde lang stehen. 40 g der Ätherlösung werden abfiltriert, der Äther abdestilliert und der Rückstand bei 100° getrocknet. Derselbe soll wenigstens 0,2 g betragen.

Das Eindampfen des Fluidextrakts bezweckt die Verjagung des Weingeistes.

Das Ammoniak macht die Alkaloide frei, und diese lösen sich in Petroleumbenzin und Äther auf. Beim Ausschütteln mit verdünnter Salzsäure gehen die chlorwasserstoffsauren Alkaloide in wässerige Lösung, aus welcher sie durch Ammoniak wieder gefällt und von Äther wieder gelöst werden. Beim Verdampfen des letzteren bleiben sie im Rückstand Werden 15 g Fluidextrakt

Extractum Hyoscyami. 111

mit 10 g Petroleumbenzin und 50 g Äther behandelt und von dieser Flüssigkeit 50 g abfiltriert, so entsprechen diese $\frac{15 \times 50}{60}$ = 12,5 g Extrakt. Von 50 g der Ätherlösung sollen 40 g abfiltriert werden, und letztere entsprechen $\frac{12,5 \times 40}{50}$ = 10 g Extrakt. Nachdem letztere mindestens 0,2 g Alkaloide enthalten sollen, so soll das Fluidextrakt mindestens 2 Prozent Alkaloide enthalten.

Löst man den Rückstand, unter Zusatz einiger Tropfen Schwefelsäure, in 10 ccm Wasser, versetzt die Lösung mit 5 ccm Kaliumpermanganatlösung und schüttelt bis zur Entfärbung, so erhält man eine blaufluorescierende Flüssigkeit.

Durch den Sauerstoff des Kaliumpermanganats wird das Hydrastin, $C_{21}H_{21}NO_6$, zu Hydrastinin und Opiansäure oxydiert und ersteres bewirkt die blaue Fluorescenz.

$$C_{21}H_{21}NO_6 + O = C_{11}H_{11}NO_2 + C_{10}H_{10}O_5$$
Hydrastin　　　　　Hydrastinin　　Opionsäure

Extractum Hyoscyami — Bilsenkrautextrakt.

Das Bilsenkrautextrakt enthält die Alkaloide Atropin, Hyoscyamin und Scopolamin wie das Extractum Belladonnae, wahrscheinlich an Äpfelsäure gebunden.

Die Bestimmung des Alkaloidgehaltes geschieht auf dieselbe Weise wie bei Extractum Belladonnae, nur sollen 10 ccm Hundertel-Normal-Salzsäure zum Ausschütteln aus der Chloroform-Ätherlösung verwendet, und nicht mehr als 6,8 ccm Hundertel-Normal-Kalilauge zum Zurücktitrieren verwendet werden. Als Indikator dient ebenfalls Jodeosinlösung.

Der chemische Vorgang bei der Alkaloidbestimmung ist der nämliche wie bei Extractum Belladonnae angegeben.

Die zum Titrieren verwendete wässerige Lösung entspricht 1,333 g Extrakt. Werden 6,5 ccm Lauge zum Zurücktitrieren verwendet, so wurden 10 − 6,5 = 3,5 ccm Hundertel-Normal-Salzsäure zum Neutralisieren der Alkaloide gebraucht.

1 ccm Hundertel-Normal-Salzsäure entspricht 0,0028927 g Alkaloide (siehe Extractum Belladonnae),

3,5 ccm Hundertel-Normal-Salzsäure entsprechen 3,5 × 0,0028927 = 0,01012445 g Alkaloide, welche in obiger Menge Extrakt enthalten sind; 100 g des letzteren sollen daher mindestens $\dfrac{0{,}01012445 \times 100}{1{,}333} = 0{,}759$ g Alkaloide enthalten.

Extractum Opii — Opiumextrakt.

Das Opiumextrakt enthält als wirksamen Bestandteil besonders Morphin- und geringe Mengen Narcotinsalze.

Zur Bestimmung des Morphingehaltes löse man 3 g Opiumextrakt in 40 g Wasser, versetze mit 2 g Natriumsalicylatlösung (1 = 2) und filtriere 30 g der Flüssigkeit durch ein Filter von 10 cm Durchmesser. Dieser mische man 10 g Äther und 5 g einer Mischung aus 17 g Ammoniakflüssigkeit und 83 g Wasser zu und lasse 24 Stunden lang stehen. Dann filtriere man den Äther durch ein Filter von 8 cm Durchmesser, schüttle die wässerige Flüssigkeit nochmals mit 10 g Äther, filtriere wieder den Äther ab und sodann die wässerige Flüssigkeit, und spüle das Filter und das Kölbchen mit Äther-gesättigtem Wasser ab. Nachdem das Kölbchen gut ausgelaufen und das Filter abgetropft ist, löse man die Morphinkrystalle nach dem Trocknen in 25 ccm Zehntel-Normal-Salzsäure, giesse die Lösung in einen Kolben von 100 ccm Inhalt, wasche Filter und Kölbchen gut aus, und verdünne die Lösung auf 100 ccm.

Von dieser Lösung vermische man 50 ccm mit ungefähr 50 ccm Wasser und titriere mit Zehntel-Normal-Kalilauge unter Anwendung von Jodeosinlösung als Indikator zurück (siehe Cortex Granati).

Man soll hierzu nicht mehr als 6,5 und nicht weniger als 5,5 ccm Lauge erfordern.

Der Zusatz von Natriumsalicylatlösung bezweckt die schleimigen und färbenden Stoffe mit dem grössten Teil des Narcotins (Narcotinsalicylat) auszufällen, und eine leicht zu filtrierende Lösung zu erhalten. Durch die verdünnte Ammoniakflüssigkeit wird das Morphin gefällt, während das Narcotin im Äther gelöst bleibt, und durch nochmalige Behandlung der Flüssigkeit mit Äther entfernt wird. Das Waschen der Krystalle mit Äther-gesättigtem Wasser bezweckt, die Mutterlauge von den Krystallen zu entfernen. Werden die Krystalle in Zehntel-Normal-Salzsäure gelöst, so bildet sich chlorwasserstoffsaures Morphin. Da Salzsäure im Überschusse zugesetzt wurde, so wird der Überschuss durch Zehntel-Normal-Kalilauge zurücktitriert. Wurden 5,5 bis 6,5 ccm Zehntel-Normal-Kalilauge zum Zurücktitrieren verwendet, so wurden, da nur die Hälfte der Flüssigkeit zum Titrieren verwendet wurde, 12,5 — 5,5 bis 6,5 = 7 bis 6 ccm Zehntel-Normal-Salzsäure zum Neutralisieren des Morphins gebraucht. Die chemische Formel des Morphins ist $C_{17}H_{19}NO_3$, Molekulargewicht 285,23.

1 ccm Zehntel-Normal-Salzsäure entspricht 0,0028523 g Morphin,
6 bis 7 „   „   „   „ entsprechen 6 bis 7 × 0,0028523
= 0,171138 bis 0,190661 g Morphin.

3 g Extrakt wurden mit 40 g Wasser und 2 g Natriumsalicylatlösung behandelt und 30 g davon abfiltriert; letztere entsprechen $\frac{3.30}{45}$ = 2 g Extrakt. Die Hälfte der Flüssigkeit, entsprechend 1 g Extrakt, soll obige Menge Morphin enthalten. In 100 g des Extrakts sollen daher nicht mehr als 19,9661 g und nicht weniger als 17,1138 g Morphin enthalten sein.

Extractum Strychni — Brechnussextrakt.

Das Brechnussextrakt enthält die Alkaloide Strychnin und Brucin, an Gerbsäure gebunden.

Zur Bestimmung des Alkaloidgehalts löse man 1 g des Extrakts in 5 g Wasser und 5 g absolutem Alkohol, setze 50 g Äther und 20 g Chloroform und nach kräftigem Durchschütteln 10 ccm Natriumcarbonatlösung (1 = 3) zu, und lasse die Mischung unter kräftigem Umschütteln 1 Stunde lang stehen. Sodann filtriere man 50 g der Chloroform-Ätherlösung ab, destilliere etwa die Hälfte ab, und schüttle den Rückstand mit 50 ccm Hundertel-Normal-Salzsäure aus. Man filtriere die wässerige Flüssigkeit ab, schüttle die Chloroform-Ätherlösung noch dreimal mit je 10 ccm Wasser aus, und bringe die gesamte wässerige Flüssigkeit auf etwa 100 ccm. Man titriere sodann mit Hundertel-Normal-Kalilauge unter Anwendung von Jodeosinlösung als Indikator, wie bei Cortex Granati angegeben, zurück. Man soll zum Zurücktitrieren nicht mehr als 18 ccm Lauge erfordern.

Der chemische Prozess bei der Alkaloidbestimmung ist derselbe wie bei Extractum Belladonnae. Wurden 18 ccm Hundertel-

Normal-Kalilauge zum Zurücktitrieren gebraucht, so wurden 50 — 18 = 32 ccm Hundertel-Normal-Salzsäure zum Neutralisieren der Alkaloide verwendet.

Die chemische Formel des Strychnins ist $C_{21}H_{22}N_2O_2$ mit dem Molekulargewicht 334,3, die des Brucins $C_{23}H_{26}N_2O_4$ mit dem Molekulargewicht 394,34. Das Mittel dieser beiden Molekulargewichte beträgt $\dfrac{334,3 + 394,34}{2} = 364,32$.

1 ccm Hundertel - Normal - Salzsäure entspricht 0,0036432 g
32 „ „ „ „ entsprechen 32 × 0,0036432
= 0,1165824 g Alkaloide.

Nachdem 1 g Extrakt mit 5 g absolutem Alkohol, 50 g Äther und 20 g Chloroform behandelt, und dann 50 g der Chloroform-Ätherlösung abfiltriert wurden, so entsprechen letztere $\dfrac{50}{75}$ = 0,666 g Extrakt, welche obige Menge Alkaloide enthalten sollen. 100 g Extrakt müssen daher mindestens $\dfrac{0,1165824 \times 100}{0,666}$ = 17,504 g Alkaloide enthalten.

Ferrum carbonicum saccharatum.

$$FeCO_3 + x\, C_{12}H_{22}O_{11}$$

Darstellung. 5 Teile Ferrosulfat werden in 20 Teilen siedendem Wasser gelöst und in eine Lösung von 3,5 Teilen Natriumbicarbonat in 50 Teilen lauwarmem Wasser filtriert. Nach dem Absetzen des Niederschlags wird die überstehende Flüssigkeit abgegossen und nochmals der Niederschlag mit heissem Wasser ausgewaschen, bis die Flüssigkeit mit Baryumnitratlösung keine Trübung mehr erleidet. Der Niederschlag wird mit 1 Teil Milchzucker und 3 Teilen Zucker eingedampft und mit so viel Zucker vermengt, dass das Gewicht 10 Teile beträgt.

Kommt Ferrosulfatlösung mit einer Lösung von Natriumbicarbonat zusammen, so scheidet sich Ferrocarbonat als weisser Niederschlag aus, Natriumsulfat geht in Lösung und Kohlendioxyd entweicht (a). Der Niederschlag nimmt alsbald eine grünliche Farbe an, weil eine teilweise Oxydation zu Eisenhydroxyd stattfindet unter Entweichen von Kohlendioxyd (b).

Ferrum carbonicum saccharatum.

a) $FeSO_4 + 2 NaHCO_3 = FeCO_3 + CO_2$
Ferrosulfat Natriumbicarbonat Ferrocarbonat Kohlendioxyd
$+ Na_2SO_4 + H_2O$
Natriumsulfat

b) $2 FeCO_3 + O + 3 H_2O = 2 Fe(OH)_3 + 2 CO_2$
Ferrocarbonat Eisenhydroxyd Kohlendioxyd

So lange noch Natriumsulfat in der Flüssigkeit enthalten, wird Baryumnitrat ein weisse Fällung von Baryumsulfat erzeugen. Formel siehe bei Borax.

Durch den Zuckerzusatz soll das Ferrocarbonat möglichst vor Oxydation geschützt werden, da dasselbe durch den Sauerstoff der Luft obige Zersetzung erleidet. Bei der Fällung des Ferrocarbonats ist daher möglichst die Einwirkung der Luft zu verhindern.

Prüfung. In Salzsäure ist zuckerhaltiges Ferrocarbonat unter reichlicher Kohlensäureentwicklung zu einer grünlichgelben Flüssigkeit löslich, welche Ferrochlorid enthält.

$FeCO_3 + 2 HCl = FeCl_2 + CO_2 + H_2O$
Ferrocarbonat Ferrochlorid Kohlendioxyd

Das Ferrocarbonat hat grosse Neigung, sich unter Aufnahme von Sauerstoff und Wasser in Eisenhydroxyd zu verwandeln unter Freiwerden von Kohlendioxyd (siehe oben bei Darstellung). Das Eisenhydroxyd löst sich in Salzsäure zu Ferrichlorid.

$Fe(OH)_3 + 3 HCl = FeCl_3 + 3 H_2O$
Eisenhydroxyd Clorwasserstoff Ferrichlorid

Obige mit Wasser verdünnte Lösung giebt sowohl mit Kaliumferrocyanidlösung, wie mit Kaliumferricyanidlösung einen blauen Niederschlag. Erstere fällt aus Ferrichlorid Ferriferrocyanid (Berlinerblau) (a), letztere aus Ferrochlorid Ferroferricyanid (Turnbulls Blau) (b).

a) Formel siehe bei Acidum boricum.

b) $3 FeCl_2 + 2 K_3FeCy_6 = Fe_3(FeCy_6)_2$
Ferrochlorid Kaliumferricyanid Ferroferricyanid
$+ 6 KCl$
Kaliumchlorid

Die mit Hilfe einer kleinen Menge Salzsäure hergestellte Lösung des Präparats in Wasser (1 = 20) soll durch Baryumnitratlösung höchstens schwach getrübt werden.

Natriumsulfat erzeugt eine weisse Fällung von Baryumsulfat.

Formel siehe bei Borax.

Ferrum carbonicum saccharatum.

100 Teile des Präparats enthalten 9,5 bis 10 Teile Eisen. Zur **Bestimmung des Eisengehalts** löse man 1 g des Präparats in 10 ccm verdünnter Schwefelsäure ohne Anwendung von Wärme auf; diese Lösung wird mit Kaliumpermanganatlösung (5 = 1000) bis zur schwachen, vorübergehend bleibenden Rötung und nach eingetretener Entfärbung mit 2 g Kaliumjodid versetzt. Diese Mischung lässt man eine Stunde lang bei gewöhnlicher Temperatur im geschlossenen Gefässe stehen und titriert sie darauf mit Zehntel-Normal-Natriumthiosulfatlösung; zur Bindung des ausgeschiedenen Jods sollen 17 bis 17,8 ccm der Zehntel-Normal-Natriumthiosulfatlösung erforderlich sein.

Wird das Präparat in verdünnter Schwefelsäure gelöst, so bildet sich Ferrosulfat und Kohlendioxyd entweicht.

$$FeCO_3 + H_2SO_4 = FeSO_4 + CO_2 + H_2O$$
Ferrocarbonat   Ferrosulfat   Kohlendioxyd

Kaliumpermanganat oxydiert das Ferrosulfat zu Ferrisulfat unter Bildung von Manganosulfat und Kaliumsulfat.

$$10\ FeSO_4 + 2\ KMnO_4 + 8\ H_2SO_4$$
Ferrosulfat   Kaliumpermanganat

$$= 5\ Fe_2(SO_4)_3 + 2\ MnSO_4 + K_2SO_4 + 8\ H_2O$$
Ferrisulfat   Manganosulfat   Kaliumsulfat

Ferrisulfat macht aus dem Kaliumjodid Jod frei unter Bildung von Ferrosulfat und Kaliumsulfat.

$$Fe_2(SO_4)_3 + 2\ KJ = 2\ FeSO_4 + K_2SO_4$$
Ferrisulfat   Kaliumjodid   Ferrosulfat   Kaliumsulfat
entsprech. 2 Atome
Fe = 2 . 56

$$+ J_2$$
$$2 . 126{,}85$$

1 Atom Eisen = 56 macht 1 Atom Jod = 126,85 frei.

Das freie Jod wird vom Natriumthiosulfat gebunden unter Bildung von Natriumjodid und Natriumtetrathionat.

Formel siehe bei der Jodzahlbestimmung von Adeps suillus.

1 ccm Zehntel-Normal-Natriumthiosulfatlösung entspricht 0,0056 g Eisen (siehe Extract. Ferri pomati),

17 bis 17,8 ccm Zehntel-Normal-Natriumthiosulfatlösung entsprechen 17 bis 17,8 × 0,0056 = 0,0952 bis 0,09968 g Eisen.

Diese Menge Eisen soll in 1 g des Präparats enthalten sein, in 100 des letzteren somit 9,52 bis 9,968 g.

Ferrum citricum oxydatum — Ferricitrat.

$$Fe(C_6H_5O_7) + 3\ H_2O$$

Darstellung. 25 Teile Eisenchloridlösung werden mit 100 Teilen Wasser vermischt und in ein Gemisch von 25 Teilen Ammoniakflüssigkeit und 75 Teilen Wasser eingegossen. Ein kleiner Überschuss von Ammoniakflüssigkeit soll vorhanden sein. Der erhaltene Niederschlag wird so lange ausgewaschen, bis die Flüssigkeit durch Silbernitratlösung höchstens noch opalisierend getrübt wird, hierauf in eine Lösung von 9 Teilen Citronensäure in 10 Teilen Wasser eingetragen, und bei 50^0 nicht übersteigender Temperatur bis zur Lösung stehen gelassen. Die Lösung wird filtriert, bei 50^0 zur Sirupsdicke eingedampft, und der Sirup auf Glasplatten aufgestrichen getrocknet.

Ammoniak scheidet aus Eisenchlorid Eisenhydroxyd aus und Ammoniumchlorid ist in Lösung.

$$FeCl_3\ +\ 3\ NH_3\ +\ 3\ H_2O\ =\ 2\ Fe(OH)_3$$
Eisenchlorid   Ammoniak   Eisenhydroxyd
$$+\ 3\ (NH_4)Cl$$
Ammoniumchlorid

So lange noch Ammoniumchlorid im Filtrate enthalten, erzeugt Silbernitrat eine weisse Fällung von Silberchlorid.

Formel siehe bei Ammonium chloratum.

Das Eisenhydroxyd löst sich in Citronensäurelösung als Ferricitrat auf.

$$Fe(OH)_3\ +\ C_6H_8O_7.H_2O\ =\ Fe(C_6H_5O_7)\ +\ 4\ H_2O$$
Eisenhydroxyd   Citronensäure   Ferricitrat

Prüfung. In der wässerigen Lösung des Ferricitrats $(1 = 50)$ wird durch Ammoniakflüssigkeit eine Fällung nicht hervorgerufen, weil sich eine leicht lösliche Verbindung von Ferri-Ammoniumcitrat bildet:

$$[Fe(C_6H_5O_7)] + (NH_4)_3(C_6H_5O_7)$$

Mit Kaliumferrocyanidlösung entsteht in obiger Lösung zunächst eine tiefblaue Färbung und nach Zusatz von Salzsäure ein tiefblauer Niederschlag von Ferriferrocyanid (Berlinerblau).

$$4\ [Fe(C_6H_5O_7)]\ +\ 3\ K_4FeCy_6\ =\ Fe_4(FeCy_6)_3$$
Ferricitrat   Kaliumferrocyanid   Ferriferrocyanid
$$+\ 4\ [K_3(C_6H_5O_7)]$$
Kaliumcitrat

Mit überschüssiger Kalilauge entsteht ein gelbroter Niederschlag von Eisenhydroxyd (a); die von diesem abfiltrierte Lösung, welche Kaliumcitrat enthält, liefert, mit Essigsäure schwach angesäuert, und mit Calciumchloridlösung versetzt, in der Siedehitze allmählich eine weisse, krystallinische Ausscheidung von Calciumcitrat, weil dieses in der Wärme weniger löslich ist, als in der Kälte (b).

a) $Fe(C_6H_5O_7)$ + 3 KOH = $Fe(OH)_3$
Ferricitrat Kaliumhydroxyd Eisenhydroxyd
+ $K_3(C_6H_5O_7)$
Kaliumcitrat

b) 2 $[K_3(C_6H_5O_7)]$ + 3 $CaCl_2$ + 4 H_2O
Kaliumcitrat Calciumchlorid
= $Ca_3(C_6H_5O_7)_2$. 4 H_2O + 6 KCl
Calciumcitrat Kaliumchlorid

Eine Lösung von Ferricitrat (1 = 50) darf nach Zusatz von Salpetersäure durch Silbernitratlösung höchstens opalisierend getrübt (a), und durch Kaliumferricyanidlösung nicht verändert oder höchstens blaugrün gefärbt werden (b).

a) Wurde Eisenhydroxyd bei der Darstellung des Ferricitrats ungenügend ausgewaschen, so ist Ammoniumchlorid zugegen, und Silbernitrat erzeugt eine weisse Fällung von Silberchlorid.

Formel siehe bei Ammonium chloratum.

b) Enthält das Salz mehr als Spuren von Ferrocitrat, entstanden durch Einwirkung des Lichts auf Ferricitrat, so entsteht eine blaue Fällung von Ferroferricyanid (Turnbulls Blau).

$Fe_3(C_6H_5O_7)_2$ + 2 K_3FeCy_6 = $Fe_3(FeCy_6)_2$
Ferrocitrat Kaliumferricyanid Ferroferricyanid
+ 2 $[K_3(C_6H_5O_7)]$
Kaliumcitrat

Die Lösung soll ferner nach Ausfällen des Eisens mit überschüssiger Kalilauge, wobei Eisenhydroxyd sich ausscheidet und Kaliumcitrat in Lösung geht (a), ein Filtrat liefern, welches nach schwachem Ansäuern mit Essigsäure bei längerem Stehen eine krystallinische Ausscheidung nicht bildet. Bei Gegenwart von Ferritartrat ist Kaliumtartrat in Lösung; nach Ansäuern mit Essigsäure scheidet sich saures Kaliumtartrat aus (b).

a) Formel siehe weiter oben.

Ferrum lacticum.

b) $K_2C_4H_4O_6 + C_2H_4O_2 = KC_4H_5O_6 + KC_2H_3O_2$
Kaliumtartrat   Essigsäure   Saures Kalium-   Kaliumacetat
tartrat

Ferricitrat soll beim Glühen einen Rückstand geben, welcher feuchtes, rotes Lackmuspapier nicht bläut.

Wird Ferricitrat geglüht, so verbrennt die Citronensäure und im Rückstand bleibt Eisenoxyduloxyd Fe_3O_4. Bei Gegenwart von Alkalicitrat bleibt Alkalicarbonat beim Glühen im Rückstand, und derselbe reagiert alkalisch.

100 Teile Ferricitrat enthalten 19 bis 20 Teile Eisen. Zur Bestimmung des Eisengehaltes löst man 0,5 g Ferricitrat in 2 ccm Salzsäure und 15 ccm Wasser in der Wärme. Die Lösung versetzt man mit 2 g Kaliumjodid, lässt eine Stunde lang bei gewöhnlicher Temperatur in geschlossenem Gefässe stehen und titriert mit Zehntel-Normal-Natriumthiosulfatlösung. Man soll zur Bindung des ausgeschiedenen Jods 17 bis 18 ccm von letzterer Lösung gebrauchen.

Ferricitrat löst sich in verdünnter Salzsäure zu Ferrichlorid.

$Fe(C_6H_5O_7) + 3\,HCl = FeCl_3 + C_6H_8O_7$
Ferricitrat   Ferrichlorid   Citronensäure

Wird Ferrichloridlösung mit Kaliumjodid zusammengebracht, so wird Jod frei unter Bildung von Ferrochlorid und Kaliumchlorid. Formel siehe bei Ammonium chloratum ferratum.

Das freie Jod wird durch Natriumthiosulfat gebunden, indem Natriumjodid und Natriumtetrathionat entsteht.

Formel siehe bei der Jodzahlbestimmung von Adeps suillus.

1 ccm Zehntel-Normal-Natriumthiosulfatlösung entspricht 0,0056 g Eisen (siehe bei Extractum Ferri pomati),

17 bis 18 ccm Zehntel-Normal-Natriumthiosulfatlösung entsprechen 17 bis 18 × 0,0056 = 0,0952 bis 0,1008 g Eisen.

Diese Menge soll in 0,5 g Ferricitrat enthalten sein; 100 g des letzteren müssen daher 200 × 0,0952 bis 0,1008 = 19,04 bis 20,16 g Eisen enthalten.

Ferrum lacticum — Ferrolaktat.

$Fe(C_3H_5O_3)_2 + 3\,H_2O$

In der wässerigen sauer reagierenden Lösung des Ferrolaktats erzeugt Kaliumferricyanidlösung sofort einen blauen Niederschlag von Ferroferricyanid (Turnbulls Blau) (a) und Kaliumferrocyanidlösung eine hellblaue Fällung von Ferroferrocyanid (b),

a) $3 \,[\mathrm{Fe}(\mathrm{C_3H_5O_3})_2] + 2\,\mathrm{K_3(FeCy_6)} = \mathrm{Fe_3(FeCy_6)_2}$
   Ferrolaktat   Kaliumferricyanid   Ferroferricyanid
   $+ 6\,\mathrm{KC_3H_5O_3}$
   Kaliumlaktat

b) $2\,[\mathrm{Fe}(\mathrm{C_3H_5O_3})_2] + \mathrm{K_4(FeCy_6)} = \mathrm{Fe_2(FeCy_6)}$
   Ferrolaktat   Kaliumferrocyanid   Ferroferrocyanid
   $+ 4\,\mathrm{KC_3H_5O_3}$
   Kaliumlaktat

Enthält das Salz erhebliche Mengen von Ferrilaktat, so entsteht durch Kaliumferrocyanidlösung ein dunkelblauer Niederschlag von Ferriferrocyanid (Berlinerblau).

$4\,[\mathrm{Fe}(\mathrm{C_3H_5O_3})_3] + 3\,\mathrm{K_4(FeCy_6)} = \mathrm{Fe_4(FeCy_6)_3}$
Ferrilaktat   Kaliumferrocyanid   Ferriferrocyanid
$+ 12\,\mathrm{KC_3H_5O_3}$
Kaliumlaktat

Die wässerige Lösung (1 = 50) darf durch Bleiacetatlösung höchstens weisslich opalisierend getrübt werden.

Fremde Eisensalze, wie Ferrocitrat, Ferrosulfat, Ferrotartrat etc. erzeugen eine weisse Fällung, indem sich ein Bleisalz der betreffenden Säure ausscheidet.

$\mathrm{Fe_3(C_6H_5O_7)_2} + 3\,[\mathrm{Pb}(\mathrm{C_2H_3O_2})_2] = \mathrm{Pb_3(C_6H_5O_7)_2}$
Ferrocitrat   Bleiacetat   Bleicitrat
$+ 3\,\mathrm{Fe}(\mathrm{C_2H_3O_2})_2$
Ferroacetat

Nach dem Ansäuern mit Salzsäure darf obige Lösung durch Schwefelwasserstoffwasser höchstens weisslich opalisierend getrübt werden.

Ist Ferrilaktat zugegen, so wird dasselbe unter Abscheidung von Schwefel zu Ferrolaktat reduziert. Eine geringe Menge von Ferrilaktat ist gestattet.

$2\,[\mathrm{Fe}(\mathrm{C_3H_5O_3})_3] + \mathrm{H_2S} = 2\,[\mathrm{Fe}(\mathrm{C_3H_5O_7})_2] + 2\,\mathrm{C_3H_6O_3} + \mathrm{S}$
Ferrilaktat   Ferrolaktat   Milchsäure

Enthält das Präparat Metalle, wie Kupfer, Blei, so entsteht eine dunkle Fällung von Metallsulfid.

Formel siehe bei Acidum hydrochloricum.

Ebenso soll die mit Salpetersäure angesäuerte Lösung (1 = 50) nach Zusatz von Baryumnitrat- und Silbernitratlösung nur schwache Opalescenz zeigen.

Sulfate erzeugen eine weisse Fällung von Baryumsulfat (a), Chloride ergeben eine weisse Fällung von Silberchlorid (b).

a) Formel siehe bei Borax.
b) Formel siehe bei Argentum nitricum cum Kalio nitrico.

30 ccm derselben Lösung sollen, nach Zusatz von 3 ccm verdünnter Schwefelsäure einige Minuten lang gekocht und darauf mit überschüssiger Natronlauge versetzt, ein Filtrat geben, welches beim Erhitzen mit alkalischer Kupfertartratlösung einen roten Niederschlag nicht abscheidet.

Etwa vorhandener Rohrzucker oder Dextrin verwandelt sich beim Kochen mit verdünnter Schwefelsäure in Traubenzucker.

$$C_{12}H_{22}O_{11} + H_2O = 2\ C_6H_{12}O_6$$
Rohrzucker   Traubenzucker

$$C_6H_{10}O_5 + H_2O = C_6H_{12}O_6$$
Dextrin   Traubenzucker

Die alkalische Kupfertartratlösung enthält überbasisches Kupferoxyd-Natriumtartrat. Traubenzucker scheidet daraus Kupferoxydul aus, indem Oxydationsprodukte des Traubenzuckers entstehen.

$$2\ [C_2H_2(O_2Cu)(COONa)_2] + C_6H_{12}O_6 + 2\ H_2O$$
Überbasisches Kupferoxyd-Natriumtartrat   Traubenzucker

$$= Cu_2O + 2\ [C_2H_2(OH)_2(COONa)_2] + \text{Oxydationsprodukte}$$
Kupferoxydul   Natriumtartrat   des Traubenzuckers

Milchzucker reduziert die alkalische Kupfertartratlösung ohne Überführung in Traubenzucker direkt.

Beim Zerreiben von Ferrolaktat mit Schwefelsäure soll keine Gasentwicklung stattfinden; bei Gegenwart von Carbonaten entweicht Kohlendioxyd.

$$BaCO_3 + H_2SO_4 = BaSO_4 + CO_2 + H_2O$$
Baryumcarbonat   Baryumsulfat   Kohlendioxyd

1 g Ferrolaktat wird in einem Porzellantiegel mit Salpetersäure durchfeuchtet, diese in gelinder Wärme verdunstet und der Rückstand geglüht. Es soll nicht weniger als 0,27 g Eisenoxyd hinterbleiben.

Beim Glühen des Ferrolaktats verbrennt die Milchsäure und es bleibt Eisenoxyduloxyd Fe_3O_4 zurück. Um alles Eisen in Eisenoxyd zu verwandeln wird das Präparat mit Salpetersäure durchfeuchtet.

2 Moleküle Ferrolaktat = 2 . 288,16 hinterlassen beim Glühen 1 Molekül Eisenoxyd = 160.

1 g Ferrolaktat hinterlässt daher $\frac{166}{576,32} = 0,279$ g Eisenoxyd.

Ferrum oxydatum saccharatum — Eisenzucker.

Eine chemische Verbindung von Eisenhydroxyd, Natriumhydroxyd und Zucker von unbestimmter Zusammensetzung.

Darstellung. 30 Teile Eisenchloridlösung werden mit 150 Teilen Wasser verdünnt und nach und nach einer Lösung von 26 Teilen Natriumcarbonat in 150 Teilen Wasser zugesetzt mit der Vorsicht, dass bis gegen Ende der Fällung vor jedem neuen Zusatz die Wiederauflösung des entstandenen Niederschlages abgewartet wird. Nach vollendeter Fällung wird der Niederschlag so lange ausgewaschen, bis die mit 5 Teilen Wasser verdünnte Flüssigkeit durch Silbernitratlösung höchstens opalisierend getrübt wird, worauf man den Niederschlag gelinde ausdrückt und mit 50 Teilen Zucker und 5 Teilen Natronlauge vermischt. Die Mischung wird auf dem Wasserbade eingedampft und mit soviel Zucker vermengt, dass das Gesamtgewicht 100 Teile beträgt.

Wird zu einer Lösung von Eisenchlorid nach und nach eine Lösung von Natriumcarbonat zugesetzt, so scheidet sich zuerst Ferricarbonat aus (a), das aber beim Umrühren unter Einwirkung von Wasser in Ferrihydroxyd und Kohlendioxyd zerfällt (b). Das gefällte Ferrihydroxyd löst sich anfangs in der noch vorhandenen Eisenchloridlösung als Ferrioxychlorid auf. Zuletzt wird auch das als Lösungsmittel dienende Eisenchlorid als Ferrihydroxyd gefällt und es fällt dann alles Eisen als Ferrihydroxyd aus.

a) $2 FeCl_3 + 3 Na_2CO_3 = Fe_2(CO_3)_3 + 6 NaCl$
Eisenchlorid Natriumcarbonat Ferricarbonat Natriumchlorid

b) $Fe_2(CO_3)_3 + 3 H_2O = 2 Fe(OH)_3 + 3 CO_2$
Ferricarbonat Ferrihydroxyd Kohlendioxyd

So lange Natriumchlorid in der Flüssigkeit enthalten, erzeugt Silbernitrat eine weisse Fällung von Silberchlorid.

Formel siehe bei Argentum nitricum cum Kalio nitrico.

Bringt man das Ferrihydroxyd mit Zucker und Natriumhydroxyd zusammen, so wird dasselbe gelöst, indem sich Natriumferrisaccharat von unbestimmter Zusammensetzung bildet.

Ferrum oxydatum saccharatum.

Prüfung. 1 Teil Eisenzucker soll mit 20 Teilen heissem Wasser eine klare, kaum alkalisch reagierende Flüssigkeit geben, welche durch Kaliumferrocyanidlösung allein nicht verändert, auf Zusatz von Salzsäure zuerst schmutzig grün, dann rein blau gefällt wird.

Da die Lösung des Eisenzuckers schwach alkalisch reagiert, so wird sie durch Kaliumferrocyanidlösung nicht gefällt. Auf Zusatz von Salzsäure wird das in dem Präparate enthaltene Ferrihydroxyd in Ferrichlorid verwandelt (a), und dieses giebt dann mit Kaliumferrocyanid eine blaue Fällung von Ferriferrocyanid (Berlinerblau) (b). Zuerst entsteht eine schmutziggrüne Färbung, bis das Eisen durch die Salzsäure in Ferrichlorid verwandelt ist.

a) $\underset{\text{Ferrihydroxyd}}{Fe(OH)_3} + 3\,HCl = \underset{\text{Ferrichlorid}}{FeCl_3} + 3\,H_2O$

b) Formel siehe Acidum boricum.

Die mit überschüssiger, verdünnter Salpetersäure erhitzte, dann wieder erkaltete, wässerige Lösung (1 = 20) darf durch Silbernitratlösung höchstens opalisierend getrübt werden.

Siehe bei Darstellung.

100 Teile Eisenzucker sollen mindestens 2,8 Teile Eisen enthalten. Zur Bestimmung des Eisengehaltes wird 1 g Eisenzucker in 10 ccm verdünnter Schwefelsäure gelöst, die Lösung nach dem vollständigen Verschwinden der rotbraunen Farbe mit Kaliumpermanganatlösung (5 = 1000) bis zur schwach vorübergehend bleibenden Rötung und nach eingetretener Entfärbung mit 2 g Kaliumjodid versetzt. Die Mischung lässt man eine Stunde lang bei gewöhnlicher Temperatur im geschlossenen Gefässe stehen und titriert sie hierauf mit Zehntel-Normal-Natriumthiosulfatlösung. Von dieser Lösung sollen zur Bindung des ausgeschiedenen Jods 5 bis 5,3 ccm erforderlich sein.

Das Eisenhydroxyd des Eisenzuckers wird von der verdünnten Schwefelsäure als Ferrisulfat gelöst.

$\underset{\text{Eisenhydroxyd}}{2\,Fe(OH)_3} + 3\,H_2SO_4 = \underset{\text{Ferrisulfat}}{Fe_2(SO_4)_3} + 6\,H_2O$

Hat durch Einwirkung von Licht auf das Präparat theilweise Reduktion des Eisenhydroxyds zu Eisenhydroxydul stattgefunden, so löst sich dieses als Ferrosulfat. Um letzteres in Ferrisulfat zu verwandeln, setzt man Kaliumpermanganatlösung zu.

Formel siehe bei Ferrum carbonicum saccharatum.

Das Ferrisulfat macht aus dem Kaliumjodid Jod frei unter Bildung von Ferrosulfat und Kaliumsulfat.

Formel siehe bei Ferrum carbonicum saccharatum.

Das Natriumthiosulfat bindet das Jod, indem Natriumjodid und Natriumtetrathionat entsteht.

Formel siehe bei der Jodzahlbestimmung von Adeps suillus.

1 ccm Zehntel-Normal-Natriumthiosulfatlösung entspricht 0,0056 g Eisen (siehe bei Extract. Ferri pomati).

5 bis 5,3 ccm Zehntel-Normal-Natriumthiosulfatlösung entsprechen 5 bis 5,3 × 0,0056 = 0,028 bis 0,02968 g Eisen.

Diese Menge Eisen soll in 1 g des Präparats enthalten sein; 100 g des letzteren sollen mindestens 2,8 bis 2,968 g Eisen enthalten.

Ferrum pulveratum — Gepulvertes Eisen.

Fe

Gepulvertes Eisen wird von verdünnter Schwefelsäure oder Salzsäure unter Entwicklung von Wasserstoffgas und Bildung von Ferrosulfat oder Ferrochlorid gelöst.

$$Fe + H_2SO_4 = FeSO_4 + H_2$$
Eisen   Ferrosulfat

$$Fe + 2\,HCl = FeCl_2 + H_2$$
Eisen   Ferrochlorid

Diese Lösung giebt bei grosser Verdünnung mit Kaliumferricyanidlösung einen tiefblauen Niederschlag von Ferroferricyanid (Turnbulls Blau).

Formel siehe bei Ferrum carbonicum saccharatum.

Gepulvertes Eisen soll sich in einer Mischung aus gleichen Theilen Salzsäure und Wasser bis auf einen geringen Rückstand leicht lösen, indem Ferrochlorid entsteht (a); das hierbei entweichende Gas darf einen mit Bleiacetat befeuchteten Papierstreifen sofort nicht mehr als bräunlich färben. Enthält das Eisen Schwefeleisen, so entwickelt sich Schwefelwasserstoff (b) und dieses scheidet aus Bleiacetat Bleisulfid aus (c), wodurch das Papier geschwärzt wird.

a) Formel siehe oben.

b) $FeS + 2\,HCl = FeCl_2 + H_2S$
Schwefeleisen   Ferrochlorid

c) $H_2S + Pb(C_2H_3O_2)_2 = PbS + 2\,C_2H_4O_2$
       Bleiacetat   Bleisulfid   Essigsäure.

Ferrum pulveratum.

Ein Teil der sauren Ferrochloridlösung soll nach dem Oxydieren des Eisens mit Salpetersäure, wobei Stickoxyd frei wird (a), und Ausfällen des Oxyds mit überschüssiger Ammoniakflüssigkeit als Hydrat (b), durch Zusatz von Schwefelwasserstoffwasser nicht verändert werden. Enthält das Eisen **Kupferoxyd**, so wird dieses von der Salzsäure als Kupferchlorid $CuCl_2$ gelöst und auf Zusatz von Ammoniakflüssigkeit entsteht eine blaue Lösung von Kupferchlorid - Ammoniak, $CuCl_2 + 4\,NH_3$ und Schwefelwasserstoff scheidet daraus dunkles Kupfersulfid CuS aus. Enthält das Eisen **Zink**, so wird dieses von der Salzsäure als Zinkchlorid $ZnCl_2$ gelöst. Auf Zusatz von überschüssiger Ammoniakflüssigkeit wird Zinkoxydammonium gelöst (c). Auf Zusatz von Schwefelwasserstoff scheidet sich weisses Zinksulfid aus (d).

a) $3\,FeCl_2 + 3\,HCl + HNO_3 = 3\,FeCl_3 + NO$
Ferrochlorid Ferrichlorid Stickoxyd
$+ 2\,H_2O$

b) Formel siehe bei Ferrum citricum oxydatum.

c) $ZnCl_2 + 4\,NH_3 + 2\,H_2O = Zn(ONH_4)_2$
Zinkchlorid Ammoniak Zinkoxydammonium
$+ 2\,NH_4Cl$
Ammoniumchlorid

d) $Zn(ONH_4)_2 + 3\,H_2S = ZnS + 2\,(NH_4)SH$
Zinkoxydammonium Zinksulfid Ammoniumhydrosulfid
$+ 2\,H_2O$

Ein Gemisch aus 0,2 g gepulvertem Eisen und 0,2 g Kaliumchlorat wird in einem geräumigen Proberohr mit 2 ccm Salzsäure übergossen. Kaliumchlorat und Salzsäure zersetzen sich unter Freiwerden von Chlor und Chlordioxyd und Bildung von Kaliumchlorid und Wasser (a), Chlordioxyd und Salzsäure zersetzen sich in Chlor und Wasser (b). Das freie Chlor löst das Eisen als Ferrichlorid $FeCl_3$.

a) $KClO_3 + 2\,HCl = KCl + Cl + ClO_2 + H_2O$
Kaliumchlorat Kaliumchlorid Chlordioxyd

b) $ClO_2 + 4\,HCl = 5\,Cl + 2\,H_2O$
Chlordioxyd

Nachdem die Einwirkung vollendet ist, wird die Mischung zur Entfernung des freien Chlors erwärmt und die Lösung filtriert. 1 ccm dieses Filtrats und 3 ccm Zinnchlorürlösung sollen im Laufe einer Stunde eine dunklere Färbung nicht annehmen.

Das Zinnchlorür verwandelt das Ferrichlorid in Ferrochlorid unter Bildung von Zinnchlorid, und die braungelbe Lösung wird daher schwach grünlich.

$$2\,FeCl_3 \;+\; SnCl_2 \;=\; 2\,FeCl_2 \;+\; SnCl_4$$
Ferrichlorid Zinnchlorür Ferrichlorid Zinnchlorid

Enthält das Eisen Arseneisen, so löst sich dieses beim Behandeln von Kaliumchlorat und Salzsäure als Arsenchlorid und Ferrichlorid auf.

$$2\,FeAs_2 \;+\; 3\,KClO_3 \;+\; 18\,HCl \;=\; 2\,FeCl_3$$
Arseneisen Kaliumchlorat Ferrichlorid

$$+\; 4\,AsCl_3 \;+\; 3\,KCl \;+\; 9\,H_2O$$
Arsenchlorid Kaliumchlorid

Wird die Lösung mit Zinnchlorürlösung versetzt, so scheidet sich metallisches Arsen aus unter Bildung von Zinnchlorid.

$$2\,AsCl_3 \;+\; 3\,SnCl_2 \;=\; As_2 \;+\; 3\,SnCl_4$$
Arsenchlorid Zinnchlorür Arsen Zinnchlorid

100 Teile gepulvertes Eisen sollen mindestens 98 Teile metallisches Eisen enthalten. Zur **Bestimmung des Eisengehaltes** wird 1 g gepulvertes Eisen in etwa 50 ccm verdünnter Schwefelsäure gelöst und die Lösung auf 100 ccm verdünnt. 10 ccm dieser Lösung werden mit Kaliumpermanganatlösung ($5 = 1000$) bis zur schwachen Rötung und nach eingetretener Entfärbung, welche nötigenfalls durch einige Tropfen Weingeist zu bewirken ist, mit 2 g Kaliumjodid versetzt. Diese Mischung lässt man eine Stunde lang bei gewöhnlicher Temperatur im geschlossenen Gefässe stehen und titriert mit Zehntel-Normal-Natriumthiosulfatlösung. Von dieser Lösung soll man zur Bindung des ausgeschiedenen Jods mindestens 17,5 ccm verbrauchen.

Das Eisen löst sich in verdünnter Schwefelsäure als Ferrosulfat unter Freiwerden von Wasserstoffgas.

Formel siehe oben.

Das Ferrosulfat wird durch den Sauerstoff des Kaliumpermanganats zu Ferrisulfat oxydiert unter Bildung von Manganosulfat und Kaliumsulfat.

Formel siehe bei Ferrum carbonicum saccharatum.

Um überschüssiges Kaliumpermanganat zu entfernen, wird etwas Weingeist zugefügt, welcher dadurch zu Essigsäure oxydiert wird (siehe bei Acetum pyrolignosum rectificat.).

$C_2H_5 . OH + 2 O + C_2H_4O_2 + H_2O$
Äthylalkohol Sauerstoff Essigsäure

Das Ferrisulfat macht aus dem Kaliumjodid Jod frei unter Bildung von Ferrosulfat und Kaliumsulfat.

Formel siehe bei Ferrum carbonicum saccharatum.

Natriumthiosulfat bindet das freie Jod, indem Natriumjodid und Natriumtetrathionat entsteht.

Formel siehe bei der Jodzahlbestimmung von Adeps suillus.

1 ccm Zehntel-Normal-Natriumthiosulfatlösung entspricht 0,0056 g Eisen (siehe bei Extract. Ferri pomati).

17,5 ccm Zehntel-Normal-Natriumthiosulfatlösung entsprechen $17,5 \times 0,0056 = 0,098$ g Eisen.

10 ccm der untersuchten Lösung enthalten 0,1 g Eisen. In 100 g gepulvertem Eisen sollen mindestens 98 Teile Eisen enthalten sein.

Ferrum reductum — Reduziertes Eisen.

Fe

Reduziertes Eisen geht beim Erhitzen unter Verglimmen in schwarzes Eisenoxyduloxyd, Fe_3O_4 über. Es soll sich in einer Mischung aus gleichen Raumtheilen Wasser und Salzsäure fast vollständig auflösen; es bildet sich Ferrochlorid.

Formel siehe bei Ferrum pulveratum.

Das hierbei sich entwickelnde Wasserstoffgas darf einen mit Bleiacetatlösung befeuchteten Papierstreifen sofort nicht mehr als bräunlich färben. Ist Schwefeleisen zugegen, so entwickelt sich Schwefelwasserstoff, welcher aus Bleiacetat Bleisulfid fällt, welches das Papier schwärzt.

Formel siehe bei Ferrum pulveratum.

Ein Gemisch aus 0,2 g oxydiertem Eisen und 0,2 g Kaliumchlorat wird mit 2 ccm Salzsäure übergossen, und nachdem die Einwirkung beendigt ist, bis zur Entfärbung des freien Chlors erwärmt; 1 ccm der filtrierten Lösung soll mit 3 ccm Zinnchlorürlösung im Laufe einer Stunde eine dunklere Färbung nicht annehmen.

Chemischer Vorgang und Formeln siehe bei Ferrum pulveratum.

Ferrum reductum.

100 Teile reduziertes Eisen enthalten mindestens 90 Teile metallisches Eisen. Zur Bestimmung des Eisengehaltes übergiesst man 0,3 g fein zerriebenes, reduziertes Eisen mit 10 ccm Kaliumjodidlösung und trägt in diese Mischung unter Abkühlen und Umschütteln allmählich 1,5 g zerriebenes Jod ein. Sobald Eisen und Jod vollkommen gelöst sind, verdünne man die Flüssigkeit mit Wasser auf 100 ccm und lasse absetzen. 50 ccm der klaren Lösung werden mit Zehntel-Normal-Natriumthiosulfatlösung titriert. Von dieser Flüssigkeit sollen zur Bindung des freien Jods nicht mehr als 10,3 ccm Zehntel-Normal-Natriumthiosulfatlösung erforderlich sein.

Das zugesetzte Jod löst sich in der Kaliumjodidlösung auf, und eine äquivalente Menge Jod verbindet sich mit dem Eisen zu Ferrojodid, während oxydiertes Eisen unverändert bleibt.

$$Fe + J_2 = FeJ_2$$
$$56 \quad 126,85 \quad \text{Ferrojodid}$$

1 Atom Eisen $= 56$ vermag 2 Atome Jod $= 253,7$ zu binden.

Durch die Zehntel-Normal-Natriumthiosulfatlösung wird das überschüssig zugesetzte Jod titriert.

Das Natriumthiosulfat bindet das Jod unter Bildung von Natriumjodid und Natriumtetrathionat.

Formel siehe bei Jodzahlbestimmung von Adeps suillus.

1 ccm Zehntel-Normal-Natriumthiosulfatlösung entspricht 0,012685 g Jod (siehe ebenda).

Da nun die Hälfte der Lösung zum Titrieren verwendet wurde, so braucht die ganze Menge 20,6 ccm Zehntel-Normal-Natriumthiosulfatlösung.

Das Jod soll nach dem Arzneibuch einen Reingehalt von 98,94 Prozent Jod besitzen. Ist letzteres der Fall, so enthalten 1,5 g Jod, welche dem Eisen zugesetzt wurden, $\dfrac{98,94 \times 1,5}{100}$ $= 1,484$ g Jod.

Diese Menge Jod würde zur Bindung brauchen:
$$0,012685 : 1 \text{ ccm} = 1,484 : x$$
$$x = 116,99 \text{ ccm Zehntel-Normal-Natriumthiosulfatlösung.}$$

Da 20,6 ccm dieser Lösung zur Titrierung des vom Eisen nicht gebundenen Jodes verwendet wurde, so entfallen für das vom Eisen gebundene Jod $116,99 - 20,6 = 96,39$ ccm Zehntel-Normal-Natriumthiosulfatlösung.

Ferrum sesquichloratum. — Ferrum sulfuricum.

1 Atom Jod $= 126,85$ entspricht $^1/_2$ Atom Eisen $= 28$ (siehe oben).
1 ccm Zehntel-Normal-Natriumthiosulfatlösung entspricht 0,0028 g Eisen.
96,39 ccm Zehntel-Normal-Natriumthiosulfatlösung entsprechen $96,39 \times 0,0028 = 0,269892$ g Eisen.
Diese Menge Eisen soll in 0,3 g des Präparats mindestens enthalten sein; 100 g des letzteren müssen mindestens
$$\frac{0,269892 \times 100}{0,3} = 89,96 \text{ g Eisen enthalten.}$$

Ferrum sesquichloratum — Eisenchlorid.

$FeCl_3 + 6 H_2O$

Die Lösung von 1 Teil Ferrichlorid in 1 Teil Wasser soll den Anforderungen an die Reinheit der Eisenchloridlösung entsprechen.
Siehe bei Liquor Ferri sesquichlorati.

Ferrum sulfuricum — Ferrosulfat.

$FeSO_4 + 7 H_2O$

Darstellung. 2 Teile Eisen werden in einer Mischung von 3 Teilen Schwefelsäure und 8 Teilen Wasser unter Erwärmen gelöst, und die Lösung in 4 Teilen Weingeist, der umgerührt wird, filtriert. Das Krystallmehl wird mit Weingeist nachgewaschen, dann ausgepresst und schnell getrocknet.
Das Eisen löst sich in verdünnter Schwefelsäure als Ferrosulfat unter Wasserstoffgasentwicklung.
Formel siehe bei Ferrum pulveratum.
Da das Salz in Weingeist unlöslich ist, so scheidet es sich aus.
Prüfung. Selbst eine sehr verdünnte Lösung des Ferrosulfats giebt durch Kaliumferricyanidlösung einen tiefblauen Niederschlag von Ferroferricyanid (Turnbulls Blau) (a) und mit Baryumnitratlösung einen weissen von Baryumsulfat (b).

a) $3 FeSO_4 + 2 K_3(FeCy_6) = Fe_3(FeCy_6)_2$
Ferrosulfat Kaliumferricyanid Ferroferricyanid
$+ 3 K_2SO_4$
Kaliumsulfat

Ferrum sulfuricum.

b) $FeSO_4 + Ba(NO_3)_2 = BaSO_4 + Fe(NO_3)_2$
   Ferrosulfat Baryumnitrat Baryumsulfat Ferronitrat

Die mit ausgekochtem und abgekühltem Wasser frisch bereitete Lösung (1 = 20) soll klar, von bräunlichgrüner Farbe und auf blaues Lackmuspapier fast ohne Einwirkung sein.

Das Ferrosulfat hat Neigung, sich zu oxydieren, und es entsteht basisches Ferrisulfat, Ferrisulfat und freie Schwefelsäure.

$6 FeSO_4 + 3 O + 8 H_2O = Fe_4(SO_4)(OH)_{10} \cdot H_2O$
Ferrosulfat   Basisches Ferrisulfat
$+ Fe_2(SO_4)_3 + 2 H_2SO_4$
  Ferrisulfat

Man wendet zum Auflösen ausgekochtes Wasser an, damit dasselbe keine Luft mehr enthält, welche die Bildung des unlöslichen basischen Salzes veranlassen könnte.

2 g Ferrosulfat werden in einer wässerigen Lösung mit Salpetersäure oder Bromwasser oxydiert, die entstandene Lösung wird mit überschüssiger Ammoniakflüssigkeit versetzt und filtriert. Das farblose Filtrat soll durch Schwefelwasserstoffwasser nicht verändert werden und nach dem Abdampfen und Glühen keinen wägbaren Rückstand hinterlassen.

Wird das Salz mit Salpetersäure oxydiert, so bildet sich Ferrisulfat und Ferrinitrat unter Freiwerden von Stickoxyd (a). Erfolgt die Oxydation durch Bromwasser, so wird Ferrisulfat und Ferribromid gebildet (b).

a) $3 FeSO_4 + 4 HNO_3 = Fe_2(SO_4)_3 + Fe(NO_3)_3$
   Ferrosulfat   Ferrisulfat   Ferrinitrat
   $+ NO + 2 H_2O$
   Stickoxyd

b) $3 FeSO_4 + 3 Br = Fe_2(SO_4)_3 + FeBr_3$
   Ferrosulfat   Ferrisulfat   Ferribromid

Ammoniak scheidet aus der Lösung Ferrihydroxyd aus.

$Fe_2(SO_4)_3 + Fe(NO_3)_3 + 9 NH_3 + 9 H_2O = 3 Fe(OH)_3$
Ferrisulfat   Ferrinitrat   Ammoniak   Ferrihydroxyd
$+ 3 (NH_4)_2SO_4 + 3 (NH_4)NO_3$
  Ammoniumsulfat   Ammoniumnitrat

Enthält das Präparat Kupfersulfat, so löst sich in Ammoniak Kupfersulfat-Ammoniak $CuSO_4 + 4 NH_3$ auf, und färbt das Filtrat blau. Auf Zusatz von Schwefelwasserstoff wird Kupfersulfid gefällt.

Ist Zinksulfat zugegen, so wird Zinkoxydammonium gelöst und Schwefelwasserstoff scheidet Zinksulfid aus.

Formeln siehe bei Ferrum pulveratum.

Salze der Alkalien und des Magnesiums werden durch Schwefelwasserstoff nicht gefällt und bleiben beim Verdampfen und Glühen des Filtrats im Rückstand.

Ferrum sulfuricum crudum — Eisenvitriol.

$$FeSO_4 + 7\ H_2O$$

Die wässerige Lösung des Salzes (1 = 5) soll einen erheblichen, ockerartigen Bodensatz nicht absetzen und nach dem Filtrieren eine blaugrüne Farbe zeigen.

Hat eine stärkere Oxydation des Ferrosulfats an der Luft stattgefunden, so sind die Krystalle braungelb und beim Auflösen scheidet sich ein ockerfarbener Bodensatz von basischem Ferrisulfat aus. In Lösung ist Ferrisulfat und freie Schwefelsäure und ersteres färbt die Lösung gelb.

Formel siehe bei Ferrum sulfuricum.

Nach dem Ansäuern darf die Lösung durch Schwefelwasserstoffwasser höchstens schwach gebräunt werden.

Eisen wird durch Schwefelwasserstoff aus saurer Lösung nicht gefällt. Ist Kupfersulfat zugegen, so entsteht eine braune Fällung von Kupfersulfid.

$$CuSO_4 + H_2S = CuS + H_2SO_4$$
Kupfersulfat   Kupfersulfid

Ferrum sulfuricum siccum — Getrocknetes Ferrosulfat.

Annähernde Formel: $2\ FeSO_4 . 3\ H_2O$.

Darstellung. 100 Teile Ferrosulfat werden im Wasserbade allmählich erwärmt, bis sie 35 bis 36 Teile an Gewicht verloren haben.

Beim Erhitzen entweicht ein Teil Krystallwasser.

1 Molekül Ferrosulfat = 278,2 enthält 7 Moleküle Krystallwasser = 126,14.

100 g Ferrosulfat enthalten Krystallwasser:
$$278{,}2 : 126{,}14 = 100 : x \quad x = 45{,}34\ g.$$

Es sollen 35 bis 36 g beim Trocknen verdampfen, so dass noch 10,34 bis 9,34 g Krystallwasser zurückbleiben, und das getrocknete Ferrosulfat 65 bis 64 g wiegt. 100 dieses letzteren enthalten Krystallwasser:

$$65 \text{ bis } 64 : 10,34 = 100 : x$$
$$x = 15,9 \text{ bis } 16,15 \text{ g}.$$

Für wasserfreies Ferrosulfat bleibt $100 - 15,9$ bis $16,15 = 84,1$ bis $83,85$ g.

Dividiert man die prozentische Zusammensetzung des getrockneten Ferrosulfats mit den entsprechenden Molekulargewichten, so erhält man die Quotienten:

$$\frac{84,1}{152,06} \text{ bis } \frac{83,85}{152,06} = 0,553 \text{ bis } 0,551 \text{ für wasserfreies Salz,}$$

$$\frac{15,9}{18,02} \text{ bis } \frac{16,15}{18,02} = 0,887 \text{ bis } 0,896 \text{ für Wasser.}$$

Diese Quotienten verhalten sich nahezu wie 2 : 3 und dem Salze kommt annähernd die Formel $2 \text{ FeSO}_4 . 3 \text{ H}_2\text{O}$ zu.

Zur Bestimmung des Eisengehaltes werden 0,2 g getrocknetes Ferrosulfat in 10 ccm verdünnter Schwefelsäure gelöst, und dann gerade so behandelt wie bei Ferrum pulveratum angegeben. Zur Bindung des ausgeschiedenen Jods sollen mindestens 10,8 ccm Zehntel-Normal-Natriumthiosulfatlösung erforderlich sein.

Chemischer Vorgang und Formeln siehe bei Ferrum pulveratum.

1 ccm Zehntel-Normal-Natriumthiosulfatlösung entspricht 0,0056 g Eisen,

10,8 „ „ „ „ entsprechen $10,8 \times 0,0056 = 0,06048$ g Eisen.

Diese Menge Eisen soll in 0,2 g des Präparat mindestens enthalten sein; in 100 g des letzteren sind mindestens $500 \times 0,06048 = 30,24$ g Eisen enthalten.

Formaldehydum solutum — Formaldehydlösung.

$$\text{H . COH} + \text{x aq}$$

5 ccm Formaldehydlösung hinterlassen beim Eindampfen im Wasserbade eine weisse, amorphe Masse, die in Wasser unlöslich ist und an der Luft erhitzt ohne wägbaren Rückstand verbrennt.

Formaldehydum solutum.

Beim Eindampfen verwandelt sich das Formaldehyd in Paraformaldehyd, indem 3 Moleküle zu 1 Molekül zusammentreten, bei weiterem Erhitzen auf 200^0 verwandelt sich dieses wieder in gewöhnliches Formaldehyd und verbrennt ohne Rückstand.

Wird Formaldehydlösung mit Ammoniak stark alkalisch gemacht und dann im Wasserbade verdunstet, so bleibt ein weisser, krystallinischer, in Wasser leicht löslicher Rückstand von Hexamethylentetramin zurück.

$$6 \text{ H . COH} + 4 \text{ NH}_3 = (\text{CH}_2)_6 \text{N}_4 + 6 \text{ H}_2\text{O}$$
Formaldehyd   Ammoniak   Hexamethylentetramin
6 . 30,2   4 . 17,07

Aus Silbernitratlösung scheidet Formaldehydlösung nach Zusatz von Ammoniakflüssigkeit allmählich metallisches Silber ab.

$$\text{H . COH} + \text{AgNO}_3 + 2 \text{ NH}_3 + \text{H}_2\text{O} = \text{Ag}$$
Formaldehyd   Silbernitrat   Ammoniak   Silber
$$+ \text{ H . COO(NH}_4) + (\text{NH}_4)\text{NO}_3$$
Ammoniumformiat   Ammoniumnitrat

Alkalische Kupfertartratlösung wird beim Erhitzen mit Formaldehydlösung unter Abscheidung eines roten Niederschlags entfärbt.

Die alkalische Kupfertartratlösung enthält überbasisches Kupfer-Natriumtartrat. Beim Erhitzen mit Formaldehyd wird Kupferoxydul abgeschieden, und ersteres wird zu Ameisensäure oxydiert.

$$2 [\text{C}_2\text{H}_2(\text{O}_2\text{Cu})(\text{COONa})_2] + \text{H . COH} + \text{NaOH} + \text{H}_2\text{O}$$
Überbasisches Kupfer-   Formaldehyd   Natriumhydroxyd
natriumtartrat
$$= \text{Cu}_2\text{O} + \text{H . COONa} + 2 [\text{C}_2\text{H}_2(\text{OH})_2(\text{COONa})_2]$$
Kupferoxydul   Natriumformiat   Natriumtartrat

Mit 4 Raumteilen Wasser verdünnt, soll Formaldehydlösung weder durch Silbernitratlösung (a), noch durch Baryumnitratlösung (b), noch durch Schwefelwasserstoffwasser (c) verändert werden.

a) Salzsäure, Chloride erzeugen eine weisse Fällung von Silberchlorid.

Formel siehe bei Acetum.

b) Schwefelsäure erzeugt eine weisse Fällung von Baryumsulfat.

Formel siehe bei Acetum.

c) **Metalle**, wie Kupfer, Blei, geben eine dunkle Fällung von Metallsulfid.

$$(H.COO)_2Cu + H_2S = CuS + 2(H.COOH)$$
Kupferformiat   Kupfersulfid   Ameisensäure

1 ccm Formaldehydlösung soll nach Zusatz eines Tropfens Normal-Kalilauge nicht sauer reagieren.

Das Formaldehyd besitzt die Neigung, sich zu Ameisensäure zu oxydieren. Es darf nicht mehr Ameisensäure zugegen sein, als durch 1 Tropfen Normal-Kalilauge neutralisiert werden kann.

Trägt man 5 ccm Formaldehydlösung in ein Gemisch von 20 ccm Wasser und 10 ccm Ammoniakflüssigkeit ein, und lässt diese Flüssigkeit in einem verschlossenen Glase eine Stunde lang stehen, so sollen nach Zusatz von 20 ccm Normal-Salzsäure und einigen Tropfen Rosolsäurelösung bis zum Eintritt der Rosafärbung wenigstens 4 ccm Normal-Kalilauge erforderlich sein.

Beim Zusammenbringen von Ammoniak mit Formaldehyd bildet sich Hexamethylentetramin und zwar verbinden sich 4 Moleküle Ammoniak $= 4.17,07$ mit 6 Molekülen Formaldehyd $= 6.30,2$.

Formel siehe oben.

Da Ammoniakflüssigkeit im Überschusse zugesetzt wurde (10 ccm enthalten, da die Flüssigkeit 10 Prozent Ammoniak enthält und ein spez. Gew. von 0,96 besitzt, 0,96 g Ammoniak), so wird dieser Überschuss mit überschüssiger Normal-Salzsäure hinweggenommen und der Überschuss der Salzsäure mit Normal-Kalilauge zurücktitriert. Man erfährt sodann, wie viel Ammoniak zur Bildung von Hexamethylentetramin gebraucht wurde, und berechnet daraus die Menge Formaldehyd.

Setzt man überschüssige Salzsäure zu, so wird das freie Ammoniak als Ammoniumchlorid, zugleich aber auch die einsäurige Base Hexamethylentetramin gebunden. Wird nun mit Normal-Kalilauge bis zur Rosafärbung titriert, so wird die überschüssige Salzsäure neutralisiert, zugleich aber die chlorwasserstoffsaure Base zersetzt, indem die Base frei und die Salzsäure neutralisiert wird. Da die freie Base aber nicht auf Rosolsäure alkalisch wirkt, so wird die an die Base gebundene Salzsäure ebenso durch Kalilauge neutralisiert, wie die freie Salzsäure, und die Base braucht bei der Berechnung nicht berücksichtigt werden.

Die als Indikator benutzte Rosolsäure ist ein phenolartiger Farbstoff, der sich mit ätzenden Alkalien und Ammoniak zu

Glycerinum. 135

salzartigen Verbindungen vereinigt, die rosa gefärbt sind. Wird eine Säure bis zur Neutralisation zugesetzt, so wird das Salz zerlegt und die freie Rosolsäure abgeschieden und die Rosafärbung geht in gelb über.

Hat man 4 ccm Normal-Kalilauge zum Zurücktitrieren der Normal-Salzsäure verwendet, so wurden 20 — 4 = 16 ccm Normal-Salzsäure zum Neutralisieren des überschüssigen Ammoniaks gebraucht.

$$NH_3 \;+\; HCl \;=\; NH_4Cl$$
Ammoniak 36,46 Ammoniumchlorid
17,07

1 ccm Normal-Salzsäure enthält 0,03646 g Chlorwasserstoff,
1 „   „   „   sättigt 0,01707 g Ammoniak,
16 „   „   „   sättigen 16 × 0,01707 = 0,27312 g Ammoniak.

Da 0,96 g Ammoniak zugesetzt wurden, so wurden 0,96 — 0,27312 = 0,68688 g Ammoniak zur Bildung von Hexamethylentetramin verwendet.

4 Moleküle Ammoniak = 68,78 binden 6 Moleküle Formaldehyd = 180,12; obige Menge Ammoniak bindet:
68,78 : 180,12 = 0,68688 : x
x = 1,81196 g Formaldehyd.

Besitzt das Formaldehyd ein spez. Gew. von 1,081, so wiegen 5 ccm 5 × 1,081 = 5,4 g.

In 100 g Formaldehydlösung sind daher enthalten:
5,4 : 1,81196 = 100 : x
x = 33,55 g Formaldehyd.

Glycerinum — Glycerin.

$$C_3H_5(OH)_3 \;+\; x \text{ aq.}$$

Eine Mischung aus 1 g Glycerin und 3 ccm Zinnchlorürlösung soll im Laufe einer Stunde eine dunklere Färbung nicht annehmen. Ist Arsen zugegen, so scheidet sich metallisches Arsen aus unter Bildung von Zinnchlorid.

Formel siehe bei Acidum aceticum.

Mit 5 Teilen Wasser verdünnt soll Glycerin weder durch Schwefelwasserstoffwasser (a), noch durch Baryumnitratlösung (b), noch durch Ammoniumoxalatlösung (c), noch durch Calciumchloridlösung (d) verändert werden.

a) **Metalle**, wie Kupfer, Blei, welche als Glyceride in Lösung sein können, erzeugen eine dunkle Fällung von Metallsulfid.

$$C_3H_6PbO_3 + H_2S = PbS + C_3H_5(OH)_3$$
Bleiglycerid　　　　　Bleisulfid　　Glycerin

b) **Schwefelsäure** erzeugt eine weisse Fällung von Baryumsulfat.

Formel siehe bei Acetum.

c) **Calciumsalze** erzeugen eine weisse Fällung von Calciumoxalat.

$$CaCl_2 + (NH_4)_2C_2O_4 + H_2O = CaC_2O_4 \cdot H_2O$$
Calciumchlorid　Ammoniumoxalat　　　　Calciumoxalat
$$+ 2\,NH_4Cl$$
Ammoniumchlorid

d) **Oxalsäure** bewirkt eine weisse Fällung von Calciumoxalat.

$$H_2C_2O_4 + CaCl_2 + H_2O = CaC_2O_4 \cdot H_2O + 2\,HCl$$
Oxalsäure　Calciumchlorid　　　　Calciumoxalat

Durch Silbernitratlösung darf obige Lösung höchstens opalisierend getrübt werden.

Chloride geben eine weisse Fällung von Silberchlorid.

Formel siehe bei Borax.

Wird eine Mischung aus 1 g Glycerin und 1 ccm Ammoniakflüssigkeit im Wasserbade auf 60^0 erhitzt, und dann sofort mit 3 Tropfen Silbernitratlösung versetzt, so soll innerhalb 5 Minuten weder eine Färbung, noch eine braunschwarze Ausscheidung erfolgen.

Acrolein, ein Zersetzungsprodukt des Glycerins, scheidet aus ammoniakalischer Silbernitratlösung metallisches Silber aus.

$$C_2H_3 \cdot COH + 2\,AgNO_3 + 2\,NH_3 + H_2O = C_3H_4O_2$$
Acrolein　　Silbernitrat　　Ammoniak　　　　Acrylsäure
$$+ Ag_2 + 2\,(NH_4)NO_3$$
Ammoniumnitrat

Aber auch andere, nicht näher bekannte Stoffe scheiden aus ammoniakalischer Silbernitratlösung metallisches Silber ab.

1 ccm Glycerin soll mit 1 ccm Natronlauge erwärmt keinen Geruch nach Ammoniak entwickeln.

Sind **Ammoniumsalze** zugegen, so wird Ammoniak frei.

$$NH_4Cl + NaOH = NH_3$$
Ammoniumchlorid　Natriumhydroxyd　Ammoniak
$$NaCl + H_2O$$
Natriumchlorid

Gossypium depurat. — Homatropin. hydrobromic.

Gossypium depuratum — Gereinigte Baumwolle.

Nahezu reine Cellulose, $C_6H_{10}O_5$.

Der mit siedendem Wasser bereitete Auszug (1 = 10) darf durch Silbernitrat- (a), durch Baryumnitrat- (b) oder Ammoniumoxalat- (c) Lösung höchstens opalisierend getrübt werden.

a) **Chloride** geben eine weisse Fällung von Silberchlorid. Formel siehe bei Argentum nitricum cum Kalio nitrico.

b) **Sulfate** erzeugen eine weisse Fällung von Baryumsulfat. Formel siehe bei Borax.

c) **Calciumsalze** scheiden weisses Calciumoxalat aus. Formel siehe bei Glycerinum.

Die in 10 Teilen des Auszugs nach Zusatz von einigen Tropfen Schwefelsäure und 3 Tropfen Kaliumpermanganatlösung entstehende Rotfärbung soll innerhalb einiger Minuten nicht verschwinden.

Schweflige Säure, herrührend aus dem Bleichprozess der Baumwolle, wird durch den Sauerstoff des Kaliumpermanganats zu Schwefelsäure oxydiert unter Bildung von Manganosulfat und Kaliumsulfat, wobei die rote Färbung verschwindet.

$$2\,KMnO_4 \;+\; 3\,H_2SO_4 \;+\; 5\,SO_2 \;+\; 2\,H_2O \;=$$
Kaliumpermanganat   Schwefeldioxyd

$$2\,MnSO_4 \;+\; K_2SO_4 \;+\; 5\,H_2SO_4$$
Manganosulfat   Kaliumsulfat

Homatropinum hydrobromicum — Homatropinhydrobromid.

$C_{16}H_{21}NO_3$ HBr

Die wässerige Lösung des Salzes (1 = 20) wird durch Quecksilberchloridlösung weiss gefällt, indem ein unlösliches Doppelsalz sich bildet, durch Kalilauge in sehr geringem Überschusse ebenfalls weiss, indem sich Homatropin ausscheidet, das in überschüssiger Kalilauge löslich ist.

$C_{16}H_{21}NO_3 . HBr \;+\; KOH \;=\; C_{16}H_{21}NO_3$
Homatropinhydrobromid   Kaliumhydroxyd   Homatropin
$+\; KBr \;+\; H_2O$
Kaliumbromid

138 Hydrargyrum. — Hydrargyrum bichloratum.

Silbernitratlösung erzeugt einen gelblichen Niederschlag von Silberbromid, Jodlösung eine braune Fällung von Jod mit Homatropin.

$C_{16}H_{21}NO_3 \cdot HBr + AgNO_3 = AgBr$
Homatropinhydrobromid Silbernitrat Silberbromid
$+ C_{16}H_{31}NO_3 \cdot HNO_3$
Homatropinnitrat

Hydrargyrum — Quecksilber.

Hg

Quecksilber löst sich in Salpetersäure ohne Rückstand auf, indem sich in der Kälte Mercuronitrat (a), beim Erhitzen Mercurinitrat (b) bildet.

a) $6 Hg + 8 HNO_3 = 3 [Hg_2(NO_3)_2] + 2 NO + 4 H_2O$
Mercuronitrat Stickoxyd

b) $3 Hg + 8 HNO_3 = 3 Hg(NO_3)_2 + 2 NO + 4 H_2O$
Mercurinitrat Stickoxyd

Zinn und Antimon bleiben in Salpetersäure ungelöst, indem Metazinnsäure, bezw. Antimonoxyd gebildet wird.

$3 Sn + 4 HNO_3 + H_2O = 3 H_2SnO_3 + 4 NO$
Zinn Metazinnsäure Stickoxyd

$2 Sb + 2 HNO_3 = Sb_2O_3 + 2 NO + H_2O$
Antimon Antimonoxyd Stickoxyd

Hydrargyrum bichloratum — Quecksilberchlorid.

$HgCl_2$

Die wässerige Lösung des Salzes reagiert sauer, auf Zusatz von Natriumchlorid aber neutral, indem sich ein Doppelsalz Natriumquecksilberchlorid, $HgCl_2 \cdot NaCl$ bildet.

In der wässerigen Lösung erzeugt Silbernitratlösung einen weissen Niederschlag von Silberchlorid (a), Schwefelwasserstoffwasser im Überschusse einen schwarzen Niederschlag von Quecksilbersulfid (b).

a) $HgCl_2 + 2 AgNO_3 = 2 AgCl + Hg(NO_3)_2$
Quecksilberchlorid Silbernitrat Silberchlorid Mercurinitrat

b) $HgCl_2 + H_2S = HgS + 2 HCl$
Quecksilberchlorid Quecksilbersulfid

Setzt man zu einer konzentrierten Quecksilberchloridlösung langsam Schwefelwasserstoffwasser zu, so ist der entstehende Niederschlag anfangs weiss, dann gelb, braun und zuletzt schwarz, indem sich, so lange Quecksilberchlorid im Überschuss vorhanden, eine Verbindung von Quecksilberchlorid mit Quecksilbersulfid $HgS + x\,HgCl_2$ von wechselnder Zusammensetzung bildet.

Hydrargyrum bijodatum — Quecksilberjodid.

$$HgJ_2$$

Das Quecksilberjodid wird beim Erhitzen im Proberohre zuerst gelb, schmilzt dann und verflüchtigt sich bei fortgesetztem Erhitzen, ein gelbes Sublimat gebend, das beim Erkalten allmählich wieder roth wird.

Das Quecksilberjodid kommt in einer gelben und roten Modifikation vor. Beim Erwärmen geht die rote Modifikation in die gelbe über und auch das Sublimat ist gelb. Die gelbe Modifikation geht schon bei gewöhnlicher Temperatur wieder in die rote über.

Mit Quecksilberjodid geschütteltes Wasser darf nach dem Abfiltrieren durch Schwefelwasserstoffwasser nur schwach gefärbt, durch Silbernitratlösung nur schwach opalisierend getrübt werden.

Bei Gegenwart von Quecksilberchlorid entsteht durch Schwefelwasserstoff ein schwarzer Niederschlag von Quecksilbersulfid, durch Silbernitrat ein weisser von Silberchlorid.

Da Quecksilberjodid spurenweise in Wasser löslich ist, so werden obige Reagentien stets eine schwache Reaktion zeigen.

Formeln siehe bei Hydrargyrum bichloratum.

Enthält das Salz Kaliumjodid, so entsteht durch Silbernitrat ein gelblichweisser Niederschlag von Silberjodid, der aber in Ammoniakflüssigkeit im Gegensatz zum Silberchlorid unlöslich ist.

$$KJ + AgNO_3 = AgJ + KNO_3$$
Kaliumjodid Silbernitrat Silberjodid Kaliumnitrat

Hydrargyrum chloratum — Quecksilberchlorür.

$$Hg_2Cl_2$$

Beim Erwärmen mit Natronlauge soll sich Quecksilberchlorür ohne Entwicklung von Ammoniak schwärzen, indem sich Quecksilberoxydul ausscheidet (a), bei Gegenwart von Ammoniumsalzen

140 Hydrarg. chlorat. vapore parat. — Hydrargyr. cyanat.

oder Quecksilber-Amidochlorid (weisser Präzipitat) entwickelt sich Ammoniak (b).

a) Hg_2Cl_2 + $2\,NaOH$ = Hg_2O
Quecksilberchlorür Natriumhydroxyd Quecksilberoxydul
+ $2\,NaCl$ + H_2O
Natriumchlorid

a) $HgCl(NH_2)$ + $NaOH$ = HgO
Quecksilberamidochlorid Natriumhydroxyd Quecksilberoxyd
+ $NaCl$ + NH_3
Natriumchlorid Ammoniak

1 g Quecksilberchlorür soll nach dem Schütteln mit 10 ccm verdünntem Weingeist ein Filtrat liefern, das weder durch Silbernitratlösung noch durch Schwefelwasserstoffwasser verändert wird.

Quecksilberchlorid ist in verdünntem Weingeist löslich und erzeugt mit Silbernitrat einen weissen Niederschlag von Silberchlorid und mit Schwefelwasserstoff einen schwarzen Niederschlag von Quecksilbersulfid.

Formeln siehe bei Hydrargyrum bichloratum.

Das Quecksilberchlorür muss vor Licht geschützt aufbewahrt werden, indem es am Licht in Quecksilberchlorid und Quecksilber zerfällt.

Hg_2Cl_2 = $HgCl_2$ + Hg
Quecksilberchlorür Quecksilberchlorid

Hydrargyrum chloratum vapore paratum —
Durch Dampf bereitetes Quecksilberchlorür.

Hg_2Cl_2

Die Prüfung geschieht wie bei Hydrargyrum choratum angegeben.

Hydrargyrum cyanatum — Quecksilbercyanid.

$Hg(CN)_2$

Beim schwachen Erhitzen von 1 Teil Quecksilbercyanid mit 1 Teil Jod im Probierrohre entsteht zuerst ein gelbes, später rot werdendes und darüber ein weisses, aus nadelförmigen Krystallen bestehendes Sublimat.

Das gelbe Sublimat ist Quecksilberjodid, das weisse Jodcyan.

$$Hg(CN)_2 + 4\,J = HgJ_2 + 2\,CNJ$$
Quecksilbercyanid   Quecksilberjodid   Jodcyan

Die wässerige, neutrale Lösung (1 = 20) soll beim Versetzen mit einigen Tropfen Silbernitratlösung einen Niederschlag nicht geben.

Quecksilberchlorid erzeugt eine saure Reaktion der Lösung, und wird durch Silbernitrat weiss gefällt unter Bildung von Silberchlorid.

Formel siehe bei Hydrargyrum bichloratum.

Hydrargyrum oxydatum — Quecksilberoxyd.

$$HgO$$

Das Quecksilberoxyd ist in verdünnter Salzsäure oder Salpetersäure leicht löslich unter Bildung von Quecksilberchlorid (a) bezw. Mercurinitrat (b).

a) $HgO + 2\,HCl = HgCl_2 + H_2O$
Quecksilberoxyd   Quecksilberchlorid

a) $HgO + 2\,HNO_3 = Hg(NO_3)_2 + H_2O$
Mercurinitrat

Ist die Lösung in Salzsäure nicht klar, so könnte dieses von Quecksilberoxydul herrühren, indem sich unlösliches Quecksilberchlorür gebildet hat.

$$Hg_2O + 2\,HCl = Hg_2Cl_2 + H_2O$$
Quecksilberoxydul   Quecksilberchlorür

Eine graue Trübung beim Lösen in Salzsäure zeigt metallisches Quecksilber an, das von verdünnter Salzsäure nicht angegriffen wird.

Beim Erhitzen im Probierrohre zerfällt es in Quecksilber und Sauerstoff; ersteres lagert sich als grauer Beschlag am kälteren Teile des Rohres ab.

$$HgO = Hg + O$$
Quecksilberoxyd

Quecksilberoxyd soll, mit Oxalsäurelösung (1 = 10) unter wiederholtem Schütteln in Berührung gelassen, nach einer Viertelstunde eine wesentliche Farbenveränderung nicht erleiden.

Färbt es sich heller oder wird es weiss, so ist die gelbe Modifikation des Quecksilberoxyds zugegen, welche mit

Oxalsäure weisses Mercurioxalat liefert, während die rote Modifikation sich mit Oxalsäure während dieser Zeit nicht verbindet.

$$HgO + H_2C_2O_4 = HgC_2O_4 + H_2O$$
Quecksilberoxyd Oxalsäure Mercurioxalat

Eine Mischung aus 1 g Quecksilberoxyd und 2 ccm Wasser soll nach dem Zusatz von 2 ccm Schwefelsäure und nach dem Überschichten mit 1 ccm Ferrosulfatlösung auch nach längerem Stehen eine gefärbte Zone nicht bilden.

Das Quecksilberoxyd wird von der Schwefelsäure als Mercurisulfat gelöst (a). Ist basisches Mercurinitrat zugegen, so macht die Schwefelsäure die Salpetersäure frei (b). Letztere oxydiert einen Teil Ferrosulfat zu Ferrisulfat und wird dadurch zu Stickoxyd (c), das sich mit einem anderen Teil Ferrosulfat zu der braunen Verbindung $FeSO_4 + NO$ vereinigt.

a) $HgO + H_2SO_4 = HgSO_4 + H_2O$
Quecksilberoxyd Mercurisulfat

b) $[Hg(NO_3)_2 + 2\,HgO] + 3\,H_2SO_4 = 3\,HgSO_4$
Basisches Mercurinitrat Mercurisulfat
$+ 2\,HNO_3 + 2\,H_2O$

c) Formel siehe bei Acetum.

Die mit Hülfe von Salpetersäure hergestellte wässerige Lösung soll mit Silbernitratlösung höchstens opalisierend getrübt werden.

Quecksilberoxyd löst sich in Salpetersäure als Mercurinitrat.

Formel siehe oben.

Quecksilberchlorid wird durch Silbernitrat weiss gefällt, indem sich Silberchlorid ausscheidet.

Formel siehe bei Hydrargyrum bichloratum.

Hydrargyrum oxydatum via humida paratum
— Gelbes Quecksilberoxyd.

HgO

Darstellung. 2 Teile Quecksilberchlorid werden in 40 Teilen warmem Wasser gelöst und in einer kalten Mischung von 6 Teilen Natronlauge und 40 Teilen Wasser langsam unter Umrühren eingegossen. Die Mischung lässt man unter Umrühren bei mässiger Wärme eine Stunde lang stehen, wäscht den

Hydrargyrum praecipitatum album. 143

gesammelten Niederschlag mit warmem Wasser aus, und trocknet ihn vor Licht geschützt bei 30°.

Das Natriumhydroxyd fällt aus dem Quecksilberchlorid gelbes, amorphes Quecksilberoxyd und Natriumchlorid geht in Lösung.

$$HgCl_2 \;+\; 2\,NaOH \;=\; HgO$$
Quecksilberchlorid   Natriumhydroxyd   Quecksilberoxyd
$$+\; 2\,NaCl \;+\; H_2O$$
Natriumchlorid

Man muss die Quecksilberchloridlösung in die Natronlauge giessen, nicht umgekehrt, indem im letzteren Falle basisches Quecksilberchlorid $HgCl_2 + x\,HgO$ ausgeschieden würde. Um die Bildung dieses Salzes möglichst zu vermeiden, lässt man die Mischung bei mässiger Wärme eine Stunde lang stehen. Das Trocknen des Niederschlags muss vor Licht geschützt bei 30° geschehen, weil das Präparat bei Licht und höherer Temperatur eine Zersetzung in Quecksilber und Sauerstoff erleidet.

Prüfung. Das gelbe Quecksilberoxyd ist in verdünnter Salzsäure oder Salpetersäure leicht löslich und ist beim Erhitzen im Probierrohre unter Abscheidung von Quecksilber flüchtig.

Chemischer Vorgang und Formeln wie bei Hydrargyrum oxydatum.

Beim Schütteln mit Oxalsäurelösung (1 = 10) verwandelt es sich allmählich in ein weisses krystallinisches Pulver, indem Mercurioxalat entsteht (Unterschied von rotem Quecksilberoxyd).

Formel siehe bei Hydrargyrum oxydatum.

Prüfung auf Quecksilberchlorid siehe bei Hydrargyrum oxydatum.

Hydrargyrum praecipitatum album —
Weisser Quecksilberpräzipitat.

$$HgCl \cdot NH_2$$

Darstellung. 2 Teile Quecksilberchlorid löse man in 40 Teilen warmem Wasser und vermische die Lösung langsam mit 3 Teilen Ammoniakflüssigkeit oder so viel, dass diese etwas vorwaltet. Der Niederschlag wird gesammelt und nach dem Ablaufen der Flüssigkeit mit 18 Teilen Wasser ausgewaschen, dann vor Licht geschützt bei 30° getrocknet.

Hydrargyrum praecipitatum album.

Ammoniak scheidet aus Quecksilberchloridlösung Quecksilberamidochlorid aus und Ammoniumchlorid ist in Lösung.

$$HgCl_2 \;+\; 2\,NH_3 \;=\; HgCl(NH_2) \;+\; NH_4Cl$$
Quecksilberchlorid Ammoniak Quecksilberamidochlorid Ammoniumchlorid

Man darf den Präzipitat nur mit der vorgeschriebenen Menge Wasser auswaschen, denn viel Wasser zerlegt denselben in gelbes Oxydimercuriammoniumchlorid und Ammoniumchlorid.

$$2\,HgCl(NH_2) \;+\; H_2O \;=\; HgCl(NH_2)_2 \cdot HgO \;+\; NH_4Cl$$
Quecksilberamidochlorid Oxydimercuriammoniumchlorid Ammoniumchlorid

Das Trocknen muss bei niedriger Temperatur, vor Licht geschützt geschehen, damit keine teilweise Zersetzung in Quecksilberchlorür, Stickstoff und Ammoniak stattfindet.

$$6\,HgCl(NH_2) \;=\; 3\,Hg_2Cl_2 \;+\; N_2 \;+\; 4\,NH_3$$
Quecksilberamidochlorid Quecksilberchlorür Ammoniak

Prüfung. Der weisse Präzipitat ist in Salpetersäure leicht löslich, indem sich Quecksilberchlorid, Mercurinitrat und Ammoniumnitrat bildet.

$$2\,HgCl(NH_2) \;+\; 4\,HNO_3 \;=\; HgCl_2 \;+\; Hg(NO_3)_2 \;+\; 2\,(NH_4)NO_3$$
Quecksilberamidochlorid Quecksilberchlorid Mercurinitrat Ammoniumnitrat

Wird das Präparat mit Natronlauge erwärmt, so scheidet sich unter Entwicklung von Ammoniak gelbes Quecksilberoxyd aus.

$$HgCl(NH_2) \;+\; NaOH \;=\; HgO \;+\; NaCl \;+\; NH_3$$
Quecksilberamidochlorid Natriumhydroxyd Quecksilberoxyd Natriumchlorid Ammoniak

In verdünnter Essigsäure soll das Präparat beim Erwärmen vollständig löslich sein, indem Mercuriacetat, Quecksilberchlorid und Ammoniumacetat in Lösung geht.

$$2\,HgCl(NH_2) \;+\; 4\,C_2H_4O_2 \;=\; HgCl_2 \;+\; Hg(C_2H_3O_2)_2 \;+\; 2\,(NH_4)C_2H_3O_2$$
Quecksilberamidochlorid Essigsäure Quecksilberchlorid Mercuriacetat Ammoniumacetat

Beim Erhitzen im Probierrohre soll sich das Präparat unter Zersetzung und ohne zu schmelzen ohne Rückstand verflüchtigen.

Die Zersetzung erfolgt wie oben angegeben.

Findet beim Erhitzen Schmelzen statt, so wurde das Präparat nicht nach Vorschrift des Arzneibuches dargestellt, und besitzt eine andere Zusammensetzung, nämlich $HgCl_2(NH_3)_2$, Mercuridiammoniumchlorid.

Hydrargyrum salicylatum — Quecksilbersalicylat.

$$HgC_7H_4O_3 = C_6H_4\left\{\begin{matrix}O\\COO\end{matrix}\right.>Hg.$$

Das Salz ist in Natronlauge und in Natriumcarbonatlösung bei gewöhnlicher Temperatur löslich, indem sich ein Doppelsalz, Natronhydrat-Quecksilbersalicylat, im letzteren Falle unter Freiwerden von Kohlendioxyd bildet.

$$C_6H_4\left\{\begin{matrix}O\\COO\end{matrix}\right.>Hg \;+\; NaOH \;=\; C_6H_4\left\{\begin{matrix}ONa\\COOHg\,.\,OH\end{matrix}\right.$$

Quecksilber- Natriumhydroxyd Natronhydrat-Quecksilbersalicylat   salicylat

In gesättigter Natriumchloridlösung löst es sich beim Erwärmen auf, indem sich ein Doppelsalz von der Zusammensetzung:

$$C_6H_4\left\{\begin{matrix}O\\COO\end{matrix}\right.>Hg\,.\,NaCl \text{ bildet.}$$

Beim Erhitzen von etwa 0,1 g Quecksilbersalicylat in einem engen Probierrohre unter Beifügung eines Körnchens Jod entsteht der charakteristische, rotgelbe bis rote Beschlag von Quecksilberjodid, HgJ_2, während sich die Salicylsäure unter teilweiser Zersetzung in Phenol und Kohlendioxyd verflüchtigt.

$$C_6H_4\left\{\begin{matrix}OH\\COOH\end{matrix}\right. = C_6H_5\,.\,OH \;+\; CO_2$$

Salicylsäure   Phenol Kohlendioxyd

Zur Bestimmung des Quecksilbergehaltes werden 0,3 g des Präparats mit der 10fachen Menge Natriumchlorid gemengt und in 100 ccm siedendem Wasser gelöst, worauf man mit Wasser auf 400 ccm verdünnt. Diese Lösung soll nach dem Ansäuern mit wenig Salzsäure beim Einleiten von Schwefelwasserstoffgas 0,2 g Quecksilbersulfid liefern.

In Lösung ist obiges Doppelsalz.

Biechele, Chemische Processe.

146 Hydrastininum hydrochloricum.

$$C_6H_4\genfrac{|}{|}{0pt}{}{O}{COO}\!\!>\!Hg \cdot NaCl \;+\; H_2S \;=\; HgS$$

Quecksilbersalicylat-Natrium- Quecksilbersulfid
chlorid 232,36
entsprechend 1 Atom Hg = 200,3

$$+\; C_6H_4\genfrac{\{}{}{0pt}{}{OH}{COOH} \;+\; NaCl$$

Salicylsäure Natriumchlorid

1 Molekül Quecksilbersulfid = 232,36 entspricht 1 Atom Quecksilber = 200,3. 0,2 g Quecksilbersulfid entsprechen:

$$232,36 : 200,3 = 0,2 : x$$
$$x = 0,1724 \text{ g Quecksilber.}$$

Diese Menge soll in 0,3 g des Präparats enthalten sein; 100 g der letzteren enthalten: $\dfrac{0,1724 \times 100}{0,3} = 57,47$ g Quecksilber.

Hydrastininum hydrochloricum — Hydrastininhydrochlorid.

$$C_{11}H_{11}NO_2 \cdot HCl.$$

Kaliumdichromatlösung erzeugt in der wässerigen Lösung einen gelben, krystallinischen Niederschlag von Hydrastinindichromat: $C_{11}H_{11}NO_2 \cdot H_2Cr_2O_7$, ebenso Platinchloridlösung einen solchen, indem das Platindoppelsalz: $PtCl_6(C_{11}H_{11}NO_2 \cdot HCl)_2$ entsteht.

Bromwasser erzeugt in der wässerigen Auflösung einen gelben Niederschlag, der ein Bromsubstitutionsprodukt des Hydrastinins darstellt, welche Verbindung durch Ammoniak wieder aufgehoben wird.

Fügt man zu einer Lösung von 0,1 g des Salzes in 3 ccm Wasser 4 bis 5 Tropfen Natronlauge, so soll eine weisse Trübung entstehen, die beim Umschütteln vollständig verschwindet. Beim Umrühren oder Schütteln dieser Lösung scheiden sich weisse Krystalle von Hydrastinin aus.

$C_{11}H_{11}NO_2 \cdot HCl \;+\; NaOH \;=\; C_{11}H_{11}NO_2 \cdot H_2O$
Hydrastininhydrochlorid Natriumhydroxyd Hydrastinin
$+\; NaCl$
Natriumchlorid

Jodoformium — Jodoform.

CHJ_3.

1 Teil Jodoform soll, mit 10 Teilen Wasser eine Minute lang geschüttelt, ein farbloses Filtrat geben.

Eine gelbe Farbe der Lösung könnte von Pikrinsäure $C_6H_2(NO_2)_3OH$ herrühren.

Das Filtrat wird durch Silbernitratlösung sofort nur opalisierend getrübt (a) und durch Baryumnitratlösung nicht verändert (b).

a) Chloride und Jodide erzeugen eine weisse Fällung von Silberchlorid bezw. Silberjodid; ersteres ist in Ammoniakflüssigkeit löslich, letzteres unlöslich.

$$KJ \;+\; AgNO_3 \;=\; AgJ \;+\; KNO_3$$
Kaliumjodid   Silbernitrat   Silberjodid   Kaliumnitrat

b) Natriumcarbonat giebt eine weisse Fällung von Baryumcarbonat. Dieses ist in Salpetersäure unter Entwicklung von Kohlendioxyd als Baryumnitrat löslich.

$$Na_2CO_3 \;+\; Ba(NO_3)_2 \;=\; BaCO_3 \;+\; 2\,NaNO_3$$
Natriumcarbonat   Baryumnitrat   Baryumcarbonat   Natriumnitrat

Sulfate geben eine weisse Fällung von Baryumsulfat, welches in Salpetersäure unlöslich ist.

Formel siehe bei Borax.

Jodum — Jod.

J.

Werden 0,5 g zerriebenes Jod mit 20 ccm Wasser geschüttelt und filtriert, und wird dann ein Teil des Filtrats mit schwefliger Säure bis zur Entfärbung vermischt, dann mit 1 Körnchen Ferrosulfat, 1 Tropfen Eisenchloridlösung und etwas Natronlauge versetzt und gelinde erwärmt, so soll sich die Flüssigkeit auf Zusatz vor überschüssiger Salzsäure nicht blau färben.

Beim Schütteln des Jods mit Wasser löst sich etwas Jod auf. Wird schweflige Säure zugefügt, so wird das Jod zu Jodwasserstoff unter Bildung von Schwefelsäure.

$$2\,J \;+\; SO_2 \;+\; 2\,H_2O \;=\; 2\,HJ \;+\; H_2SO_4$$
Schwefeldioxyd   Jodwasserstoff

Enthält das Jod **Jodcyan**, so wird dieses durch die schweflige Säure zu Jodwasserstoff und Cyanwasserstoff unter Bildung von Schwefelsäure.

$$JCN + SO_2 + 2 H_2O = HJ$$
Jodcyan   Schwefeldioxyd   Jodwasserstoff
$$+ HCN + H_2SO_4$$
Cyanwasserstoff

Jodwasserstoff und Cyanwasserstoff werden durch die Natronlauge zu Natriumjodid und Natriumcyanid.

$$HJ + HCN + 2 NaOH$$
Jodwasserstoff Cyanwasserstoff Natriumhydroxyd
$$= NaJ + NaCN + 2 H_2O$$
Natriumjodid   Natriumcyanid

Wird Natriumcyanid in alkalischer Lösung mit Ferrosulfat erhitzt, so entsteht Natriumferrocyanid.

$$6 NaCN + FeSO_4 = Na_4Fe(CN)_6$$
Natriumcyanid Ferrosulfat   Natriumferrocyanid
$$+ Na_2SO_4$$
Natriumsulfat

Das Natriumferrocyanid setzt sich mit dem Ferrichlorid in Ferriferrocyanid (Berlinerblau) und Natriumchlorid um.

$$3 [Na_4Fe(CN)_6] + 4 FeCl_3 = Fe_4[Fe(CN)_6]_3$$
Natriumferrocyanid   Ferrichlorid   Ferriferrocyanid
$$+ 12 NaCl$$
Natriumchlorid

Dieser blaue Niederschlag wird aber erst sichtbar nach Übersättigen mit Salzsäure, weil die Natronlauge aus dem überschüssig zugesetzten Eisensalz Eisenhydroxyduloxyd, $Fe_3O_4 + xH_2O$, gefällt hat und dieses durch die Salzsäure zu Ferrochlorid und Ferrichlorid gelöst werden muss.

Ein anderer Teil des Filtrats soll, mit überschüssiger Ammoniakflüssigkeit und überschüssiger Silbernitratlösung versetzt, ein Filtrat liefern, welches nach dem Übersättigen mit Salpetersäure höchstens eine Trübung, nicht aber einen Niederschlag giebt.

Ist **Chlorjod** zugegen, so wird dieses durch das Ammoniak in Ammoniumchlorid und Ammoniumchlorat und in Ammoniumjodid und Ammoniumjodat verwandelt.

$$6 JCl + 12 NH_3 + 6 H_2O = 5 NH_4J$$
Chlorjod   Ammoniak   Ammoniumjodid

Kali causticum fusum. 149

$+ (NH_4)JO_3 \quad + \quad 5 NH_4Cl \quad + \quad (NH_4)ClO_3$
Ammoniumjodat Ammoniumchlorid Ammoniumchlorat

Silbernitrat schlägt aus dieser Lösung Silberchlorid und Silberchlorat, welche in Ammoniakflüssigkeit löslich sind, und Silberjodid und Silberjodat, die in dieser Flüssigkeit unlöslich sind, nieder.

$5 NH_4J \quad + \quad (NH_4)JO_3 \quad + \quad 6 AgNO_3 = 5 AgJ$
Ammoniumjodid Ammoniumjodat Silbernitrat Silberjod

$+ AgJO_3 + 6 (NH_4)NO_3$
Silberjodat Ammoniumnitrat

Auf ganz analoge Weise wird Silberchlorid und Silberchlorat gebildet. Wird das Filtrat mit Salpetersäure übersättigt, so scheiden sich Silberchlorid und Silberchlorat aus.

Da Jodsilber spurenweise in Ammoniak löslich sind, so wird beim Übersättigen mit Salpetersäure stets eine geringe Trübung von Silberjodid entstehen.

Eine mit Hülfe von 1 g Kaliumjodid und 20 ccm Wasser hergestellte Lösung von 0,2 g Jod soll zur Bindung des gelösten Jods mindestens 15,6 ccm Zehntel-Normal-Natriumthiosulfatlösung verbrauchen.

Das Natriumthiosulfat bindet das Jod unter Bildung von Natriumjodid und Natriumtetrathionat.

Formel siehe bei Jodzahlbestimmung von Adeps suillus.

1 ccm Zehntel - Normal - Natriumthiosulfatlösung bindet 0,012685 g Jod (siehe bei Adeps suillus),

15,6 ccm Zehntel-Normal-Natriumthiosulfatlösung binden $15,6 \times 0,012685 = 0,197886$ g Jod.

Diese Menge soll in 0,2 g Jod mindestens enthalten sein; in 100 g des letzteren sollen mindestens enthalten sein $500 \times 0,197886 = 98,943$ g Jod.

Kali causticum fusum — Kaliumhydroxyd.
KOH.

Die wässerige Lösung des Kaliumhydroxyds giebt beim Übersättigen mit Weinsäure einen weissen, krystallinischen Niederschlag von saurem Kaliumtartrat.

$KOH \quad + \quad C_4H_6O_6 \quad = \quad C_4H_5KO_6 \quad + \quad H_2O$
Kaliumhydroxyd Weinsäure Saures Kaliumtartrat

Kali causticum fusum.

Kocht man eine Lösung von 1 g Kaliumhydroxyd in 10 ccm Wasser mit 15 ccm Kalkwasser, so soll das Filtrat, in überschüssige Salpetersäure gegossen, Gasblasen nicht entwickeln.

Da das Kaliumhydroxyd begierig Kohlendioxyd aus der Luft anzieht, so enthält es stets geringe Mengen Kaliumcarbonat. Dieses setzt sich mit dem im Kalkwasser enthaltenen Calciumhydroxyd um in Calciumcarbonat und Kaliumhydroxyd.

$$K_2CO_3 \;+\; Ca(OH)_2 \;=\; CaCO_3$$
Kaliumcarbonat Calciumhydroxyd Calciumcarbonat
138,3   74,02

$$+\; 2\, KOH$$
Kaliumhydroxyd

Reicht das Calciumhydroxyd, welches in 15 ccm Kalkwasser enthalten ist, nicht hin, alles Kaliumcarbonat zu zersetzen, so enthält das Filtrat noch letzteres Salz und wird in Salpetersäure gegossen, Kohlendioxyd entwickeln unter Bildung von Kaliumnitrat.

Da das Kalkwasser in maximo 0,166 Prozent Calciumhydroxyd enthält (siehe Aqua Calcariae), so sind in 15 ccm Kalkwasser $\dfrac{0,166 \times 15}{100} = 0,0249$ g Calciumhydroxyd enthalten.

1 Molekül Calciumhydroxyd $= 74,02$ vermag 1 Molekül Kaliumcarbonat $= 138,3$ zu fällen; obige Menge Calciumhydroxyd fällt:

$$74,02 : 138,3 = 0,0249 : x$$
$$x = 0,0465 \text{ g Kaliumcarbonat.}$$

Diese Menge darf in 1 g Kaliumhydroxyd enthalten sein, in 100 g des letzteren also 4,65 g Kaliumcarbonat.

Werden 2 ccm der mit Hülfe von verdünnter Schwefelsäure hergestellten Lösung (1 = 20), wobei sich Kaliumsulfat K_2SO_4 bildet, mit 2 ccm Schwefelsäure vermischt, und dann mit 1 ccm Ferrosulfatlösung überschichtet, so soll eine gefärbte Zone nicht entstehen.

Enthält das Präparat Kaliumnitrat, so macht die Schwefelsäure die Salpetersäure frei unter Bildung von saurem Kaliumsulfat.

$$KNO_3 \;+\; H_2SO_4 \;=\; HNO_3 \;+\; KHSO_4$$
Kaliumnitrat   Salpetersäure Saures Kaliumsulfat

Die Salpetersäure oxydiert einen Teil Ferrosulfat zu Ferrisulfat, wird dadurch zu Stickoxyd, das sich mit einem anderen Teil Ferrosulfat zu der braunen Verbindung $FeSO_4 . NO$ vereinigt.

Formel siehe bei Acetum.

Die mit Salpetersäure übersättigte Lösung (1 = 50), wobei Kaliumnitrat KNO_3 gebildet wird, darf durch Baryumnitratlösung nicht verändert (a), noch durch Silbernitratlösung mehr als opalisierend getrübt werden (b).

a) **Kaliumsulfat** erzeugt eine weisse Fällung von Baryumsulfat.

$$K_2SO_4 \;+\; Ba(NO_3)_2 \;=\; BaSO_4 \;+\; 2\,KNO_3$$
Kaliumsulfat Baryumnitrat Baryumsulfat Kaliumnitrat

b) **Kaliumchlorid** giebt eine weisse Fällung von Silberchlorid.

$$KCl \;+\; AgNO_3 \;=\; AgCl \;+\; KNO_3$$
Kaliumchlorid Silbernitrat Silberchlorid Kaliumnitrat

Beim Neutralisieren von 10 ccm einer Lösung von 5,6 g Kaliumhydroxyd zu 100 ccm Wasser sollen mindestens 9 ccm Normal-Salzsäure erforderlich sein.

Beim Neutralisieren mit Salzsäure wird Kaliumchlorid gebildet.

$$HCl \;+\; KOH \;=\; KCl + H_2O$$
36,46   Kaliumhydroxyd   Kaliumchlorid
           56,16

1 Molekül Chlorwasserstoff = 36,46 sättigt 1 Molekül Kaliumhydroxyd = 56,16.

1 ccm Normal-Salzsäure enthält 0,03646 g Chlorwasserstoff.
1 „   „   „   sättigt 0,05616 g Kaliumhydroxyd.
9 „   „   „   sättigen 9 × 0,05616 = 0,50544 g Kaliumhydroxyd.

In 10 ccm der Lösung sind 0,56 g Kaliumhydroxyd enthalten, und letztere sollen mindestens 0,50544 g Kaliumhydroxyd enthalten. Es entspricht dieses einem Mindestgehalt von

$$\frac{0{,}50544 \times 100}{0{,}56} = 90{,}26 \text{ Prozent Kaliumhydroxyd.}$$

Kalium bicarbonicum — Kaliumbicarbonat.

$KHCO_3$.

Die wässerige Lösung des Salzes scheidet beim Übersättigen mit Weinsäure einen weissen, krystallinischen Niederschlag von saurem Kaliumtartrat aus und Kohlendioxyd entweicht.

$$KHCO_3 \;+\; C_4H_6O_6 \;=\; C_4H_5KO_6$$
Kaliumbicarbonat Weinsäure Saures Kaliumtartrat
$$+\; CO_2 \;+\; H_2O$$
Kohlendioxyd

Die wässerige Lösung (1 = 20) soll, mit Essigsäure übersättigt, wobei sich Kaliumacetat, $C_2H_3KO_2$, bildet, und Kohlendioxyd entweicht, weder durch Baryumnitratlösung (a), noch durch Schwefelwasserstoffwasser (b) verändert werden.

a) **Kaliumsulfat** erzeugt eine weisse Fällung von Baryumsulfat.

Formel siehe bei Kali causticum fusum.

b) **Schwermetalle**, wie Kupfer, Blei, erzeugen eine dunkle, Zink eine weisse Fällung von Metallsulfid.

Formel siehe bei Acetum.

Nach Zusatz von Salpetersäure darf obige Lösung durch Silbernitratlösung höchstens opalisierend getrübt werden.

Chloride erzeugen eine weisse Fällung von Silberchlorid.

Formel siehe bei Kali causticum fusum.

20 ccm der mit Salzsäure übersättigten Lösung (1 = 20), wobei Kaliumchlorid entsteht und Kohlendioxyd entweicht, sollen durch 0,5 ccm Kaliumferrocyanidlösung nicht gebläut werden.

Bei Gegenwart eines Ferrisalzes entsteht ein blauer Niederschlag von Ferriferrocyanid (Berlinerblau).

Formel siehe bei Acidum boricum.

Zum Neutralisieren von 1 g Kaliumbicarbonat sollen 10 ccm Normal-Salzsäure erforderlich sein.

Beim Neutralisieren mit Salzsäure entsteht Kaliumchlorid und Kohlendioxyd entweicht.

$$KHCO_3 \;+\; HCl \;=\; KCl \;+\; CO_2 + H_2O$$
Kaliumbicarbonat 36,45 Kaliumchlorid Kohlendioxyd
100,16

1 Molekül Chlorwasserstoff = 36,45 sättigt 1 Molekül Kaliumbicarbonat = 100,16.

1 ccm Normal-Salzsäure enthält 0,03645 g Chlorwasserstoff,
1 „ „ „ sättigt 0,10016 g Kaliumbicarbonat,
10 „ „ „ sättigen 10 × 0,10016 = 1,0016 g Kaliumbicarbonat.

1 g reines Kaliumbicarbonat braucht zur Sättigung $\dfrac{1}{0,10016}$ = 9,984 ccm Normal-Salzsäure.

Kalium bromatum.

Das Arzneibuch lässt 10 ccm, also 0,016 ccm Normal-Salzsäure mehr zur Sättigung verwenden, weil es eine geringe Menge Kaliumcarbonat zulässt.

1 g reines Kaliumcarbonat würde zur Sättigung, da 1 ccm Normal-Salzsäure 0,06915 g Kaliumcarbonat sättigt (siehe Kalium carbonicum), gebrauchen: $\frac{138,3}{0,06915} = 14,46$ ccm Normal-Salzsäure.

Es würde also zum Neutralisieren von 1 g Kaliumcarbonat 14,46 — 9,984 = 4,476 ccm Normal-Salzsäure mehr gebraucht, als zum Neutralisieren von 1 g Kaliumbicarbonat und dieser Mehrverbrauch zeigt 100 Prozent Kaliumcarbonat an.

Obiger, vom Arzneibuch gestattete Mehrverbrauch von 0,016 ccm entspricht daher:

4,476 : 100 = 0,016 : x   x = 0,35 g Kaliumcarbonat.

Das Arzneibuch gestattet daher einen Gehalt von 0,35 Prozent Kaliumcarbonat.

100 Teile Kaliumbicarbonat sollen nach dem Glühen 69 Teile Rückstand hinterlassen.

Beim Glühen des Salzes entweicht Kohlendioxyd und Wasser und Kaliumcarbonat bleibt im Rückstand.

$$2 \, KHCO_3 = K_2CO_3 + H_2O + CO_2$$
Kaliumbicarbonat   Kaliumcarbonat   Kohlendioxyd
2 . 100,16   138,3

2 Moleküle Kaliumbicarbonat = 200,32 hinterlassen 1 Moleküle Kaliumcarbonat = 138,3.

100 Teile Kaliumbicarbonat hinterlassen:

200,32 : 138,3 = 100 : x   x = 69,08 g Kaliumcarbonat.

Je mehr Kaliumcarbonat das Präparat enthält, desto grösser ist der Glührückstand.

Kalium bromatum — Kaliumbromid.

KBr.

Die wässerige Lösung des Salzes (1 = 20) färbt, mit wenig Chlorwasser ersetzt und hierauf mit Äther oder Chloroform geschüttelt, diese rotbraun, indem das Chlor das Brom aus dem Kaliumbromid frei macht, und dieses sich in Äther oder Chloroform mit rotbrauner Farbe löst.

$$KBr + Cl = KCl + Br$$
Kaliumbromid   Kaliumchlorid

Kalium bromatum.

Ein Überschuss von Chlor ist zu vermeiden, indem sich dieses mit dem freigemachten Brom zu farblosem Chlorbrom löst.

Wird obige Lösung mit Weinsäurelösung versetzt, so scheidet sich ein weisser, krystallinischer Niederschlag von saurem Kaliumtartrat aus.

$$KBr + C_4H_6O_6 = C_4H_5KO_6$$
Kaliumbromid Weinsäure Saures Kaliumtartrat
$$+ HBr$$
Bromwasserstoff

Zerriebenes Kaliumbromid soll sich, auf weissem Porzellan ausgebreitet, nach Zusatz von wenigen Tropfen verdünnter Schwefelsäure nicht sofort gelb färben.

Bei Gegenwart von **Kaliumbromat** macht die Schwefelsäure daraus Bromsäure frei und aus dem Kaliumbromid Bromwasserstoff. Letzterer setzt sich mit der Bromsäure in Brom und Wasser um.

$$5\,KBr + KBrO_3 + 6\,H_2SO_4 = HBrO_3$$
Kaliumbromid Kaliumbromat Bromsäure
$$+ 5\,HBr + 6\,KHSO_4$$
Bromwasserstoff Saures Kaliumsulfat

$$HBrO_3 + 5\,HBr = 6\,Br + 3\,H_2O$$
Bromsäure Bromwasserstoff

Die wässerige Lösung des Salzes soll sich weder durch Schwefelwasserstoffwasser (a), noch durch Baryumnitratlösung (b), noch durch verdünnte Schwefelsäure (c) verändern.

a) **Metalle**, wie Kupfer, Blei, erzeugen eine dunkle Fällung von Metallsulfid.

Formel siehe bei Acidum hydrobromicum.

b) **Kaliumsulfat** giebt eine weisse Fällung von Baryumsulfat.

Formel siehe bei Kali causticum fusum.

a) **Baryumverbindungen** erzeugen eine weisse Fällung von Baryumsulfat.

$$BaBr_2 + H_2SO_4 = BaSO_4 + 2\,HBr$$
Baryumbromid Baryumsulfat Bromwasserstoff

20 ccm der mit einigen Tropfen Salzsäure angesäuerten, wässerigen Lösung (1 = 20) soll durch 0,5 ccm Kaliumferrocyanidlösung nicht gebläut werden.

Bei Gegenwart von **Ferrisalz** entsteht eine blaue Fällung von Ferriferrocyanid (Berlinerblau).

Kalium bromatum.

$$4\,FeBr_3 + 3\,K_4FeCy_6 = F_4(FeCy_6)_3$$
Ferribromid Kaliumferrocyanid Ferriferrocyanid
$$+ 12\,KBr$$
Kaliumbromid

10 ccm der wässerigen Lösung des bei 100° getrockneten Kaliumbromids (3 g = 100 ccm) sollen, nach Zusatz einiger Tropfen Kaliumchromatlösung nicht mehr als 25,4 ccm Zehntel-Normal-Silbernitratlösung bis zur bleibenden Rötung verbrauchen.

Aus einer Lösung von Kaliumbromid scheidet Silbernitrat Silberbromid aus.

$$AgNO_3 + KBr = AgBr + KNO_3$$
Silbernitrat Kaliumbromid Silberbromid Kaliumnitrat
169,97   119,11

Bei gleichzeitiger Anwesenheit von Kaliumchromat scheidet Silbernitrat rotes Silberchromat aus (a), das aber beim Umrühren wieder verschwindet, so lange noch Kaliumbromid zugegen, indem es sich damit in Kaliumchromat und Silberbromid umsetzt (b). Erst, wenn alles Kaliumbromid gefällt ist, bleibt das Silberchromat unzersetzt, und die Flüssigkeit erscheint rot.

a) Formel siehe bei Acidum hydrobromicum.

b) $Ag_2CrO_4 + 2\,KBr = 2\,AgBr + K_2CrO_4$
Silberchromat Kaliumbromat Silberbromid Kaliumchromat

1 Molekül Silbernitrat = 169,97 vermag 1 Molekül Kaliumbromid = 119,11 zu fällen.

10 ccm der zur Prüfung verwendeten Lösung des Kaliumbromids enthalten 0,3 g Kaliumbromid.

1 ccm Zehntel - Normal - Silbernitratlösung enthält 0,016997 g Silbernitrat.
1 „ „ „ „ fällt 0,011911 g Kaliumbromid.

0,3 g Kaliumbromid brauchen zur Fällung:

0,011911 : 1 ccm = 0,3 : x

x = 25,18 ccm Zehntel-Normal-Silbernitratlösung.

Das Arzneibuch gestattet 25,4 ccm dieser Lösung, also 25,4 — 25,18 = 0,22 ccm mehr, weil es in dem Präparat eine kleine Menge Kaliumchlorid zulässt.

1 Molekül Silbernitrat = 169,97 fällt 1 Molekül Kaliumchlorid = 74,6. 0,3 g Kaliumchlorid würden zur Fällung

brauchen, da 1 ccm Zehntel-Normal-Silbernitratlösung 0,00746 g Kaliumchlorid fällt:

0,00746 : 1 ccm = 0,3 : x
x = 40,21 ccm Zehntel-Normal-Silbernitratlösung.

Es würden also zur Fällung von 0,3 g Kaliumchlorid 40,21 — 25,18 = 15,03 ccm mehr Silberlösung gebraucht, als zur Fällung von 0,3 g Kaliumbromid und dieser Mehrverbrauch zeigt 100 Prozent Kaliumchlorid an.

Obiger, vom Arzneibuch gestatteter Mehrverbrauch von 0,22 ccm entspricht daher:

15,03 : 100 = 0,22 : x
x = 1,46 Prozent Kaliumchlorid.

Kalium carbonicum — Kaliumcarbonat.

K_2CO_3.

Die wässerige Lösung des Salzes braust beim Übersättigen mit Weinsäurelösung auf, indem Kohlendioxyd entweicht, und es entsteht ein weisser, krystallinischer Niederschlag von saurem Kaliumtartrat.

$$K_2CO_3 + 2\,C_4H_6O_6 = 2\,C_4H_5KO_6$$
Kaliumcarbonat   Weinsäure   Saueres Kaliumtartrat
$$+ CO_2 + H_2O$$
Kohlendioxyd

Die wässerige Lösung (1 = 20) soll durch Schwefelwasserstoffwasser nicht verändert werden.

Enthält das Präparat Eisen, so wird schwarzes Eisensulfid FeS, enthält es Zink, weisses Zinksulfid ZnS gefällt.

1 Raumteil der wässerigen Lösung (1 = 20) soll in 10 Raumteilen Zehntel-Normal-Silbernitratlösung gegossen, einen gelblich weissen Niederschlag von Silbercarbonat geben (a). Sind Sulfide zugegen, so scheidet sich ein dunkler Niederschlag von Silbersulfid aus (b).

Wird der gelblich weisse Niederschlag gelinde erwärmt, so darf er sich nicht dunkel färben, was der Fall wäre, wenn Kaliumthiosulfat zugegen. Der entstehende weisse Niederschlag von Silberthiosulfat (c) schwärzt sich beim Erwärmen, indem sich Silbersulfid bildet (d).

Kalium carbonicum. 157

a) $K_2CO_3 \;+\; 2\,AgNO_3 \;=\; Ag_2CO_3 \;+\; 2\,KNO_3$
 Kaliumcarbonat Silbernitrat Silbercarbonat Kaliumnitrat

b) $K_2S \;+\; 2\,AgNO_3 \;=\; Ag_2S \;+\; 2\,KNO_3$
 Kaliumsulfid Silbernitrat Silbersulfid Kaliumnitrat

c) $K_2S_2O_3 \;+\; 2\,AgNO_3 \;=\; Ag_2S_2O_3 \;+\; 2\,KNO_3$
 Kaliumthiosulfat Silbernitrat Silberthiosulfat Kaliumnitrat

d) $Ag_2S_2O_3 \;+\; H_2O \;=\; Ag_2S \;+\; H_2SO_4$
 Silberthiosulfat Silbersulfid

Mit wenig Ferrosulfat- und Eisenchloridlösung vermischt und gelinde erwärmt, soll obige Lösung nach dem Übersättigen mit Salzsäure sich nicht blau färben. Enthält das Präparat Kaliumcyanid, so entsteht beim Erwärmen mit Ferrosulfat Kaliumferrocyanid (a) und dieses giebt mit Eisenchloridlösung einen blauen Niederschlag von Ferriferrocyanid (Berlinerblau) (b).

a) $6\,KCN \;+\; FeSO_4 \;=\; K_4Fe(CN)_6 \;+\; K_2SO_4$
 Kaliumcyanid Ferrosulfat Kaliumferrocyanid Kaliumsulfat

b) Formel siehe bei Acidum boricum.

Dieser blaue Niederschlag wird aber erst sichtbar, wenn das aus dem überschüssig zugesetzten Eisensalz gefällte Eisenhydroxyduloxyd Fe_3O_4 durch die Salzsäure zu Ferrochlorid und Ferrichlorid gelöst wird.

2 ccm einer mit verdünnter Schwefelsäure hergestellten wässerigen Lösung des Salzes, in welcher Kaliumsulfat enthalten ist, sollen mit 2 ccm Schwefelsäure versetzt und mit 1 ccm Ferrosulfatlösung überschichtet, eine gefärbte Zone nicht geben.

Ist Kaliumnitrat oder Kaliumnitrit zugegen, so macht die Schwefelsäure die Salpetersäure, bezw. die salpetrige Säure frei und letztere zerfällt sogleich in Salpetersäure, Stickoxyd und Wasser (a). Die Salpetersäure oxydiert einen Teil Ferrosulfat zu Ferrisulfat und wird dadurch zu Stickoxyd (b), welches sich mit einem anderen Teil Ferrosulfat zu der braunen Verbindung $FeSO_4 \cdot NO$ vereinigt.

a) $3\,HNO_2 \;=\; HNO_3 \;+\; 2\,NO \;+\; H_2O$
 Salpetrige Säure Stickoxyd

b) Formel siehe bei Acetum.

Die mit Essigsäure übersättigte wässerige Lösung (1 = 20), welche Kaliumacetat, $C_2H_3KO_2$, enthält, soll weder durch Schwefelwasserstoffwasser (a), noch durch Baryumnitratlösung (b) verändert werden.

Kalium carbonicum.

a) **Schwermetalle**, wie Kupfer, Blei, erzeugen eine dunkle Fällung von Metallsulfid, **Zink** giebt eine weisse Fällung von Zinksulfid.

Formel siehe bei Acetum.

b) **Kaliumsulfat** erzeugt eine weisse Fällung von Baryumsulfat.

Formel siehe bei Kali causticum fusum.

Die mit Salpetersäure übersättigte, wässerige Lösung, wobei sich Kaliumnitrat bildet, darf durch Silbernitratlösung nach 2 Minuten höchstens opalisierend getrübt werden.

Sind mehr als Spuren von **Kaliumchlorid** zugegen, so entsteht sofort ein weisser Niederschlag von Silberchlorid.

Formel siehe bei Kali causticum fusum.

20 ccm einer wässerigen, mit Salzsäure übersättigten Lösung (1 = 20), wobei Kaliumchlorid gebildet wird, sollen durch 0,5 ccm Kaliumferrocyanidlösung nicht gebläut werden.

Ferrisalz erzeugt eine blaue Fällung von Ferriferrocyanid (Berlinerblau).

Formel siehe bei Acidum boricum.

Zum Neutralisieren von 1 g Kaliumcarbonat sollen mindestens 13,7 ccm Normal-Salzsäure erforderlich sein.

Beim Neutralisieren wird Kaliumchlorid gebildet und Kohlendioxyd entweicht.

$$K_2CO_3 \;+\; 2\,HCl \;=\; 2\,KCl$$
Kaliumcarbonat 2 . 36,46 Kaliumchlorid
138,3
$$+\; CO_2 \;+\; H_2O$$
Kohlendioxyd

1 Molekül Chlorwasserstoff = 36,46 sättigt $^1/_2$ Molekül Kaliumcarbonat $\dfrac{138,3}{2} = 69,15$.

1 ccm Normal-Salzsäure enthält 0,03646 g Chlorwasserstoff.
1 „ „ „ sättigt 0,06915 g Kaliumcarbonat.
13,7 „ „ „ sättigen 13,7 × 0,06915 = 0,94735 g Kaliumcarbonat.

Diese Menge soll zum Mindesten in 1 g des Präparats enthalten sein, was einem Prozentgehalt von 94,73 an Kaliumcarbonat entspricht.

Kalium carbonicum crudum — Pottasche.
K_2CO_3.

Die wässerige Lösung des Salzes braust beim Übersättigen mit Weinsäurelösung auf und scheidet einen weissen, krystallinischen Niederschlag von saurem Kaliumtartrat aus.

Formel siehe bei Kalium carbonicum.

Zum Neutralisieren von 1 g Pottasche sollen mindestens 13 ccm Normal-Salzsäure erforderlich sein.

Formel siehe bei Kalium carbonicum.

1 ccm Normal-Salzsäure sättigt 0,06915 g Kaliumcarbonat
(siehe bei Kalium carbonicum),
13 „ „ „ sättigen 13 × 0,06915 = 0,89895 g Kaliumcarbonat.

Diese Menge soll zum mindesten in 1 g Pottasche enthalten sein, was einem Prozentgehalt von 89,89 an Kaliumcarbonat entspricht.

Kalium chloricum — Kaliumchlorat.
$KClO_3$.

Die wässerige Lösung des Salzes färbt sich beim Erwärmen mit Salzsäure grüngelb und entwickelt reichlich Chlor.

Die grüngelbe Färbung rührt von Chlordioxyd her, welches neben Chlor frei wird unter Bildung von Kaliumchlorid (a). Das Chlordioxyd setzt sich mit Chlorwasserstoff in Chlor und Wasser um (b).

a) $KClO_3 + 2\,HCl = KCl + ClO_2 + Cl + H_2O$
   Kaliumchlorat   Kaliumchlorid   Chlordioxyd

b) $ClO_2 + 4\,HCl = 5\,Cl + 2\,H_2O$
   Chlordioxyd

Beim Versetzen der Lösung mit Weinsäure scheidet sich allmählich ein weisser, krystallinischer Niederschlag von saurem Kaliumtartrat ab.

$KClO_3 + C_4H_6O_6 = C_4H_5KO_6 + HClO_3$
Kaliumchlorat Weinsäure Saures Kaliumtartrat Chlorsäure

Die wässerige Lösung (1 = 20) soll weder durch Schwefelwasserstoffwasser (a), noch durch Ammoniumoxalatlösung (b), Baryumnitrat- (c) oder Silbernitratlösung (d) verändert werden.

a) **Metalle**, wie Kupfer, Blei, zeigen eine dunkle Fällung von Metallsulfid an.

Formel siehe bei Acidum boricum.

b) **Calciumsalze** geben eine weisse Fällung von Calciumoxalat.

$Ca(ClO_3)_2 \;+\; (NH_4)_2C_2O_4 \;+\; H_2O \;+\; CaC_2O_4 \cdot H_2O$
Calciumchlorat Ammoniumoxalat   Calciumoxalat
$+\; 2\,(NH_4)ClO_3$
Ammoniumchlorat

c) **Sulfate** erzeugen eine weisse Fällung von Baryumsulfat.
Formel siehe bei Kali causticum fusum.

d) **Chloride** geben eine weisse Fällung von Silberchlorid.
Formel siehe bei Kali causticum fusum.

20 ccm der wässerigen Lösung (1 = 20) sollen durch 0,5 ccm Kaliumferrocyanidlösung nicht gebläut werden.

Ferrisalz erzeugt eine blaue Fällung von Ferriferrocyanid (Berlinerblau).

Formel siehe bei Acidum boricum.

1 g Kaliumchromat soll, mit 5 ccm Natronlauge und einem Gemisch von je 0,5 g Zinkfeile und Eisenpulver erwärmt, Ammoniak nicht entwickeln.

Beim Erwärmen von Zink mit Natronlauge wird Wasserstoff entwickelt unter Bildung von Zinkoxydnatrium (a). Eisen befördert diese Reaktion. Ist ein **Nitrat** zugegen, so reduziert der naszierende Wasserstoff die Salpetersäure zu Ammoniak (b).

a) $Zn \;+\; 2\,NaHO \;=\; Zn(ONa)_2 \;+\; H_2$
   Zink   Natriumhydroxyd   Zinkoxydnatrium

a) $KNO_3 \;+\; 8\,H \;=\; NH_3 \;+\; KOH \;+\; 2\,H_2O$
   Kaliumnitrat   Ammoniak Kaliumhydroxyd

Kalium dichromicum — Kaliumdichromat.

$K_2Cr_2O_7$.

Beim Erhitzen schmilzt das Salz zu einer braunroten Flüssigkeit. Beim stärkeren Erhitzen zerfällt es in Kaliumchromat und Chromoxyd unter Freiwerden von Sauerstoff.

$2\,K_2Cr_2O_7 \;=\; 2\,K_2CrO_4 \;+\; Cr_2O_3 \;+\; 3\,O$
Kaliumdichromat   Kaliumchromat   Chromoxyd

Kalium jodatum.

Die wässerige Lösung des Salzes (1 = 20) färbt sich beim Erhitzen mit 1 Raumteil Salzsäure und allmählichem Zusatz von Weingeist grün. Der Weingeist wird dadurch zu Aldehyd oxydiert unter Bildung von Kaliumchlorid und grünem Chromchlorid.

$K_2Cr_2O_7$ + 3 $(C_2H_5.OH)$ + 8 HCl = 3 $(CH_3.COH)$
Kaliumdichromat   Aethylalkohol   Aldehyd

+ 2 $CrCl_3$ + 2 KCl + 7 H_2O
Chromchlorid   Kaliumchlorid

Die mit Salpetersäure stark angesäuerte, zuvor erwärmte, wässerige Lösung (1 = 100) soll weder durch Baryumnitrat- (a), noch durch Silbernitratlösung (b) verändert werden.

a) **Kaliumsulfat** erzeugt eine weisse Fällung von Baryumsulfat.

Formel siehe bei Kali causticum fusum.

b) **Kaliumchlorid** giebt eine weisse Fällung von Silberchlorid.

Formel siehe bei Kali causticum fusum.

Das Erwärmen der Lösung hat den Zweck, das sich bildende Baryumchromat $BaCrO_4$, bezw. Silberdichromat $Ag_2Cr_2O_7$ in Lösung zu bringen.

Die mit Ammoniakflüssigkeit versetzte wässerige Lösung (1 = 100) soll sich auf Zusatz von Ammoniumoxalatlösung nicht trüben.

Calciumchromat giebt eine weisse Fällung von Calciumoxalat.

$CaCrO_4$ + $(NH_4)_2C_2O_4$ + H_2O = $CaC_2O_4 . H_2O$
Calciumchromat   Ammoniumoxalat   Calciumoxalat
+ $(NH_4)_2CrO_4$
Ammoniumchromat

Kalium jodatum — Kaliumjodid.

KJ.

Die wässerige Lösung des Salzes färbt, mit wenig Chlorwasser versetzt und mit Chloroform geschüttelt, dieses violett.

Das Chlor macht aus dem Kaliumjodid das Jod frei und dieses löst sich in Chloroform mit violetter Farbe.

KJ + Cl = KCl + J
Kaliumjodid   Kaliumchlorid

Biechele, Chemische Processe.

Kalium jodatum.

Ein Überschuss von Chlor ist zu vermeiden, indem sich farbloses Jodchlorür bilden würde.

Mit Weinsäure versetzt scheidet sich aus der Lösung allmählich ein weisser, krystallinischer Niederschlag von saurem Kaliumtartrat aus.

$$KJ \ + \ C_4H_6O_6 \ = \ C_4H_5KO_6 \ + \ HJ$$
Kaliumjodid Weinsäure Saures Kalium- Jodwasserstoff
tartrat

Die wässerige Lösung (1 = 20) soll weder durch Schwefelwasserstoffwasser (a), noch durch Baryumnitratlösung (b) verändert werden.

a) Metalle, wie Kupfer, Blei, erzeugen eine dunkle Fällung von Metallsulfid.

$$CuJ_2 \ + \ H_2S \ = \ CuS \ + \ 2\,HJ$$
Kupferjodid Kupfersulfid Jodwasserstoff

b) Kaliumsulfat erzeugt eine weisse Fällung von Baryumsulfat.

Formel siehe bei Kali causticum fusum.

Die wässerige Lösung soll mit 1 Körnchen Ferrosulfat und 1 Tropfen Eisenchloridlösung nach Zusatz von Natronlauge gelinde erwärmt, beim Übersättigen mit Salzsäure nicht blau gefärbt werden.

Enthält das Präparat Kaliumcyanid, so entsteht beim Erwärmen mit Natronlauge Kaliumferrocyanid (a) und dieses setzt sich mit Ferrichlorid um in Ferriferrocyanid (Berlinerblau) und Kaliumchlorid (b).

a) Formel siehe bei Kalium carbonicum.

b) Formel siehe bei Acidum boricum.

Der blaue Niederschlag ist aber erst sichtbar, wenn das aus dem überschüssig zugesetzten Eisensalz durch Natronlauge gefällte Eisenhydroxyduloxyd Fe_3O_4 . xH_2O durch Salzsäure zu Ferrochlorid und Ferrichlorid gelöst ist.

Die mit ausgekochtem und wieder erkaltetem Wasser frisch bereitete Lösung (1 = 20) soll sich bei alsbaldigem Zusatz von Stärkelösung und verdünnter Schwefelsäure nicht sofort färben.

Bei Gegenwart von Kaliumjodat macht die Schwefelsäure Jodsäure frei und aus dem Kaliumjodid Jodwasserstoff (a). Letztere setzt sich mit der Jodsäure um in Jod und Wasser (b). Das Jod verbindet sich mit dem Stärkemehl zur blauen Jodstärke.

Kalium jodatum. 163

a) $5 KJO_3 + KJ + 6 H_2SO_4 = 5 HJO_3$
Kaliumjodat Kaliumjodid   Jodsäure
$HJ + 6 KHSO_4$
Jodwasserstoff Saures Kaliumsulfat

b) $5 HJO_3 + HJ = 6 J + 3 H_2O$
Jodsäure Jodwasserstoff

Da Luft- und Kohlensäure-haltiges Wasser auf das Kaliumjodid unter Abscheidung von Jod zersetzend einwirken könnte, so muss zur Auflösung des Kaliumjodids ausgekochtes Wasser verwendet werden.

20 ccm der mit einigen Tropfen Salzsäure angesäuerten, wässerigen Lösung (1 = 20) sollen durch 0,5 ccm Kaliumferrocyanidlösung nicht gebläut werden.

Ferrisalze erzeugen eine blaue Fällung von Ferriferrocyanid (Berlinerblau).

$4 FeJ_3 + 3 K_4FeCy_6 = Fe_4(FeCy_6)_3 + 12 KCl$
Ferrijodid Kaliumferrocyanid Ferriferrocyanid Kaliumchlorid

1 g Kaliumjodid soll, mit 5 ccm Natronlauge und einer Mischung aus je 0,5 g Zinkfeile und Eisenpulver erwärmt, Ammoniak nicht entwickeln.

Beim Erwärmen von Zink mit Natronlauge wird Wasserstoff entwickelt unter Bildung von Zinkoxydnatrium. Die Gegenwart von Eisen befördert diese Reaktion.

Ist Kaliumnitrat zugegen, so reduziert der naszierende Wasserstoff die Salpetersäure zu Ammoniak.

Formeln siehe bei Kalium chloricum.

0,2 g Kaliumjodid werden in 2 ccm Ammoniakflüssigkeit gelöst, mit 13 ccm Zehntel-Normal-Silbernitratlösung unter Umschütteln gemischt und filtriert. Das Filtrat soll nach dem Übersättigen mit Salpetersäure innerhalb 10 Minuten weder bis zur Undurchsichtigkeit getrübt, noch dunkel gefärbt werden.

Kaliumjodid und Silbernitrat setzen sich in Kaliumnitrat und Silberjodid um, welch' letzteres in Ammoniakflüssigkeit unlöslich ist und sich ausscheidet.

$KJ + AgNO_3 = AgJ + KNO_3$
Kaliumjodid Silbernitrat Silberjodid Kaliumnitrat
166,0   169,97

1 Molekül Silbernitrat = 196,97 fällt 1 Molekül Kaliumjodid = 166.

1 ccm Zehntel-Normal-Silbernitratlösung enthält 0,016977 g Silbernitrat,
1 „ „ „ „ fällt 0,0166 g Kaliumjod.
0,2 g Kaliumjodid brauchen zur Fällung:
0,0166 : 1 ccm = 0,2 : x
x = 12,04 ccm Zehntel-Normal-Silbernitratlösung.

Das Arzneibuch lässt 13 ccm Silberlösung zusetzen, weil es eine geringe Menge Kaliumchlorid oder Kaliumbromid zulässt, mit welcher das Silbernitrat Silberchlorid oder Silberbromid liefert, die aber in Ammoniakflüssigkeit löslich sind.

Formeln ganz analog wie bei der Fällung des Silberjodids.

Wird das Filtrat mit Salpetersäure übersättigt, so entsteht Ammoniumnitrat und das Silberchlorid und Silberbromid scheidet sich aus.

Enthält das Kaliumjodid Kaliumthiosulfat, $K_2S_2O_3$, so wird dieses durch das Silbernitrat zu Silberthiosulfat, das aber in Ammoniakflüssigkeit gelöst bleibt. Wird das Filtrat mit Salpetersäure übersättigt, so scheidet sich schwarzes Silbersulfid aus unter Bildung von Schwefelsäure.

Formeln siehe bei Kalium carbonicum.

Kalium nitricum — Kaliumnitrat.
KNO_3.

Die wässerige, mit Weinsäure versetzte Lösung scheidet nach einiger Zeit einen weissen, krystallinischen Niederschlag von saurem Kaliumtartrat aus.

KNO_3 + $C_4H_6O_6$ = $C_4H_5KO_6$ + HNO_3
Kaliumnitrat   Weinsäure   Saures Kaliumtartrat

Die wässerige Lösung färbt sich mit Schwefelsäure und überschüssiger Ferrosulfatlösung versetzt braunschwarz.

Die Schwefelsäure macht aus dem Kaliumnitrat die Salpetersäure frei (a). Die Salpetersäure oxydiert einen Teil Ferrosulfat zu Ferrisulfat, wird dadurch zu Stickoxyd (b), das sich mit einem anderen Teil Ferrosulfat zu der braunen Verbindung $FeSO_4 . NO$ vereinigt.

a) Formel siehe bei Kali causticum fusum.
b) Formel siehe bei Acetum.

Die wässerige Lösung (1 = 20) soll weder durch Schwefelwasserstoffwasser (a), noch, nach Zusatz von Ammoniakflüssigkeit, durch Ammoniumoxalat- (b), oder Natriumphosphatlösung (c),

Kalium nitricum. 165

noch durch Baryumnitrat- (d), oder Silbernitratlösung (e) verändert werden.

a) **Metalle**, wie Kupfer, Blei, erzeugen eine dunkle Fällung von Metallsulfid.

$$Pb(NO_3)_2 + H_2S = PbS + 2 HNO_3$$
Bleinitrat   Bleisulfid

b) **Calciumsalze** geben eine weisse Fällung von Calciumoxalat.

$$Ca(NO_3)_2 + (NH_4)_2C_2O_4 + H_2O = CaC_2O_4 . H_2O$$
Calciumnitrat Ammoniumoxalat   Calciumoxalat
$$+ 2 (NH_4)NO_3$$
Ammoniumnitrat

c) **Magnesiumsalze** erzeugen eine weisse Fällung von Ammonium-Magnesiumphosphat.

$$Mg(NO_3)_2 + NH_3 + Na_2HPO_4 + 6 H_2O$$
Magnesiumnitrat Ammoniak Natriumphosphat
$$= (NH_4)MgPO_4 . 6 H_2O + 2 NaNO_3$$
Ammonium-Magnesiumphosphat Natriumnitrat

d) **Sulfate** erzeugen eine weisse Fällung von Baryumsulfat. Formel siehe bei Kali causticum fusum.

e) **Chloride** geben eine weisse Fällung von Silberchlorid. Formel siehe bei Kali causticum fusum.

20 ccm der wässerigen Lösung (1 = 20) sollen durch 0,5 ccm Kaliumferrocyanidlösung nicht gebläut werden.

Ferrisalze geben eine blaue Fällung von Ferriferrocyanid (Berlinerblau).

$$4 Fe(NO_3)_3 + 3 K_4FeCy_6 = Fe_4(FeCy_6)_3$$
Ferrinitrat   Kaliumferrocyanid   Ferriferrocyanid
$$+ 12 KNO_3$$
Kaliumnitrat

1 ccm Schwefelsäure soll, in ein mit Schwefelsäure gereinigtes Probierrohr gegossen, durch 0,1 g aufgestreutes Kaliumnitrat nicht gefärbt werden.

Kaliumchlorat entwickelt mit Schwefelsäure ein gelbgrünes Gas, Chlordioxyd unter Bildung von saurem Kaliumsulfat und Kaliumperchlorat.

$$3 KClO_3 + 2 H_2SO_4 = 2 ClO_2 + 2 KHSO_4$$
Kaliumchlorat   Chlordioxyd Saures Kaliumsulfat
$$+ KClO_4 + H_2O$$
Kaliumperchlorat

Organische Substanzen färben die Schwefelsäure dunkel.

Kalium permanganicum — Kaliumpermanganat.

$KMnO_4$.

Die wässerige Lösung des Salzes (1 = 1000) wird durch Ferrosalz, schweflige Säure, Oxalsäure, Weingeist und andere reduzierende Körper unter Abscheidung eines braunen Niederschlags entfärbt.

Ferrosalz wird zu Ferrisalz, schweflige Säure zu Schwefelsäure, Oxalsäure zu Kohlendioxyd und Wasser, Weingeist zu Essigsäure oxydiert unter Abscheidung von braunem Mangansuperoxydhydratkali.

$$3\ (C_2H_5 . OH) \ + \ 4\ KMnO_4 \ = \ 3\ (CH_3 . COOK)$$
Äthylalkohol   Kaliumpermanganat   Kaliumacetat
$$+ \ 4\ (MnO_2 . H_2O) KOH$$
Mangansuperoxydhydratkali

0,5 g Kaliumpermanganat sollen, mit 2 ccm Weingeist und 25 ccm Wasser zum Sieden erhitzt (a), und darauf filtriert, ein farbloses Filtrat geben, welches nach dem Ansäuern mit Salpetersäure, weder durch Baryumnitrat- (b), noch durch Silbernitratlösung (c) mehr als opalisierend getrübt wird.

a) Formel siehe oben.

b) Sulfate erzeugen eine weisse Fällung von Baryumsulfat. Formel siehe bei Kali causticum fusum.

c) Chloride geben eine weisse Fällung von Silberchlorid. Formel siehe bei Kali causticum fusum.

Wird eine Lösung von 0,5 g Kaliumpermanganat in 5 ccm heissem Wasser allmählich Oxalsäure bis zur Entfärbung zugesetzt, so wird dieselbe zu Kohlendioxyd und Wasser oxydiert und Mangansuperoxydhydratkali, $4\ (MnO_2 . H_2O) KOH$ scheidet sich aus.

Nach Filtrieren soll eine Mischung von 2 ccm des Filtrats und 2 ccm Schwefelsäure beim Überschichten mit 1 ccm Ferrosulfatlösung eine gefärbte Zone nicht geben.

Bei Gegenwart von Kaliumnitrat macht die Schwefelsäure die Salpetersäure frei (a), diese oxydiert einen Teil Ferrosulfat zu Ferrisulfat und wird dadurch zu Stickoxyd (b) und dieses verbindet sich mit einem anderen Teil Ferrosulfat zu der braunen Verbindung $FeSO_4 . NO$.

a) Formel siehe bei Kali causticum fusum.

b) Formel siehe bei Acetum.

Kalium sulfuratum — Schwefelleber.

Besteht im Wesentlichen aus K_2S_3 und $K_2S_2O_3$.

Darstellung. Ein Gemisch von 1 Teil Schwefel und 2 Teilen Pottasche wird in einem bedeckten Gefässe unter wiederholtem Umrühren so lange über gelindem Feuer erhitzt, bis die Masse nicht mehr schäumt und eine Probe sich ohne Abscheidung von Schwefel in Wasser löst. Die Masse wird dann ausgegossen und nach dem Erkalten zerstossen.

Geschieht die Erhitzung nur so lange, bis sich keine Kohlensäure mehr entwickelt, so hat sich im wesentlichen Kaliumtrisulfid und Kaliumthiosulfat gebildet.

$$3\,K_2CO_3 + 8\,S = 2\,K_2S_3 + K_2S_2O_3$$
Kaliumcarbonat   Kaliumtrisulfid   Kaliumthiosulfat
$$+\,3\,CO_2$$
Kohlendioxyd

Wird die Erhitzung bis zur Bildung einer dünnflüssigen Masse fortgesetzt, so verwandelt sich das Kaliumthiosulfat in Kaliumsulfat und Kaliumpentasulfid, und letzteres zerfällt bei dieser hohen Temperatur in Kaliumtrisulfid und Schwefel, welcher zu Schwefeldioxyd verbrennt.

$$4\,K_2S_2O_3 = K_2S_5 + 3\,K_2SO_4$$
Kaliumthiosulfat   Kaliumpentasulfid   Kaliumsulfat
$$K_2S_5 + 4\,O = K_2S_3 + 2\,SO_2$$
Kaliumpentasulfid   Kaliumtrisulfid   Schwefeldioxyd

Prüfung. Die Schwefelleber zerfliesst an feuchter Luft und riecht nach Schwefelwasserstoff, indem das Kaliumtrisulfid Kohlendioxyd, Wasser und Sauerstoff aus der Luft aufnimmt. Es bildet sich Kaliumcarbonat, Kaliumthiosulfat und Kaliumsulfat unter Freiwerden von Schwefel und Entwicklung von Schwefelwasserstoff.

$$3\,K_2S_3 + CO_2 + H_2O + 7\,O = K_2S_2O_3$$
Kaliumtrisulfid   Kohlendioxyd   Kaliumthiosulfat
$$+\,K_2CO_3 + K_2SO_4 + 5\,S + H_2S$$
Kaliumcarbonat   Kaliumsulfat

Die wässerige Lösung (1 = 20) soll beim Erhitzen mit überschüssiger Essigsäure unter Abscheidung von Schwefel reichlich Schwefelwasserstoff entwickeln. In Lösung ist Kaliumacetat.

$$K_2S_3 + 2\,C_2H_4O_2 = 2\,C_2H_3KO_2 + H_2S + S_2$$
Kaliumtrisulfid   Essigsäure   Kaliumacetat

Das Kaliumthiosulfat wird durch die Essigsäure in Kaliumacetat verwandelt unter Abscheidung von Schwefel und Freiwerden von Schwefeldioxyd (a). Letzteres setzt sich mit dem Schwefelwasserstoff um in Wasser und Schwefel (b).

a) $K_2S_2O_3 \;+\; 2\,C_2H_4O_2 = 2\,C_2H_3KO_2 \;+\; SO_2$
Kaliumthiosulfat Essigsäure Kaliumacetat Schwefeldioxyd
$+\; S \;+\; H_2O$

b) $SO_2 \;+\; 2\,H_2S = 3\,S \;+\; 2\,H_2O$
Schwefeldioxyd

Die vom Schwefel abfiltrierte Lösung scheidet nach dem Erkalten, auf Zusatz von Weinsäurelösung, einen weissen, krystallinischen Niederschlag von saurem Kaliumtartrat aus.

$C_2H_3KO_2 \;+\; C_4H_6O_6 \;=\; C_4H_5KH_6 \;+\; C_2H_4O_2$
Kaliumacetat Weinsäure Saures Kaliumtartrat Essigsäure

Kalium sulfuricum — Kaliumsulfat.

$K_2SO_4.$

Die wässerige Lösung des Salzes giebt mit Weinsäurelösung nach einiger Zeit einen weissen, krystallinischen Niederschlag von saurem Kaliumtartrat (a) und mit Baryumnitratlösung einen weissen Niederschlag von Baryumsulfat (b).

a) $K_2SO_4 \;+\; 2\,C_4H_6O_6 \;=\; 2\,C_4H_5KO_6 \;+\; H_2SO_4$
Kaliumsulfat Weinsäure Saures Kaliumtartrat

b) Formel siehe bei Kali causticum fusum.

Die wässerige Lösung (1 = 20) soll weder durch Schwefelwasserstoffwasser (a), noch durch Ammoniumoxalat- (b), noch durch Silbernitrat- (c), noch durch Natriumphosphatlösung (d) verändert werden.

a) **Schwermetalle**, wie Kupfer, Blei geben eine dunkle Fällung von Metallsulfid.

Formel siehe bei Acidum sulfuricum.

b) **Calciumsalze** geben eine weisse Fällung von Calciumoxalat.

Formel siehe bei Calcium carbonicum praecipitatum.

c) **Chloride** erzeugen eine weisse Fällung von Silberchlorid.

Formel siehe bei Kali causticum fusum.

d) **Aluminiumsalze** oder **Magnesiumsalze** geben einen weissen Niederschlag von Aluminiumphosphat oder Magnesiumphosphat.

$$MgSO_4 + Na_2HPO_4 = MgHPO_4$$
Magnesiumsulfat Natriumphosphat Magnesiumphosphat
$$+ Na_2SO_4$$
Natriumsulfat

20 ccm der wässerigen Lösung (1 = 20) sollen durch 0,5 ccm Kaliumferrocyanidlösung nicht gebläut werden.

Ferrisalze erzeugen eine blaue Fällung von Ferriferrocyanid (Berlinerblau).

Formel siehe bei Alumen.

Kalium tartaricum — Kaliumtartrat.

$$C_4H_4K_2O_6.$$

Kaliumtartrat verkohlt beim Erhitzen und hinterlässt einen alkalisch reagierenden, die Flamme violett färbenden Rückstand.

Die Weinsäure als organische Säure verkohlt beim Erhitzen, wobei sich Kohlendioxyd bildet, das sich mit dem Kalium zu Kaliumcarbonat vereinigt; auch wird dabei Kohle abgeschieden. Ersteres reagiert stark alkalisch und färbt die Flamme violett.

Die konzentrierte, wässerige Lösung von Kaliumtartrat giebt mit verdünnter Essigsäure einen weissen, krystallinischen Niederschlag von saurem Kaliumtartrat (a), der sich in Natronlauge löst unter Bildung des Doppelsalzes, Kalium-Natriumtartrat (b).

a) $C_4H_4K_2O_6 + C_2H_4O_2 = C_4H_5KO_6$
  Kaliumtartrat   Essigsäure   Saures Kaliumtartrat
$$+ C_2H_3KO_2$$
Kaliumacetat

b) $C_4H_5KO_6 + NaOH = C_4H_4KNaO_6 + H_2O$
Saures Kalium- Natriumhydroxyd Kalium-Natriumtartrat   tartrat

Wird 1 g Kaliumtartrat in 10 ccm Wasser gelöst und die Lösung mit 5 ccm verdünnter Essigsäure geschüttelt, so scheidet sich ein Krystallmehl von saurem Kaliumtartrat (siehe oben) aus. Die durch Abgiessen vom Niederschlag getrennte und mit

170 Kalium tartaricum.

gleichen Teilen Wasser verdünnte Flüssigkeit soll durch 8 Tropfen Ammoniumoxalatlösung innerhalb einer Minute nicht verändert werden.

Calciumsalze erzeugen eine weisse Fällung von Calciumoxalat.

Formel siehe bei Calcaria chlorata.

Die wässerige Lösung (1 = 20) soll durch Schwefelwasserstoffwasser (a) nicht verändert werden; nach Zusatz von Salpetersäure und nach Entfernen des ausgeschiedenen Krystallmehls (b) darf sie durch Baryumnitratlösung nicht verändert (c), durch Silbernitratlösung höchstens opalisierend getrübt werden (d).

a) Metalle, wie Kupfer, Blei, geben eine dunkle Fällung von Metallsulfid.

$$C_4H_4CuO_6 + H_2S = CuS + C_4H_6O_6$$
Kupfertartrat   Kupfersulfid   Weinsäure

b) Das Krystallmehl ist saures Kaliumtartrat, in Lösung ist Kaliumnitrat.

Formel ganz analog wie bei Zusatz von Essigsäure (siehe oben).

c) Kaliumsulfat erzeugt eine weisse Fällung von Baryumsulfat.

Formel siehe bei Kali causticum fusum.

d) Chloride geben eine weisse Fällung von Silberchlorid.

Formel siehe bei Kali causticum fusum.

20 ccm der wässerigen Lösung (1 = 20) sollen durch 0,5 ccm Kaliumferrocyanidlösung nicht gebläut werden.

Ferrisalze geben eine blaue Fällung von Ferriferrocyanid (Berlinerblau).

$$2\,[Fe_2(C_4H_4O_6)_3] + 3\,K_4FeCy_6 = Fe_4(FeCy_6)_3$$
Ferritartrat   Kaliumferrocyanid   Ferriferrocyanid
$$+\ 6\,C_4H_4K_2O_6$$
Kaliumtartrat

Kaliumtartrat soll beim Erwärmen mit Natronlauge Ammoniak nicht entwickeln.

Ist Ammoniumtartrat zugegen, so wird Ammoniak frei unter Bildung von Natriumtartrat.

$$C_4H_4(NH_4)_2O_6 + 2\,NaOH = 2\,NH_3$$
Ammoniumtartrat   Natriumhydroxyd   Ammoniak
$$+\ C_4H_4Na_2O_6 + 2\,H_2O$$
Natriumtartrat

Kreosotum — Kreosot.

Es besteht im Wesentlichen aus einem Gemenge von Guajacol (Brenzcatechinmethyläther $C_6H_4 \begin{cases} OCH_3 \\ OH \end{cases}$ und Kreosol (Homobrenzcatechinmethyläther $C_6H_3(CH_3) \begin{cases} OCH_3 \\ OH \end{cases}$. Ausserdem enthält es kleine Mengen von Kresolen ($C_6H_4 \begin{cases} CH_3 \\ OH \end{cases}$, Xylenolen $C_6H_3 \begin{cases} (CH_3)_2 \\ OH \end{cases}$, Phlorol $C_6H_4 \begin{cases} C_2H_5 \\ OH \end{cases}$ und andere phenolartige Körper.

In dem mit Kreosot geschüttelten Wasser erzeugt Bromwasser einen rotbraunen Niederschlag, welcher aus Bromsubstitutionsprodukte von Guajacol und Kreosol besteht.

Ist Karbolsäure zugegen, so entsteht eine weisse Fällung von Tribromphenol.

$$C_6H_5 . OH + 6\,Br = C_6H_2Br_3 . OH + 3\,HBr$$
Phenol   Tribromphenol   Bromwasserstoff

1 ccm Kreosot und 2,5 ccm Natronlauge sollen beim Schütteln eine klare, hellgelbe Lösung geben, indem sich Guajacolnatrium und Kreosolnatrium und andere Phenylate bilden. Theeröle und Naphtalin scheiden sich aus.

$$C_6H_4 \begin{cases} OCH_3 \\ OH \end{cases} + C_6H_3(CH_3) \begin{cases} OCH_3 \\ OH \end{cases} + 2\,NaOH$$
Guajacol   Kreosol   Natriumhydroxyd

$$= C_6H_4 \begin{cases} OCH_3 \\ ONa \end{cases} + C_6H_3(CH_3) \begin{cases} OCH_3 \\ ONa \end{cases} + 2\,H_2O$$
Guajacolnatrium   Kreosolnatrium

1 Raumteil Kreosot soll, mit 10 Raumteilen einer mit absolutem Alkohol dargestellten Kaliumhydroxydlösung (1 = 5) gemischt, nach einiger Zeit zu einer festen, krystallinischen Masse erstarren.

Es scheidet sich Guajacol- und Kreosol-Kalium, weil sie in Alkohol nahezu unlöslich sind, aus.

Formel ganz analog wie bei der Behandlung mit Natronlauge. Siehe oben.

Fremde Phenole bilden mit Kalium auch Verbindungen (Phenylate), doch sind diese in Alkohol löslich.

Liquor Aluminii acetici — Aluminiumacetatlösung.

Eine Lösung von $Al_2 \begin{cases} (C_2H_3O_2)_4 \\ (OH)_2 \end{cases}$

Darstellung. 30 Teile Aluminiumsulfat löse man in 80 Teile Wasser, füge 36 Teile verdünnte Essigsäure hinzu, und trage in diese Flüssigkeit 13 Teile Calciumcarbonat, mit 20 Teilen Wasser angerieben allmählich unter beständigem Umrühren ein. Nach 24stündigem Stehenlassen bei gewöhnlicher Temperatur und wiederholtem Umrühren seihe man den Niederschlag durch, presse ihn aus und filtriere die Flüssigkeit.

Die Essigsäure vermag nur einen Teil Calciumcarbonat zu Calciumacetat aufzulösen (a).

Das Calciumacetat setzt sich mit $^2/_3$ des Aluminiumsulfats in lösliches, neutrales Aluminiumacetat und unlösliches Calciumsulfat um (b).

Der Rest des Aluminiumsulfats bildet mit dem Rest des Calciumcarbonats Aluminiumhydroxyd und Calciumsulfat und Kohlendioxyd entweicht (c).

Das Aluminiumhydroxyd verbindet sich mit dem neutralen Aluminiumacetat zu Aluminium-$^2/_3$-Acetat (d).

a) $12\ C_2H_4O_2\ +\ 6\ CaCO_3\ =\ 6\ [Ca(C_2H_3O_2)_2]$
Essigsäure   Calciumcarbonat   Calciumacetat
$+\ 6\ CO_2\ +\ 6\ H_2O$
Kohlendioxyd

b) $6\ [Ca(C_2H_3O_2)_2]\ +\ 2\ Al_2(SO_4)_3\ =\ 2\ [Al_2(C_2H_3O_2)_6]$
Calciumacetat   Aluminiumsulfat   Aluminiumacetat
$+\ 6\ CaSO_4$
Calciumsulfat

c) $Al_2(SO_4)_3\ +\ 3\ CaCO_3 + 3\ H_2O\ =\ Al_2(OH)_6$
Aluminiumsulfat Calciumcarbonat   Aluminiumhydroxyd
$+\ 3\ CO_2\ +\ 3\ CaSO_4$
Kohlendioxyd   Calciumsulfat

d) $Al_2(OH)_6\ +\ 2\ [Al_2(C_2H_3O_2)_6]\ =\ 3\left[Al_2 \begin{cases} (C_2H_3O_2)_4 \\ (OH)_2 \end{cases}\right]$
Aluminiumhydroxyd   Aluminiumacetat   Aluminium-$^2/_3$-Acetat

Prüfung. Der Liquor gerinnt beim Erhitzen nach Zusatz von 0,02 g Kaliumsulfat, und wird nach dem Erkalten in kurzer Zeit wieder flüssig und klar.

Liquor Aluminii acetici.

Es bildet sich beim Erwärmen eine Lösung von neutralem Aluminiumacetat und Kaliumsulfat und Aluminiumhydroxyd scheidet sich gallertartig aus. Beim Erkalten findet wieder eine Rückbildung zu basischem Aluminiumacetat statt, und die Flüssigkeit klärt sich.

$$3\left[Al_2 \genfrac{}{}{0pt}{}{(C_2H_3O_2)_4}{(OH)_2}\right] = 2\,[Al_2(C_2H_3O_2)_6]$$

Aluminium-$^2/_3$-Acetat Neutrales Aluminiumacetat
$$+\ Al_2(OH)_6$$
Aluminiumhydroxyd

Eine Mischung aus 1 ccm Aluminiumacetatlösung und 3 ccm Zinnchlorürlösung soll nach Verlauf einer Stunde eine dunklere Färbung nicht annehmen.

Arsenverbindungen erzeugen eine dunkle Fällung von metallischem Arsen unter Bildung von Zinnchlorid.

Formel siehe bei Acidum aceticum.

Der Liquor darf durch Schwefelwasserstoffwasser nicht verändert werden (a) und beim Vermischen mit 2 Raumteilen Weingeist sofort höchstens opalisierend getrübt werden, aber einen Niederschlag nicht geben (b).

a) Schwermetalle, wie Kupfer, Blei, geben eine dunkle Fällung von Metallsulfid.

Formel siehe bei Acetum.

b) Aluminiumsulfat $Al_2(SO_4)_3$ und auch Aluminium-$^1/_3$-Acetat $Al_2 \genfrac{}{}{0pt}{}{(C_2H_3O_2)_2}{(OH)_4}$ sind in Weingeist unlöslich und scheiden sich aus.

Auch Aluminium-$^2/_3$-Acetat erleidet nach einiger Zeit, mit Weingeist gemischt eine Zersetzung, indem sich Aluminiumhydroxyd ausscheidet und neutrales Aluminiumacetat in Lösung geht.

Formel siehe oben.

10 g Aluminiumacetatlösung liefern beim Fällen mit Ammoniakflüssigkeit 0,23 bis 0,26 g Aluminiumoxyd.

Ammoniak fällt Aluminiumhydroxyd (a). Der ausgewaschene und getrocknete Niederschlag wird geglüht, wobei Wasser entweicht und Aluminiumoxyd zurückbleibt (b).

a) $Al_2 \genfrac{}{}{0pt}{}{(C_2H_3O_2)_4}{(OH)_2} + 4\,NH_3 + 4\,H_2O = Al_2(OH)_6$

Aluminium-$^2/_3$-Acetat Ammoniak Aluminiumhydroxyd
324,34
$$+\ 4\,C_2H_3(NH_4)O_2$$
Ammoniumacetat

174 Liquor Ammonii acetici. — Liquor Ammonii caustici.

$$\text{b) } Al_2(OH)_6 \;\; = \;\; Al_2O_3 + 3\,H_2O$$
Aluminiumhydroxyd   Aluminiumoxyd
102,2

1 Molekül Aluminium-$^2/_3$-Acetat = 324,34 entspricht 1 Molekül Aluminiumoxyd = 102,2.

100 g Aluminiumacetatlösung sollen 2,3 bis 2,6 g Aluminiumoxyd liefern. Diese entsprechen Aluminium-$^2/_3$-Acetat:

$$102,2 : 324,34 \;=\; 2,3 \text{ bis } 2,6 : x$$
$$x \;=\; 7,3 \text{ bis } 8,2 \text{ g.}$$

Liquor Ammonii acetici — Ammoniumacetatlösung.

Eine Lösung von $C_2H_3(NH_4)O_2$.

Darstellung. 5 Teile Ammoniakflüssigkeit werden mit 6 Teilen verdünnter Essigsäure gemischt und bis zum Sieden erhitzt. Nach dem Erkalten wird die Mischung mit Ammoniakflüssigkeit neutralisiert, filtriert und mit der erforderlichen Menge Wasser auf das spez. Gew. von 1,032 bis 1,034 gebracht.

Beim Neutralisieren von Ammoniakflüssigkeit mit Essigsäure geht Ammoniumacetat in Lösung.

$$NH_3 + C_2H_4O_2 \;=\; C_2H_3(NH_4)O_2$$
Ammoniak   Essigsäure   Ammoniumacetat

Ammoniumacetatlösung soll weder durch Schwefelwasserstoffwasser (a), noch durch Baryumnitratlösung (b) verändert werden. Nach dem Ansäuern mit Salpetersäure darf sie durch Silbernitratlösung nicht mehr als opalisierend getrübt werden (c).

a) Metalle, wie Kupfer, Blei, geben eine dunkle, Zink eine weisse Fällung von Metallsulfid.
Formel siehe bei Acetum.

b) Sulfate erzeugen eine weisse Fällung von Baryumsulfat.
Formel siehe bei Ammonium carbonicum.

c) Chloride geben eine weisse Fällung von Silberchlorid.
Formel siehe bei Ammonium chloratum.

Liquor Ammonii caustici — Ammoniakflüssigkeit.

Eine 10 prozentige Lösung von NH_3 in Wasser.

Ammoniakflüssigkeit bildet beim Anrühren von Salzsäure dichte, weisse Nebel von Ammoniumchlorid.

Liquor Ammonii caustici.

$$NH_3 + HCl = NH_4Cl$$
Ammoniak 36,46 Ammoniumchlorid
17,07

Mit 4 Raumteilen Kalkwasser gemischt, darf die Flüssigkeit nach einstündigem Stehen im geschlossenen Gefässe sich höchstens schwach trüben.

Erfolgt sofort eine stärkere Trübung, so ist **Ammoniumcarbonat** zugegen, indem sich Calciumcarbonat ausscheidet, und Ammoniak frei wird.

$$(NH_4)_2CO_3 + Ca(OH)_2 = CaCO_3$$
Ammoniumcarbonat Calciumhydroxyd Calciumcarbonat
$$+ 2\,NH_3 + 2\,H_2O$$
Ammoniak

Erfolgt erst nach längerer Zeit eine Trübung, so rührt dieses von Ammoniumcarbaminat her; es scheidet sich Calciumcarbonat aus, und Ammoniak wird frei.

$$CO\begin{cases}NH_2\\ONH_4\end{cases} + Ca(OH)_2 = CaCO_3$$
Ammoniumcarbaminat Calciumhydroxyd Calciumcarbonat
$$2\,NH_3 + H_2O$$
Ammoniak

Nach dem Verdünnen mit 2 Raumteilen Wasser soll sie weder durch Schwefelwasserstoffwasser (a), noch durch Ammoniumoxalatlösung (b) verändert werden.

a) **Metalle**, wie Kupfer, Blei, erzeugen eine dunkle, Zink eine weisse Fällung von Metallsulfid.

$$CuO\,.\,4\,NH_3\,.\,4\,H_2O + 5\,H_2S = CuS$$
Kupferoxyd-Ammoniak Kupfersulfid
$$+ 4\,(NH_4)HS + 5\,H_2O$$
Ammoniumhydrosulfid

b) **Calciumverbindungen** geben eine weisse Fällung von Calciumoxalat.

Formel siehe Acidum boricum.

Ammoniakflüssigkeit, welche man mit Essigsäure übersättigt hat, wobei sich Ammoniumacetat bildet (siehe Liquor Ammonii acetici) soll durch Baryumnitratlösung nicht verändert werden (a) und nach Zusatz von Salpetersäure durch Silbernitratlösung nicht mehr als opalisierend getrübt werden (b).

a) **Sulfate** erzeugen eine weisse Fällung von Baryumsulfat.

Formel siehe bei Ammonium carbonicum.

b) **Chloride** erzeugen eine weisse Fällung von Silberchlorid.
Formel siehe bei Ammonium chloratum.

Mit Salpetersäure übersättigt, wobei Ammoniumnitrat $(NH_4)NO_3$ entsteht, und zur Trockne verdampft, soll ein farbloser Rückstand bleiben, der bei höherer Temperatur flüchtig.

Ein gefärbter Verdampfungsrückstand zeigt **empyreumatische Stoffe**, ein feuerbeständiger Rückstand **mineralische Stoffe** an.

Zum Neutralisieren von 5 ccm Ammoniakflüssigkeit sollen 28 bis 28,2 ccm Normal-Salzsäure erforderlich sein.

Es bildet sich Ammoniumchlorid.

Formel siehe oben.

1 Molekül Ammoniak = 17,07 braucht 1 Molekül Chlorwasserstoff = 36,46 zur Sättigung.

1 ccm Normal-Salzsäure enthält 0,03646 g Chlorwasserstoff,
1 „ „ „ sättigt 0,01707 g Ammoniak,
28 bis 28,2 ccm „ „ sättigen 28 bis 28,2 × 0,01707
= 0,47796 bis 0,48137 g Ammoniak.

Diese Menge Ammoniak soll in 5 ccm Ammoniakflüssigkeit enthalten sein, welche unter Zugrundelegung ihres spez. Gew. 5 × 0,96 = 4,8 g wiegen. In 100 g Ammoniakflüssigkeit sind enthalten:

$$\frac{0{,}47796 \text{ bis } 0{,}48137 \times 100}{4{,}8} = 9{,}958 \text{ bis } 10{,}03 \text{ g Ammoniak.}$$

Liquor Ferri albuminati — Eisenalbuminatlösung.

Es stellt eine Auflösung von Eisenalbuminat
in Natronlauge dar.

Darstellung. 38 g trockenes Hühnereiweiss löse man in 1000 Teilen Wasser, seihe durch und giesse die Lösung in eine Mischung von 120 Teilen Eisenoxychloridlösung und 1000 Teilen Wasser.

Es scheidet sich Eisenalbuminat aus und Salzsäure ist in Lösung. Um das Eisenalbuminat vollständig zu fällen neutralisiert man mit einer sehr verdünnten Natronlauge (5 = 100).

Es bildet sich Natriumchlorid, und das Eisenalbuminat scheidet sich vollkommen aus, weil es in Natriumchloridlösung unlöslich ist.

Liquor Ferri albuminati.

Der Niederschlag wird durch wiederholtes Aufgiessen von Wasser und Abgiessen so lange ausgewaschen, bis die überstehende Flüssigkeit, mit Salpetersäure angesäuert, durch Silbernitratlösung nur noch schwach getrübt wird.

Es muss also nahezu alles Natriumchlorid entfernt sein, das mit Silbernitrat eine weisse Fällung von Silberchlorid liefert.

Formel siehe bei Argentum nitricum cum Kalio nitrico.

Der Niederschlag wird auf einem Seihetuch gesammelt, in eine zuvor gewogene Flasche gebracht, in welcher 3 Teile Natronlauge und 50 Teile Wasser sich befinden, und durch Umschütteln gelöst.

Das Eisenalbuminat löst sich in der verdünnten Natronlauge, indem sich wahrscheinlich Natriumferrialbuminat bildet.

Nach vollständiger Lösung fügt man 150 Teile Weingeist, 100 Teile Zimmtwasser, 2 Teile aromatische Tinktur und so viel Wasser zu, dass das Gesamtgewicht 1000 Teile beträgt.

Prüfung. In der Eisenalbuminatlösung entstehen auf Zusatz von Zehntel-Normal-Natriumchloridlösung oder Salzsäure Niederschläge.

Natriumchloridlösung fällt das Eisenalbuminat aus der Lösung. Auch Salzsäure scheidet Eisenalbuminat aus, weil sie das Natriumhydroxyd, mit dessen Hilfe das Eisenalbuminat gelöst ist, neutralisiert.

Ein Überschuss von Salzsäure zerlegt das Eisenalbuminat in lösliches Ferrichlorid $FeCl_3$ und unlösliches Eiweiss.

In 5 ccm Eisenalbuminatlösung, welche mit 5 ccm Karbolsäurelösung und dann mit 5 Tropfen Salpetersäure versetzt sind, entsteht ein bräunlicher Niederschlag von Ferrialbuminat. Das Filtrat soll auf Zusatz von Silbernitratlösung höchstens schwach opalisieren.

Natriumchlorid erzeugt eine weisse Fällung von Silberchlorid.

Formel siehe bei Argentum nitricum cum Kalio nitrico.

40 ccm Eisenalbuminatlösung sollen, nach dem Vermischen mit 0,5 ccm Normal-Salzsäure ein farbloses Filtrat geben. Die Salzsäure neutralisiert das Natriumhydroxyd unter Bildung von Natriumchlorid und das Eisenalbuminat wird ausgeschieden (siehe oben).

$$NaOH + HCl = NaCl + H_2O$$
Natriumhydroxyd 36,46 Natriumchlorid
40,06

1 Molekül Chlorwasserstoff = 36,46 neutralisiert 1 Molekül Natriumhydroxyd = 40,06.

1 ccm Normal-Salzsäure enthält 0,03646 g Chlorwasserstoff,
1 „ „ „ sättigt 0,04006 g Natriumhydroxyd,
0,5 ccm „ „ sättigen 0,5 × 0,04006 = 0,02 g Natriumhydroxyd.

Diese Menge Natriumhydroxyd darf in 40 ccm Eisenalbuminatlösung enthalten sein.

Enthält der Liquor mehr Natriumhydroxyd, so reichen 0,5 ccm Normal-Salzsäure nicht zur Neutralisation hin und das Filtrat enthält noch Ferrialbuminat gelöst und ist gefärbt.

Auch fremde Eisenverbindungen, welche durch Salzsäure nicht gefällt werden, lassen das Filtrat gefärbt erscheinen.

1000 Teile des Liquors enthalten annähernd 4 Teile Eisen.

10 ccm Eisenalbuminatlösung werden in einer Porzellanschale im Wasserbade eingedampft. Der Rückstand wird mit Salpetersäure befeuchtet und nach deren Verdunsten gelinde geglüht, bis alle Kohle verbrannt ist. Der Rückstand soll mindestens 0,054 g betragen.

Die organische Substanz verbrennt beim Glühen, und das Eisen bleibt, durch die Salpetersäure oxydiert, als Eisenoxyd zurück.

2 Moleküle Eisen = 2 . 56 entsprechen 1 Molekül Eisenoxyd = 160. 0,054 g Eisenoxyd entsprechen:

160 : 112 = 0,054 : x   x = 0,0378 g Eisen,

welche zum mindesten in 10 ccm Liquor enthalten sein sollen; es entspricht dieses einem Mindestgehalt von 0,378 Prozent Eisen.

Liquor Ferri jodati — Eisenjodürlösung.

Eine Auflösung von FeJ_2.

Darstellung. 41 Teile Jod werden mit 50 Teilen Wasser übergossen, und in diese Mischung unter Umrühren 12 Teile gepulvertes Eisen eingetragen. Die entstandene, grünliche Lösung wird filtriert.

Eisen und Jod verbinden sich zu Eisenjodür.

$$Fe + J_2 = FeJ_2$$
56   2 . 126,85   Eisenjodür
              309,7

Liquor Ferri oxychlorati.

2 Atom Jod $= 2 \cdot 126{,}85$ geben 1 Molekül Eisenjodür $= 309{,}7$. 41 g Jod geben:
$253{,}7 : 309{,}7 = 41 : x \quad x = 50$ Teile Eisenjodür.
100 Teile Eisenjodürlösung enthalten 50 Teile Eisenjodür.

Liquor Ferri oxychlorati — Eisenoxychloridlösung.

Eine Lösung von $FeCl_3 + 8\,Fe(OH)_3$.

Darstellung. 35 Teile Eisenchloridlösung werden mit 160 Teilen Wasser verdünnt, und dieses Gemisch in eine Mischung von 35 Teilen Ammoniakflüssigkeit und 320 Teilen Wasser eingetragen. Der entstandene Niederschlag wird vollkommen ausgewaschen, ausgepresst und mit 3 Teilen Salzsäure versetzt. Nach 3 tägigem Stehen wird die Mischung bis zur vollständigen Lösung auf etwa $40°$ erwärmt, und die entstandene Lösung auf das spez. Gew. von 1,050 gebracht.

Ammoniak scheidet aus Eisenchloridlösung Eisenhydroxyd aus, und Ammoniumchlorid ist in Lösung.

$$FeCl_3 \;+\; 3\,NH_3 \;+\; 3\,H_2O \;=\; Fe(OH)_3$$
Ferrichlorid   Ammoniak   Eisenhydroxyd
entsprech. 1 Atom   107,03
Fe = 56
$$+\; 3\,NH_4Cl$$
Ammoniumchlorid

Da die Eisenchloridlösung 10 Prozent Eisen enthält, so sind in 35 Teilen des Liquors 3,5 Teile Eisen enthalten. Diese geben nach obiger Formel:
$$56 : 107{,}03 = 3{,}5 : x$$
$$x = 6{,}68\ g\ \text{Eisenhydroxyd.}$$

Wird das Eisenhydroxyd mit Salzsäure versetzt, so wird ein kleiner Teil desselben zu Eisenchlorid gelöst, und letzteres vermag den andern Teil Eisenhydroxyd als Eisenoxychlorid aufzulösen.

$$Fe(OH)_3 \;+\; 3\,HCl \;=\; FeCl_3 \;+\; 3\,H_2O$$
Eisenhydroxyd $3 \cdot 36{,}46$ Eisenchlorid
107,03   162,35

3 Teile 25 prozentige Säure enthalten $\dfrac{3 \cdot 25}{100} = 0{,}75$ Teile Chlorwasserstoff. Diese vermögen nach obiger Formel zu lösen:
$$109{,}38 \cdot 107{,}03 = 0{,}75 : x$$
$$x = 0{,}733\ \text{Teile Eisenhydroxyd.}$$

Es wurden also von Salzsäure nicht gelöst: $6,68 - 0,733 = 5,947$ Teile Eisenhydroxyd.

0,733 Eisenhydroxyd bilden nach obiger Formel in Salzsäure gelöst:

$$107,03 : 162,35 = 0,733 : x$$
$$x = 1,112 \text{ Teile Eisenchlorid.}$$

Das Gewicht des gebildeten Eisenoxychlorids beträgt demnach:

5,947 Teile Eisenhydroxyd,
1,112 „ Eisenchlorid,
7,059 Teile.

Die prozentische Zusammensetzung des Eisenoxychlorids berechnet sich:

$$7,059 : 5,947 = 100 : x$$
$$x = 84,24 \text{ Prozent } Fe(OH)_3$$
$$7,059 : 1,112 = 100 : x$$
$$x = 15,76 \text{ Prozent } FeCl_3.$$

Dividiert man die prozentische Zusammensetzung durch die entsprechenden Molekulargewichte, so erhält man die Quotienten:

$$\frac{84,24}{107,03} = 0,787 \text{ für } Fe(OH)_3,$$

$$\frac{15,76}{162,35} = 0,097 \text{ für } FeCl_3.$$

Diese Quotienten verhalten sich nahezu wie 1 : 8 und dem Eisenchlorid kommt daher die Formel $FeCl_3 + 8\,Fe(OH)_3$ zu.

Prüfung. Die Mischung aus 1 ccm Eisenoxychloridlösung und 19 ccm Wasser soll, nach dem Zusatz von je 1 Tropfen Salpetersäure und Silbernitratlösung, im durchfallenden Lichte betrachtet, klar erscheinen.

Ist das Eisenchlorid in richtigem Verhältnis an das Eisenhydroxyd gebunden, so wird das Chlor durch Silbernitratlösung nicht gefällt. Enthält es aber eine zu geringe Menge Eisenhydroxyd gelöst, so entsteht eine geringe Trübung von Silberchlorid.

Wurde das Eisenhydroxyd zu wenig ausgewaschen, so ist Ammoniumchlorid zugegen, und dieses erzeugt ebenfalls eine weisse Fällung von Silberchlorid.

Formel siehe bei Ammonium chloratum.

Liquor Ferri sesquichlorati — Eisenchloridlösung.

Eine Lösung von $FeCl_3$.

Darstellung. 1 Teil Eisen wird mit 4 Teilen Salzsäure in einem geräumigen Kolben, unter Vermeidung eines Verlustes, so lange gelinde erwärmt, bis eine Gasentwicklung nicht mehr stattfindet. Die Lösung nebst dem ungelösten Eisen wird alsdann noch warm auf ein zuvor gewogenes Filter gebracht, der Filterrückstand mit Wasser nachgewaschen, getrocknet und gewogen.

Eisen löst sich in Salzsäure zu Ferrochlorid und Wasserstoff entweicht.

$$Fe + 2\,HCl = FeCl_2 + H_2$$
$$56 \quad\quad 2\,.\,36{,}46 \quad \text{Ferrochlorid}$$
$$126{,}9$$

Aus dem ungelösten Rückstand erfährt man, wie viel sich Eisen aufgelöst hat

Für je 100 Teile aufgelöstes Eisen werden der Lösung 260 Teile Salzsäure und 135 Teile Salpetersäure zugefügt, und dann im Wasserbade so lange erwärmt, bis sie eine rötlichbraune Farbe angenommen hat, und bis ein zur Probe herausgenommener Tropfen nach dem Verdünnen mit Wasser durch Kaliumferricyanidlösung nicht mehr gebläut wird.

Das Eisenchlorür wird durch die Salzsäure und Salpetersäure in Eisenchlorid verwandelt und Stickoxyd wird frei, welches Sauerstoff aus der Luft aufnimmt und als Stickstoffdioxyd entweicht. So lange noch Eisenchlorür zugegen, verbindet sich ein Teil Stickoxyd mit demselben und färbt die Flüssigkeit dunkel; nach längerem Erhitzen wird diese Verbindung wieder aufgehoben, und wenn alles Eisenchlorür in Eisenchlorid verwandelt ist, ist die Flüssigkeit rötlichbraun gefärbt.

$$3\,FeCl_2 + 3\,HCl + HNO_3 = 3\,FeCl_3$$
$$\text{Eisenchlorür}\quad 3\,.\,36{,}46 \quad 63{,}05 \quad \text{Eisenchlorid}$$
$$3\,.\,126{,}9$$
$$+ NO + 2\,H_2O$$
$$\text{Stickoxyd}$$

Da 1 Atom Eisen $= 56$, 1 Molekül Ferrochlorid $= 126{,}9$ liefert, so geben 100 Teile Eisen:

$$56 : 126{,}9 = 100 : x$$
$$x = 226{,}6 \text{ Teile Eisenchlorür.}$$

Diese Menge Eisenchlorür braucht zur Bildung von Eisenchlorid nach obiger Formel:

$$380{,}7 : 109{,}38 = 226{,}6 : x$$
$$x = 64{,}8 \text{ Teile Chlorwasserstoff.}$$

Diese Menge entspricht 25 prozentiger Salzsäure: $4 \times 64{,}8 = 259{,}2$ Teile.

226,6 Teile Eisenchlorür brauchen zur Bildung von Eisenchlorid nach obiger Formel:

$$380{,}7 : 63{,}05 = 226{,}6 : x$$
$$x = 37{,}5 \text{ Teile Salpetersäure.}$$

Diese Menge entspricht 25 prozentiger Salpetersäure: $4 \times 37{,}5 = 150$ Teile.

Das Arzneibuch lässt nur 135 Teile Salpetersäure verwenden, weil ein Teil Eisenchlorür durch die Salpetersäure, welche aus dem freiwerdenden Stickoxyd gebildet wird, in Eisenchlorid umgewandelt wird. Das Stickoxyd nimmt nämlich Sauerstoff aus der Luft und wird zu Stickstoffdioxyd und dieses zerfällt mit Wasserdämpfen in Salpetersäure und Stickoxyd.

$$3\,NO_2 \;+\; H_2O \;=\; 2\,HNO_3 \;+\; NO$$
Stickstoffdioxyd $\qquad\qquad\qquad\qquad$ Stickoxyd

So lange noch Eisenchlorür vorhanden, entsteht durch Kaliumferricyanidlösung eine blaue Fällung von Ferroferricyanid (Turnbulls Blau).

$$2\,FeCl_2 \;+\; 2\,K_3FeCy_6 \;=\; Fe_3(FeCy_6)_2$$
Eisenchlorür $\quad$ Kaliumferricyanid $\quad$ Ferroferricyanid
$$+\; 6\,KCl$$
Kaliumchlorid

Diese Flüssigkeit wird dann im Wasserbade eingedampft, bis das Gewicht für je 100 Teile darin enthaltenes Eisen 483 Teile beträgt, und der Rückstand so oft mit Wasser verdünnt, und wieder auf 483 Teile eingedampft, bis alle Salpetersäure entfernt ist. Ist dieses erreicht, so wird die Flüssigkeit nach dem Erkalten mit Wasser bis zum zehnfachen Betrag des Gewichtes von darin aufgelöstem Eisen verdünnt.

Beim wiederholten Eindampfen der Flüssigkeit wird alle Salpetersäure, die Oxyde des Stickstoffs und freie Salzsäure verjagt. Dabei wird auch ein kleiner Teil Eisenchlorid in der Weise zerlegt, dass unter Einfluss von Wasser Eisenhydroxyd

Liquor Ferri sesquichlorati. 183

und Chlorwasserstoff gebildet wird. Ersteres löst sich in der Eisenchloridlösung als Eisenoxychlorid auf.

$$FeCl_3 + 3 H_2O = Fe(OH)_3 + 3 HCl$$
Eisenchlorid Eisenhydroxyd

Prüfung. In der verdünnten Eisenchloridlösung wird durch Silbernitratlösung ein weisser Niederschlag von Silberchlorid (a), durch Kaliumferrocyanidlösung ein dunkelblauer Niederschlag von Ferriferrocyanid (Berlinerblau) (b) erzeugt.

a) $FeCl_3 + 3 AgNO_3 = 3 AgCl + Fe(NO_3)_3$
Eisenchlorid Silbernitrat Silberchlorid Ferrinitrat

b) Formel siehe bei Acidum boricum.

Eisenchloridlösung soll beim Annähern eines mit Ammoniakflüssigkeit benetzten Glasstabes Nebel nicht bilden (a) und einen mit Jodzinkstärkelösung getränkten Papierstreifen beim Annähern nicht bläuen (b).

a) **Freie Salzsäure** verbindet sich mit dem Chlorwasserstoffgas zu Ammoniumchlorid, Nebel bildend.

Formel siehe bei Liquor Ammonii caustici.

b) **Freies Chlor** macht aus dem Zinkjodid Jod frei, und dieses verbindet sich mit dem Stärkemehl zur blauen Jodstärke.

$$ZnJ_2 + 2 Cl = ZnCl_2 + 2 J$$
Zinkjodid Zinkchlorid

Eine Mischung aus 1 ccm Eisenchloridlösung und 3 ccm Zinnchlorürlösung soll im Laufe einer Stunde eine dunklere Färbung nicht annehmen.

Ist **Arsensäure** zugegen, so entsteht eine braune Fällung von metallischem Arsen unter Bildung von Zinnchlorid.

Formel siehe bei Acidum phosphoricum.

Die Flüssigkeit färbt sich heller, indem das Zinnchlorür das Eisenchlorid zu Eisenchlorür reduziert.

$$2 FeCl_3 + SnCl_2 = 2 FeCl_2 + SnCl_4$$
Eisenchlorid Zinnchlorür Eisenchlorür Zinnchlorid

3 Tropfen Eisenchloridlösung sollen, mit 10 ccm Zehntel-Normal-Natriumthiosulfatlösung langsam zum Sieden erhitzt, beim Erkalten einige Flöckchen Eisenhydroxyd abscheiden.

Eisenchlorid und Natriumthiosulfat setzen sich zunächst in Ferrithiosulfat und Natriumchlorid um und die Flüssigkeit färbt sich violett (a). Beim Erhitzen wird die Flüssigkeit hellgelb, indem sich das Ferrithiosulfat umsetzt in Ferrothiosulfat und Ferrotetrathionat (b).

Liquor Ferri sesquichlorati.

a) $4 \text{ FeCl}_3 + 6 \text{ Na}_2\text{S}_2\text{O}_3 = 2 \text{ Fe}_2(\text{S}_2\text{O}_3)_3$
Eisenchlorid   Natriumthiosulfat   Ferrithiosulfat
$+ 12 \text{ NaCl}$
Natriumchlorid

b) $2 \text{ Fe}_2(\text{S}_2\text{O}_3)_3 = 2 \text{ FeS}_2\text{O}_3 + 2 \text{ FeS}_4\text{O}_6$
Ferrithiosulfat   Ferrothiosulfat   Ferrotetrathionat

Enthält die Flüssigkeit Spuren von Ferrioxychlorid, wie es der Fall sein soll, so setzt sich nur das in demselben enthaltene Eisenchlorid mit dem Natriumthiosulfat in obiger Weise um, während Eisenhydroxyd sich in Flocken ausscheidet.

Ist die Flüssigkeit neutral, so findet keine Ausscheidung von Eisenhydroxyd statt; auch nicht, wenn sie freie Salzsäure enthält. Im letzteren Falle entwickelt sich Schwefeldioxyd und scheidet sich Schwefel ab.

$\text{Na}_2\text{S}_2\text{O}_3 + 2 \text{ HCl} = 2 \text{ NaCl} + \text{SO}_2$
Natriumthiosulfat   Natriumchlorid   Schwefeldioxyd
$+ \text{ S} + \text{H}_2\text{O}$

In Eisenchloridlösung, welche mit 10 Teilen Wasser verdünnt ist, soll Kaliumferricyanidlösung, nach dem Ansäuern mit Salzsäure, eine blaue Färbung nicht annehmen.

Bei Gegenwart von Eisenchlorür entsteht eine blaue Fällung von Ferroferricyanid (Turnbulls Blau)
Formel siehe oben bei der Darstellung.

5 ccm Eisenchloridlösung sollen, mit 20 ccm Wasser verdünnt, mit überschüssiger Ammoniakflüssigkeit ein farbloses Filtrat geben (a), welches, nach dem Verdampfen und gelindem Glühen, einen wägbaren Rückstand nicht hinterlässt (b).

a) Ammoniak fällt aus der Eisenchloridlösung alles Eisen als Eisenhydroxyd aus.

Formel siehe bei Darstellung von Liquor Ferri oxychlorati.

Ist das Filtrat blau, so enthält die Flüssigkeit Kupfer, welches als Kupferchlorid-Ammoniak $\text{CuCl}_2 . 4 \text{ NH}_3$ in Lösung geht.

b) Bleibt beim Glühen ein Rückstand, so kann dieser von Alkalisalzen oder Zink herrühren. Zinkchlorid wird durch überschüssige Ammoniakflüssigkeit nicht gefällt, sondern geht als Zinkoxyd-Ammonium in Lösung (a). Beim Glühen des Verdampfungsrückstandes bleibt Zinkoxyd im Rückstand (b)

a) Formel siehe bei Ferrum pulveratum.

b) $\text{Zn}(\text{ONH}_4)_2 = \text{ZnO} + 2 \text{ NH}_3 + \text{H}_2\text{O}$
Zinkoxyd-Ammonium   Zinkoxyd   Ammoniak

Eine Mischung aus 2 ccm des Filtrats und 2 ccm Schwefelsäure soll beim Überschichten mit 1 ccm Ferrosulfatlösung eine braune Zone nicht bilden.

Bei Gegenwart von Salpetersäure (a) oder salpetriger Säure (b) oxydieren diese einen Teil Ferrosulfat zu Ferrisulfat und werden dadurch zu Stickoxyd, welches sich mit einem anderen Teil Ferrosulfat zu der braunen Verbindung $FeSO_4 . NO$ vereinigt.

a) Formel siehe bei Acetum.

b) Formel siehe bei Acidum phosphoricum.

Dasselbe Filtrat soll nach dem Übersättigen mit Essigsäure weder durch Baryumnitrat- (a), noch durch Kaliumferrocyanidlösung verändert werden (b).

a) Sulfate erzeugen eine weisse Fällung von Baryumsulfat. Formel siehe bei Ammonium carbonicum.

b) Ist Zink zugegen, so ist dieses als Zinkoxyd-Ammonium zugegen (siehe oben) und dieses verwandelt sich beim Ansäuern mit Essigsäure in Zinkacetat und Ammoniumacetat (a). Auf Zusatz von Kaliumferrocyanidlösung entsteht ein weisser Niederschlag von Zinkferrocyanid (b).

a) $Zn(ONH_4)_2 \ + \ 4\ C_2H_4O_2 \ = \ Zn(C_2H_3O_2)_2$
  Zinkoxydammonium Essigsäure Zinkacetat
  $+ \ 2\ [C_2H_3(NH_4)O_2] + 2\ H_2O$
  Ammoniumacetat

b) $2\ [Zn(C_2H_3O_2)_2] + K_4FeCy_6 \ = \ Zn_2(FeCy_6)$
  Zinkacetat Kaliumferrocyanid Zinkferrocyanid
  $+ \ 4\ C_2H_3KO_2$
  Kaliumacetat

Ist das Filtrat blau gefärbt, so enthält es Kupferchlorid-Ammoniak gelöst und beim Übersättigen mit Essigsäure bildet sich Kupferacetat, welches durch Kaliumferrocyanidlösung als Kupferferricyanid braunrot gefällt wird.

Formel ganz analog wie oben bei der Fällung von Zink.

Liquor Kali caustici — Kalilauge.

Eine Lösung von KOH.

1 Teil Kalilauge giebt nach Verdünnen mit 1 Raumteil Wasser und nach dem Übersättigen mit Weinsäurelösung einen weissen, krystallinischen Niederschlag von saurem Kaliumtartrat.

186 Liquor Kali caustici.

$$KOH + C_4H_6O_6 = C_4H_5KO_6 + H_2O$$
Kaliumhydroxyd　Weinsäure　Saures Kaliumtartrat

5 Teile Kalilauge sollen nach dem Kochen mit 20 Teilen Kalkwasser ein Filtrat geben, welches, in überschüssige Salpetersäure gegossen, Gasblasen nicht entwickelt.

Die Kalilauge enthält stets eine geringe Menge **Kaliumcarbonat**. Dieses wird durch das Calciumhydroxyd des Kalkwassers gefällt, indem sich Calciumcarbonat ausscheidet.

$$K_2CO_3 + Ca(OH)_2 = CaCO_3$$
Kaliumcarbonat　Calciumhydroxyd　Calciumcarbonat
138,3　　　　　74,02
$$+ 2\, KOH$$
Kaliumhydroxyd

Im Filtrat darf kein Kaliumcarbonat mehr enthalten sein, was man daran erkennt, dass überschüssige Salpetersäure kein Kohlendioxydgas mehr entwickelt, indem sich Kaliumnitrat bildet.

Das Kalkwasser enthält in minimo 0,143 Prozent Calciumhydroxyd gelöst; in 20 g sind daher $\frac{0,143}{5} = 0,0296$ g Calciumhydroxyd enthalten. Nachdem 1 Molekül Calciumhydroxyd = 74,02 1 Molekül Kaliumcarbonat = 138.3 zu fällen vermag (siehe oben Formel), so vermögen 0,0296 g Calciumhydroxyd zu fällen: $\frac{138,3 \times 0,0296}{74,02} = 0,0553$ g Kaliumcarbonat. Diese Menge darf in 5 g Kalilauge enthalten sein; in 100 g der letzteren dürfen nicht mehr als $20 \times 0,0553 = 1,1$ g Kaliumcarbonat enthalten sein.

2 ccm der mit verdünnter Schwefelsäure gesättigten Kalilauge, wobei Kaliumsulfat entsteht, sollen mit 2 ccm Schwefelsäure gemischt und dann mit 1 ccm Ferrosulfatlösung überschichtet, eine gefärbte Zone nicht geben.

Ist **Kaliumnitrit** oder **Kaliumnitrat** zugegen, so macht die Schwefelsäure die salpetrige Säure oder Salpetersäure frei, und erstere zerfällt sogleich in Salpetersäure, Stickoxyd und Wasser (a). Die Salpetersäure oxydiert einen Teil Ferrosulfat zu Ferrisulfat, wird dadurch zu Stickoxyd (b), das sich mit einem anderen Teil Ferrosulfat zu der braunen Verbindung $FeSO_4 \cdot NO$ vereinigt.

a) Formel siehe bei Kalium carbonicum.
b) Formel siehe bei Acetum.

Kalilauge darf nach dem Übersättigen mit Salzsäure, wobei sich Kaliumchlorid bildet, durch überschüssige Ammoniakflüssigkeit auch nach längerem Stehen höchstens opalisierend getrübt werden.

Enthält die Kalilauge Thonerdesalze, so scheidet sich auf Zusatz von Ammoniak gallertartiges Aluminiumhydroxyd aus.

$$AlCl_3 \;+\; 3\,NH_3 \;+\; 3\,H_2O \;=\; Al(OH)_3 \\ + 3\,NH_4Cl$$

Aluminiumchlorid Ammoniak Aluminiumhydroxyd
Ammoniumchlorid.

Liquor Kalii acetici — Kaliumacetatlösung.

Eine Lösung von $C_2H_3KO_2$.

Darstellung. 50 Teile verdünnte Essigsäure versetze man allmählich mit 24 Teilen Kaliumbicarbonat und erhitze die Lösung zum Sieden, worauf man mit Kaliumbicarbonat neutralisiert und die erkaltete Flüssigkeit mit Wasser auf das spezifische Gewicht 1,176 bis 1,180 bringt.

Es bildet sich Kaliumacetat und Kohlendioxyd entweicht.

$$KHCO_3 \;+\; C_2H_4O_2 \;=\; C_2H_3KO_2 \;+\; CO_2 \\ + H_2O$$

Kaliumbicarbonat Essigsäure Kaliumacetat Kohlendioxyd

Prüfung. Kaliumacetatlösung soll nach dem Verdünnen mit gleichen Teilen Wasser weder durch Schwefelwasserstoffwasser (a) noch durch Baryumnitratlösung verändert werden (b). Durch Silbernitratlösung darf sie, nach Zusatz von Salpetersäure, höchstens opalisierend getrübt werden (c).

a) Schwermetalle, wie Kupfer, Blei, geben eine dunkle, Zink eine weisse Fällung von Metallsulfid.

Formel siehe bei Acetum.

b) Sulfate erzeugen eine weisse Fällung von Baryumsulfat.

Formel siehe bei Kali causticum fusum.

Auch Kaliumcarbonat erzeugt eine weisse Fällung von Baryumcarbonat, in Salzsäure unter Bildung von Baryumchlorid $BaCl_2$ löslich.

$$K_2CO_3 \;+\; Ba(NO_3)_2 \;=\; BaCO_3 \;+\; 2\,KNO_3$$

Kaliumcarbonat Baryumnitrat Baryumcarbonat Kaliumnitrat.

c) Chloride erzeugen eine weisse Fällung von Silberchlorid.

Formel siehe bei Kali causticum fusum.

Liquor Kalii arsenicosi — Fowler'sche Lösung.
Eine Lösung von $KAsO_2$.

Darstellung. 1 Teil arsenige Säure und 1 Teil Kaliumcarbonat werden mit 2 Teilen Wasser bis zur völligen Lösung gekocht, dann mit 40 Teilen Wasser versetzt. Hierauf setzt man 10 Teile Weingeist, 5 Teile Lavendelspiritus und so viel Wasser zu, dass das Gesamtgewicht 100 Teile beträgt.

Beim Kochen von arseniger Säure mit Kaliumcarbonat löst sich Kaliummetarsenit.

$$K_2CO_3 \;+\; As_2O_3 \;=\; 2\,KAsO_2$$
Kaliumcarbonat Arsenigsäureanhydrid Kaliummetarsenit
138,3 198
$$+\; CO_2$$
Kohlendioxyd.

1 Teil arsenige Säure braucht nach obiger Formel zur Bildung von Kaliummetarsenit:

$$198 : 138,3 = 1 : x$$
$$x = 0,697 \text{ Teile Kaliumcarbonat.}$$

Da das Arzneibuch von letzterem 1 Teil verwenden lässt, so ist in dem Liquor auch überschüssiges Kaliumcarbonat enthalten.

Prüfung. Die Lösung soll nach dem Versetzen mit Salzsäure nicht verändert werden (a); durch nachherigen Zusatz von Schwefelwasserstoffwasser wird in ihr ein gelber Niederschlag hervorgerufen (b).

a) Enthält die zur Auflösung verwendete arsenige Säure Arsentrisulfid, so löst sich dieses beim Kochen mit Kaliumcarbonatlösung als Kaliummetarsenit und Kaliummetasulfarsenit auf. Wird die Lösung mit Salzsäure versetzt, so wird daraus wieder Arsentrisulfid gefällt.

$$2\,As_2S_3 \;+\; 2\,K_2CO_3 \;=\; KAsO_2$$
Arsentrisulfid Kaliumcarbonat Kaliummetarsenit
$$+\; 3\,KAsS_2 \;+\; 2\,CO_2$$
Kaliummetasulfarsenit Kohlendioxyd

$$3\,KAsS_2 \;+\; KAsO_2 \;+\; 4\,HCl = 2\,As_2S_3$$
Kaliummetasulfarsenit Kaliummetarsenit Arsentrisulfid
$$+\; 4\,KCl \;+\; 2\,H_2O$$
Kaliumchlorid

Liquor Kalii arsenicosi. 189

b) Der gelbe Niederschlag ist Arsentrisulfid.

$$2\ KAsO_2 + 3\ H_2S + 2\ HCl = As_2S_3 + 2\ KCl$$
Kaliummetarsenit Arsentrisulfid Kaliumchlorid
$$+ 4\ H_2O$$

Lässt man zu 5 ccm der Fowler'schen Lösung, welche mit 1 g Natriumbicarbonat in 20 ccm Wasser und mit einigen Tropfen Stärkelösung versetzt ist, Zehntel-Normal-Jodlösung fliessen, so darf durch 10 ccm der letzteren noch keine bleibende Blaufärbung erzielt werden, wohl aber soll eine solche auf weiteren Zusatz von 0,1 ccm Zehntel-Normal-Jodlösung entstehen.

Das Jod oxydirt das Kaliummetarsenit bei Gegenwart von Natriumbicarbonat, indem Kaliumarseniat und Natriumarseniat entstehen und Natriumjodid gebildet wird.

$$2\ KAsO_2 + 6\ NaHCO_3 + 4\ J = K_2HAsO_4$$
Kaliummetarsenit Natriumbicarbonat Kaliumarseniat
entsprechend 1 Molek.
$A_2O_3 = 198$
$$+\ Na_2HAsO_4 + 4\ NaJ + 6\ CO_2 + 2\ H_2O$$
Natriumarseniat Natriumjodid Kohlendioxyd

2 Moleküle Kaliummetarsenit, entsprechend 1 Molekül arsenige Säure = 198 brauchen 4 Atom Jod zur Oxydation. 1 Atom Jod = 126,85 vermag $^1/_4$ Molekül arsenige Säure $\dfrac{198}{4} = 49,5$ zu oxydieren.

1 ccm Zehntel-Normal-Jodlösung enthält 0,012685 g Jod,
1 „ „   „   „ oxydiert 0,00495 g arsenige Säure,
10 „ „   „   „ oxydieren 0,0495 g „ „
10,1 „ „ „   „   0,04995 g „ „

Je 5 ccm des Liquors sollen also etwas mehr als 0,0495 g und etwas weniger als 0,04995 g arseniger Säure enthalten.

In 100 ccm des Liquors sollen also etwas mehr als $20 \times 0,0495 = 0,99$ und etwas weniger als $20 \times 0,04995 = 0,999$ g arsenige Säure enthalten sein.

So lange Kaliummetarsenit vorhanden ist, wird die zugesetzte Jodlösung entfärbt; hat aber vollständige Oxydation der arsenigen Säure stattgefunden, so verbindet sich das Jod mit der Stärke zur blauen Jodstärke.

Werden zur bleibenden Blaufärbung der Flüssigkeit weniger als 10,1 ccm Zehntel-Normal-Jodlösung gebraucht, so enthält der Liquor zu wenig arsenige Säure, oder letztere ist im Laufe der Zeit durch den Sauerstoff der Luft zu Arsensäure teilweise oxydiert worden.

Liquor Natri caustici — Natronlauge.

Eine Lösung von NaOH.

5 Teile Natronlauge sollen, nach dem Kochen mit 20 Teilen Kalkwasser, ein Filtrat geben, welches, in überschüssige Salpetersäure gegossen, Gasblasen nicht entwickelt.

Die Natronlauge enthält stets kleine Mengen Natriumcarbonat. Diese werden von dem Calciumhydroxyd des Kalkwassers als Calciumcarbonat gefällt.

$$Na_2CO_3 \;+\; Ca(OH)_2 \;=\; CaCO_3$$
Natriumcarbonat Calciumhydroxyd Calciumcarbonat
106,1   72,02
$$+\; 2\, NaOH$$
Natriumhydroxyd

20 g Kalkwasser enthalten in minimo $\dfrac{0{,}148}{5} = 0{,}0296$ g Calciumhydroxyd (siehe bei Liquor Kali caustici).

Diese Menge Calciumhydroxyd vermag nach obiger Formel zu fällen:

74,02 : 106,1 = 0,0296 : x

x = 0,0424 g Natriumcarbonat.

In 100 g Natronlauge dürfen nicht mehr als 20 × 0,0424 = 0,848 g Natriumcarbonat enthalten sein. Ist mehr Natriumcarbonat zugegen, so findet sich der Überschuss im Filtrate, und dasselbe entwickelt in Salpetersäure gegossen Kohlendioxyd.

Mit 5 Teilen Wasser verdünnte Natronlauge darf nach Übersättigen mit Salpetersäure, wobei sich Natriumnitrat, $NaNO_3$, bildet, durch Baryumnitrat- (a) oder durch Silbernitratlösung (b) höchstens opalisierend getrübt werden.

a) Natriumsulfat erzeugt eine weisse Fällung von Baryumsulfat.

Formel siehe Borax.

b) Natriumchlorid giebt eine weisse Fällung von Silberchlorid.

Formel siehe bei Argent. nitric. cum Kalio nitric.

2 ccm der mit verdünnter Schwefelsäure gesättigten Natronlauge, wobei sich Natriumsulfat, Na_2SO_4, bildet, dürfen mit 2 ccm Schwefelsäure gemischt und mit 1 ccm Ferrosulfat überschichtet, eine gefärbte Zone nicht bilden.

Liquor Natrii silicici. 191

Ist Natriumnitrit oder Natriumnitrat zugegen, so macht die Schwefelsäure die salpetrige Säure oder Salpetersäure frei, und erstere zerfällt in Salpetersäure, Stickoxyd und Wasser (a). Die Salpetersäure oxydiert einen Teil Ferrosulfat zu Ferrisulfat, und wird dadurch zu Stickoxyd (b), das sich mit einem anderen Teil Ferrosulfat zu der braunen Verbindung $FeSO_4.NO$ vereinigt.

a) Formel siehe bei Kalium carbonicum.
b) Formel siehe bei Acetum.

Natronlauge darf, nach Übersättigen mit Salzsäure, wobei Natriumchlorid entsteht, durch überschüssige Ammoniakflüssigkeit auch nach längerem Stehen höchstens opalisierend getrübt werden.

Bei Gegenwart von Thonerdesalzen entsteht ein gallertartiger Niederschlag von Aluminiumhydroxyd.

Formel siehe Liquor Kali caustici.

Liquor Natrii silicici — Natronwasserglaslösung.

Besteht aus wechselnden Mengen von Natriumtrisilicat $Na_2Si_3O_7$ und Natriumtetrasilicat $Na_2Si_4O_9$ in Wasser gelöst.

Die Lösung wird durch Säuren gallertartig gefällt, indem sich Orthokieselsäure abscheidet.

$$Na_2Si_3O_7 +. 2\,HCl + 5\,H_2O = 3\,H_4SiO_4$$
Natriumtrisilicat $\qquad\qquad\qquad\qquad$ Orthokieselsäure
$$+ 2\,NaCl$$
Natriumchlorid

Mit Salzsäure übersättigt, wobei sich Orthokieselsäure abscheidet (siehe oben), und zur staubigen Trockne verdampft, hinterlässt Natronwasserglaslösung einen Rückstand, welcher am Platindrahte die Flamme stark gelb färbt.

Beim Eindampfen geht die Orthokieselsäure in die Metakieselsäure über, und diese bildet mit Natriumchlorid den Rückstand. Letzteres färbt wie alle Natriumverbindungen die Flamme gelb.

$$H_4SiO_4 = H_2SiO_3 + H_2O$$
Orthokieselsäure $\quad$ Metakieselsäure

1 ccm Natronwasserglas soll, mit 10 ccm Wasser gemischt und mit Salzsäure angesäuert, nicht aufbrausen (a) und durch Zusatz von Schwefelwasserstoffwasser nicht verändert werden (b).

a) Es scheidet sich gallertartige Orthokieselsäure aus (siehe oben).

Ist **Natriumcarbonat** zugegen, so entweicht Kohlendioxyd unter Bildung von Natriumchlorid.

Formel siehe bei Natrium carbonicum.

b) **Metalle**, wie Kupfer, Blei geben eine dunkle Fällung von Metallsulfid.

Formel siehe bei Acidum boricum.

Beim Verreiben gleicher Raumteile Natronwasserglaslösung und Weingeist in einer Schale soll sich ein körniges, nicht aber ein breiiges oder schmieriges Salz in reichlicher Menge ausscheiden.

Das sich ausscheidende körnige Salz ist Natriumtrisilicat, $Na_2Si_3O_7$ und Natriumtetrasilicat $Na_2Si_4O_9$. Ein schmieriges oder breiiges Salz wäre Natriumbisilicat, $Na_2Si_2O_5$.

Liquor Plumbi subacetici — Bleiessig.

Eine Auflösung von basischem Blei-$^2/_3$-Acetat von der Formel:

$$2\,[Pb(C_2H_3O_2)_2] \cdot Pb(OH)_2.$$

Darstellung. 3 Teile rohes Bleiacetat werden mit 1 Teil Bleiglätte (Bleioxyd) unter Zusatz von 0,5 T. Wasser in einem bedeckten Gefässe im Wasserbade erhitzt, bis die anfänglich gelbliche Mischung gleichmässig weiss oder rötlichweiss geworden ist. Sodann werden weitere 9,5 Teile Wasser allmählich zugefügt und nach dem Lösen und Absetzenlassen filtriert.

Es löst sich basisches Blei-$^2/_3$-Acetat auf.

$$2\,[Pb(C_2H_3O_2)_2 \cdot 3\,H_2O] \;+\; PbO$$
Bleiacetat Bleioxyd
$$= 2\,[Pb(C_2H_3O_2)_2] \cdot Pb(OH)_2 \;+\; 5\,H_2O$$
Basisches Blei-$^2/_3$-Acetat

Prüfung. Eisenchloridlösung giebt mit Bleiessig eine rötliche Mischung, aus der sich beim Stehen ein weisser Niederschlag abscheidet, während die Flüssigkeit dunkelrot wird.

Es wird Bleichlorid gefällt und etwas Eisenhydroxyd, während Ferriacetat in Lösung geht Letzteres löst das Eisenhydroxyd als basisches Ferriacetat auf.

$$3\,[2\,Pb(C_2H_3O_2)_2 \cdot Pb(OH)_2] \;+\; 6\,FeCl_3 \;=\; 4\,Fe(C_2H_3O_2)_3$$
Basisches Blei-$^2/_3$-Acetat Ferrichlorid Ferriacetat
$$+\; 2\,Fe(OH)_3 \;+\; 9\,PbCl_2$$
Eisenhydroxyd Bleichlorid

Nach Zusatz von Essigsäure soll in Bleiessig durch Kaliumferrocyanidlösung ein rein weisser Niederschlag hervorgerufen werden.

Die Essigsäure verwandelt das basische Salz in neutrales (a) und Kaliumferrocyanid fällt weisses Bleiferrocyanid (b). Ist Kupfer zugegen, so ist der Niederschlag rötlich, indem sich auch Kupferferrocyanid, Cu_2FeCy_6, ausscheidet (c).

a) $2 [Pb(C_2H_3O_2)_2] \cdot Pb(OH)_2 + 2 C_2H_4O_2 = 3 Pb(C_2H_3O_2)_2$
Basisches Blei-$^2/_3$-Acetat — Essigsäure — Bleiacetat
$+ 2 H_2O$

b) $2 [Pb(C_2H_3O_2)_2] + K_4FeCy_6 = Pb_2FeCy_6$
Bleiacetat — Kaliumferrocyanid — Bleiferrocyanid
$+ 4 C_2H_3KO_2$
Kaliumacetat

c) Formel für Kupferacetat ganz analog wie bei Bleiacetat (siehe b).

Lithargyrum — Bleiglätte.

PbO.

Die Bleiglätte ist in verdünnter Salpetersäure zu einer farblosen Flüssigkeit löslich, in der Bleinitrat enthalten ist.

$PbO + 2 HNO_3 = Pb(NO_3)_2 + H_2O$
Bleioxyd — Bleinitrat

In obiger Lösung erzeugt Schwefelwasserstoffwasser einen schwarzen (a), Schwefelsäure einen weissen Niederschlag (b), der in Natronlauge löslich ist (c).

a) Der Niederschlag ist Bleisulfid.
Formel siehe bei Acidum nitricum.

b) Der Niederschlag ist Bleisulfat.
$Pb(NO_3)_2 + H_2SO_4 = PbSO_4 + 2 HNO_3$
Bleinitrat — Bleisulfat

c) Bleisulfat löst sich in Natronlauge als Bleioxydnatrium unter Bildung von Natriumsulfat.
$PbSO_4 + 4 NaOH = Pb(ONa)_2 + Na_2SO_4$
Bleisulfat — Natriumhydroxyd — Bleioxydnatrium — Natriumsulfat
$+ 2 H_2O$

100 Teile Bleioxyd sollen durch Glühen höchstens 1 Teil an Gewicht verlieren.

Lithargyrum.

Das Bleioxyd hat Neigung, Kohlendioxyd und Wasser aus der Luft aufzunehmen und sich in basisches Bleicarbonat zu verwandeln. Beim Glühen verliert es Kohlendioxyd und Wasser und Bleioxyd bleibt zurück.

$$2\ PbCO_3 \cdot Pb(OH)_2 = 3\ PbO\ +\ 2\ CO_2\ +\ H_2O$$
Basisches Bleicarbonat   Bleioxyd   Kohlendioxyd   18,02
774,7   2 . 44

1 Molekül basisches Bleicarbonat = 774,7 verliert beim Glühen 2 Moleküle Kohlendioxyd und 1 Molekül Wasser = 88 + 18,02 = 106,02.

1 Prozent Glühverlust entspricht daher:
106,02 : 774,7 = 1 : x
x = 7,3 Prozent basischem Bleicarbonat.

Da dem Bleioxyd stets etwas Feuchtigkeit anhaftet, welche beim Glühen ebenfalls entweicht, so ist der Gewichtsverlust nicht allein auf Rechnung von basischem Bleicarbonat zu setzen.

Die Lösung von Bleiglätte in Salpetersäure (siehe oben) soll nach dem Versetzen mit Schwefelsäure im Überschusse, wobei sich Bleisulfat ausscheidet (siehe oben), ein Filtrat geben, welches nach dem Übersättigen mit Ammoniakflüssigkeit höchstens bläulich gefärbt wird (a) und höchstens Spuren eines rotgelben Niederschlags liefert (b).

a) Eine starke Bläuung des Filtrats zeigt einen zu grossen Gehalt an Kupfer an, welches sich in Ammoniak als Kupfernitrat-Ammoniak, $Cu(NO_3)_2 \cdot 4\ NH_3$ auflöst.

b) Bei Gegenwart von Eisen wird Eisenhydroxyd gefällt.

$$Fe(NO_3)_3\ +\ 3\ NH_3\ +\ 3\ H_2O = Fe(OH)_3$$
Ferrinitrat   Ammoniak   Eisenhydroxyd
$$+\ 3\ (NH_4)NO_3$$
Ammoniumnitrat

Werden 5 ccm Bleiglätte mit 5 ccm Wasser geschüttelt und wird die Mischung dann mit 20 ccm verdünnter Essigsäure einige Minuten lang gekocht und nach dem Erkalten filtriert, so darf der Rückstand nach dem Auswaschen und Trocknen höchstens 0,05 g betragen.

Die Essigsäure löst das Bleioxyd zu Bleiacetat auf, während metallisches Blei, Eisenoxyd, Bleisulfat etc. zurückbleiben.

$$PbO\ +\ 2\ C_2H_4O_2\ +\ Pb(C_2H_3O_2)_2\ +\ H_2O$$
Bleioxyd   Essigsäure   Bleiacetat

Lithium carbonicum — Lithiumcarbonat.
Li_2CO_3.

Salpetersäure löst Lithiumcarbonat zu Lithiumnitrat unter Freiwerden von Kohlendioxyd.

$Li_2CO_3 + 2\,HNO_3 = 2\,Li(NO_3) + CO_2 + H_2O$
Lithiumcarbonat   Lithiumnitrat   Kohlendioxyd

Die mit Hülfe von Salpetersäure hergestellte, wässerige Lösung, wobei sich Lithiumnitrat bildet (siehe oben), darf durch Silbernitratlösung höchstens opalisierend getrübt (a) und durch Baryumnitratlösung (b) nicht verändert werden.

a) Chloride erzeugen eine weisse Fällung von Silberchlorid.
Formel siehe bei Kali causticum fusum.

b) Sulfate erzeugen eine weisse Fällung von Baryumnitrat.
Formel siehe bei Kali causticum fusum.

Obige Lösung soll nach dem Übersättigen mit Ammoniakflüssigkeit durch Schwefelwasserstoffwasser (a) oder durch Ammoniumoxalatlösung (b) nicht verändert werden.

a) Eisen erzeugt eine dunkle Fällung von Ferrosulfid, Mangan einen fleischfarbenen von Mangansulfid.

$2\,Fe(NO_3)_3 + 3\,H_2S + 6\,NH_3 = 2\,FeS$
Ferrinitrat   Ammoniak   Ferrosulfid
$+ 6\,(NH_4)NO_3 + S$
Ammoniumnitrat

b) Calciumsalze geben eine weisse Fällung von Calciumoxalat.
Formel siehe bei Kalium nitricum.

0,2 g Lithiumcarbonat sollen, mit 1 ccm Salzsäure gelöst und zur Trockne verdampft, einen in 3 ccm Weingeist klar löslichen Rückstand geben.

Das sich bildende Lithiumchlorid ist in Weingeist löslich. Sind Kalium- oder Natriumchlorid zugegen, so bleiben diese ungelöst.

$Li_2CO_3 + 2\,HCl = 2\,LiCl + CO_2 + H_2O$
Lithiumcarbonat 2.36,46 Lithiumchlorid Kohlendioxyd
74,06

Zum Neutralisieren von 0,5 g des bei 100° getrockneten Lithiumcarbonats sollen nicht weniger als 13,4 ccm Normal-Salzsäure erforderlich sein.

Es bildet sich Lithiumchlorid.
Formel siehe oben.

1 Molekül Chlorwasserstoff $= 36{,}46$ sättigt $^1/_2$ Molekül Lithiumcarbonat $= \dfrac{74{,}06}{2} = 37{,}03$.

1 ccm Normal-Salzsäure enthält 0,03646 g Chlorwasserstoff.
1 „ „ „ sättigt 0,03703 g Lithiumcarbonat.
13,4 „ „ „ sättigen $13{,}4 \times 0{,}03703 = 0{,}4962$ g Lithiumcarbonat.

Diese Menge soll in 0,5 g des Präparats enthalten sein, was einem Prozentsatz von $200 \times 0{,}4962 = 99{,}24$ an Lithiumcarbonat entspricht.

Ist **Kalium-** oder **Natriumcarbonat** zugegen, so brauchen diese, weil sie ein weit höheres Molekulargewicht besitzen, als das Lithiumcarbonat, geringere Mengen von Normal-Salzsäure zur Sättigung.

Lithium salicylicum — Lithiumsalicylat.

$$\mathrm{Li\,C_7H_5O_3} = \mathrm{C_6H_4}\begin{cases}\mathrm{COOLi}\\ \mathrm{OH}\end{cases}$$

Lithiumsalicylat giebt beim Erhitzen einen kohlehaltigen, mit Säure aufbrausenden Rückstand.

Die organische Säure verbrennt und es bleibt ein Gemenge von Lithiumcarbonat und Kohle zurück. Auf Zusatz einer Säure entweicht Kohlendioxyd.

Formel siehe bei Lithium carbonicum.

Die wässerige Lösung (1 = 20) scheidet auf Zusatz von Salpetersäure einen weissen, in Äther sowie im heissen Wasser löslichen, krystallinischen Niederschlag ab.

Der Niederschlag ist Salicylsäure und Lithiumchlorid ist in Lösung.

$$\mathrm{Li\,C_7H_5O_3} + \mathrm{HCl} = \mathrm{LiCl} + \mathrm{C_7H_6O_3}$$
Lithiumsalicylat   Lithiumchlorid   Salicylsäure

Von 10 Teilen Schwefelsäure soll 1 Teil Lithiumsalicylat ohne Aufbrausen und ohne Färbung gelöst werden.

Die Lösung enthält Lithiumsulfat und Salicylsäure. Ein Aufbrausen zeigt **Lithiumcarbonat** an, indem sich Lithiumsulfat löst und Kohlendioxyd entweicht. **Fremde organische Bewegungen** verursachen eine dunkle Färbung.

$$2\,\mathrm{Li\,C_7H_5O_3} + \mathrm{H_2SO_4} = \mathrm{Li_2SO_4} + 2\,\mathrm{C_7H_6O_3}$$
Lithiumsalicylat   Lithiumsulfat   Salicylsäure

Die wässerige Lösung (1 = 20) soll durch Schwefelwasserstoffwasser (a) und durch Baryumnitratlösung (b) nicht verändert werden.

a) Metalle, wie Kupfer, Blei, erzeugen eine dunkle Fällung von Metallsulfid.

$$Cu(C_7H_5O_3)_2 + H_2S = CuS + 2 C_7H_6O_3$$
Kupfersalicylat $\qquad$ Kupfersulfid $\qquad$ Salicylsäure

b) Sulfate erzeugen eine weisse Fällung von Baryumsulfat. Formel siehe bei Kali causticum fusum.

2 Raumteile dieser Lösung sollen, mit 3 Raumteilen Weingeist versetzt und mit Salpetersäure angesäuert, durch Zusatz von Silbernitratlösung nicht verändert werden.

Die Salpetersäure macht die Salicylsäure frei, welche in Weingeist gelöst bleibt; bei Gegenwart von Chloriden entsteht durch Silbernitrat eine weisse Fällung von Silberchlorid.

Formel siehe bei Kali causticum fusum.

Wird der Verbrennungsrückstand von 0,3 g Lithiumsalicylat in 1 ccm Salzsäure aufgenommen, und die filtrierte Lösung zur Trockne verdampft, so soll der verbleibende Rückstand in 3 ccm Weingeist klar löslich sein.

Beim Verbrennen bleibt ein Gemenge von Lithiumcarbonat und Kohle zurück, indem Salicylsäure verbrennt. Auf Zusatz von Salzsäure löst sich Lithiumcarbonat unter Entweichen von Kohlendioxyd als Lithiumchlorid.

Formel siehe bei Lithium carbonicum.

Das Lithiumchlorid ist in Weingeist löslich. Sind Kalium- oder Natriumchlorid zugegen, so bleiben diese ungelöst.

Magnesia usta — Gebrannte Magnesia.

MgO.

Gebrannte Magnesia löst sich in verdünnter Schwefelsäure unter Bildung von Magnesiumsulfat.

$$MgO + H_2SO_4 = MgSO_4 + H_2O$$
Magnesiumoxyd $\qquad$ Magnesiumsulfat

Obige Lösung wird nach Zusatz von Ammoniumchloridlösung und überschüssiger Ammoniakflüssigkeit durch Natriumphosphatlösung weiss, krystallinisch gefällt, indem Ammonium-Magnesiumphosphat entsteht.

Magnesia usta.

$$MgSO_4 + NH_3 + Na_2HPO_4 + 6 H_2O$$
Magnesiumsulfat Ammoniak Natriumphosphat
$$= Mg(NH_4)PO_4 \cdot 6 H_2O + Na_2SO_4$$
Ammonium-Magnesiumphosphat Natriumsulfat

Der Zusatz von Ammoniumchlorid bezweckt, die Fällung des Magnesiumsalzes durch Ammoniak zu verhindern, indem sich ein lösliches Doppelsalz von Ammonium-Magnesiumchlorid bildet, das durch Ammoniak nicht zerlegt wird.

$$MgSO_4 + 4 NH_4Cl = (MgCl_2 + 2 NH_4Cl)$$
Magnesiumsulfat Ammoniumchlorid Ammonium-Magnesium-
chlorid
$$+ (NH_4)_2SO_4$$
Ammoniumsulfat

Man erhitzt 0,2 g gebrannte Magnesia mit 10 ccm Wasser zum Sieden und filtriert nach dem Erkalten 5 ccm der überstehenden Flüssigkeit ab. Die Flüssigkeit darf nur schwach alkalisch reagieren, und nach dem Verdampfen nur einen sehr geringen Rückstand hinterlassen.

Magnesia ist im Wasser fast vollkommen unlöslich. **Natriumcarbonat** erzeugt stark alkalische Reaktion, **fremde Salze**, wie Natriumchlorid, Natriumsulfat etc. bleiben beim Verdampfen des Filtrats zurück.

Die rückständige, mit Wasser gemischte Magnesia soll, in 5 ccm verdünnte Essigsäure gegossen, eine Flüssigkeit geben, in welcher sich bei der Auflösung nur vereinzelte Gasbläschen zeigen.

Die Magnesia löst sich in Essigsäure als Magnesiumacetat (a). Bei Gegenwart von basischem Magnesiumcarbonat entweicht Kohlendioxyd unter Aufbrausen (b).

a) $MgO + 2 C_2H_4O_2 = Mg(C_2H_3O_2)_2 + H_2O$
   Magnesiumoxyd Essigsäure Magnesiumacetat
b) $[4 MgCO_3 + Mg(OH)_2] + 10 C_2H_4O_2 = 5 Mg(C_2H_3O_2)_2$
   Basisches Magnesiumcarbonat Essigsäure Magnesiumacetat
$$+ 4 CO_2 + 6 H_2O$$
Kohlendioxyd

0,2 g gebrannte Magnesia sollen, mit 20 ccm Wasser geschüttelt, ein Filtrat geben, welches nach dem Filtrieren durch Ammoniumoxalatlösung innerhalb 5 Minuten nicht mehr als opalisierend getrübt wird.

Calciumsalze geben eine weisse Fällung von Calciumoxalat. Formel siehe bei Calcium carbonicum praecipit.

0,4 g gebrannte Magnesia sollen sich in 10 ccm verdünnter Essigsäure farblos lösen unter Bildung von Magnesiumacetat (Formel siehe oben).

Ist Eisenoxyd zugegen, so löst sich dieses als Ferriacetat auf, und die Flüssigkeit ist gelblich.

$$Fe_2O_3 \;+\; 6\;C_2H_4O_2 \;=\; 2\;[Fe(C_2H_3O_2)_3] \;+\; 3\;H_2O$$
Eisenoxyd   Essigsäure   Ferriacetat

Diese Lösung soll durch Schwefelwasserstoffwasser nicht verändert werden (a) und darf weder durch Baryumnitratlösung (b), noch, nach Zusatz von Salpetersäure, durch Silbernitratlösung (c) nach 5 Minuten mehr als opalisierend getrübt werden.

a) Metalle, wie Kupfer, Blei, geben eine dunkle Fällung von Metallsulfid, Zink eine weisse von Zinksulfid. Formel siehe bei Acetum.

b) Sulfate erzeugen eine weisse Fällung von Baryumsulfat. Formel siehe bei Magnesium sulfuricum.

c) Chloride geben eine weisse Fällung von Silberchlorid.

$$MgCl_2 \;+\; 2\;AgNO_3 \;=\; 2\;AgCl \;+\; Mg(NO_3)_2$$
Magnesiumchlorid Silbernitrat Silberchlorid Magnesiumnitrat

20 ccm einer mit Hülfe von Salzsäure bereiteten, wässerigen Lösung (1 = 20) sollen durch 0,5 ccm Kaliumferrocyanidlösung nicht sofort gebläut werden.

Ist Eisenoxyd zugegen, so löst sich dieses in Salzsäure zu Ferrichlorid (a) und dieses giebt mit Kaliumferrocyanid eine blaue Fällung von Ferriferrocyanid (Berlinerblau) (b).

a) $Fe_2O_3 \;+\; 6\;HCl \;=\; 2\;FeCl_3 \;+\; 3\;H_2O$
Eisenoxyd   Ferrichlorid

b) Formel siehe bei Acidum boricum.

Magnesium carbonicum — Magnesiumcarbonat.

$$4\;MgCO_3 \cdot Mg(OH)_2 \;+\; 6\;H_2O.$$

In verdünnter Schwefelsäure löst sich das Salz unter reichlicher Kohlensäureentwicklung zu Magnesiumsulfat.

$$4\;MgCO_3 \cdot Mg(OH)_2 \cdot 6\;H_2O \;+\; 5\;H_2SO_4 \;=\; 5\;MgSO_4$$
Basisches Magnesiumcarbonat   Magnesiumsulfat
$$+\; 4\;CO_2 \;+\; 12\;H_2O$$
Kohlendioxyd

Magnesium carbonicum.

Diese Lösung giebt, nach Zusatz von Ammoniumchloridlösung und überschüssiger Ammoniakflüssigkeit mit Natriumphosphatlösung einen weissen, krystallinischen Niederschlag von Ammonium-Magnesiumphosphat.

Formel siehe bei Magnesia usta.

Über den Zusatz von Ammoniumchloridlösung siehe ebenda.

In verdünnter Salzsäure löst sich das Magnesiumcarbonat farblos zu Magnesiumchlorid unter Entwicklung von Kohlendioxyd (a).

Bei Gegenwart von Eisenoxyd löst sich Ferrichlorid auf (b) und die Lösung erscheint gelb.

a) $4\ MgCO_3 . Mg(OH)_2 . 6\ H_2O + 10\ HCl = 5\ MgCl_2$
Basisches Magnesiumcarbonat   Magnesiumchlorid
$+\ 4\ CO_2\ +\ 12\ H_2O$
Kohlendioxyd

b) $Fe_2O_3\ +\ 6\ HCl\ =\ 2\ FeCl_3\ +\ 3\ H_2O$
Eisenoxyd   Chlorwasserstoff   Ferrichlorid

Mit Wasser gekocht giebt das Salz eine Flüssigkeit, welche nach dem Filtrieren und Verdunsten einen geringen, schwach alkalisch reagierenden Rückstand hinterlässt.

In Wasser ist das Magnesiumcarbonat nur wenig löslich. Sind Alkalicarbonate zugegen, so reagiert der Verdampfungsrückstand stark alkalisch. Fremde Salze hinterlassen einen grösseren Rückstand.

Die mit Hilfe von Essigsäure hergestellte wässerige Lösung (1 = 20) (a) soll durch Schwefelwasserstoffwasser (b) nicht verändert werden, und darf weder durch Baryumnitratlösung (c), noch, nach Zusatz von Salpetersäure, durch Silbernitratlösung (d) binnen 5 Minuten nicht mehr als opalisierend getrübt werden.

a) Es löst sich Magnesiumacetat auf und Kohlendioxyd entweicht.

Formel ganz analog wie bei der Lösung in Salzsäure. Siehe oben.

b) Schwermetalle, wie Kupfer, Blei, geben eine dunkle Fällung von Metallsulfid, Zink eine weisse von Zinksulfid.

Formel siehe bei Acetum.

c) Sulfate erzeugen eine weisse Fällung von Baryumsulfat.

Formel siehe bei Magnesium sulfuricum.

Chloride geben eine weisse Fällung von Silberchlorid.

Formel siehe bei Magnesia usta.

Magnesium citricum effervescens.

20 ccm einer mit Hülfe von Salzsäure bereiteten wässerigen Lösung (1 = 20) (a) sollen durch 0,5 ccm Kaliumferrocyanidlösung nicht gebläut werden (b).

a) Formel siehe oben.

b) Ferrichlorid giebt mit Kaliumferrocyanid eine blaue Fällung von Ferriferrocyanid (Berlinerblau).

Formel siehe bei Acidum boricum.

0,5 g Magnesiumcarbonat sollen nach dem Glühen nicht weniger als 0,2 g Rückstand hinterlassen.

Je nach der Bereitungsweise besitzt das Magnesiumcarbonat eine verschiedene Zusammensetzung. Nachdem das Arzneibuch 0,2 g Glührückstand fordert, so entspricht dieses annähernd der Formel:

$4\ MgCO_3 \cdot Mg(OH)_2 + 4\ H_2O$ (Molekulargew. 467,9) oder
$4\ MgCO_3 \cdot Mg(OH)_2 + 6\ H_2O$ (Molekulargew. 503,9).

Beim Glühen des Magnesiumcarbonats entweicht Kohlendioxyd und Wasser und Magnesiumoxyd bleibt zurück.

$4\ MgCO_3 \cdot Mg(OH)_2 \cdot 4\ H_2O\ =\ 5\ MgO\ +\ 4\ CO_2$
Basisches Magnesiumcarbonat   Magnesiumoxyd   Kohlendioxyd
467,9   5 . 40,36
$+\ 5\ H_2O$

0,5 g Magnesiumcarbonat geben nach obiger Formel:

467,9 : 201,8 = 0,5 : x
x = 0,215 g Magnesiumoxyd.

Enthält das Salz 6 Moleküle Wasser, so berechnet sich der Glührückstand für 0,5 g des Präparats:

503,9 : 201,8 = 0,5 : x
x = 0,2002 g Magnesiumoxyd.

Mit 20 ccm Wasser geschüttelt, soll der Glührückstand eine Flüssigkeit liefern, welche nach dem Filtrieren durch Ammoniumoxalatlösung innerhalb 5 Minuten nicht mehr als opalisierend getrübt wird.

Calciumverbindungen geben eine weisse Fällung von Calciumoxalat.

Formel siehe bei Calcium carbonic. praecipit.

Magnesium citricum effervescens —
Brausemagnesia.

Darstellung. 5 Teile Magnesiumcarbonat und 15 Teile Citronensäure werden mit 2 Teilen Wasser gemischt und bei höchstens 30° getrocknet.

Magnesium citricum effervescens.

Es bildet sich Magnesiumcitrat unter Entwickelung von Kohlendioxyd; ein Teil Citronensäure bleibt ungebunden.

$$10\ (C_6H_8O_7\ .\ H_2O) + 3\ [4\ MgCO_3\ .\ Mg(OH)_2\ .\ 6\ H_2O)$$
Citronensäure Basisches Magnesiumcarbonat
10 . 210,1 3 . 503,9

$$+\ 24\ H_2O = 5\ [Mg_3(C_6H_5O_7)_2\ .\ 14\ H_2O] + 12\ CO_2$$
Magnesiumcitrat Kohlendioxyd

3 Moleküle basisches Magnesiumcarbonat = 1511,7 brauchen 10 Moleküle Citronensäure = 2101 zur Sättigung; 5 Teile des ersteren brauchen:

$$1511{,}7 : 2101 = 5 : x$$
$$x = 6{,}95\ \text{Teile Citronensäure.}$$

Da 15 Teile Citronensäure angewendet wurden, so sind 15 — 6,95 = 8,05 g Citronensäure im Überschuss.

Der zu einem Pulver zerriebene Rückstand wird darauf mit 17 Teilen Natriumbicarbonat, 8 Teilen Citronensäure und 4 Teilen Zucker gemischt, das Gemenge mit Weingeist befeuchtet und nach dem Trocknen durch Absieben gekörnt.

Wird die körnige Masse in Wasser gelöst, so wird auch das Natriumbicarbonat durch die Citronensäure gesättigt, indem sich Natriumcitrat bildet und Kohlendioxyd entweicht.

$$3\ NaHCO_3 + C_6H_8O_7\ .\ H_2O = C_6H_5Na_3O_7$$
Natriumbicarbonat Citronensäure Natriumcitrat
3 . 84,06 210,1

$$+\ 3\ CO_2 + 4\ H_2O$$
Kohlendioxyd

3 Moleküle Natriumbicarbonat = 252,18 brauchen 1 Molekül Citronensäure = 210,1 zur Sättigung; 17 Teile Natriumbicarbonat brauchen zur Sättigung:

$$252{,}18 : 210{,}1 = 17 : x$$
$$x = 14\ \text{Teile Citronensäure.}$$

Es wurden aber zuletzt nur 8 Teile Citronensäure zugesetzt; die restierenden 6 Teile werden von den anfangs überschüssig zugesetzten 8 Teilen Citronensäure genommen, so dass also in dem Präparate noch 2 Teile Citronensäure im Überschuss vorhanden sind, nachdem das Magnesiumcarbonat und das Natriumbicarbonat gesättigt sind. Letztere Menge Citronensäure bewirkt, dass das etwas schwer lösliche Magnesiumcitrat als saures Salz leichter in Lösung geht.

Magnesium sulfuricum — Magnesiumsulfat.
$MgSO_4 \cdot 7\,H_2O$.

Die wässerige Lösung des Salzes giebt mit Natriumphosphatlösung bei Gegenwart von Ammoniumchlorid und Ammoniak einen weissen, krystallinischen Niederschlag von Ammonium-Magnesiumphosphat.

Formel siehe bei Magnesia usta.

Über den Zusatz von Ammoniumchloridlösung siehe ebenda.

Auf Zusatz von Baryumnitratlösung entsteht in obiger Lösung ein weisser Niederschlag von Baryumnitrat.

Formel siehe bei Magnesia usta.

2 g Magnesiumsulfat werden mit 2 g gebranntem Marmor, welchen man mit wenig Wasser hat zerfallen lassen, fein zerrieben. Das Pulver wird in ein Gemisch von 10 ccm Weingeist und 10 ccm Wasser gebracht, welches man unter wiederholtem Umschütteln 2 Stunden lang stehen lässt. Alsdann setzt man 40 ccm absoluten Alkohol zu und filtriert. 20 ccm des Filtrats sollen nach Zusatz von 2 ccm Kurkumatinktur eine rote Färbung nicht geben.

Gebrannter Marmor ist Calciumoxyd; mit wenig Wasser zusammengebracht bildet sich Calciumhydroxyd.

$$CaO \quad + \quad H_2O \quad = \quad Ca(OH)_2$$
Calciumoxyd Calciumhydroxyd

Wird letzteres mit Magnesiumsulfat und Wasser zusammengebracht, so entsteht Calciumsulfat und Magnesiumhydroxyd, welche in absolutem Alkohol nahezu unlöslich sind.

$$MgSO_4 \quad + \quad Ca(OH)_2 \quad = \quad Mg(OH)_2$$
Magnesiumsulfat Calciumhydroxyd Magnesiumhydroxyd
$$+\; CaSO_4$$
Calciumsulfat

Ist Natriumsulfat zugegen, so setzt sich dieses mit dem Calciumhydroxyd um in Calciumsulfat und Natriumhydroxyd, welch letzteres in Weingeist löslich ist, und das Filtrat reagiert stark alkalisch.

$$Na_2SO_4 \quad + \quad Ca(OH)_2 \quad = \quad 2\,NaOH$$
Natriumsulfat Calciumhydroxyd Natriumhydroxyd
$$+\; CaSO_4$$
Calciumsulfat

Eine Mischung aus 1 g Magnesiumsulfat und 3 ccm Zinnchlorürlösung soll im Laufe einer Stunde eine dunklere Färbung nicht annehmen.

Bei Gegenwart von **Arsen** scheidet sich braunes, metallisches Arsen ab unter Bildung von Zinnchlorid.

Formel siehe bei Acidum phosphoricum.

Die wässerige Lösung (1 = 20) soll durch Schwefelwasserstoffwasser (a) nicht verändert und durch Silbernitratlösung (b) nach 5 Minuten nicht mehr als opalisierend getrübt werden.

a) **Metalle**, wie Kupfer, Blei, erzeugen eine dunkle Färbung von Metallsulfid.

Formel siehe bei Kalium sulfuricum.

b) **Chloride** geben eine weisse Fällung von Silberchlorid.

Formel siehe bei Magnesia usta.

20 ccm der wässerigen Lösung sollen durch 0,5 ccm Kaliumferrocyanidlösung nicht gebläut werden.

Ferrisalze geben eine blaue Fällung von Ferriferrocyanid (Berlinerblau).

Formel siehe bei Alumen.

Magnesium sulfuricum siccum —

Getrocknetes Magnesiumsulfat.

$$MgSO_4 + 2 H_2O.$$

Darstellung. Magnesiumsulfat erhitzt man im Wasserbade, bis je 100 Teile 35 bis 37 Teile an Gewicht verloren haben, worauf man durch ein Sieb schlägt.

Die procentische Zusammensetzung des krystallisierten Magnesiumsulfats, $MgSO_4 . 7 H_2O$ (Molekulargewicht = 246,56) berechnet sich:

$$MgSO_4$$
$$246,56 : 120,42 = 100 : x$$
$$x = 48,8 \text{ Prozent wasserfreies Magnesiumsulfat.}$$
$$7 H_2O$$
$$246,56 : 126 = 100 : x$$
$$x = 51,2 \text{ Prozent Wasser.}$$

Von 100 Teilen krystallisiertem Salze müssen beim Erhitzen 35 bis 37 Teile Wasser entweichen, und es bleibt daher 65 bis

63 Teile getrocknetes Magnesiumsulfat zurück, welches aus 51,2 — 35 bis 37 = 16,2 bis 14,2 Teilen Wasser und 48,8 Teilen wasserfreiem Magnesiumsulfat besteht.

Die prozentische Zusammensetzung des getrockneten Magnesiumsulfats berechnet sich:

65 bis 63 : 48,8 = 100 : x
x = 75 bis 77,5 Prozent wasserfreies Magnesiumsulfat.

65 : 16,2 = 100 : x
x = 25 Prozent Wasser bis

63 : 14,2 = 100 : x
x = 22,54 Prozent Wasser.

Dividiert man die prozentische Zusammensetzung mit den entsprechenden Molekulargewichten, so erhält man die Quotienten:

$$\frac{75}{120,42} \text{ bis } \frac{77,5}{120,42} = 0,62 \text{ bis } 0,64 \text{ für wasserfreies Salz.}$$

$$\frac{25}{18} \text{ bis } \frac{22,54}{18} = 1,39 \text{ bis } 1,25 \text{ für Wasser.}$$

Die Quotienten verhalten sich nahezu wie 1 : 2 und dem getrockneten Magnesiumsulfat kommt daher die Formel $MgSO_4 . 2 H_2O$ zu.

Mel — Honig.

Mel depuratum — Gereinigter Honig.

Der Honig besteht im wesentlichen aus Traubenzucker und Fruchtzucker; ersterer scheidet sich bisweilen krystallinisch aus, letzterer bleibt gelöst. Ferner enthält der Honig kleine Mengen von Eiweissstoffen, Wachs, Farbstoff, Riechstoffe, sowie Ameisensäure und anorganische Salze. Durch die Reinigung des Honigs werden die Eiweissstoffe und das Wachs sowie suspendierte Verunreinigungen entfernt.

Eine Mischung aus 1 Teil Honig und 2 Teilen Wasser (bei gereinigtem Honig 4 Teilen Wasser) darf durch Silbernitratlösung (a) und durch Baryumnitratlösung (b) nur schwach getrübt werden.

a) Chloride geben eine weisse Fällung von Silberchlorid. Formel siehe bei Kali causticum fusum.

b) **Sulfate** erzeugen eine weisse Fällung von Baryumsulfat.
Formel siehe bei Calcium carbonicum praecipit.

Zum Neutralisieren von 10 g Honig sollen nach dem Verdünnen mit der 5 fachen Menge Wasser nicht mehr als 0,5 ccm Normal-Kalilauge erforderlich sein; gereinigter Honig darf nicht mehr als 0,4 ccm der Lauge hierzu erfordern.

Der Honig darf nicht mehr Säure enthalten (auf Ameisensäure berechnet), als obige Menge Normal-Kalilauge zu sättigen vermag. Es bildet sich Kaliumformiat und Wasser.
Formel siehe bei Acidum formicicum.

1 ccm Normal-Kalilauge sättigt 0,04602 g Ameisensäure
(siehe bei Acidum formicicum).
0,5 „ „ „ sättigen $0,5 \times 0,04602 = 0,023$ g Ameisensäure,
0,4 „ „ „ „ $0,4 \times 0,04602 = 0,0184$ g Ameisensäure.

Der Prozentgehalt der Säure (auf Ameisensäure berechnet) darf beim Honig nicht mehr als 0,23, bei gereinigtem Honig nicht mehr als 0,184 betragen.

Mentholum — Menthol.

$$C_{10}H_{20}O.$$

Menthol giebt mit 40 Teilen Schwefelsäure eine braunrote, trübe Flüssigkeit, welche sich im Laufe eines Tages klärt und an ihrer Oberfläche eine farblose, nicht mehr nach Menthol riechende Schicht zeigt.

Die Schwefelsäure entzieht dem Menthol Wasser und verwandelt es in Dimenthen.

$$2\,(C_{10}H_{20}O) = (C_{10}H_{18})_2 + 2\,H_2O$$
Menthol   Dimenthen

Methylsulfonalum — Methylsulfonal.

$$\begin{matrix}CH_3 \\ C_2H_5\end{matrix} {>} C {<} \begin{matrix}SO_2 \cdot C_2H_5 \\ SO_2 \cdot C_2H_5\end{matrix}.$$

0,1 g Methylsulfonal giebt, mit 0,1 g gepulverter Holzkohle erhitzt, den charakteristischen Geruch des Mercaptans unter Bildung von Methyl-Äthylketon.

$$\mathrm{{}^{CH_3}_{C_2H_5}}{>}C{<}\mathrm{{}^{SO_2\,.\,C_2H_5}_{SO_2\,.\,C_2H_5}} + 4\,C + H_2O = CH_3{-}CO{-}C_2H_5$$
Methylsulfonalum　　　　　　　Methyl-Äthylketon
$$+ 2\,(C_2H_5\,.\,SH) + 4\,CO$$
Äthylmercaptan　Kohlenoxyd

Die Lösung von 1 g Methylsulfonal in 50 ccm Wasser soll weder durch Baryumnitrat- (a), noch durch Silbernitratlösung (b) verändert werden, und 10 ccm dieser Lösung sollen nach Zusatz von 1 Tropfen Kaliumpermanganatlösung nicht sofort entfärbt werden (c).

a) **Schwefelsäure** erzeugt eine weisse Fällung von Baryumsulfat.
Formel siehe bei Acetum.

b) **Salzsäure** giebt eine weisse Fällung von Silberchlorid.
Formel siehe bei Acetum.

c) **Fremde organische Verunreinigungen** werden von dem Sauerstoff des Kaliumpermanganats oxydiert, und es findet sofort Entfärbung statt.

Minium — Mennige.

$$Pb_3O_4.$$

Mit Salzsäure bildet Mennige unter Entwicklung von Chlor einen weissen, krystallinischen Niederschlag von Bleichlorid.

$$Pb_3O_4 + 8\,HCl = 3\,PbCl_2 + Cl_2 + 4\,H_2O$$
Mennige　　　　　　Bleichlorid

2,5 g Mennige werden mit 0,5 g Oxalsäure innig zerrieben; das Gemenge wird hierauf langsam in 10 ccm heisse Salpetersäure eingetragen, und mit 25 ccm siedendem Wasser allmählich vermischt; diese Mischung soll sich vollkommen lösen oder darf höchstens einen nicht über 0,035 g betragenden Rückstand hinterlassen.

Die Salpetersäure spaltet die Mennige in Bleioxyd und Bleisuperoxyd und ersteres löst sich in Salpetersäure zu Bleinitrat.

$$Pb_3O_4 + 4\,HNO_3 = 2\,Pb(NO_3)_2 + PbO_2 + 2\,H_2O$$
Mennige　　　　　　Bleinitrat　　Bleisuperoxyd

Das Bleisuperoxyd oxydiert die Oxalsäure zu Kohlendioxyd und Wasser und wird dadurch zu Bleioxyd, das sich in der Salpetersäure zu Bleinitrat auflöst.

208 Mixtura sulfurica acida. — Morphin. hydrochloric.

$$PbO_2 + H_2C_2O_4 . 2 H_2O + 2 HNO_3 = Pb(NO_3)_2$$
Bleisuperoxyd   Oxalsäure   Bleinitrat
$$+ 2 CO_2 + 4 H_2O$$
Kohlendioxyd

Mixtura sulfurica acida — Hallersches Sauer.

Darstellung. 1 Teil Schwefelsäure wird mit 3 Teilen Weingeist unter Umrühren gemischt.

Weingeist und Schwefelsäure verbinden sich zum Teil zu Äthylschwefelsäure und zwar umsomehr, je höher die Temperatur bei der Mischung war.

$$C_2H_5 . OH + H_2SO_4 = C_2H_5 . HSO_4 + H_2O$$
Äthylalkohol   Äthylschwefelsäure

Morphinum hydrochloricum — Morphinhydrochlorid.

$$C_{17}H_{19}NO_3 . HCl + 3 H_2O.$$

Silbernitratlösung ruft in der wässerigen Lösung des Morphinhydrochlorids einen weissen Niederschlag von Silberchlorid hervor.

$$C_{17}H_{19}NO_3 . HCl + AgNO_3 = AgCl$$
Morphinhydrochlorid   Silbernitrat   Silberchlorid
$$+ C_{17}H_{19}NO_3 . HNO_3$$
Morphinnitrat

Wird ein Körnchen Morphinhydrochlorid in einem trockenen Probierröhrchen in 5 Tropfen Schwefelsäure gelöst, und diese Lösung 15 Minuten lang im Wasserbade erwärmt, so nimmt sie nach dem Erkalten auf Zusatz einer Spur Salpetersäure eine blutrote Färbung an.

Beim Erwärmen des Salzes mit Schwefelsäure geht das Morphin unter Austritt von Wasser in Apomorphin über, und dieses färbt sich mit Salpetersäure blutrot.

$$C_{17}H_{19}NO_3 = C_{17}H_{17}NO_2 + H_2O$$
Morphin   Apomorphin

Von Schwefelsäure wird Morphinhydrochlorid farblos oder mit sehr schwach rötlicher Farbe gelöst; streut man in die Lösung basisches Wismutnitrat darauf, so entsteht eine dunkelbraune Färbung, indem sich metallisches Wismut ausscheidet und Morphin zu Oxydimorphin, $C_{34}H_{36}N_2O_6$, oxydiert wird.

5 ccm der wässerigen Lösung (1 = 30) geben auf Zusatz von 1 Tropfen Kaliumcarbonatlösung sofort oder nach wenigen Sekunden eine rein weisse, krystallinische Ausscheidung von Morphin, welche bei Berührung mit der Luft keine Färbung erleidet und damit geschütteltes Chloroform nicht rötlich färbt. Letzteres wäre der Fall, wenn Apomorphin zugegen, welches durch Kaliumcarbonat auch gefällt wird.

$$2\ (C_{17}H_{19}NO_3\ .\ HCl)\ +\ K_2CO_3\ =\ 2\ C_{17}H_{19}NO_3$$
Morphinhydrochlorid   Kaliumcarbonat   Morphin
$$+\ 2\ KCl\ +\ CO_2\ +\ H_2O$$
Kaliumchlorid   Kohlendioxyd

Auf Zusatz von 1 Tropfen Ammoniakflüssigkeit soll in 5 ccm der wässerigen Lösung des Salzes (1 = 30) alsbald ein rein weisser krystallinischer Niederschlag von Morphin entstehen. Dieser löst sich leicht in Natronlauge, schwieriger in überschüssiger Ammoniakflüssigkeit und in Kalkwasser. Findet keine vollständige Lösung statt, so sind fremde Alkaloide (Narkotin) zugegen.

$$C_{17}H_{19}NO_3\ .\ HCl\ +\ NH_3\ =\ C_{17}H_{19}NO_3\ +\ NH_4Cl$$
Morphinhydrochlorid   Ammoniak   Morphin   Ammoniumchlorid

Bei 100^0 verlieren 100 Teile Morphinhydrochlorid höchstens 14,4 Teile an Gewicht.

Bei 100^0 entweicht das Krystallwasser. Das Morphinhydrochlorid besitzt 3 Moleküle Krystallwasser und das Molekulargewicht 375,4. 100 Teile des Salzes verlieren bei 100^0:

$$3\ H_2O$$
$$375,4 : 54,06 = 100 : x$$
$$x = 14,4\ \text{Teile Krystallwasser.}$$

Naphtalinum — Naphtalin.

$$C_{10}H_8$$

Schüttelt man Naphtalin und Schwefelsäure, so soll sich diese, auch beim Erwärmen der Mischung im Wasserbade, nicht oder höchstens blassrötlich färben.

Beim Erwärmen löst sich Naphtalin in Schwefelsäure unter Bildung von Naphtalinsulfosäure.

$C_{10}H_8 + H_2SO_4 = C_{10}H_7 . SO_3H + H_2O$
Naphtalin   Naphtalinsulfosäure

Eine Bräunung der Schwefelsäure zeigt ungenügende Reinigung des Naphtalins von Teerstoffen an.

Naphtolum — Beta-Naphtol.

$C_{10}H_7 . OH$.

In Kali- und Natronlauge ist das Naphtol löslich, indem sich Naphtol-Kalium oder -Natrium bildet.

$C_{10}H_7 . OH + KOH = C_{10}H_7 . OK + H_2O$
Naphtol   Kaliumhydroxyd   Naphtolkalium

In der wässerigen Lösung des Naphtols scheiden sich auf Zusatz von Chlorwasser weisse Flocken von Beta-Dinaphtol ab.

$$2\ C_{10}H_7 . OH + 2\ Cl = \begin{matrix} C_{10}H_6 . OH \\ | \\ C_{10}H_6 . OH \end{matrix} + 2\ HCl$$
Beta-Naphtol   Beta-Dinaphtol

Auf Zusatz von überschüssiger Ammoniakflüssigkeit verschwindet dieser Niederschlag unter Bildung von Beta-Dinaphtol-Ammonium.

Eisenchloridlösung färbt die wässerige Lösung des Beta-Naphtols grünlich; nach einiger Zeit erfolgt eine Abscheidung von weissen Flocken.

Das Ferrichlorid wird zu Ferrochlorid reduziert, und es scheidet sich Beta-Dinaphtol aus.

$$2\ C_{10}H_7 . OH + 2\ FeCl_3 = \begin{matrix} C_{10}H_6 . OH \\ | \\ C_{10}H_6 . OH \end{matrix} + 2\ FeCl_2 + 2\ HCl$$
Naphtol   Ferrichlorid   Ferrochlorid
                     Beta-Dinaphtol

Beta-Naphtol soll sich in 50 Teilen Ammoniakflüssigkeit ohne Rückstand lösen, indem sich Beta-Naphtol-Ammonium bildet.

$C_{10}H_7 . OH + NH_3 = C_{10}H_7 . O(NH_4)$
Beta-Naphtol   Ammoniak   Beta-Naphtolammonium

Natrium aceticum — Natriumacetat.

$C_2H_3NaO_2 . 3\ H_2O = CH_3 . COONa . 3\ H_2O$.

Beim Erhitzen verliert das Natriumacetat sein Krystallwasser, schmilzt und beim Glühen wird es unter Entwicklung von Acetongeruch und Hinterlassung eines stark alkalisch reagierenden Rückstandes zersetzt. Der Rückstand ist Natriumcarbonat.

$$2\ (CH_3 . COONa . 3\ H_2O) = {CH_3 \atop CH_3}{>}CO + Na_2CO_3 + 6\ H_2O$$

Natriumacetat   Aceton   Natriumcarbonat

Die wässerige Lösung des Salzes wird durch Zusatz von Eisenchloridlösung dunkelrot gefärbt, indem sich lösliches Ferriacetat bildet.

$$3\ (CH_3 . COONa) + FeCl_3 = (CH_3 . COO)_3Fe$$
Natriumacetat   Ferrichlorid   Ferriacetat
$$+\ 3\ NaCl$$
Natriumchlorid

Die wässerige Lösung (1 = 20) soll weder durch Schwefelwasserstoffwasser (a), noch durch Baryumnitratlösung (b), noch durch Ammoniumoxalatlösung (c), noch nach Zusatz einer gleichen Menge Wasser und Ansäuern mit Salpetersäure durch Silbernitratlösung (d) verändert werden.

a) Schwermetalle, wie Kupfer, Blei, geben eine dunkle Fällung von Metallsulfid, Zink eine weisse von Zinksulfid.

Formel siehe bei Acetum.

b) Sulfate oder Carbonate geben eine weisse Fällung von Baryumsulfat, bezw. Baryumcarbonat.

Formel für Sulfate siehe bei Borax.

Formel für Carbonate siehe bei Jodoformium.

c) Calciumverbindungen erzeugen eine weisse Fällung von Calciumoxalat.

Formel siehe bei Calcaria chlorata.

d) Natriumchlorid erzeugt eine weisse Fällung von Silberchlorid.

Formel siehe bei Argent. nitric. cum Kalio nitrico.

20 ccm derselben wässerigen Lösung sollen durch 0,5 ccm Kaliumferrocyanidlösung nicht gebläut werden.

Ferrisalze erzeugen eine blaue Fällung von Ferriferrocyanid (Berlinerblau).

Formel siehe bei Acetum pyrolignos. crudum.

Natrium bicarbonicum — Natriumbicarbonat.

$NaHCO_3$.

Beim Erhitzen giebt Natriumbicarbonat Kohlensäure ab, und hinterlässt einen stark alkalischen Rückstand von Natriumcarbonat.

$$2\,NaHCO_3 = Na_2CO_3 + CO_2 + H_2O$$
Natriumbicarbonat   Natriumcarbonat   Kohlendioxyd
2 . 84,06   106,1

1 g Natriumbicarbonat soll beim Erhitzen im Probierrohr Ammoniak nicht entwickeln.

Ist saures Ammoniumcarbonat zugegen, so zerfällt dieses beim Erwärmen in Ammoniak, Kohlendioxyd und Wasser.

$$(NH_4)HCO_3 = NH_3 + CO_2 + H_2O$$
Saures Ammonium-   Ammoniak   Kohlendioxyd
carbonat

Die wässerige, mit Essigsäure übersättigte Lösung des Salzes (1 = 50), wobei sich Natriumacetat bildet und Kohlendioxyd entweicht, soll durch Schwefelwasserstoffwasser (a) nicht verändert, und darf durch Baryumnitratlösung (b) höchstens nach zwei Minuten schwach opalisierend getrübt werden.

a) Schwermetalle, wie Kupfer, Blei, geben eine dunkle Fällung von Metallsulfid, Zink eine weisse von Zinksulfid.
Formel siehe bei Acetum.

b) Sulfate geben eine weisse Fällung von Baryumsulfat.
Formel siehe bei Borax.

Die mit überschüssiger Salpetersäure hergestellte, wässerige Lösung (1 = 50), wobei Natriumnitrat entsteht, darf auf Zusatz von Silbernitratlösung (a) nach 10 Minuten nicht mehr als eine weissliche Opalescenz zeigen; durch Eisenchloridlösung (b) soll sie nicht rot gefärbt werden.

a) Chloride erzeugen eine weisse Fällung von Silberchlorid.
Formel siehe bei Argent. nitric. cum Kalio nitrico.

b) Rhodanide geben eine rote Färbung von Ferrirhodanid.
$$3\,CNSNa + FeCl_3 = Fe(CNS)_3 + 3\,NaCl$$
Rhodannatrium   Eisenchlorid   Ferrirhodanid   Natriumchlorid

Die bei einer 15° nicht übersteigenden Temperatur bei Vermeidung von starkem Schütteln erhaltene Lösung von 1 g Natriumbicarbonat in 20 ccm Wasser soll auf Zusatz von 3 Tropfen Phenolphtaleïnlösung nicht sofort gerötet werden; jedenfalls soll eine etwa entstehende schwache Rötung auf Zusatz von 0,2 ccm Normal-Salzsäure verschwinden.

Natriumbicarbonat rötet Phenolphtaleïn nicht, wohl aber Natriumcarbonat.

Die Salzsäure neutralisiert das Natriumcarbonat unter Bildung von Natriumchlorid.

$$Na_2CO_3 \;+\; 2\,HCl \;=\; 2\,NaCl \;+\; CO_2$$
Natriumcarbonat 2.36,46 Natriumchlorid Kohlendioxyd
106,1 $\quad + H_2O$

1 Molekül = 36,46 Chlorwasserstoff sättigt $^1/_2$ Molekül

Natriumcarbonat $= \dfrac{106,1}{2} = 53,05$.

1 ccm Normal-Salzsäure enthält 0,03646 g Chlorwasserstoff,
1 „   „   „   sättigt 0,05305 g Natriumcarbonat,
0,2 „   „   „   sättigen 0,2 × 0,05305
$\qquad\qquad\qquad\qquad\qquad = 0{,}01061$ g „

Diese Menge Natriumcarbonat darf in 1 g Natriumbicarbonat enthalten sein, entsprechend 1,06 Prozent.

100 Teile des zuvor über Schwefelsäure getrockneten Natriumbicarbonats sollen nach dem Glühen nicht mehr als 63,8 Teile Rückstand hinterlassen.

Beim Glühen entweicht Kohlendioxyd und Wasser und Natriumcarbonat bleibt zurück.

Formel siehe oben.

2 Moleküle Natriumbicarbonat = 2 . 84,06 hinterlassen 1 Molekül Natriumcarbonat = 106,1. 100 Teile hinterlassen:

$$\dfrac{106{,}1 \times 100}{168{,}12} = 63{,}1 \text{ Teile Natriumcarbonat.}$$

Das Arzneibuch gestattet einen Rückstand von 63,8 Teilen, weil das Salz eine geringe Menge Natriumcarbonat enthalten darf, das beim Glühen keinen Gewichtsverlust erleidet.

Natrium bromatum — Natriumbromid.

NaBr.

Die wässerige Lösung des Salzes färbt, mit wenig Chlorwasser versetzt und hierauf mit Chloroform geschüttelt, dieses rotbraun.

Das Chlor macht aus dem Natriumbromid das Brom frei und dieses löst sich in Chloroform mit rotbrauner Farbe.

$$NaBr + Cl = NaCl + Br$$
Natriumbromid Natriumchlorid

Ein Überschuss von Chlor ist zu vermeiden, indem dadurch das Brom zu farblosem Chlorbrom, BrCl, gelöst wird.

Natrium bromatum.

Zerriebenes Natriumbromid soll sich, auf weissem Porzellan ausgebreitet, auf Zusatz weniger Tropfen verdünnter Schwefelsäure nicht sofort gelb färben.

Bei Gegenwart von **Natriumbromat** macht die Schwefelsäure Bromsäure frei und aus dem Natriumbromid Bromwasserstoff (a). Letzterer setzt sich mit der Bromsäure in Brom und Wasser um (b).

a) $5\ NaBr\ +\ NaBrO_3\ +\ 6\ H_2SO_4\ =\ 6\ NaHSO_4$
Natriumbromid Natriumbromat   Saures Natriumsulfat
$+\ 5\ HBr\ +\ HBrO_3$
Bromwasserstoff Bromsäure

b) $5\ HBr\ +\ HBrO_3\ =\ 6\ Br\ +\ 3\ H_2O$
Bromwasserstoff Bromsäure

Die wässerige Lösung (1 = 20) soll weder durch Schwefelwasserstoffwasser (a), noch durch Baryumnitratlösung (b), noch durch verdünnte Schwefelsäure (c) verändert werden.

a) **Metalle**, wie Kupfer, Blei, geben eine dunkle Fällung von Metallsulfid.

Formel siehe bei Acidum hydrobromicum.

b) **Sulfate** erzeugen eine weisse Fällung von Baryumsulfat.

Formel siehe bei Borax.

c) **Baryumbromid** giebt eine weisse Fällung von Baryumsulfat.

Formel siehe bei Kalium bromatum.

20 ccm der wässerigen, zuvor mit einigen Tropfen Salzsäure angesäuerten Lösung (1 = 20) sollen durch 0,5 ccm Kaliumferrocyanidlösung nicht gebläut werden.

Ferrisalze erzeugen eine blaue Fällung von Ferriferrocyanid (Berlinerblau).

Formel siehe bei Kalium bromatum.

10 ccm einer wässerigen Lösung des bei 100° getrockneten Natriumbromids (3 g = 100 ccm) sollen, nach Zusatz einiger Tropfen Kaliumchromatlösung, nicht mehr als 29,3 ccm Zehntel-Normal-Silbernitratlösung bis zur bleibenden Rötung verbrauchen.

Aus einer Lösung von Natriumbromid scheidet Silbernitrat Silberbromid aus.

$NaBr\ +\ AgNO_3\ =\ AgBr\ +\ NaNO_3$
Natriumbromid Silbernitrat Silberbromid Natriumnitrat
103   169,97

Natrium carbonicum. 215

1 Molekül Silbernitrat = 169,97 vermag 1 Molekül Natriumbromid = 103 zu fällen.

1 ccm Zehntel-Normal-Silbernitratlösung enthält 0,016997 g Silbernitrat,
1 „ „ „ „ fällt 0,0103 g Natriumbromid.

10 ccm der zu prüfenden Natriumbromidlösung enthalten 0,3 g Natriumbromid. Diese brauchen zur Fällung:
0,0103 : 1 ccm = 0,3 : x
x = 29,126 ccm Zehntel-Normal-Silbernitratlösung.

Das Arzneibuch gestattet 29,3 ccm Silberlösung, also 29,3 — 29,126 = 0,174 ccm mehr, weil es eine geringe Menge Natriumchlorid im Präparate zulässt.

1 Molekül Silbernitrat = 169,97 fällt 1 Molekül Natriumchlorid = 58,5.

Formel siehe bei Argentum nitricum cum Kalio nitrico.

1 ccm Zehntel-Normal-Silbernitratlösung fällt 0,00585 g Natriumchlorid.

0,3 g Natriumchlorid würden zur Fällung brauchen:
0,00585 : 1 ccm = 0,3 : x
x = 51,28 ccm Zehntel-Normal-Silbernitratlösung.

Es würden also zur Fällung von 0,3 g Natriumchlorid 51,28 — 29,126 = 22,154 ccm mehr Silberlösung gebraucht als zur Fällung von 0,3 g Natriumbromid und dieser Mehrverbrauch zeigt 100 Prozent Natriumchlorid an.

Obiger vom Arzneibuch gestattete Mehrverbrauch Silberlösung (0,174 ccm) entspricht:
22,154 : 100 = 0,174 : x
x = 0,78 Prozent Natriumchlorid.

Über die Verwendung des Kaliumchromats als Indikator siehe bei Kalium bromatum, nur ist an Stelle von Kaliumbromid Natriumbromid zu setzen.

Natrium carbonicum — Natriumcarbonat.

$Na_2CO_3 + 10\ H_2O$.

Mit Säuren braust Natriumcarbonat auf, indem Kohlendioxyd entweicht, und ein entsprechendes Salz der Säure entsteht.

Na_2CO_3 + $2\ C_2H_4O_2$ = $2\ NaC_2H_3O_2$ + CO_2
Natriumcarbonat Essigsäure Natriumacetat Kohlendioxyd
+ H_2O

Die wässerige Lösung des Salzes (1 = 20) soll durch Schwefelwasserstoffwasser (a) nicht verändert werden; mit Essigsäure übersättigt, wobei sich Natriumacetat bildet (siehe oben) soll sie weder durch Schwefelwasserstoffwasser (b), noch durch Baryumnitratlösung (c) verändert werden.

a) **Schwermetalle**, wie Kupfer, Blei, Eisen, geben eine dunkle Fällung von Metallsulfid, **Zink** eine weisse von Zinksulfid.

$$(CuCO_3 + Na_2CO_3) + H_2S = CuS$$
Kupfer-Natriumcarbonat   Kupfersulfid
$$+ Na_2CO_3 + CO_2 + H_2O$$
Natriumcarbonat Kohlendioxyd

b) **Zink** giebt eine weisse Fällung von Zinksulfid.

$$Zn(C_2H_3O_2)_2 + H_2S = ZnS + 2 C_2H_4O_2$$
Zinkacetat   Zinksulfid   Essigsäure

c) **Sulfate** erzeugen eine weisse Fällung von Baryumsulfat. Formel siehe bei Borax.

Durch Silbernitratlösung darf die Lösung nach Zusatz von überschüssiger Salpetersäure, wobei sich Natriumnitrat bildet, binnen 10 Minuten höchstens weisslich opalisierend getrübt werden.

Chloride erzeugen eine weisse Fällung von Silberchlorid. Formel siehe bei Argent. nitric. cum Kalio nitrico.

Beim Erwärmen mit Natronlauge soll Natriumcarbonat Ammoniak nicht entwickeln.

Ammoniumsalze entwickeln dabei Ammoniak.

$$NH_4Cl + NaOH = NH_3$$
Ammoniumchlorid Natriumhydroxyd Ammoniak
$$+ NaCl + H_2O$$
Natriumchlorid

Zum Neutralisieren von 1 g Natriumcarbonat sollen nicht weniger als 7 ccm Normal-Salzsäure erforderlich sein.

Beim Neutralisieren mit Salzsäure bildet sich Natriumchlorid und Kohlendioxyd entweicht.

$$Na_2CO_3 + 2 HCl = 2 NaCl$$
Natriumcarbonat   2 . 36,46   Natriumchlorid
106,1
$$+ CO_2 + H_2O$$
Kohlendioxyd

1 Molekül Chlorwasserstoff = 36,46 sättigt $^1/_2$ Molekül Natriumcarbonat = $\dfrac{106,1}{2}$ = 53,05.

1 ccm Normal-Salzsäure enthält 0,03646 g Chlorwasserstoff,
1 ccm „ „ sättigt 0,05305 g Natriumcarbonat,
7 ccm „ „ sättigen 7 × 0,05305
= 0,37135 g „

Das Salz soll also nicht weniger als 37,13 Prozent wasserfreies Natriumcarbonat enthalten. Da das Salz an der Luft sehr leicht verwittert, so ist meist etwas mehr Salzsäure zur Neutralisation nötig.

Natrium carbonicum siccum —
Getrocknetes Natriumcarbonat.

$$Na_2CO_3 + 2\,H_2O.$$

Zum Neutralisieren von 1 g getrocknetem Natriumcarbonat sollen nicht weniger als 14 ccm Normal-Salzsäure erforderlich sein. Die Salzsäure sättigt das Natriumcarbonat unter Bildung von Natriumchlorid.

Na_2CO_3 + 2 HCl = 2 NaCl + CO_2
Natriumcarbonat 2 . 36,46 Natriumchlorid Kohlendioxyd
106,1
+ H_2O

1 Molekül Chlorwasserstoff = 36,46 sättigt $\frac{1}{2}$ Molekül Natriumcarbonat = $\frac{106,1}{2}$ = 53,05.

1 ccm Normal-Salzsäure enthält 0,03646 g Chlorwasserstoff,
1 ccm „ „ sättigt 0,05305 g Natriumcarbonat,
14 ccm „ „ sättigen 14 × 0,05305
= 0,7427 g „

Diese Menge muss in 1 g getrocknetem Natriumcarbonat enthalten sein; es entspricht dieses 74,27 Prozent.

Für Wasser bleibt 100 — 74,27 = 25,73 Prozent zurück. Dividiert man diese prozentische Zusammensetzung mit den entsprechenden Molekulargewichten, so erhält man die Quotienten:

$$\frac{74,27}{106,1} = 0,7 \text{ für wasserfreies Natriumcarbonat,}$$

$$\frac{25,73}{18} = 1,43 \text{ für Wasser.}$$

Beide Quotienten verhalten sich nahezu wie 1 : 2 und das getrocknete Natriumcarbonat besitzt daher die Formel:

$$Na_2CO_3 + 2\,H_2O.$$

Natrium chloratum — Natriumchlorid.
NaCl.

Die wässerige Lösung des Natriumchlorids giebt mit Silbernitratlösung einen weissen Niederschlag von Silberchlorid.

Formel siehe bei Argent. nitric. cum Kalio nitrico.

Die wässerige Lösung des Salzes (1 = 20) soll weder durch Schwefelwasserstoffwasser (a), noch durch Baryumnitratlösung (b), noch durch verdünnte Schwefelsäure (c) verändert werden.

a) **Schwermetalle**, wie Kupfer, Blei, Eisen, geben eine dunkle Fällung von Metallsulfid, **Zink** eine weisse von Zinksulfid.

Formel siehe bei Acidum hydrochloricum.

b) **Sulfate** geben eine weisse Fällung von Baryumsulfat, **Carbonate** eine weisse von Baryumcarbonat.

Formel für Sulfate siehe bei Borax.

Formel für Carbonate siehe bei Jodoformium.

c) **Baryumchlorid** giebt eine weisse Fällung von Baryumsulfat.

Formel siehe bei Chininum hydrochloricum.

Obige Lösung soll nach Zusatz von Ammoniakflüssigkeit durch Ammoniumoxalatlösung (a) oder Natriumphosphatlösung (b) nicht verändert werden.

a) **Calciumverbindungen** erzeugen eine weisse Fällung von Calciumoxalat.

a) Formel siehe bei Acidum boricum.

b) **Magnesiumsalze** geben eine weisse Fällung von Ammonium-Magnesiumphosphat.

$$MgCl_2 + NH_3 + Na_2HPO_4 + 6H_2O$$
Magnesiumchlorid Ammoniak Natriumphosphat
$$= Mg(NH_4)PO_4 \cdot 6H_2O + 2NaCl$$
Ammonium-Magnesiumphosphat   Natriumchlorid

20 ccm der wässerigen Lösung (1 = 20) sollen durch 0,5 ccm Kaliumferrocyanidlösung nicht gebläut werden.

Ferrisalze geben eine blaue Fällung von Ferriferrocyanid (Berlinerblau).

Formel siehe bei Acidum boricum.

Natrium jodatum — Natriumjodid.
NaJ.

Die wässerige Lösung des Salzes färbt, mit wenig Chlorwasser versetzt und mit Chloroform geschüttelt, dieses violett. Das Chlor macht aus dem Natriumjodid Jod frei, und dieses löst sich in Chloroform mit violetter Farbe.

$$NaJ + Cl = NaCl + J$$
Natriumjodid Natriumchlorid

Die wässerige Lösung (1 = 20) soll weder durch Schwefelwasserstoffwasser (a) noch durch Baryumnitratlösung (b) verändert werden.

a) Metalle, wie Kupfer, Blei erzeugen eine dunkle Fällung von Metallsulfid.
Formel siehe bei Kalium jodatum.

b) Sulfate geben eine weisse Fällung von Baryumsulfat.
Formel siehe bei Borax.

Obige Lösung darf mit einem Körnchen Ferrosulfat, 1 Tropfen Eisenchloridlösung und Natronlauge gelinde erwärmt, beim Übersättigen mit Salzsäure sich nicht blau färben.

Enthält das Salz Natriumcyanid, so entsteht beim Erwärmen mit Ferrosulfat Natriumferrocyanid (a) und dieses setzt sich mit dem Eisenchlorid in Ferriferrocyanid und Natriumchlorid um (b).

a) Formel ganz analog wie bei Kalium carbonicum.
b) Formel ganz analog wie bei Acidum boricum.

Der blaue Niederschlag wird aber erst sichtbar, wenn das aus überschüssig zugesetztem Eisensalz durch Natronlauge gefällte Eisenhydroxyduloxyd $Fe_3O_4 \cdot xH_2O$ durch Salzsäure zu Ferrochlorid und Ferrichlorid gelöst ist.

Die mit aufgekochtem und wieder erkaltetem Wasser frisch bereitete Lösung (1 = 10) soll bei alsbaldigem Zusatz von Stärkelösung und verdünnter Schwefelsäure sich nicht sofort färben.

Ist Natriumjodat zugegen, so macht die Schwefelsäure die Jodsäure frei, und zugleich aus dem Natriumjodid Jodwasserstoff. Letzterer setzt sich mit der Jodsäure in Jod und Wasser um, und das Jod verbindet sich mit dem Stärkemehl zur blauen Jodstärke.

Formel ganz analog wie bei Kalium jodatum.

Natrium jodatum.

20 ccm der wässerigen Lösung (1 = 20) soll, nach Zusatz von einigen Tropfen Salzsäure, durch 0,5 ccm Kaliumferrocyanidlösung nicht gebläut werden.

Ferrisalz giebt eine blaue Fällung von Ferriferrocyanid (Berlinerblau).

Formel siehe bei Kalium jodatum.

1 g Natriumjodid soll, mit 5 ccm Natronlauge und einem Gemisch von je 0,5 g Zinkfeile und Eisenpulver erwärmt, Ammoniak nicht entwickeln.

Beim Erwärmen von Zink mit Natronlauge entwickelt sich Wasserstoffgas. Die Gegenwart von Eisen befördert die Reaktion. Ist Kaliumnitrat zugegen, so reduziert der Wasserstoff in statu nascendi die Salpetersäure zu Ammoniak.

Formel siehe bei Kalium chloricum.

0,2 g getrocknetes Natriumjodid werden in 2 ccm Ammoniakflüssigkeit gelöst, mit 14 ccm Zehntel-Normal-Silbernitratlösung unter Umschütteln vermischt und dann filtriert; das Filtrat soll, nach dem Übersättigen mit Salpetersäure, innerhalb 10 Minuten weder bis zur Undurchsichtigkeit getrübt, noch dunkel gefärbt werden.

Silbernitrat setzt sich mit Natriumjodid in Silberjodid und Natriumnitrat um; ersteres ist in Ammoniakflüssigkeit unlöslich und scheidet sich aus.

$$NaJ + AgNO_3 = AgJ + NaNO_3$$
Natriumjodid   Silbernitrat   Silberjodid   Natriumnitrat
149,9   169,97

1 ccm Zehntel-Normal-Silbernitratlösung enthält 0,016997 g Silbernitrat

1 ccm „ „ „ fällt 0,01499 g Natriumjodid.

0,2 g Natriumjodid brauchen zur Fällung:
0,01499 : 1 ccm = 0,2 : x
x = 13,33 ccm Zehntel-Normal-Silbernitratlösung.

Das Arzneibuch lässt 14 ccm Zehntel-Normal-Silbernitratlösung zusetzen, also einen kleinen Überschuss, um etwa vorhandenes Natriumchlorid und Natriumbromid in Silberchlorid und Silberbromid zu verwandeln, welche aber in Ammoniakflüssigkeit löslich sind.

Formel ganz analog wie bei der Fällung des Silberjodids; siehe oben.

Wird das Filtrat mit Salpetersäure übersättigt, so entsteht Ammoniumnitrat und das Silberchlorid und Silberbromid scheidet sich aus.

Enthält das Präparat Natriumthiosulfat, so setzt sich dieses mit dem Silbernitrat um in Silberthiosulfat und Natriumnitrat, welche in Ammoniakflüssigkeit gelöst bleiben. Wird das Filtrat mit Salpetersäure übersättigt, so scheidet sich schwarzes Silbersulfid aus unter Bildung von Schwefelsäure.

Formel ganz analog wie bei Kalium carbonicum bei Prüfung auf Kaliumthiosulfat.

Natrium nitricum — Natriumnitrat.

$NaNO_3$.

Die wässerige Lösung des Salzes färbt sich auf Zusatz von Schwefelsäure und überschüssiger Ferrosulfatlösung braunschwarz. Die Schwefelsäure macht aus dem Kaliumnitrat die Salpetersäure frei unter Bildung von Natriumsulfat, und die Salpetersäure oxydiert einen Teil Ferrosulfat zu Ferrisulfat und wird dadurch zu Stickoxyd, welches sich mit einem anderen Teil Ferrosulfat zu der braunen Verbindung $FeSO_4 + NO$ vereinigt.

Formel siehe bei Acetum.

Die wässerige Lösung (1 = 20) soll weder durch Schwefelwasserstoffwasser (a) noch nach Zusatz von Ammoniakflüssigkeit, durch Ammoniumoxalat- (b) oder Natriumphosphatlösung (c) verändert werden.

a) Schwermetalle, wie Kupfer, Blei geben eine dunkle Fällung von Metallsulfid.

Formel siehe bei Kalium nitricum.

b) Calciumverbindungen geben eine weisse Fällung von Calciumoxalat.

Formel siehe bei Kalium nitricum.

c) Magnesiumsalze erzeugen eine weisse Fällung von Ammonium-Magnesiumphosphat.

Formel siehe bei Kalium nitricum.

Silbernitrat- (a) und Baryumnitratlösung (b) sollen die wässerige Lösung (1 = 20) innerhalb 5 Minuten nicht verändern.

Chloride geben eine weisse Fällung von Silberchlorid.

Formel siehe bei Argent. nitric. cum Kalio nitrico.

Sulfate erzeugen eine weisse Fällung von Baryumsulfat.

Formel siehe bei Borax.

5 ccm der wässerigen Lösung (1 = 20) sollen, nach dem Zusatz von verdünnter Schwefelsäure und Jodzinkstärkelösung, nicht sofort blau gefärbt werden.

Bei Gegenwart von **Natriumjodat** macht die Schwefelsäure die Jodsäure frei und zugleich aus dem Natriumjodid Jodwasserstoff; letzterer setzt sich mit Jodsäure in Jod und Wasser um. Das Jod verbindet sich mit dem Stärkemehl zur blauen Jodstärke.

Formeln analog wie bei Kalium jodatum bei der Prüfung auf Kaliumjodat.

Auch soll die wässerige Lösung auf Zusatz von Chlorwasser und mit Chloroform geschüttelt dieses nicht violett färben.

Ist **Natriumjodid** zugegen, so macht das Chlor das Jod frei, und dieses löst sich in Chloroform mit violetter Farbe.

Formel siehe bei Natrium jodatum.

20 ccm der wässerigen Lösung (1 = 20) sollen durch 0,5 ccm Kaliumferrocyanidlösung nicht gebläut werden.

Ferrisalze erzeugen eine blaue Fällung von Ferriferrocyanid (Berlinerblau).

Formel siehe bei Kalium nitricum.

Natrium phosphoricum — Natriumphosphat.

$$Na_2HPO_4 + 12\ H_2O.$$

Die wässerige Lösung des Salzes giebt mit Silbernitratlösung einen gelben Niederschlag von tertiärem Silberphosphat, der sich beim Erwärmen nicht bräunt.

Na_2HPO_4 + 3 $AgNO_3$ = Ag_3PO_4
Natriumphosphat Silbernitrat   Tertiäres Silberphosphat
+ 2 $NaNO_3$ + HNO_3
Natriumnitrat   Salpetersäure

Bei Gegenwart von **Natriumphosphit** scheidet sich beim Erwärmen metallisches Silber aus.

Na_2HPO_3 + 2 $AgNO_3$ + H_2O = Ag_2
Natriumphosphit Silbernitrat
Na_2HPO_4 + 2 HNO_3
Natriumphosphat

Eine Mischung aus 1 g vorher entwässertem und zerriebenem Natriumphosphat und 3 ccm Zinnchlorürlösung soll im Laufe einer Stunde eine dunklere Färbung nicht annehmen.

Bei Gegenwart von **Natriumarsenit** oder **Natriumarseniat** wird metallisches Arsen ausgeschieden unter Bildung von Zinnchlorid und Natriumchlorid.

$$2\ Na_3AsO_4\ +\ 5\ SnCl_2\ +\ 16\ HCl\ =\ As_2\ +\ 5\ SnCl_4$$
Natriumarseniat   Zinnchlorür   Arsen   Zinnchlorid
$$+\ 6\ NaCl\ +\ 8\ H_2O$$
Natriumchlorid

Die wässerige Lösung (1 =20) soll durch Schwefelwasserstoffwasser (a) nicht verändert werden; mit Salpetersäure angesäuert, darf sie nicht aufbrausen (b) und alsdann durch Baryumnitrat- (c) oder Silbernitratlösung (d) nach 3 Minuten nicht mehr als opalisierend getrübt werden.

a) **Schwermetalle**, wie Kupfer, Blei, Eisen, werden als Metallsulfide dunkel gefällt.

Formel siehe bei Acidum sulfuricum.

b) **Natriumcarbonat** entwickelt Kohlendioxyd unter Aufbrausen und Bildung von Natriumnitrat.

$$Na_2CO_3\ +\ 2\ HNO_3\ =\ 2\ NaNO_3\ +\ CO_2\ +\ H_2O$$
Natriumcarbonat   Natriumnitrat   Kohlendioxyd

c) **Sulfate** erzeugen eine weisse Fällung von Baryumsulfat. Formel siehe bei Borax.

d) **Chloride** geben eine weisse Fällung von Silberchlorid. Formel siehe bei Argent. nitric. cum Kalio nitrico.

Natrium salicylicum — Natriumsalicylat.

$$C_6H_4\begin{cases}OH\\COONa\end{cases}$$

Beim Erhitzen in einem engen Probierrohre entwickelt Natriumsalicylat weisse, nach Karbolsäure riechende Dämpfe und giebt einen kohlehaltigen, mit Säure aufbrausenden, die Flamme gelb färbenden Rückstand.

Beim Erhitzen über 200° wird ein Teil Salicylsäure zerlegt in Karbolsäure und Kohlendioxyd und es wird sekundäres Natriumsalicylat gebildet.

$$2\ C_6H_4\begin{cases}OH\\COONa\end{cases} =\ CO_2\ +\ C_6H_5\cdot OH$$
Natriumsalicylat   Kohlendioxyd   Carbolsäure

$$+\ C_6H_4\begin{cases}ONa\\COONa\end{cases}$$
Sekundäres Natriumsalicylat

Natrium salicylicum.

Bei stärkerem Erhitzen wird auch das sekundäre Salz zerlegt, und es bleibt kohlehaltiges Natriumcarbonat zurück, das mit Säuren aufbraust und die gelbe Natriumflamme zeigt.

Formel siehe bei Prüfung von Natrium phosphoricum auf Natriumcarbonat.

Eine wässerige Lösung (1 = 10) scheidet auf Zusatz von Salzsäure weisse, in Äther leicht lösliche Krystalle von Salicylsäure aus.

$$C_6H_4\begin{cases}OH\\COONa\end{cases} + HCl = C_6H_4\begin{cases}OH\\COOH\end{cases} + NaCl$$

Natriumsalicylat   Salicylsäure   Natriumchlorid

0,1 g Natriumsalicylat sollen von 1 ccm Schwefelsäure ohne Aufbrausen und ohne Färbung aufgenommen werden.

Natriumcarbonat entwickelt Kohlendioxyd unter Aufbrausen und Bildung von Natriumsulfat.

Formel ganz analog wie bei Natrium phosphoricum.

Die wässerige Lösung des Salzes (1 = 20) soll durch Schwefelwasserstoffwasser (a) und durch Baryumnitratlösung (b) nicht verändert werden.

a) **Metalle**, wie Kupfer, Blei, erzeugen eine dunkle Fällung von Metallsulfid.

$$\left[C_6H_4\begin{cases}OH\\COO\end{cases}\right]_2 Cu + H_2S = CuS + 2\,C_6H_4\begin{cases}OH\\COOH\end{cases}$$

Kupfersalicylat   Kupfersulfid   Salicylsäure

b) **Sulfate** erzeugen eine weisse Fällung von Baryumsulfat (a), **Carbonate** eine solche von Baryumcarbonat (b).

a) Formel siehe bei Borax.

b) Formel siehe bei Jodoformium.

2 Raumteile dieser Lösung (1 = 20) sollen, mit 3 Raumteilen Weingeist versetzt und mit Salpetersäure angesäuert, durch Zusatz von Silbernitratlösung nicht verändert werden.

Die Salpetersäure macht die Salicylsäure frei unter Bildung von Natriumnitrat, und erstere löst sich in Weingeist auf (a). Ist **Natriumchlorid** zugegen, so fällt Silbernitrat Silberchlorid (b).

a) Formel analog wie bei der Zersetzung des Salzes mit Salzsäure; siehe oben.

b) Formel siehe bei Argent. nitric. cum Kalio nitrico.

Natrium sulfuricum — Natriumsulfat.

$Na_2SO_4 + 10\ H_2O$.

Die wässerige Lösung des Salzes giebt mit Baryumnitratlösung einen weissen Niederschlag von Baryumsulfat.

Formel siehe bei Borax.

Eine Mischung aus 1 g vorher entwässertem und zerriebenem Natriumsulfat und 3 ccm Zinnchlorürlösung soll im Laufe einer Stunde eine dunklere Färbung nicht annehmen.

Ist **Natriumarsenit** oder **Natriumarseniat** zugegen, so scheidet sich metallisches Arsen aus unter Bildung von Zinnchlorid.

Formel siehe bei Natrium phosphoricum.

Die wässerige Lösung (1 = 20) soll weder durch Schwefelwasserstoffwasser (a) noch nach Zusatz von Ammoniakflüssigkeit durch Natriumphosphatlösung (b) verändert werden; auf Zusatz von Silbernitratlösung soll sie innerhalb 5 Minuten eine Veränderung nicht erleiden (c).

a) **Metalle**, wie Kupfer, Blei geben eine dunkle Fällung von Metallsulfid, **Zink** eine weisse von Zinksulfid.

Formel siehe bei Acidum sulfuricum.

b) **Magnesiumsulfat** erzeugt eine weisse Fällung von Ammonium-Magnesiumphosphat.

Formel siehe bei Magnesia usta.

c) **Natriumchlorid** giebt eine weisse Fällung von Silberchlorid.

Formel siehe bei Argent. nitric. cum Kalio nitrico.

20 ccm der wässerigen Lösung sollen durch 0,5 ccm Kaliumferrocyanidlösung nicht verändert werden.

Ferrisalze erzeugen eine blaue Fällung von Ferriferrocyanid (Berlinerblau) (a), **Kupfersalze** eine rotbraune von Kupferferrocyanid (b).

a) Formel siehe bei Alumen.

b) $\underset{\text{Kupfersulfat}}{2\ CuSO_4} + \underset{\text{Kaliumferrocyanid}}{K_4FeCy_6} = \underset{\text{Kupferferrocyanid}}{Cu_2FeCy_6}$

$+ \underset{\text{Kaliumsulfat.}}{2\ K_2SO_4}$

Biechele, Chemische Processe.

Natrium sulfuricum siccum —
Getrocknetes Natriumsulfat.
$Na_2SO_4 + H_2O$.

Darstellung. Natriumsulfat wird bei einer 25° nicht übersteigenden Temperatur der Verwitterung ausgesetzt, dann bei 40 bis 50° getrocknet, bis es die Hälfte seines Gewichts verloren hat, worauf man es durch ein Sieb schlägt.

Die prozentische Zusammensetzung des krystallisierten Natriumsulfats $Na_2SO_4 \cdot 10\,H_2O$ (Molekulargewicht $= 322,36$) berechnet sich:

Na_2SO_4
322,36 : 142,16 $=$ 100 : x
x $=$ 44,1 Prozent wasserfreies Natriumsulfat.

10 H_2O
322,36 : 180,2 $=$ 100 : x
x $=$ 55,9 Prozent Wasser.

Von 100 Teilen krystallisiertem Salz müssen beim Trocknen 50 Teile Wasser entweichen, so dass 50 Teile getrocknetes Natriumsulfat aus 55,9 $-$ 50 $=$ 5,9 Teilen Wasser und 44,1 Teilen wasserfreiem Natriumsulfat bestehen. 100 Teile getrocknetes Natriumsulfat bestehen demnach aus 11,8 Teilen Wasser und 88,2 Teilen wasserfreiem Natrium.

Dividiert man die prozentische Zusammensetzung mit den entsprechenden Molekulargewichten, so erhält man die Quotienten:

$$\frac{88,2}{146,16} = 6,2 \text{ für wasserfreies Natriumsulfat.}$$

$$\frac{11,2}{18,02} = 6,5 \text{ für Wasser.}$$

Da sich die Quotienten nahezu wie 1 : 1 verhalten, so kommt dem getrockneten Natriumsulfat die Formel $Na_2SO_4 \cdot H_2O$ zu.

Natrium thiosulfuricum — Natriumthiosulfat.
$Na_2S_2O_3 + 5\,H_2O$.

Die wässerige Lösung des Salzes trübt sich auf Zusatz von Salzsäure nach einiger Zeit und entwickelt schweflige Säure

Die Salzsäure macht aus dem Natriumthiosulfat unterschweflige Säure frei, welche alsbald in Schwefel, Schwefeldioxyd und Wasser zerfällt.

$$Na_2S_2O_3 + 2\,HCl = 2\,NaCl + S + SO_2 + H_2O$$
Natriumthiosulfat $\qquad$ Natriumchlorid $\quad$ Schwefeldioxyd

Oleum Amygdalarum — Mandelöl.

Das Mandelöl besteht im wesentlichen aus Ölsäureglycerinäther (Triolein) $C_3H_5(C_{18}H_{33}O_2)_3$.

Werden 1 ccm rauchende Salpetersäure, 1 ccm Wasser und 2 ccm Mandelöl bei 10^0 kräftig durchgeschüttelt, so soll ein weisses, nicht rotes oder braunes Gemenge entstehen, welches sich nach 2, höchstens 6 Stunden in eine feste, weisse Masse und eine braun gefärbte Flüssigkeit scheidet.

Die in der rauchenden Salpetersäure enthaltene salpetrige Säure verwandelt den Ölsäureglycerinäther in den isomeren, festen Elaïdinsäureglycerinäther, während die in den trocknenden Ölen enthaltenen Glycerinäther der Leinölsäure etc. nicht fest werden.

Fremde, nicht trocknende Öle erzeugen eine bräunliche Färbung der Flüssigkeit.

Lässt man 10 ccm Mandelöl mit 15 ccm Natronlauge und 10 ccm Weingeist bei 35^0 bis 40^0 so lange stehen, bis die Mischung sich geklärt hat, so wird das Mandelöl verseift unter Bildung von ölsaurem Natrium und Freiwerden von Glycerin (a). Aus der auf 100 ccm gebrachten klaren Lösung scheidet überschüssige Salzsäure Ölsäure aus (b), und letztere soll mit warmem Wasser gewaschen bei 15^0 flüssig bleiben.

a) $C_3H_5(C_{18}H_{33}O_2)_3 \;+\; 3\,NaOH \;=\; 3\,NaC_{18}H_{33}O_2$
Ölsäureglycerinäther $\quad$ Natriumhydroxyd $\quad$ Ölsaures Natrium
$+\; 3\,C_3H_5(OH)_3$
Glycerin

b) $NaC_{18}H_{33}O_2 + HCl = C_{18}H_{34}O_2 + NaCl$
Ölsaures Natrium $\qquad$ Ölsäure $\quad$ Natriumchlorid

Die Fettsäuren anderer Öle, wie des Olivenöls, Sesamöls, Baumwollensamenöls etc. besitzen einen höheren Schmelzpunkt, und sind bei 15^0 noch starr.

Zur Bestimmung der Jodaufnahmefähigkeit löst man etwa 0,5 g Mandelöl in 15 ccm Chloroform, fügt je 25 ccm weingeistige Jodlösung und weingeistige Quecksilberchloridlösung hinzu, und lässt 4 Stunden stehen. Alsdann versetzt man die Mischung mit

1,5 g Kaliumjodid und 100 ccm Wasser und titriert mit Zehntel-Normal-Natriumthiosulfatlösung bis zur Entfärbung. 100 Teile Mandelöl sollen nicht weniger als 95 und nicht mehr als 100 Teile Jod aufnehmen.

Wird Mandelöl mit einer Mischung von weingeistiger Jod-Quecksilberchloridlösung behandelt, so wird eine bestimmte Menge Jod von der Ölsäure gebunden. Die nicht gebundene Menge Jod wird durch Zehntel-Normal-Natriumthiosulfatlösung bestimmt.

Bestimmt man gleichzeitig die Menge Jod mittels Zehntel-Normal-Natriumthiosulfatlösung, welche in einer gleichen Menge Jodquecksilberchloridlösung enthalten, so erfährt man aus der Differenz beider Bestimmungen, wie viel Jod von der abgewogenen Menge Mandelöl gebunden wurde. Berechnet man, wie viel Teile Jod 100 Teile Mandelöl zu binden vermögen, so erhält man die Jodzahl.

Formel sowie Berechnung der Jodzahl siehe bei Adeps suillus.

Eine Vermischung des Mandelöls mit anderen Ölen erhöht oder erniedrigt die Jodzahl.

Oleum Anisi — Anethol.

Der sauerstoffhaltige Anteil des ätherischen Öles des Anis.

Der wichtigste Bestandteil des Anisöles ist das Anethol $C_{10}H_{12}O$. Dieses lässt sich ableiten von Anisol, Oxymethyl-Benzol: $C_6H_5 . OCH_3$, in welchem 1 Wasserstoffatom des Benzolkerns durch die Allylgruppe C_3H_5 erhitzt ist; es besitzt die Strukturformel: $C_6H_4 \begin{cases} OCH_3 & 1 \\ C_3H_5 & 4 \end{cases}$. Das Anethol stellt den Methyläther des Para-Allylphenols $C_6H_4 \begin{cases} OH & 1 \\ C_3H_5 & 4 \end{cases}$ dar.

Oleum Cacao — Kakaobutter.

Die Kakaobutter besteht aus den Glyceriden der Stearin-, Palmitin- und Ölsäure, neben Laurinsäure, sowie aus freien Fettsäuren.

Zur Bestimmung der Jodaufnahmefähigkeit löst man etwa 1 g Kakaobutter in 15 ccm Chloroform, fügt je 25 ccm weingeistige Jod- und Quecksilberchloridlösung zu, lässt 4 Stunden stehen, versetzt sodann die Mischung mit 1,5 g Kaliumjodid und 100 ccm Wasser, und titriert mit Zehntel-Normal-Natriumthiosulfatlösung bis zur Entfärbung. 100 Teile Kakaobutter sollen nicht weniger als 34 und nicht mehr als 38 Teile Jod aufnehmen.

Formel für Jodbestimmung und Berechnung der Jodzahl siehe bei Adeps suillus und Oleum Amygdalarum.

Oleum Calami — Kalmusöl.

Das ätherische Öl besteht aus verschiedenen Terpenen $C_{10}H_{16}$, einem sauerstoffhaltigen Körper und aus einem Phenol.

Oleum Carvi — Carvon.

Der sauerstoffhaltige Anteil des ätherischen Öles des Kümmels.

Beim Destillieren des Kümmelöls geht zuerst ein Terpen $C_{10}H_{16}$, Carven, über, sodann das kräftig riechende Carvon $C_{10}H_{14}O$.

Oleum Caryophyllorum — Eugenol.

Der sauerstoffhaltige Anteil des ätherischen Öles der Gewürznelken.

Das ätherische Nelkenöl besteht aus mindestens 80 Prozent eines Phenoläthers, des Eugenols und etwa 20 Prozent eines Sesquiterpens, Caryophyllen $C_{15}H_{24}$.

Das Eugenol besitzt einen phenolartigen Charakter, und seine Konstitutionsformel ist $C_6H_3\begin{cases} C_3H_5 & 1 \\ OCH_3 & 3 \\ OH & 4 \end{cases}$ d. i. Oxymethoxylallylbenzol.

Man kann es ableiten von Anethol $C_6H_4\begin{cases} OCH_3 \\ C_3H_5 \end{cases}$, indem 1 Wasserstoffatom des Benzolkerns durch 1 Hydroxylgruppe ersetzt ist.

Beim Mischen von Eugenol mit 26 ccm Wasser und 4 ccm Natronlauge entsteht eine klare Flüssigkeit, welche Eugenol-Natrium gelöst enthält. Dieselbe wird an der Luft leicht getrübt, indem die Verbindung durch die Kohlensäure der Luft unter Freiwerden von Eugenol zersetzt wird.

$$C_6H_3\begin{cases} C_3H_5 \\ OCH_3 \\ OH \end{cases} + NaOH = C_6H_3\begin{cases} C_3H_5 \\ OCH_3 \\ ONa \end{cases} + H_2O$$

Eugenol   Natriumhydroxyd   Eugenolnatrium

Oleum Cinnamomi — Zimmtöl.

Das ätherische Öl des chinesischen Zimmts besteht im wesentlichen aus Zimmtaldehyd C_6H_5 . $CH=CH—COH$ neben Essigsäure-Zimmtester C_6H_5 . $CH=CH—CH_2O—CH_3CO$ und geringer Menge freier Zimmtsäure C_6H_5 . $CH=CH—COOH$.

Beim Schütteln von 4 Tropfen Zimmtöl mit 4 Tropfen roher Salpetersäure entsteht bei einer 5° nicht übersteigenden Temperatur eine weisse Krystallmasse. Dieselbe stellt ein Additionsprodukt von Zimmtaldehyd und Salpetersäure C_6H_5 . $CH=CH—COH$. HNO_3 dar.

Erwärmt man eine Mischung von 5 ccm Zimmtöl und 45 ccm Natriumbisulfitlösung unter häufigem Umschütteln 2 Stunden lang im Wasserbade, so sollen nicht mehr als 1,5 ccm Zimmtöl ungelöst bleiben.

Das Zimmtaldehyd verbindet sich beim Schütteln mit konzentrierter Natriumbisulfitlösung zu zimmtaldehydschwefligsaurem Natrium C_6H_5 . $CH=CH—COH—NaHSO_3$.

Dieses geht beim Erwärmen mit überschüssiger Natriumsulfitlösung in ein Doppelsalz aus Natriumbisulfit und hydrozimmtaldehydsulfosaurem Natrium C_6H_5 . $CH_2=CH(SO_3Na)—COH—NaHSO_3$ über, und wird gelöst, während die nicht aldehydischen Bestandteile des Zimmtöles ungelöst bleiben. Bleiben von 5 ccm Zimmtöl 1,5 ccm ungelöst, werden also 3,5 ccm gelöst, so entspricht dieses 70 Prozent Zimmtaldehyd.

Oleum Citri — Citronenöl.

Das ätherische Öl besteht im wesentlichen aus dem Terpen, Rechts-Limonen $C_{10}H_{16}$ und aus den Aldehyden Citral $C_{10}H_{16}O$ und Citronellal $C_{10}H_{18}O$, welche den Geruch bedingen.

Oleum Crotonis — Krotonöl.

Das fette Öl der geschälten Samen ist ein trocknendes Öl, und besteht aus einem Gemische der Glyceride der Stearinsäure, Palmitinsäure, Myristinsäure sowie der Krotonolsäure und aus freier Krotonolsäure.

Ein Gemisch aus 1 ccm rauchender Salpetersäure, 1 ccm Wasser und 2 ccm Krotonöl soll, kräftig geschüttelt, binnen 1 bis 2 Tagen weder ganz noch teilweise erstarren.

Die nicht trocknenden Öle erstarren mit rauchender Salpetersäure geschüttelt, indem die in letzterer enthaltene salpetrige Säure die Ölsäure in die feste, isomere Elaïdinsäure verwandelt.

Oleum Jecoris Aselli — Leberthran.

Der Leberthran besteht aus den Glyceriden der Ölsäure, Palmitinsäure und wenig Stearinsäure und geringen Mengen niederer Fettsäuren; ferner enthält er geringe Mengen von freien Fettsäuren, Cholesterin, mit Schwefelsäure sich bläuende Farbstoffe, Lipochrome genannt, und Spuren von Chlor, Brom, Jod, Schwefel und Phosphor in organischer Verbindung.

Eine kräftig durchgeschüttelte Menge aus 1 ccm rauchender Salpetersäure, 1 ccm Wasser und 2 ccm Leberthran sollen binnen 1 bis 2 Tagen weder ganz noch teilweise erstarren.

Diese Elaïdinprobe siehe bei Oleum Crotonis.

Zur Bestimmung der Jodaufnahmefähigkeit löse man etwa 0,5 g Leberthran in 15 ccm Chloroform, füge je 25 ccm weingeistige Jodlösung und Quecksilberchloridlösung hinzu, lasse 4 Stunden stehen, setze dann 1,5 g Kaliumjodid und 100 ccm Wasser zu und titriere mit Zehntel-Normal-Natriumthiosulfatlösung bis zur Entfärbung. 100 Teile Leberthran sollen nicht weniger als 140 und nicht mehr als 152 Teile Jod aufnehmen.

Wird Leberthran mit einer Mischung von weingeistiger Jod- und Quecksilberchloridlösung behandelt, so wird eine bestimmte Menge Jod von den ungesättigten Fettsäuren gebunden. Die nicht gebundene Menge Jod wird durch Zehntel-Normal-Natriumthiosulfatlösung bestimmt.

Formel für Jodbestimmung sowie Berechnung der Jodzahl siehe bei Adeps suillus.

Zur Bestimmung der Verseifungszahl (siehe bei Balsamum peruvianum) erhitzt man 1 g Leberthran mit 20 ccm weingeistiger Halb-Normal-Kalilauge eine halbe Stunde am Rückflusskühler im Wasserbade, setze nach dem Erkalten einige Tropfen Phenolphtaleïnlösung zu und dann so viel Halb-Normal-Salzsäure, bis Entfärbung eintritt; hierzu sollen nicht mehr als 13 ccm Säure erforderlich sein.

Beim Erhitzen des Leberthrans mit weingeistiger Kalilauge werden die freien Säuren neutralisiert, und die Glyceride in der Weise zerlegt, dass die Fettsäuren sich mit dem Kalium zu Seifen verbinden und Glycerin frei wird.

Formel siehe bei Oleum Amygdalarum.

232 Oleum Juniperi. — Oleum Lauri. — Oleum Lavandulae.

Werden 13 ccm Halb-Normal-Salzsäure zum Zurücktitrieren der Halb-Normal-Kalilauge verbraucht, so wurden $20 - 13 = 7$ ccm Halb-Normal-Kalilauge zur Verseifung von 1 g Leberthran verwendet.

1 ccm Halb-Normal-Kalilauge enthält 0,02808 g Kaliumhydroxyd
7 ccm „ „ „ enthalten $7 \times 0,02808$
$= 0,19656$ g „
in Milligrammen ausgedrückt 196,56 und diese Zahl ist die Verseifungszahl.

Oleum Juniperi — Wacholderöl.

Das ätherische Öl besteht aus verschiedenen Terpenen $C_{10}H_{16}$ und Sesquiterpenen $C_{15}H_{24}$.

Oleum Lauri — Lorbeeröl.

Es stellt ein salbenartiges krystallinisches Gemenge von Fett und ätherischem Öle dar. Es besteht im wesentlichen aus den Glyceriden der Laurinsäure (Laurostearin) $C_3H_5(C_{12}H_{23}O_2)_3$ und enthält auch noch das Glycerid der Ölsäure, ferner Lorbeerkampher $C_{22}H_{30}O_2$, Chlorophyll und ätherisches Öl.

Erwärmt man Lorbeeröl mit 2 Teilen Weingeist und giesst nach dem Erkalten die Auflösung ab, so soll diese nicht braun gefärbt werden, wenn Ammoniakflüssigkeit zugesetzt wird.

Wird das Lorbeeröl mit Kurkuma und Indigo gefärbt, so bräunt sich dasselbe bei Einwirkung von Ammoniak auf den gelben Farbstoff der Kurkuma.

Oleum Lavandulae — Lavendelöl.

Das ätherische Öl besteht aus dem Terpen Limonen $C_{10}H_{16}$ und einem Sesquiterpen $C_{15}H_{24}$, aus den zusammengesetzten Äthern, Linalylacetat $C_{10}H_{17} . OC_2H_3O$ und Linalylbutyrat $C_{10}H_{17} . OC_4H_7O$ und geringen Mengen Geraniol $C_{10}H_{17}OH$ und Cineol $C_{10}H_{18}O$.

Zur Bestimmung der Esterzahl (siehe bei Balsamum Copaïvae) wird 1 g Lavendelöl mit 10 ccm weingeistiger Halb-Normal-Kalilauge eine halbe Stunde lang im Rückflusskühler im Wasserbade erhitzt und nach dem Erkalten unter Zusatz einiger Tropfen Phenolphtaleïnlösung mit Halb-Normal-Salzsäure bis zur

Entfärbung titriert; hierzu sollen höchstens 7 ccm Säure erforderlich sein.

Beim Erhitzen von Lavendelöl mit weingeistiger Kalilauge werden die zusammengesetzten Ester Linolylacetat und Linalylbutyrat in der Weise zersetzt, dass die Säuren sich mit dem Kalium verbinden, und das Linalyl in Freiheit gesetzt wird.

$$C_{10}H_{17} . OC_2H_3O \;+\; KOH \;=\; C_{10}H_{17} . OH \;+\; KC_2H_3O_2$$
Linalylacetat Kaliumhydroxyd Linalyl Kaliumacetat
196   56,16

Auf analoge Weise wird das Linalylbutyrat (Molekulargewicht = 224) durch die Kalilauge zersetzt.

Werden zum Zurücktitrieren 7 ccm Halb-Normal-Salzsäure gebraucht, so werden 10 − 7 = 3 ccm Halb-Normal-Kalilauge zur Zersetzung der zusammengesetzten Ester verwendet.

1 ccm Halb-Normal-Kalilauge enthält 0,02808 g Kaliumhydroxyd
3 ccm „ „ „ enthalten 3 × 0,02808
= 0,08424 g „
in Milligrammen ausgedrückt 84,24 und dieses ist die Esterzahl.

Die Menge der zusammengesetzten Ester berechnet sich aus obiger Formel. Das Mittel der Molekulargewichte der zusammengesetzten Ester beträgt $\frac{196 + 224}{2} = 210$.

1 ccm Halb-Normal-Kalilauge zersetzt 0,105 g der Ester
3 ccm „ „ „ zersetzen 3 × 0,105
= 0,315 g „
welche in 1 g Lavendelöl enthalten sein sollen. Es entspricht dieses 31,5 Prozent Ester.

Oleum Lini — Leinöl.

Das fette Öl besteht aus etwa 80 Prozent Glycerid der Leinölsäure $C_3H_5(C_{18}H_{29}O_2)_3$ und aus den Glyceriden der Ölsäure, Palmitinsäure, Stearinsäure und Myristinsäure.

Erwärmt man 20 Teile Leinöl im Wasserbade und versetzt sie unter Umrühren mit einer Mischung von 27 Teilen Kalilauge und 2 Teilen Weingeist und erwärmt die Mischung weiter bis zur vollständigen Verseifung, so soll sich die gewonnene Seife in Wasser und in Weingeist ohne Rückstand lösen.

Die Fettsäuren verbinden sich mit dem Kalium zu Seifen und das Glycerin wird frei.

$$C_3H_5(C_{18}H_{29}O_2)_3 + 3\,KOH = 3\,C_{18}H_{29}KO_2$$
Leinölsäure-Glycerid Kaliumhydroxyd Leinölsaures Kalium
$$+ C_3H_5(OH)_3$$
Glycerin

Auf analoge Weise werden die übrigen Glyceride durch die Kalilauge zersetzt.

Zur Bestimmung der **Jodaufnahmefähigkeit** löst man etwa 0,1 g Leinöl in 15 ccm Chloroform, fügt je 25 ccm weingeistige Jod- und Quecksilberchloridlösung hinzu, lässt 18 Stunden lang stehen, versetzt die Mischung mit 1,5 g Kaliumjodid und 100 ccm Wasser und titriert mit Zehntel-Normal-Natriumthiosulfatlösung bis zur Entfärbung. 100 Teile Leinöl sollen nicht weniger als 150 Teile Jod aufnehmen.

Wird Leinöl mit einer Mischung von weingeistiger Jod- und Quecksilberchloridlösung bekandelt, so wird eine bestimmte Menge Jod von den ungesättigten Fettsäuren, wie Leinölsäure, Ölsäure gebunden. Die nicht gebundene Menge Jod wird mit Zehntel-Normal-Natriumthiosulfatlösung bestimmt.

Formel für Jodbestimmung und Berechnung der Jodzahl siehe bei Adeps suillus und Oleum Amygdalarum.

Oleum Macidis — Ätherisches Muskatnussöl.

Das ätherische Öl besteht aus niedrig siedenden Kohlenwasserstoffen, Terpenen $C_{10}H_{16}$, und aus höher siedenden, sauerstoffhaltigen Körpern, Myristicin $C_{12}H_{14}O_3$ und Myristicol $C_{10}H_{14}O$.

Oleum Menthae piperitae — Pfefferminzöl.

Das ätherische Öl besteht aus krystallisierbarem Menthenkampher, Menthol, $C_{10}H_{19}\cdot OH$, aus flüssig bleibenden Kohlenwasserstoffen, Terpenen $C_{10}H_{16}$ und aus Menthon $C_{10}H_{18}O$.

Oleum Nucistae — Muskatnussöl.

Ein Gemenge aus Fett, ätherischem Öle und Farbstoff. Das Fett besteht aus den Glyceriden der Myristinsäure $C_3H_5(C_{14}H_{27}O_2)_3$, der Ölsäure und Palmitinsäure und aus freier Myristinsäure $C_{14}H_{28}O_2$.

Oleum Olivarum. — Oleum Papaveris.

Oleum olivarum — Olivenöl.

Das fette Öl besteht aus den in der Kälte sich ausscheidenden Glyceriden
der Stearinsäure, $C_3H_5(C_{18}H_{35}O_2)_3$,
der Palmitinsäure, $C_3H_5(C_{16}H_{31}O_2)_3$ und
der Arachinsäure, $C_3H_5(C_{20}H_{39}O_2)_3$
und aus den flüssig bleibenden Glyceriden
der Leinölsäure, $C_3H_5(C_{18}H_{31}O_2)_3$ und
der Ölsäure, $C_3H_5(C_{18}H_{33}O_2)_3$
Ausserdem enthält es noch kleine Mengen freier Säure, Cholesterin und Chlorophyll.

Beim kräftigen Durchschütteln von 1 ccm rauchender Salpetersäure, 1 ccm Wasser und 2 ccm Olivenöl bei 10^0 soll ein grünlich-weisses, nicht rotes oder braunes Gemenge entstehen, welches sich nach 2 bis höchstens 6 Stunden in eine feste, weisse Masse und eine braun gefärbte Flüssigkeit scheidet.

Die in der rauchenden Salpetersäure enthaltene salpetrige Säure verwandelt das Ölsäure-Glycerid in das feste, isomere Elaïdinsäure-Glycerid, während die in den trocknenden Ölen enthaltenen Glyceride diese Umwandlung nicht erleiden.

Zur Bestimmung der Jodaufnahmefähigkeit löst man etwa 0,5 g Olivenöl in 15 ccm Chloroform, fügt je 25 ccm weingeistige Jod- und Quecksilberchloridlösung zu, lässt 4 Stunden lang stehen, versetzt die Mischung mit 1,5 g Kaliumjodid und 100 ccm Wasser und titriert mit Zehntel-Normal-Natriumthiosulfatlösung bis zur Entfärbung. 100 Teile Olivenöl sollen nicht weniger als 80 und nicht mehr als 84 Teile Jod aufnehmen.

Wird Olivenöl mit einer Mischung von weingeistigem Jod- und Quecksilberchlorid behandelt, so wird von den ungesättigten Fettsäuren, Leinölsäure und Ölsäure eine bestimmte Menge Jod gebunden. Die nicht gebundene Menge Jod wird mit Zehntel-Normal-Natriumthiosulfatlösung bestimmt.

Formel für Jodbestimmung und Berechnung der Jodzahl siehe bei Adeps suillus und Oleum Amygdalarum.

Oleum Papaveris — Mohnöl.

Das fette Öl enthält als Hauptbestandteil die Glyceride der Linolsäure, $C_3H_5(C_{18}H_{31}O_2)_3$ und der Ölsäure $C_3H_5(C_{16}H_{33}O_2)_3$ und eine geringe Menge von Linoleinsäure-Glycerid $C_3H_5(C_{18}H_{29}O_2)_3$.

2 ccm Mohnöl sollen, mit 1 ccm rauchender Salpetersäure und 1 ccm Wasser kräftig durchgeschüttelt, auch nach längerer Zeit nicht erstarren.

Nicht trocknende Öle, wie Olivenöl, Mandelöl, Sesamöl etc. erstarren, indem die salpetrige Säure der rauchenden Salpetersäure das in grösserer Menge vorhandene Ölsäure-Glycerid in festes Elaïdinsäure-Glycerid verwandelt.

Zur Bestimmung der Jodaufnahmefähigkeit löst man etwa 0,1 g Mohnöl in 15 ccm Chloroform, fügt je 25 ccm weingeistige Jod- und Quecksilberchloridlösung hinzu, lässt 18 Stunden stehen, versetzt die Mischung mit 1,5 g Kaliumjodid und 100 ccm Wasser und titriert mit Zehntel-Normal-Natriumthiosulfatlösung bis zur Entfärbung. 100 Teile Mohnöl sollen nicht weniger als 130 und nicht mehr als 150 Teile Jod aufnehmen.

Wird Mohnöl mit weingeistiger Jod- und Quecksilberchloridlösung behandelt, so wird von den ungesättigten Fettsäuren, Linolsäure, Ölsäure, Linoleinsäure, eine bestimmte Menge Jod gebunden. Das nicht gebundene Jod wird mit Zehntel-Normal-Natriumthiosulfatlösung bestimmt.

Formel für Jodbestimmung und Berechnung der Jodzahl siehe bei Adeps suillus und Oleum Amygdalarum.

Oleum Ricini — Ricinusöl.

Das fette Öl besteht im wesentlichen aus dem Glyceride der Ricinolsäure, $C_3H_5(C_{18}H_{33}O_3)_3$ sowie aus einer geringen Menge Stearinsäure-Glycerid, $C_3H_5(C_{18}H_{35}O_2)_3$.

Oleum Rosae — Rosenöl.

Das ätherische Öl besteht zum grössten Teil aus Geraniol $C_{10}H_{17}.OH$ und einem geruchlosen Stearopten.

Oleum Rosmarini — Rosmarinöl.

Das ätherische Öl besteht aus dem Kohlenwasserstoff Pinen $C_{10}H_{16}$ und dem sauerstoffhaltigen Körper Cineol (Eucalyptol) $C_{10}H_{18}O$; die höher siedenden Anteile sind Laurineenkampher $C_{10}H_{16}O$ und Borneol $C_{10}H_{18}O$.

Oleum Santali — Sandelöl.

Das ätherische Öl besteht aus einem Sesquiterpenalkohol, Santatol $C_{15}H_{26}O$ und aus dem Aldehyd desselben: Santatol, $C_{15}H_{24}O$.

Oleum Sinapis — Senföl.

Das durch Destillation von gepulverten Senfsamen, welche in kaltem Wasser eingeweicht wurden, gewonnene Öl.

Die schwarzen Senfsamen enthalten Myrosin, einen Eiweisskörper, und Myrosäure, ein Glycosid, an Kalium gebunden.

Werden die zerquetschten Senfsamen mit Wasser angerührt, so zerfällt das myronsaure Kalium durch die Einwirkung des Myrosins, als Ferment, in Allylsenföl (Isosulfocyanallyl), Traubenzucker und saueres Kaliumsulfat.

$$C_{10}H_{18}KNO_{10}S_2 = SCN \cdot C_3H_5 + C_6H_{12}O_6$$
Myronsaures Kalium   Isosulfocyanallyl   Traubenzucker
(Allylsenföl)

$$+ KHSO_4$$
Saueres Kaliumsulfat

Giesst man zu 3 g Senföl nach und nach unter guter Abkühlung 6 g Schwefelsäure, so tritt beim Umschütteln Gasentwicklung auf. Die gelbe, keineswegs dunkle Mischung ist zunächst vollkommen klar, wird dann zähflüssig, bisweilen krystallinisch und verliert den scharfen Geruch des Senföls.

Es entwickelt sich Kohlenoxysulfidgas unter Bildung von schwefelsaurem Allylamin.

$$2 (SCN \cdot C_3H_5) + H_2SO_4 + 2 H_2O = (C_3H_5 \cdot NH_2)_2 \cdot H_2SO_4$$
Isosulfocyanallyl   Schwefelsaures Allylamin

$$+ 2 COS$$
Kohlenoxysulfid

5 ccm einer Lösung des Senföls in Weingeist (1 = 50) werden in einem 100 ccm fassenden Messkolben mit 50 ccm Zehntel-Normal-Silbernitratlösung und 10 ccm Ammoniakflüssigkeit versetzt und gut bedeckt unter häufigem Umschütteln 24 Stunden lang stehen gelassen. Nach dem Auffüllen bis zur Marke sollen auf 50 ccm des klaren Filtrats, nach Zusatz von 6 ccm Salpetersäure und 1 ccm Ferriammoniumsulfatlösung 16,6 bis 17,2 ccm Zehntel-Normal-Ammoniumrhodanidlösung bis zum Eintritt der Rotfärbung erforderlich sein.

Oleum Sinapis.

Das Allylsenföl verbindet sich mit dem Ammoniak durch Addition zu Allylsulfoharnstoff (Thiosinamin) (a). Diese Verbindung setzt sich mit Silbernitrat um in Silbersulfid, das sich ausscheidet, und Allylcyanamid, das in Lösung geht (b).

a) $\mathrm{SCN \cdot C_3H_5} \ + \ \mathrm{NH_3} \ = \ \mathrm{CS}\begin{cases}\mathrm{NH \cdot C_3H_5}\\ \mathrm{NH_2}\end{cases}$

    Allylsenföl   Ammoniak   Allylsulfoharnstoff
      99,15

b) $\mathrm{CS}\begin{cases}\mathrm{NH \cdot C_3H_5}\\ \mathrm{NH_2}\end{cases} + \ 2\,\mathrm{AgNO_3} \ + \ 2\,\mathrm{NH_3} \ = \ \mathrm{Ag_2S}$

  Allylsulfoharnstoff   Silbernitrat   Ammoniak   Silbersulfid
            2 . 169,97

$+ \ \mathrm{CN \cdot NH\,C_3H_5} \ + \ 2\,\mathrm{(NH_4)NO_3}$
    Allylcyanamid   Ammoniumnitrat

Nachdem überschüssige Zehntel-Normal-Silbernitratlösung zugesetzt wurde, so wird der Überschuss durch Zehntel-Normal-Ammoniumrhodanidlösung zurücktitriert. Letzteres fällt aus Silbernitrat Silberrhodanid.

Formel siehe bei Charta sinapisata.

Als Indikator dient Ferriammoniumsulfat, welches mit Ammoniumrhodanid rotes Ferrirhodanid bildet. Diese Verbindung bleibt aber erst bestehen, und die Flüssigkeit bleibt gerötet, wenn alles Silber als Silberrhodanid gefällt ist.

Formel siehe bei Charta sinapisata.

Gleiche Volumina der Zehntel-Normal-Lösungen sind einander äquivalent. Braucht man 16,6 bis 17,2 ccm Zehntel-Normal-Ammoniumrhodanidlösung zum Zurücktitrieren, so wurden, weil nur die Hälfte der Flüssigkeit zum Zurücktitrieren verwendet wurde, 25 — 16,6 bis 17,2 = 8,4 bis 7,8 ccm Zehntel-Normal-Silbernitratlösung zur Bindung des Schwefels des Senföls verwendet.

1 Molekül Allylsenföl = 99,15 entspricht 2 Molekülen Silbernitrat = 2 . 169,97 (siehe obige Formel).

1 ccm Zehntel-Normal-Silbernitratlösung enthält 0,016997 g Silbernitrat,

1 ccm Zehntel-Normal-Silbernitratlösung entspricht $\dfrac{0,00915}{2}$

= 0,004957 g Allylsenföl,

8,4 bis 7,8 ccm Zehntel-Normal-Silbernitratlösung entsprechen 8,4 bis 7,8 × 0,004957 = 0,04164 bis 0,038664 g Allylsenföl.

Eine Lösung des Senföls in Weingeist (1 = 50) besitzt ein spez. Gew. von 0,84 und 5 ccm dieser Lösung wiegen $5 \times 0,84 = 4,2$ g. Diese enthalten $\frac{4,2}{50} = 0,084$ g Senföl. Die Hälfte der Flüssigkeit, welche zum Titrieren verwendet wurde, enthält daher 0,042 g Senföl.

Diese Menge Senföl soll 0,04164 bis 0,038664 g Allylsenföl enthalten; in 100 g Senföl sollen enthalten sein:

$$\frac{0,04164 \times 100}{0,042} = 99,05 \text{ bis } \frac{0,038664 \times 100}{0,042} = 92,06 \text{ g Allylsenföl.}$$

Oleum Terebinthinae — Terpentinöl.

Das ätherische Öl besteht aus dem Kohlenwasserstoff Pinen, $C_{10}H_{16}$. Durch Einwirkung von Luft und Licht nimmt es Sauerstoff auf, wird dickflüssig und reagiert stark sauer. Es enthält dann Ameisensäure und Essigsäure neben Wasserstoffsuperoxyd.

Oleum Thymi — Thymianöl.

Das ätherische Öl enthält als Hauptbestandteil Thymol, einen phenolartigen Körper, $C_{10}H_{14}O$; seine Konstitutionsformel ist

$C_6H_3 \begin{cases} CH_3 & 1 \\ C_3H_7 & 4 \\ OH & 3 \end{cases}$ (Methyl-Propyl-Phenol). Manche Öle enthalten

statt Thymol das damit isomere Carvacrol, $C_{10}H_{14}O$, das als Oxycymol betrachtet werden kann. Wieder andere Öle enthalten Thymol und Carvacrol in wechselnden Verhältnissen. Ferner ist im Thymianöl Cymol, $C_{10}H_{14}$, uud ein Terpen, Thymen, enthalten.

Schüttelt man 5 ccm Thymianöl mit 30 ccm einer Mischung aus 10 ccm Natronlauge und 20 ccm Wasser in einem graduierten Mischzylinder kräftig durch, und lässt so lange stehen, bis die Laugenschicht klar geworden ist, so darf die darauf schwimmende Ölschichte nicht mehr als 4 ccm betragen.

Thymol oder Carvacrol löst sich in der Natronlauge zu Thymol-Natrium, während Cymol und Thymen ungelöst bleiben und sich abscheiden. Betragen letztere $^4/_5$ des Volumens des Thymianöles, so enthält dasselbe 20 Prozent Thymol oder Carvacrol.

$C_{10}H_{14}O$ + NaOH = $C_{10}H_{13}$NaO + H_2O
Thymol Natriumhydroxyd Thymol-Natrium

Opium — Opium.

Der an der Luft eingetrocknete Milchsaft der unreifen Früchte von Papaver somniferum.

Opium soll 10 bis 12 Prozent Morphin enthalten. Ausserdem enthält es noch verschiedene andere Alkaloide, wie:

Codein, $C_{18}H_{21}NO_3$,
Narceïn, $C_{23}H_{29}NO_9$,
Papaverin, $C_{21}H_{21}NO_4$,
Thebain, $C_{19}H_{21}NO_3$,
Narkotin, $C_{22}H_{23}NO_7$ etc.

Diese Alkaloide sind meist an Meconsäure und Schwefelsäure gebunden, und als solche leicht löslich. Ausserdem sind noch zwei indifferente Stoffe, Meconin und Meconoisin, sowie Zucker, Eiweiss, Extraktivstoffe, Wachs, Farbstoffe etc. enthalten.

Zur Bestimmung des Morphingehaltes reibt man 6 g mittelfeines Opiumpulver mit 6 g Wasser an, spült die Mischung in ein Kölbchen, und bringt den Inhalt mit Wasser auf 54 g. Nach einer Stunde presst man die Masse durch ein Stück Leinwand, filtriert von der abgepressten Flüssigkeit 42 g durch ein Filter von 10 cm Durchmesser, fügt 2 g Natriumsalicylatlösung (1 = 2) hinzu und schüttelt, worauf man 36 g durch ein Filter von 10 cm Durchmesser filtriert. Das Filtrat vermischt man mit 10 g Äther und fügt 5 g einer Mischung aus 17 g Ammoniakflüssigkeit und 83 g Wasser zu. Nach 10 Minuten langem Schütteln lässt man 24 Stunden stehen, giesst dann zuerst die Ätherschicht durch ein Filter von 8 cm Durchmesser, setzt nochmals 10 g Äther zur wässerigen Flüssigkeit hinzu und filtriert die Ätherschicht wieder ab. Hierauf bringt man die wässerige Flüssigkeit auf das Filter, ohne auf die an den Wänden des Kölbchens haftenden Krystalle Rücksicht zu nehmen, und spült dieses sowie das Kölbchen dreimal mit je 5 g mit Äther-gesättigtem Wasser nach. Nachdem das Kölbchen gut ausgelaufen und das Filter gut abgetropft ist, löst man die Morphinkrystalle nach dem Trocknen in 25 ccm Zehntel-Normal-Salzsäure und giesst die Lösung in einen Kolben von 100 ccm Inhalt, wäscht Kölbchen und Filter mit Wasser nach und verdünnt die Lösung auf 100 ccm.

50 ccm dieser Lösung mischt man mit 50 ccm Wasser und setzt so viel Äther zu, dass die Schichte des letzteren 1 cm erreicht. Nach Zusatz von 5 Tropfen Jodeosinlösung lässt man soviel Zehntel-Normal-Kalilauge zufliessen, nach jedem Zusatz die

Mischung kräftig umschüttelnd, bis die untere, wässerige Schicht eine blassrote Farbe angenommen hat. Es sollen hierzu nicht mehr als 5,4 ccm und nicht weniger als 4,1 ccm Lauge erforderlich sein.

Beim Behandeln des Opiums mit Wasser gehen die schwefelsauren und meconsauren Alkaloide in Lösung. Da das Verhältnis von Opium zum Wasser 1 : 9 beträgt, so entsprechen 36 g des Filtrats 4 g Opium.

Der Zusatz der konzentrierten Natriumsalicylatlösung bezweckt harzige Bestandteile und den grössten Teil der fremden Alkaloide, wie Narcotin, Narcein und Papaverin zu fällen.

Durch die verdünnte Ammoniakflüssigkeit wird das Morphin aus der Lösung gefällt, während der Ätherzusatz die Ausscheidung des Morphins befördert. Auch löst der Äther das noch vorhandene Narkotin, und andere Alkaloide auf. Die nochmalige Behandlung mit Äther bezweckt die Entfernung der fremden Alkaloide, namentlich des Narkotins, und durch das Abspülen der Krystalle mit Äther-gesättigtem Wasser wird die Mutterlauge entfernt.

$$(C_{17}H_{19}NO_3)_2 . H_2SO_4 + 2\ NH_3 = 2\ C_{17}H_{19}NO_3$$
Morphiumsulfat   Ammoniak   Morphin
$$+ (NH_4)_2SO_4$$
Ammoniumsulfat

Die Morphinkrystalle lösen sich in Salzsäure als chlorwasserstoffsaures Morphin auf.

$$C_{17}H_{19}NO_3 + HCl = C_{17}H_{19}NO_3 . HCl$$
Morphin   36,46   Chlorwasserstoffsaures Morphin
285

Von dieser Lösung wird nur die Hälfte zum Titrieren verwendet, welche 2 g Opium entspricht.

Hat man zum Zurücktitrieren 5,4 bis 4,1 ccm Zehntel-Normal-Kalilauge gebraucht, so wurden zur Bindung des Morphins 12,5 — 5,4 bis 4,1 = 7,1 bis 8,4 ccm Zehntel-Normal-Salzsäure verwendet.

Über die Anwendung des Jodeosin als Indikator siehe bei Cortex Granati.

1 Molekül Morphin = 285 braucht 1 Molekül Chlorwasserstoff = 36,46 zur Neutralisation.

1 ccm Zehntel-Normal-Salzsäure enthält 0,003646 g Chlorwasserstoff,

1 „ „ „ „ sättigt 0,0285 g Morphin,
8,4 „ „ „ „ sättigen 8,4 × 0,0285 = 0,2394 g Morphin,
7,1 „ „ „ „ sättigen 7,1 × 0,0285 = 0,20235 g Morphin.

Diese Menge Morphin darf in 2 g Opium enthalten sein; demnach sollen 100 g Opium höchstens 50 × 0,2394 = 11,97 g und mindestens 50 × 0,20235 = 10,117 g Morphin enthalten.

Paraffinum liquidum — Flüssiges Paraffin.

Es besteht aus Kohlenwasserstoffen der Methanreihe $(C_n H_{2n+2})$ und aus hydrirten aromatischen Kohlenwasserstoffen, Naphtenen $(C_n H_{2n})$.

Das flüssige Paraffin wird von Schwefelsäure selbst beim Erwärmen nicht angegriffen.

Paraffinum solidum — Festes Paraffin.

Es besteht aus festen Kohlenwasserstoffen der Methanreihe.

Das feste Paraffin wird von Schwefelsäure, selbst beim Erwärmen nicht angegriffen.

Paraldehydum — Paraldehyd.

$$C_6 H_{12} O_3 = (C_2 H_4 O)_3.$$

1 Teil Paraldehyd soll sich in 10 Teilen kaltem Wasser zu einer klaren, auch beim Stehen Öltröpfchen nicht abscheidenden Flüssigkeit lösen.

Wird das Paraldehyd aus fuselhaltigem Alkohol dargestellt, so enthält es Valeraldehyd $C_4 H_9 . COH$, das in Wasser unlöslich ist.

Obige Lösung darf nach dem Ansäuren mit Salpetersäure weder durch Silbernitratlösung (a) noch durch Baryumnitratlösung (b) verändert werden.

a) Salzsäure erzeugt eine weisse Fällung von Silberchlorid. Formel siehe bei Acetum.

Pastilli Hydrargyri bichlorati. — Pepsinum. 243

b) **Schwefelsäure** giebt eine weisse Fällung von Baryumsulfat.

Formel siehe bei Acetum.

Eine Mischung aus 1 ccm Paraldehyd und 1 ccm Weingeist soll, nach Zusatz von 1 Tropfen Normal-Kalilauge, nicht sauer reagieren.

Das Paraldehyd oxydiert sich an der Luft leicht zu Essigsäure, und enthält deshalb stets Spuren dieser Säure. Es darf aber in 1 ccm Paraldehyd nicht mehr Essigsäure enthalten sein, als durch 1 Tropfen Normal-Kalilauge neutralisiert werden kann.

$$(C_2H_4O)_3 + 3\,O = 3\,C_2H_4O_2$$
Paraldehyd   Sauerstoff   Essigsäure

5 ccm Paraldehyd, im Wasserbade erhitzt, sollen ohne Hinterlassung eines unangenehm riechenden Rückstandes flüchtig sein.

Im Rückstand bleibt übelriechendes Valeraldehyd $C_4H_9.COH$, wenn bei der Darstellung des Paraldehyds fuselhaltiger Alkohol verwendet wurde.

Pastilli Hydrargyri bichlorati —
Sublimatpastillen.

Die Sublimatpastillen bestehen aus gleichen Teilen Quecksilberchlorid und Natriumchlorid.

Die wässerige Lösung der Pastillen rötet blaues Lackmuspapier nicht.

Die Quecksilberchloridlösung reagiert sauer. Mit Natriumchlorid liefert das Quecksilberchlorid ein Doppelsalz $HgCl_2.NaCl$, welches neutral reagiert.

Wird eine gepulverte Pastille dreimal nach einander mit dem fünffachen Gewichte Äther geschüttelt, so löst sich das Quecksilberchlorid auf; der Rückstand, aus Natriumchlorid bestehend, darf nicht mehr als die Hälfte betragen.

Pepsinum — Pepsin.

Von einem Hühnerei, welches 10 Minuten in kochendem Wasser gelegen hat, wird das Eiweiss nach dem Erkalten durch ein zur Bereitung von grobem Pulver bestimmtes Sieb zerrieben. 10 g dieses zerteilten Eiweisses werden mit 100 ccm warmem Wasser von $50°$ und 0,5 ccm Salzsäure vermischt; der Mischung wird 0,1 g Pepsin zugesetzt. Lässt man diese Mischung unter wiederholtem Umschütteln eine Stunde lang bei 45° stehen, so soll das Eiweiss bis auf wenige, weissgelbe Häutchen gelöst sein.

Das Eiweiss coaguliert bei Einlegen der Eier in kochendes Wasser. Durch Einwirkung der sauren Lösung des Pepsins auf Eiweiss wird letzteres zuerst in Hemialbuminose (Propepton), dann in Pepton verwandelt. Beide sind in Wasser löslich.

Nach einstündiger Einwirkung hat sich vorzüglich Hemialbuminose und nur wenig Pepton gebildet.

Phenacetinum — Phenacetin.

$$C_6H_4\begin{cases} OC_2H_5 \\ NH(CH_3CO) \end{cases}$$

Wird eine Lösung von 0,2 g Phenacetin in 2 ccm Salzsäure eine Minute lang gekocht, hierauf die Lösung mit 20 ccm Wasser verdünnt und nach dem Erkalten filtriert, so nimmt die Flüssigkeit auf Zusatz von 6 Tropfen Chromsäurelösung allmählich eine rubinrote Färbung an.

Beim Kochen von Phenacetin mit Salzsäure, spaltet sich ersteres in Essigsäure und Para-Amidophenotol (Para-Phenetidin) und dieses verbindet sich mit Salzsäure zu einem Salz. Wird letzteres mit einem Oxydationsmittel, wie Chromsäure, zusammengebracht, so geht es in eine rotgefärbte Verbindung über.

$$C_6H_4\begin{cases} OC_2H_5 \\ NH(CH_3CO) \end{cases} + HCl + H_2O = CH_3 \cdot COOH$$
Phenacetin   Essigsäure

$$+ C_6H_4\begin{cases} OC_2H_5 \\ NH_2 \end{cases} \cdot HCl$$
Chlorwasserstoffsaures Paraphenetidin.

0,1 g Phenacetin soll, in 10 ccm heissem Wasser gelöst, nach dem Erkalten ein Filtrat geben, welches durch Bromwasser bis zur Gelbfärbung zugesetzt, nicht getrübt wird.

Enthält das Präparat Acetanilid, so geht dieses, weil es weit löslicher ist, als das Phenacetin, in das Filtrat und wird durch Brom als Parabromacetanilid gefällt.

$$C_6H_4 < \begin{matrix} H \\ NH(CH_3CO) \end{matrix} + 2\,Br = C_6H_4\begin{cases} Br & 1 \\ NH(CH_3CO) & 4 \end{cases}$$
Acetanilid   Parabromacetanilid

$$+ HBr$$
Bromwasserstoff

Phenylum salicylicum — Phenylsalicylat.

$$C_6H_4\begin{cases} OH \\ COO\,C_6H_5 \end{cases}$$

Werden 0,2 bis 0,3 g Phenylsalicylat mit wenig Natronlauge unter Erwärmen in Lösung gebracht und hierauf mit Salzsäure übersättigt, so scheidet sich Salicylsäure bei gleichzeitig auftretendem Phenolgeruch aus.

Beim Erwärmen mit Natronlauge bildet sich Natriumsalicylat und Phenolnatrium (a). Wird mit Salzsäure übersättigt, so scheidet sich Salicylsäure aus und Phenol wird in Freiheit versetzt (b).

a) $C_6H_4\begin{cases} OH \\ COO\,C_6H_5 \end{cases} + 2\,NaOH = C_6H_4\begin{cases} OH \\ COO\,Na \end{cases}$
Phenylsalicylat   Natriumhydroxyd   Natriumsalicylat
$+ C_6H_5.ONa + H_2O$
Phenolnatrium

b) $C_6H_4\begin{cases} OH \\ COO\,Na \end{cases} + C_6H_5.ONa + 2\,HCl = C_6H_4\begin{cases} OH \\ COOH \end{cases}$
Natriumsalicylat   Phenolnatrium   Salicylsäure
$+ C_6H_5.OH + 2\,NaCl$
Phenol   Natriumchlorid

Mit 50 Teilen Wasser geschüttelt soll es ein Filtrat geben, das durch Baryumnitratlösung (a) und durch Silbernitratlösung (b) nicht verändert wird.

a) **Sulfate** erzeugen eine weisse Fällung von Baryumsulfat. Formel siehe bei Borax.

Natriumphosphat erzeugt eine weisse Fällung von Baryumphosphat, das in Salpetersäure löslich ist.

$2\,Na_2HPO_4 + 3\,Ba(NO_3)_2 = Ba_3(PO_4)_2$
Natriumphosphat   Baryumnitrat   Baryumphosphat
$+ 4\,NaNO_3 + 2\,HNO_3$
Natriumnitrat

b) **Chloride** geben eine weisse Fällung von Silberchlorid. Formel siehe bei Argent. nitric. cum Kalio nitrico.

Phosphorus — Phosphor.

Der Phosphor raucht an der Luft unter Verbreitung eines eigentümlichen Geruches, entzündet sich leicht und leuchtet im Dunkeln.

Das Leuchten im Dunkeln und der eigentümliche Geruch beruht auf einer Verdampfung des Phosphors und gleichzeitiger Oxydation zur phosphorigen Säure H_3PO_3 und Phosphorsäure H_3PO_4.

An der Luft verbrennt der Phosphor, wenn Sauerstoff genug vorhanden ist, zu Phosphorsäureanhydrid P_2O_5, und bei ungenügendem Sauerstoff zu Phosphorigsäureanhydrid P_2O_3.

Physostigminum salicylicum — Physostigminsalicylat.

$$C_{15}H_{21}N_3O_2 \cdot C_7H_6O_3.$$

Das salicylsaure Salz des Alkaloids, Physostigmin, auch Eserin genannt, welches aus den Calabarbohnen dargestellt wird. Die wässerige Lösung des Salzes wird durch Jodlösung getrübt, indem eine Jodverbindung des Physostigmins entsteht.

In erwärmter Ammoniakflüssigkeit löst sich das kleinste Kryställchen Physostigminsalicylat zu einer gelbrot gefärbten Flüssigkeit.

Ammoniak fällt aus dem Salze das Physostigmin, das sich beim Erwärmen auflöst, und alsbald unter Rotfärbung zersetzt wird.

$C_{15}H_{21}N_3O_2 \cdot C_7H_6O_3 \; + \; NH_3 \; = \; C_{15}H_{21}N_3O_2$
Physostigminsalicylat   Ammoniak   Physostigmin
$+ \; C_7H_5O_3(NH_4)$
Ammoniumsalicylat

Physostigminum sulfuricum — Physostigminsulfat.

$$(C_{15}H_{21}N_3O_2)_2 \cdot H_2SO_4.$$

Das schwefelsaure Salz des Physostigmins.

In der wässerigen Lösung des Salzes ruft Baryumnitratlösung eine weisse Fällung von Baryumsulfat hervor.

$(C_{15}H_{21}N_3O_2)_2 \cdot H_2SO_4 \; + \; Ba(NO_3)_2 \; = \; 2\,(C_{15}H_{21}N_3O_2 \cdot HNO_3)$
Physostigminsulfat   Baryumnitrat   Physostigminnitrat
$+ \; BaSO_4$
Baryumsulfat.

Pilocarpinum hydrochloricum —
Pilokarpinhydrochlorid.

$C_{11}H_{16}N_2O_2 \cdot HCl.$

Das chlorwasserstoffsaure Salz des Alkaloids, Pilocarpin, welches aus den Jaborandiblättern dargestellt wird.

Die wässerige Lösung des Salzes wird durch Jodlösung (a), Bromwasser (b), Quecksilberchloridlösung (c) und durch Silbernitratlösung (d) reichlich gefällt.

a) Es scheidet sich eine Verbindung von Jod mit Pilocarpin aus.

b) Es schlägt sich eine Bromverbindung des Pilocarpins nieder.

c) Es bildet sich eine unlösliche Doppelverbindung von Pilocarpinhydrochlorid und Quecksilberchlorid.

d) Es scheidet sich Silberchlorid aus.

$$C_{11}H_{16}N_2O_2 \cdot HCl + AgNO_3 = C_{11}H_{16}N_2O_2 \cdot HNO_3$$
Pilocarpinhydrochlorid   Silbernitrat   Pilocarpinnitrat
$$+ \; AgCl$$
Silberchlorid.

Natronlauge verursacht nur in der concentrierten, wässerigen Lösung des Salzes eine Trübung, indem sich Pilocarpin ausscheidet.

In verdünnter Lösung des Salzes verwandelt sich das Pilocarpin in Pilocarpinsäure $C_{11}H_{18}N_2O_3$, das sich mit dem Natrium zu einem löslichen Salz verbindet.

Ein aus gleichen Teilen Pilocarpinhydrochlorid und Quecksilberchlorür bereitetes Gemisch schwärzt sich beim Befeuchten mit verdünntem Weingeist, indem letzteres zu metallischem Quecksilber reduziert wird.

Pix liquida — Holzteer.

Durch trockene Destillation aus dem Holze von Abietineen, vornehmlich von Pinus silvestris und Larix sibirica gewonnen.

Er enthält Holzessigsäure, Benzol, Toluol, Xylol, Styrol, Naphtalin, Paraffin, Karbolsäure, Kresol, Brenzcatechin, Kreosot und harzartige Stoffe etc.

Bei mikroskopischer Betrachtung lassen sich kleine Krystalle erkennen, welche wahrscheinlich Brenzcatechin $C_6H_4(OH)_2$ und Harzsäuren sind.

Das mit Holzteer geschüttelte Wasser reagiert sauer, während das mit Steinkohlenteer geschüttelte Wasser alkalisch reagiert, weil letzterer zahlreiche stickstoffhaltige Basen, wie Anilin, Pyridin- und Chinolinbasen enthält, neben Benzol, Naphtalin, Anthracen, Karbolsäure etc.

Plumbum aceticum — Bleiacetat.

$$Pb(C_2H_3O_2)_2 + 3 H_2O.$$

Die wässerige Lösung des Salzes wird durch Schwefelwasserstoffwasser schwarz gefällt, indem sich Bleisulfid ausscheidet (a); durch Schwefelsäure erscheint ein weisser Niederschlag an Bleisulfat (b), durch Kaliumjodidlösung eine gelbe Fällung von Bleijodid (c).

a) $Pb(C_2H_3O_2)_2 + H_2S = PbS + 2 C_2H_4O_2$
    Bleiacetat   Bleisulfid   Essigsäure

b) $Pb(C_2H_3O_2)_2 + H_2SO_4 = PbSO_4 + 2 C_2H_4O_2$
                                Bleisulfat

c) $Pb(C_2H_3O_2)_2 + 2 KJ = PbJ_2 + 2 C_2H_3KO_2$
                     Kaliumjodid   Bleijodid   Kaliumacetat

Bleiacetat soll mit 10 Teilen Wasser eine klare oder höchstens opalisierende Lösung geben.

Ist die Lösung trübe, so enthält das Präparat **basisches Bleicarbonat**, indem dasselbe Kohlensäure aus der Luft aufgenommen. Auch durch die im Wasser enthaltene Kohlensäure kann sich unlösliches basisches Bleicarbonat bilden.

$2 Pb(C_2H_3O_2)_2 + CO_2 + 3 H_2O = PbCO_3 . Pb(OH)_2$
    Bleiacetat   Kohlendioxyd   Basisches Bleicarbonat
$+ 4 C_2H_4O_2$
    Essigsäure.

Obige Lösung soll durch Kaliumferrocyanidlösung rein weiss gefällt werden, indem sich Bleiferrocyanid ausscheidet. Ist der Niederschlag rötlich, so ist **Kupferacetat** zugegen, welches als rotes Kupferferrocyanid, Cu_2FeCy_6 gefällt wird.

$2 Pb(C_2H_3O_2)_2 + K_4FeCy_6 = Pb_2FeCy_6$
   Bleiacetat   Kaliumferrocyanid   Bleiferrocyanid
$+ 4 C_2H_3KO_2$
   Kaliumacetat

Formel für Kupferacetat ganz analog.

Potio Riveri. — Pulpa Tamarindorum depurata.

Potio Riveri — River'scher Trank.

Darstellung. 4 Teile Citronensäure löse man in 190 Teilen Wasser und setze 9 Teile Natriumcarbonat in kleinen Krystallen zu, welche durch mässiges Umschwenken allmählich gelöst werden. Es bildet sich Natriumcitrat und Kohlendioxyd wird frei.

$2\ (C_6H_8O_7 \cdot H_2O) + 3\ (Na_2CO_3 \cdot 10\ H_2O) = 2\ (C_6H_5O_7Na)_3$
Citronensäure   Natriumcarbonat   Natriumcitrat
$2 \cdot 210{,}1$ $3 \cdot 286{,}3$
$+ 3\ CO_2 + 35\ H_2O$

2 Moleküle Citronensäure $= 420{,}2$ brauchen zur Sättigung 3 Moleküle Natriumcarbonat $= 858{,}9$.

4 Teile Citronensäure brauchen zur Sättigung:
$420{,}2 : 858{,}9 = 4 : x$
$x = 8{,}17$ Teile Natriumcarbonat.

Das Arzneibuch lässt 9 Teile hierzu verwenden: der Überschuss wird durch das frei werdende Kohlendioxyd in saures Natriumcarbonat verwandelt, welches gelöst bleibt; das übrige Kohlendioxyd entweicht teils, teils bleibt es in der Flüssigkeit gelöst.

$Na_2CO_3 + CO_2 + H_2O = 2\ NaHCO_3$
Natriumcarbonat   Saueres Natriumcarbonat.

Pulpa Tamarindorum depurata — Gereinigtes Tamarindenmus.

Schüttelt man 2 g gereinigtes Tamarindenmus mit 50 ccm heissem Wasser, lässt darauf erkalten und filtriert, so sollen zur Sättigung von 25 ccm des Filtrats nicht weniger als 1,2 ccm Normal-Kalilauge erforderlich sein.

Die Tamarinden enthalten als freie Säuren Weinsäure, Citronensäure und Äpfelsäure. Diese werden von der Normal-Kalilauge neutralisiert. Wird der Säuregehalt auf Weinsäure berechnet, so erfolgt die Neutralisation nach folgender Formel:

$C_4H_6O_6 + 2\ KOH = C_4H_4K_2O_6 + 2\ H_2O$
Weinsäure   Kaliumhydroxyd   Kaliumtartrat
$150{,}06$ $2 \cdot 56{,}16$

2 Moleküle Kaliumhydroxyd $= 2 \cdot 56{,}16$ neutralisieren 1 Molekül Weinsäure $= 150{,}06$.

250　Pulvis aërophorus.

1 ccm Normal-Kalilauge enthält 0,05616 g Kaliumhydroxyd,

1　„　„　„　sättigt $\dfrac{0,15006}{2}=0,07503$ g Weinsäure,

1,2 „　„　„　sättigen $1,2 \times 0,07503 = 0,09006$ g Weinsäure.

Diese Menge soll mindestens in 1 g Tamarindenmus, da nur die Hälfte des Filtrats zum Titrieren verwendet wurde, enthalten sein. In 100 g müssen also mindestens 9,00 g Säure, auf Weinsäure berechnet, enthalten sein.

Werden 2 g gereinigtes Tamarindenmus eingeäschert, und wird die Asche mit 5 ccm verdünnter Salzsäure erwärmt, so soll die filtrierte Flüssigkeit auf Zusatz von Schwefelwasserstoffwasser nicht verändert werden.

Beim Einäschern des Präparats verbrennt alle organische Substanz. Enthält dasselbe Kupfer, so bleibt dieses als Kupferoxyd in der Asche und wird von der Salzsäure als Kupferchlorid gelöst (a). Auf Zusatz von Schwefelwasserstoffwasser scheidet sich Kupfersulfid aus (b).

a) $CuO + 2\,HCl = CuCl_2 + H_2O$
　Kupferoxyd　　　　Kupferchlorid

b) $CuCl_2 + H_2S = CuS + 2\,HCl$
　Kupferchlorid　　Kupfersulfid

Pulvis aërophorus — Brausepulver.

Darstellung. 26 Teile Natriumbicarbonat, 24 Teile Weinsäure und 56 Teile Zucker werden vermischt.

Wird das Pulver mit Wasser behandelt, so entweicht Kohlendioxyd und Natriumtartrat geht in Lösung.

$2\,NaHCO_3 + C_4H_6O_6 = C_4H_4Na_2O_6 + 2\,CO_2$
Natriumbicarbonat　Weinsäure　Natriumtartrat　Kohlendioxyd
$2\,.\,84,06$　　　　$150,06$

$+ 2\,H_2O$

1 Molekül Weinsäure = 150,06 neutralisiert 2 Moleküle Natriumbicarbonat = 168,12.

26 Teile Natriumbicarbonat brauchen zur Neutralisation:

$168,12 : 150,06 = 26 : x$

$x = 23,208$ g Weinsäure.

Das Arzneibuch lässt hierzu 24 g Weinsäure verwenden, also einen kleinen Überschuss.

Bei den englischen Brausepulvern lässt das Arzneibuch auf 2 Teile Natriumbicarbonat 1,5 Teile Weinsäure verwenden.

2 Teile Natriumbicarbonat brauchen zur Neutralisation:

$$168{,}12 : 150{,}06 = 2 : x$$
$$x = 1{,}8 \text{ Teile Weinsäure.}$$

Es ist also Natriumbicarbonat im Überschusse.

Pyrazolonum phenyldimethylicum — Phenyldimethylpyrazolon.

$$C_{11}H_{12}N_2O.$$

Die wässerige Lösung des Präparats (1 = 100) giebt mit Gerbsäurelösung eine reichliche, weisse Fällung, indem ein Tannat des Phenyldimethylpyrazolon von wechselnder Zusammensetzung entsteht.

2 ccm obiger Lösung werden von 2 Tropfen rauchender Salpetersäure grün, und durch einen, nach dem Erhitzen zum Sieden zugesetzten, weiteren Tropfen dieser Säure rot gefärbt.

Die in der rauchenden Salpetersäure enthaltene salpetrige Säure verwandelt das Phenyldimethylpyrazolon in die grüne Verbindung Isonitrosophenyldimetylpyrazolon. Durch Erhitzen mit einem weiteren Tropfen Salpetersäure findet eine tiefer gehende Zersetzung statt und es entsteht eine rote Färbung.

$$C_{11}H_{12}N_2O \quad + \quad HNO_2$$
Phenyldimethylpyrazolon Salpetrige Säure
$$= C_{11}H_{11}(NO)N_2O \quad + \quad H_2O$$
Isonitrosophenyldimethylpyrazolon

Die wässerige Lösung des Präparats (1 = 2) soll durch Schwefelwasserstoffwasser nicht verändert werden. Metalle zeigen eine dunkle Fällung von Metallsulfid an.

Formel siehe bei Kalium jodatum.

Pyrazolonum phenyldimethylicum salicylicum — Salicylsaures Phenyldimethylpryazolon.

$$C_{11}H_{12}N_2O \cdot C_7H_6O_3.$$

Die wässerige Lösung des Salzes (1 = 200) wird durch Gerbsäurelösung weiss getrübt, indem sich ein Tannat des Phenyldimethylpyrazolons von wechselnder Zusammensetzung ausscheidet.

Dieselbe Lösung wird auf Zusatz einiger Tropfen rauchenden Salpetersäure grün gefärbt.

Die in der rauchenden Salpetersäure stets vorhandene salpetrige Säure verwandelt das Phenyldimethylpyrazolon in die grüne Verbindung Isonitrosophenyldimethylpyrazolon.

Formel siehe beim vorigen Präparat.

0,5 g des Salzes geben, in 15 ccm Wasser unter Zugabe von 1 ccm Salzsäure erhitzt, eine klare, farblose Lösung, welche beim Erkalten feine weisse Nadeln ausscheidet.

Die Salzsäure macht die Salicylsäure frei, welche beim Erkalten der Lösung sich ausscheidet.

$$C_{11}H_{12}N_2O \cdot C_7H_6O_3 + HCl = C_7H_6O_3$$
Salicylsaures Phenyldimethyl-   Salicylsäure
pyrazolon

$$+ C_{11}H_{12}N_2O \cdot HCl$$
Phenyldimethylpyrazolonhydrochlorid

Die wässerige Lösung (1 = 200) soll durch Schwefelwasserstoffwasser nicht verändert werden. Metalle erzeugen eine dunkle Fällung von Metallsulfid.

Formel siehe bei Kalium jodatum.

Pyrogallolum — Pyrogallol.

$$C_6H_3(OH)_3.$$

Schüttelt man Pyrogallol mit Kalkwasser, so färbt sich letzteres zunächst violett, alsdann aber tritt Braunfärbung und Schwärzung unter flockiger Abscheidung ein.

In alkalischer Lösung oxydiert sich Pyrogallol sehr leicht unter Bildung von Essigsäure und Kohlendioxyd und Abscheidung einer braunen Substanz von unbekannter Zusammensetzung.

Die frische wässerige Lösung des Pyrogallols scheidet aus einer Lösung von Silbernitrat Silber aus, und das Pyrogallol wird zu Essigsäure und Oxalsäure oxydiert.

$$C_6H_3(OH)_3 + 6\,AgNO_3 + 5\,H_2O = 6\,Ag + 2\,C_2H_4O_2$$
Pyrogallol — Silbernitrat — Essigsäure
$$+ H_2C_2O_4 + 6\,HNO_3$$
Oxalsäure

Radix Ipecacuanhae — Brechwurzel.

Zur Bestimmung des Alkaloidgehaltes übergiesst man 12 g feines, bei 100° getrocknetes Brechwurzelpulver mit 90 g Äther und 30 g Chloroform und setzt nach kräftigem Umschütteln 10 ccm einer Mischung aus 2 Teilen Natronlauge und 1 Teil Wasser zu, und lässt 3 Stunden stehen. Hierauf fügt man 10 ccm Wasser zu, schüttelt und filtriert nach einstündigem Stehen von der klaren Chloroform-Ätherlösung 100 ccm ab. Von letzterer destilliert man etwa die Hälfte ab. Den Rückstand bringt man in einen Scheidetrichter, spült 3 mal mit je 5 ccm Äther nach und schüttelt die vereinigten Flüssigkeiten mit 12 ccm Zehntel-Normal-Salzsäure aus. Nach vollständiger Klärung filtriert man die untere, wässerige Lösung in einem 100 ccm fassenden Kolben, schüttelt die Chloroform-Ätherlösung noch 3 mal mit je 10 ccm Wasser aus, filtriert auch diese Auszüge, wäscht das Filter aus, und verdünnt die gesamte Flüssigkeit auf 100 ccm.

Von dieser Lösung misst man 50 ccm ab, setzt 50 ccm Wasser zu und so viel Äther, dass die Schichte des letzteren etwa die Höhe von 1 cm beträgt. Nach Zusatz von 5 Tropfen Jodeosinlösung lässt man soviel Hundertel-Normal-Kalilauge zufliessen, bis die untere, wässerige Lösung eine blassrote Farbe angenommen hat. Zur Erzielung dieser Farbe sollen nicht mehr als 20 ccm Lauge erforderlich sein.

In der Brechwurzel ist das Alkaloid Emetin an Pflanzensäuren gebunden enthalten. Durch die verdünnte Natronlauge wird das Emetin in Freiheit gesetzt, und dieses löst sich in Chloroform-Äther auf. Wird diese Lösung mit Zehntel-Normal-Salzsäure geschüttelt, so geht chlorwasserstoffsaures Emetin in Lösung. Zum Zurücktitrieren der überschüssig zugesetzten Salzsäure wird Hundertel-Normal-Kalilauge zugesetzt. Als Indikator dient Jodeosin, welches von der wässerigen Flüssigkeit so lange nicht gelöst wird, so lange dieselbe freie Salzsäure enthält. Sobald dieselbe alkalisch wird, löst sie Jodeosin und nimmt eine violette Farbe an (siehe bei Cortex Granati).

Das Brechwurzelpulver wird mit Chloroform-Äther in dem Verhältnis von 1 : 10 behandelt. Von dieser Lösung kommen nach dem Ausschütteln mit 12 ccm Zehntel-Normal-Salzsäure nur die Hälfte, nämlich 50 ccm zum Titrieren, welche 5 g Brechwurzel entsprechen. Werden zum Zurücktitrieren 20 ccm **Hundertel-Normal-Kalilauge**, entsprechend 2 ccm **Zehntel-Normal-Kalilauge** verwendet, so wurden zur Bindung des Emetins 6 — 2 = 4 ccm Zehntel-Normal-Salzsäure gebraucht.

1 Molekül Emetin $C_{30}H_{40}N_2O_5$ (Molekulargewicht 508) braucht 2 Molekül Chlorwasserstoff $= 2 \cdot 36{,}46$ zur Neutralisation.

1 ccm Zehntel-Normal-Salzsäure enthält 0,003646 g Chlorwasserstoff,

1 „ „ „ „ sättigt $\dfrac{0{,}0508}{2} = 0{,}0254$ g Emetin,

4 „ „ „ „ sättigen $4 \times 0{,}0254 = 0{,}1016$ g „

Diese Menge soll zum mindesten in 5 g Brechwurzel enthalten sein, somit in 100 g des letzteren $20 \times 0{,}1016 = 2{,}03$ g Emetin.

Resorcinum — Resorcin.

$$C_6H_4{<}^{OH\ 1}_{OH\ 3}.$$

Bleiessig fällt aus der wässerigen Lösung des Resorcins (1 = 20) einen weissen Niederschlag von Resorcinblei.

$$3\,C_6H_4\!\begin{cases}OH\\OH\end{cases} + 2\,[Pb(C_2H_3O_2)_2] \cdot Pb(OH)_2 = 3\,C_6H_4\!\begin{cases}O\\O\end{cases}\!Pb$$

Resorcin   Bleiessig   Resorcinblei

$$+\ 4\,C_2H_4O_2 + 2\,H_2O$$
Essigsäure

Saccharum — Zucker.

$$C_{12}H_{22}O_{11}.$$

Die wässerige Lösung des Zuckers (1 = 20) soll durch Schwefelwasserstoffwasser nicht getrübt werden.

Der Zucker liefert mit vielen Metalloxyden Additionsprodukte, Saccharate. Die Metalle werden durch Schwefelwasserstoff als Metallsulfide gefällt.

Saccharum Lactis. — Santoninum.

Obige Lösung darf mit Ammoniumoxalatlösung (a), Silbernitrat- (b) und Baryumnitratlösung (c) höchstens eine opalisierende Trübung geben.

a) **Calciumverbindungen** erzeugen eine weisse Fällung von Calciumoxalat.

$C_{12}H_{22}O_{11} \cdot CaO \;+\; (NH_4)_2C_2O_4 \;=\; CaC_2O_4 \cdot H_2O$
Calciumsaccharat Ammoniumoxalat Calciumoxalat
$+\; C_{12}H_{22}O_{11} \;+\; 2\,NH_3$
Zucker Ammoniak

b) **Chloride** erzeugen eine weisse Fällung von Silberchlorid.

$CaCl_2 \;+\; 2\,AgNO_3 \;=\; 2\,AgCl \;+\; Ca(NO_3)_2$
Calciumchlorid Silbernitrat Silberchlorid Calciumnitrat

c) **Sulfate** geben eine weisse Fällung von Baryumsulfat. Formel siehe bei Calcium carbonic. praecipit.

Saccharum Lactis — Milchzucker.

$C_{12}H_{22}O_{11} + H_2O.$

Werden 15 g gepulverter Milchzucker mit 50 ccm verdünntem Weingeist eine halbe Stunde lang unter wiederholtem Umschütteln in Berührung gelassen, und die Flüssigkeit dann abfiltriert, so wird ein Filtrat erhalten, von welchem 10 ccm sich beim Vermischen mit dem gleichen Volumen absolutem Alkohol nicht trüben, noch beim Verdunsten mehr als 0,04 g Rückstand hinterlassen dürfen.

Der Milchzucker ist in verdünntem Weingeist nahezu unlöslich, während Rohrzucker und Dextrin darin leicht löslich sind. Beim Vermischen des Filtrats mit absolutem Alkohol scheidet sich Rohrzucker und Dextrin aus der Lösung aus.

Santoninum — Santonin.

$C_{15}H_{18}O_3.$

Das Santonin stellt das Anhydrid der Santoninsäure $C_{15}H_{20}O_4$ dar. Wird Santonin mit 100 Teilen Wasser und 5 Teilen verdünnter Schwefelsäure gekocht, so liefert es nach längerem Abkühlen und darauffolgendem Filtrieren eine nicht bitter schmeckende

Flüssigkeit, in welcher durch Zusatz von einigen Tropfen Kaliumdichromatlösung eine Fällung nicht entstehe.

Bei Gegenwart von **Strychnin** besitzt die Flüssigkeit einen bitteren Geschmack und Kaliumdichromat erzeugt eine gelbbraune, krystallinische Fällung von Strychnindichromat.

$$(C_{21}H_{22}N_2O_2)_2 . H_2SO_4 + K_2Cr_2O_7 = (C_{21}H_{22}N_2O_2)_2 . H_2Cr_2O_7$$
Strychninsulfat   Kaliumdichromat   Strychnindichromat

$$+ K_2SO_4$$
Kaliumsulfat

Sapo kalinus — Kaliseife.

Darstellung. 20 Teile Leinöl werden im Wasserbade erwärmt, unter Umrühren mit einer Mischung aus 27 Teilen Kalilauge und 2 Teilen Weingeist versetzt und dann bis zur Verseifung erwärmt.

Das Leinöl besteht im wesentlichen aus den Glyceriden der Linolen- und Isolinolensäure $(C_{18}H_{29}O_2)_3C_3H_5$ und der Linolsäure $(C_{18}H_{31}O_2)_3 . C_3H_5$ neben Glyceriden anderer Fettsäuren. Wird das Leinöl mit Kalilauge gekocht, so verbinden sich die Fettsäuren mit dem Kalium zu Seifen und Glycerin wird frei. Die Kaliseife besteht daher aus den Kaliumsalzen der Linolen- und Isolinolensäure und der Linolsäure neben Kaliumsalzen anderer Fettsäuren, welchen Glycerin und überschüssige Kalilauge beigemengt sind.

$$(C_{18}H_{31}O_2)_3 . C_3H_5 + 3\,KOH = 3\,C_{18}H_{31}O_2K$$
Linolsaures Glycerid   Kaliumhydroxyd   Linolsaures Kalium

$$+ C_3H_5(OH)_3$$
Glycerin.

Eine Lösung von 10 g Kaliseife in 30 ccm Weingeist soll nach dem Versetzen mit 0,5 ccm Normal-Salzsäure klar bleiben und auf weiteren Zusatz von 1 Tropfen Phenolphtaleïnlösung sich nicht rot färben.

Findet auf Zusatz von Salzsäure eine Trübung statt, so ist Harzseife zugegen, welche durch die Salzsäure unter Abscheidung von Harz zerlegt wird.

Die Normal-Salzsäure neutralisiert die überschüssige Kalilauge, indem Kaliumchlorid gebildet wird.

Formel siehe bei Kali causticum fusum.

Es darf nicht mehr Kaliumhydroxyd zugegen sein, als durch 0,5 ccm Normal-Salzsäure gesättigt werden kann. Ist mehr zugegen, so bewirkt Phenolphtaleïnlösung eine rote Färbung.

1 ccm Normal-Salzsäure enthält 0,03646 g Chlorwasserstoff,
1 „ „ „ sättigt 0,05616 g Kaliumhydroxyd,
0,5 „ „ „ sättigen 0,5 × 0,05616 = 0,02808 g Kaliumhydroxyd.

Diese Menge darf in 10 g Kaliseife enthalten sein, in 100 g der letzteren 0,2808 g Kaliumhydroxyd.

Sapo kalinus venalis — Schmierseife.

Die Schmierseife enthält die Kaliumsalze der Fettsäuren, welche in den verseiften Fetten enthalten sind, dann überschüssiges Ätzkali, Glycerin und Wasser.

Zur Bestimmung des **Fettsäuregehaltes** löst man 5 g Schmierseife in 100 ccm heissem Wasser, setzt 10 ccm verdünnte Schwefelsäure zu und erwärmt so lange im Wasserbade, bis die ausgeschiedenen Fettsäuren klar auf der wässerigen Flüssigkeit schwimmen. Der erkalteten Flüssigkeit setzt man 50 ccm Petroleumbenzin zu und löst die Fettsäuren unter Bewegung des Glases. 25 ccm dieser Lösung verdunstet man in einem Becherglase bei gelinder Wärme, und trocknet den Rückstand bei einer 75° nicht übersteigenden Temperatur bis zum gleichbleibenden Gewicht. Dasselbe soll mindestens 1 g betragen.

Die Schwefelsäure zerlegt die Glyceride, indem sich die Fettsäuren ausscheiden und Kaliumsulfat in Lösung geht.

$$C_{18}H_{29}O_2K + H_2SO_4 = C_{18}H_{30}O_2 + KHSO_4$$
Linolensaures Kalium   Linolensäure   Saueres Kaliumsulfat

Auf gleiche Weise werden die Glyceride der anderen Fettsäuren zerlegt.

Nachdem die Hälfte der Fettsäure-Lösung, entsprechend 2,5 g Schmierseife, mindestens 1 g Fettsäuren enthalten soll, so müssen 100 g Schmierseife mindestens 40 g Fettsäuren enthalten.

Sapo medicatus — Medizinische Seife.

Darstellung. 120 Teile Natronlauge werden im Wasserbade erhitzt und dann nach und nach mit einem geschmolzenen Gemenge von 50 Teilen Schweineschmalz und 50 Teilen Olivenöl

Sapo medicatus.

versetzt und unter Umrühren eine halbe Stunde erhitzt. Darauf fügt man der Mischung 12 Teile Weingeist hinzu und sobald die Masse gleichförmig geworden, 200 Teile Wasser und erhitzt nötigenfalls unter Zusatz kleiner Mengen Natronlauge weiter, bis ein durchsichtiger, in heissem Wasser ohne Abscheidung von Fett löslicher Seifenleim gebildet ist. Alsdann wird eine filtrierte Lösung von 25 Teilen Natriumchlorid und 3 Teilen Soda in 80 Teilen Wasser hinzugefügt und die ganze Masse unter Umrühren weiter erhitzt, bis sich die Seife vollkommen abgeschieden hat. Die erkaltete, von der Mutterlauge getrennte Seife wird mehrmals mit geringen Mengen Wasser ausgewaschen, dann stark ausgepresst, in Stücke zerschnitten und an einem warmen Orte getrocknet.

Das Schweinefett besteht aus den Glyceriden der Stearinsäure, $(C_{18}H_{35}O_2)_3 . C_3H_5$, der Palmitinsäure, $(C_{16}H_{31}O_2)_3 . C_3H_5$ und der Ölsäure, $(C_{18}H_{33}O_2)_3 . C_3H_5$. Das Olivenöl besteht aus den Glyceriden der Ölsäure, Palmitinsäure, Arachinsäure, $(C_{20}H_{39}O_2)_3 . C_3H_5$. Werden die Fette mit Natronlauge gekocht, so entstehen Natriumsalze der Fettsäuren (Seifen) und Glycerin wird frei.

$(C_{18}H_{33}O_2)_3 . C_3H_5 \;+\; 3\,NaOH \;=\; 3\,C_{18}H_{33}NaO_2$
Ölsaures Glycerid   Natriumhydroxyd   Ölsaures Natrium
$+\; C_3H_5(OH)_3$
Glycerin

Auf gleiche Weise werden die Glyceride der anderen Fettsäuren zerlegt.

Auf Zusatz von Natriumchloridlösung scheidet sich die Seife aus, da sie in dieser Lösung unlöslich ist; die Seife wird auf diese Weise von Glycerin und überschüssiger Natronlauge befreit. Der Zusatz von Soda (Natriumcarbonat) bezweckt, das in dem Natriumchlorid meist vorhandene Magnesiumchlorid zuvor als basisches Magnesiumcarbonat zu fällen, weil dieses zur Bildung von unlöslichen Magnesiumseifen Veranlassung geben würde.

$4\,MgCl_2 \;+\; 4\,Na_2CO_3 \;+\; 5\,H_2O$
Magnesiumchlorid   Natriumcarbonat
$=\; 3\,MgCO_3 . Mg(OH)_2 . 4\,H_2O \;+\; 8\,NaCl \;+\; CO_2$
Basisches Magnesiumcarbonat   Natriumchlorid   Kohlendioxyd

Eine weingeistige Lösung der Seife (1 = 6) soll durch Schwefelwasserstoffwasser nicht verändert werden. Kupfer, Blei erzeugen eine dunkle Fällung von Metallsulfid.

$Cu(C_2H_3O_2)_2 \;+\; H_2S \;=\; CuS \;+\; 2\,C_2H_4O_2$
Kupferacetat   Kupfersulfid   Essigsäure

Scopolaminum hydrobromicum —
Skopolaminhydrobromid.

$C_{17}H_{21}NO_4 \cdot HBr + 3 H_2O$.

Das Skopolamin wird aus den Samen von Hyoscyamus niger dargestellt, in welchen dasselbe neben Hyoscyamin und Atropin enthalten ist.

100 Teile des Salzes verlieren über Schwefelsäure und bei 100° etwa 12,3 Teile an Gewicht.

Das Skopolaminhydrobromid besitzt das Molekulargewicht 438,28 und verliert beim Trocknen 3 Moleküle Krystallwasser = 54,06. 100 Teile des Salzes verlieren:

$$438,28 : 54,06 = 100 : x$$
$$x = 12,33 \text{ Teile Wasser.}$$

In der wässerigen Lösung des Salzes (1 = 20) wird durch Silbernitratlösung ein gelblicher Niederschlag von Silberbromid hervorgerufen.

$C_{17}H_{21}NO_4 \cdot HBr \quad + \quad AgNO_3 \quad = \quad AgBr$
Scopolaminhydrobromid Silbernitrat Silberbromid

$+ \; C_{17}H_{21}NO_4 \cdot HNO_3$
Skopolaminnitrat

Durch Natronlauge wird in obiger Lösung eine weissliche Trübung von Skopolamin erzeugt, welche wieder verschwindet, indem es weitere Zersetzung erleidet.

$C_{17}H_{21}NO_4 \cdot HBr \quad + \quad NaOH \quad = \quad C_{17}H_{21}NO_4$
Skopolaminhydrobromid Natriumhydroxyd Skopolamin

$+ \; NaBr + H_2O$
Natriumbromid

Semen Sinapis — Senfsamen.

Zur Bestimmung des **Gehaltes an ätherischem Senföl** werden 5 g gepulverte Senfsamen in einem Kolben mit 100 ccm Wasser von 20° bis 25° übergossen, und bei verschlossenem Kolben unter Umschwenken 2 Stunden lang stehen gelassen, worauf man dem Inhalt 20 ccm Weingeist und 2 ccm Olivenöl zusetzt und destilliert. Die zuerst übergehenden 40 bis 50 ccm werden in einem 100 ccm fassenden Messkolben, welcher 10 ccm

Ammoniakflüssigkeit enthält, aufgefangen und mit 20 ccm Zehntel-Normal-Silbernitratlösung versetzt. Man füllt dann bis zur Marke und lässt die Mischung unter häufigem Umschütteln in dem verschlossenen Kolben 24 Stunden lang stehen. 50 ccm des klaren Filtrats sollen alsdann, nach Zusatz von 6 ccm Salpetersäure und 1 ccm Ferriamoniumsulfatlösung, nicht mehr als 7,2 ccm Zehntel-Normal-Ammoniumrhodanidlösung bis zum Eintritt der Rotfärbung erfordern.

Die Bildung des ätherischen Senföls beim Behandeln des gepulverten Senfsamens mit Wasser siehe bei Oleum Sinapis.

Das Allylsenföl bildet mit dem Ammoniak Allylsulfoharnstoff (Thiosinamin). Diese Verbindung setzt sich mit Silbernitrat um in Silbersulfid, das sich ausscheidet und Allylcyanamid, das in Lösung geht.

Formeln siehe bei Oleum Sinapis.

Da überschüssige Silbernitratlösung zugesetzt wurde, so wird der Überschuss durch Zehntel-Normal-Ammoniumrhodanidlösung zurücktitriert. Letzteres fällt aus dem Silbernitrat Silberrhodanid und Ammoniumnitrat geht in Lösung.

Formel siehe bei Charta sinapisata.

Als Indikator dient Ferriammoniumsulfat, welches mit Ammoniumrhodanid rothes Ferrirhodanid bildet. Diese Verbindung bleibt aber erst bestehen, wenn alles Silber als Silberrhodanid gefällt ist.

Formel siehe bei Charta sinapisata.

Gleiche Volumina der Zehntel-Normal-Lösungen sind einander äquivalent. Werden zum Zurücktitrieren des überschüssigen Silbernitrats 7,2 ccm Zehntel-Normal-Ammoniumrhodanidlösung gebraucht, so wurden, weil nur die Hälfte der Flüssigkeit zum Titrieren verwendet wurde, 10 − 7,2 = 2,8 ccm Zehntel-Normal-Silbernitratlösung zur Bindung des Schwefels des Senföles verwendet.

1 ccm Zehntel-Normal-Silbernitratlösung entspricht 0,004957 g Allylsenföl
(siehe bei Oleum Sinapis),
2,8 „ „ „ „ entsprechen 2,8 × 0,004957
= 0,01387 g Allylsenföl.

Diese Menge soll zum mindesten aus 2,5 g Senfpulver entwickelt werden, aus 100 g des letzteren daher mindestens 40 × 0,01387 = 0,554 g Allylsenföl.

Semen Strychni — Brechnuss.

Zur Bestimmung des Alkaloidgehaltes übergiesst man 15 g mittelfein gepulverte, bei $100°$ getrocknete Brechnuss mit 100 g Äther und 50 g Chloroform, sowie nach kräftigem Umschütteln mit 10 ccm eines Gemisches aus 2 Teilen Natronlauge und 1 Teil Wasser, und lässt unter häufigem Umschütteln drei Stunden lang stehen. Nachdem man noch mit etwa 15 ccm Wasser geschüttelt, filtriert man 100 g der klaren Chloroform-Ätherlösung ab, und destilliert etwa die Hälfte ab. Den Rückstand bringt man in einen Scheidetrichter, spült noch 3 mal mit je 5 ccm eines Gemisches von 3 Teilen Äther und 1 Teil Chloroform nach und schüttelt die vereinigten Flüssigkeiten mit 10 ccm Zehntel-Normal-Salzsäure. Nach vollständiger Klärung filtriert man die wässerige, saure Flüssigkeit in einen Kolben von 100 ccm, schüttelt die Chlorform-Ätherlösung noch 3 mal mit je 10 ccm Wasser aus, filtriert auch diese Auszüge und wäscht das Filter mit Wasser nach, worauf man die gesamte Flüssigkeit auf 100 ccm bringt.

50 ccm dieser Flüssigkeit verdünne man mit 50 ccm Wasser, füge Äther zu, so dass die Schichte des letzteren etwa 1 cm Höhe besitzt, und hierauf fünf Tropfen Jodeosinlösung, worauf man soviel Hundertel-Normal-Kalilauge zusetzt, bis nach kräftigem Umschütteln die wässerige Schicht blassrote Farbe angenommen hat. Man soll hierzu nicht mehr als 15,6 ccm Lauge gebrauchen.

Die Brechnuss enthält die Alkaloide Strychnin und Brucin, an Gerbsäure gebunden. Beim Behandeln der Brechnuss mit verdünnter Natronlauge werden die Alkaloide frei und gehen in Chloroform-Äther in Lösung. Wird diese Lösung mit Zehntel-Normal-Salzsäure ausgeschüttelt, so lösen sich die chlorwasserstoffsauren Alkaloide in Wasser.

1 Molekül Strychnin, $C_{21}H_{22}N_2O_2$, mit dem Molekulargewicht 334 und 1 Molekül Brucin, $C_{23}H_{26}N_2O_4$, mit dem Molekulargewicht 394 brauchen je 1 Molekül Chlorwasserstoff $= 36,46$ zur Neutralisation. Das Molekulargewicht beträgt für beide Alkaloide im Mittel 364.

1 ccm Zehntel-Normal-Salzsäure enthält 0,003646 g Chlorwasserstoff,
1 „   „   „   „   sättigt 0,0364 g Alkaloide.

Werden zum Zurücktitrieren 15,6 ccm Hundertel-Normal-Kalilauge, entsprechend 1,56 ccm Zehntel-Normal-Kalilauge gebraucht, so wurden, da nur die Hälfte der Flüssigkeit zum

Titrieren verwendet wurde, $5 - 1,56 = 3,44$ ccm Zehntel-Normal-Salzsäure zur Bindung der Alkaloide verwendet.

3,44 ccm Zehntel-Normal-Salzsäure sättigen $3,44 \times 0,0364 = 0,1252$ g Alkaloide.

Nachdem 15 g Brechnusspulver mit 150 g Chloroform-Äther behandelt, und zuletzt 50 ccm Flüssigkeit titriert wurden, so entsprechen letztere 5 g Brechnuss. Diese müssen mindestens 0,1252 g Alkaloide enthalten, 100 Teile Brechnuss mindestens $20 \times 0,1252 = 2,504$ Teile Alkaloide.

Sirupus Ferri jodati — Eisenjodürsirup.

Darstellung. 41 Teile Jod werden mit 50 Teilen Wasser übergossen. In diese Mischung werden 12 Teile Eisen unter fortwährendem Umrühren und wenn nötig, unter Abkühlung eingetragen. Die entstandene grünliche Lösung wird durch ein kleines Filter in 850 Teile weissen Sirup filtriert. Durch Auswaschen des Filters mit Wasser wird das Gewicht des Sirups auf 1000 Teile gebracht.

Kommt Eisen und Jod bei Gegenwart von Wasser zusammen, so bildet sich Ferrojodid.

$$Fe + 2J = FeJ_2$$
$$56 \quad 2 \cdot 126,85 \quad \text{Ferrojodid}$$
$$309,7$$

41 Teile Jod geben Ferrojodid:

$$253,7 : 309,7 = 41 : x$$
$$x = 50 \text{ Teile.}$$

Diese Menge Ferrojodid ist in 1000 Teilen Sirup enthalten, in 100 Teilen des letzteren also 5 Teile Ferrojodid.

Spiritus — Weingeist.

$$C_2H_5 \cdot OH + x\, H_2O.$$

10 ccm Weingeist sollen sich, nach dem Zusatz von 5 Tropfen Silbernitratlösung, selbst beim Erwärmen weder trüben noch färben.

Enthält der Weingeist Aldehyd oder Ameisensäure, so wird beim Erwärmen metallisches Silber abgeschieden und es findet eine Trübung oder Fällung statt.

$$\underset{\text{Aldehyd}}{CH_3 \cdot COH} + \underset{\text{Silbernitrat}}{2\, AgNO_3} + H_2O = \underset{\text{Essigsäure}}{C_2H_4O_2} + Ag_2 + 2\, HNO_3$$

Spiritus aethereus.

$CH_2O_2 + 2 AgNO_3 = Ag_2 + 2 HNO_3 + CO_2$
Ameisensäure Silbernitrat   Kohlendioxyd

Eine bis auf 1 ccm verdunstete Mischung aus 10 ccm Weingeist und 0,2 ccm Kalilauge soll, nach dem Übersättigen mit verdünnter Schwefelsäure, nicht nach Fuselöl riechen.

Wurde der rohe Weingeist über Kaliumpermanganat oder Natriumacetat und Schwefelsäure rektifiziert, so entstehen aus dem Fuselöl (Amylalkohol) angenehm riechende Fruchtäther wie Essigsäure-Amyläther, Baldriansäure-Amyläther etc. (a).

Wird ein solcher Weingeist mit Kalilauge verdunstet, so werden diese Äther zerlegt, indem Amylalkohol in Freiheit gesetzt wird (b). Beim Übersättigen mit Schwefelsäure wird der Geruch nach Fuselöl wahrgenommen.

a) $C_5H_{11} . OH + C_2H_3NaO_2 + H_2SO_4 = C_5H_{11} . C_2H_3O_2$
Amylalkohol   Natriumacetat   Essigsäure-Amyläther
$+ NaHSO_4 + H_2O$
Saures Natriumsulfat

b) $C_5H_{11} . C_2H_3O_2 + KOH = C_5H_{11} . OH$
Essigsäure-Amyläther   Kaliumhydroxyd   Amylalkohol
$+ C_2H_3KO_2$
Kaliumacetat

Die rote Farbe einer Mischung aus 10 ccm Weingeist und 1 ccm Kaliumpermanganatlösung soll nicht vor Ablauf von 20 Minuten in gelb übergehen.

Bei Gegenwart von **Aldehyd** oder **Methylalkohol**, der brenzliche Stoffe enthält, tritt alsbald Farbenveränderung ein, indem diese Stoffe durch den Sauerstoff des Kaliumpermanganats oxydiert werden.

Weingeist soll durch Schwefelwasserstoffwasser nicht gefärbt werden. **Metalle** erzeugen eine dunkle Färbung oder Fällung von Metallsulfid.

Formel siehe bei Sapo medicatus.

Spiritus aethereus — Ätherweingeist.

Ein Gemenge von 1 Teil Äther und 3 Teilen Weingeist.

Ein Raumteil Ätherweingeist soll beim Schütteln mit 1 Raumteil Kaliumacetatlösung in einem abgeteilten Glase 0,5 Raumteile ätherische Flüssigkeit abscheiden.

Kaliumacetatlösuug und Weingeist mischen sich, während der Äther sich aus der Salzlösung zum grössten Teile abscheidet.

Spiritus Aetheris nitrosi — Versüsster Salpetergeist.

Er besteht im wesentlichen aus einer weingeistigen Lösung von Äthylnitrit, $C_2H_5 . NO_2$, Äthylacetat, $C_2H_5 . C_2H_3O_2$ und Aldehyd, $CH_3 . COH$.

Darstellung. 3 Teile Salpetersäure werden mit 5 Teilen Salpetersäure vorsichtig überschichtet und 2 Tage lang ohne Umschütteln stehen gelassen. Alsdann wird die Mischung im Wasserbade der Destillation unterworfen und das Destillat in einer Vorlage aufgefangen, welche 5 Teile Weingeist enthält. Die Destillation wird unterbrochen, sobald in der Retorte gelbrote Dämpfe auftreten. Das Destillat wird mit gebrannter Magnesia neutralisiert, nach 24 Stunden im Wasserbade rektifiziert und in einer Vorlage aufgefangen, welche 2 Teile Weingeist enthält. Die Destillation wird unterbrochen, sobald das Gesamtgewicht der in der Vorlage befindlichen Flüssigkeit 8 Teile beträgt.

Die Salpetersäure oxydiert einen Teil Weingeist zu Aldehyd und Essigsäure und wird dadurch zu salpetriger Säure.

$$C_2H_5 . OH + HNO_3 = CH_3 . COH + HNO_2 + H_2O$$
Äthylalkohol　　　　　　　　Aldehyd　　Salpetrige Säure

$$CH_3 . COH + HNO_3 = C_2H_4O_2 + HNO_2$$
Aldehyd　　　　　　　　Essigsäure　Salpetrige Säure

Ein Teil der salpetrigen Säure verbindet sich mit einem Teil Äthylalkohol zu Äthylnitrit.

$$C_2H_5 . OH + HNO_2 = C_2H_5 . NO_2 + H_2O$$
Äthylalkohol　Salpetrige Säure　Äthylnitrit

Ein Teil Essigsäure verbindet sich mit dem Äthylalkohol zu Äthylacetat.

$$C_2H_4O_2 + C_2H_5 . OH = C_2H_5 . C_2H_3O_2 + H_2O$$
Essigsäure　Äthylalkohol　　　Äthylacetat

Auch andere Säuren, wie Kohlendioxyd, Oxalsäure, Ameisensäure treten als Oxydationsprodukte des Äthylalkohols auf. Alle diese Säuren sowie auch die freie salpetrige Säure und Essigsäure werden durch das Magnesiumoxyd neutralisiert und bleiben bei der Rektifikation im Rückstand.

$$2 C_2H_4O_2 + MgO = Mg(C_2H_3O_2)_2 + H_2O$$
Essigsäure　Magnesiumoxyd　Magnesiumacetat

Spiritus Cochleariae.

Prüfung. Versüsster Salpetergeist giebt beim Vermischen mit einer frisch bereiteten, konzentrierten Auflösung von Ferrosulfat in Salzsäure eine schwarzbraune Flüssigkeit.

Durch die Salzsäure wird aus dem Amylnitrit die salpetrige Säure in Freiheit gesetzt unter Bildung von Äthylchlorid (a). Die salpetrige Säure verwandelt bei Gegenwart von Salzsäure einen Teil Ferrosulfat in Ferrisulfat und Ferrichlorid und wird dadurch zu Stickoxyd (b), das sich mit einem andern Teil Ferrosulfat zu der braunen Verbindung $FeSO_4 + NO$ vereinigt.

a) $C_2H_5 . NO_2 + HCl = C_2H_5Cl + HNO_2$
   Äthylnitrit   Äthylchlorid   Salpetrige Säure

b) $3\ FeSO_4 + 3\ HCl + 3\ HNO_2 = Fe_2(SO_4)_3$
   Ferrosulfat   Salpetrige Säure   Ferrisulfat
   $+\ FeCl_3 + 3\ NO + 3\ H_2O$
   Ferrichlorid   Stickoxyd

10 ccm versüsster Salpetergeist sollen nach Zusatz von 0,2 ccm Normal-Kalilauge nicht sauer reagieren.

Das in dem Präparate enthaltene Aldehyd verwandelt sich allmählich durch Oxydation in Essigsäure.

$CH_3 . COH + O = C_2H_4O_2$
Aldehyd   Essigsäure

In 10 ccm des Präparats darf nicht mehr Essigsäure enthalten sein, als 0,2 ccm Normal-Kalilauge zu sättigen vermögen.

1 ccm Normal-Salzsäure sättigt 0,06 g Essigsäure
                                            (siehe bei Acetum),
0,2 „   „   „   sättigen $0,2 \times 0,06 = 0,012$ g Essigsäure.

In 100 ccm dürfen nicht mehr als 0,12 g Essigsäure enthalten sein.

Spiritus Cochleariae — Löffelkrautspiritus.

Darstellung. 4 Teile getrocknetes Löffelkraut werden mit 1 Teil gestossenem, weissem Senfsamen und 40 Teilen Wasser in einer Destillierblase 3 Stunden lang stehen gelassen, dann mit 15 Teilen Weingeist durchmischt und 20 Teile abdestilliert.

Das frische Löffelkraut entwickelt beim Zerreiben mit Wasser ein flüchtiges, schwefelhaltiges Öl, indem in demselben ein Glycosid und ein dem Myrosin ähnliches Ferment enthalten ist. Beim Trocknen des Krautes verliert das Ferment seine Wirksamkeit. Es wird deshalb dem trockenen Kraut gestossener, weisser Senfsamen beigemengt, welcher das Ferment Myrosin enthält, durch

dessen Einwirkung auf das Glycosid bei Gegenwart von Wasser das flüchtige, schwefelhaltige Öl entsteht. Letzteres ist Isosulfocyanat des sekundären Butylalkohols (Isobutylsenföl) $SCN \cdot C_4H_9$
$= SCN \cdot CH{<}^{C_2H_5}_{CH_3}$.

Prüfung. 50 ccm Löffelkrautspiritus werden in einem 100 ccm fassenden Messkolben mit 10 ccm Zehntel-Normal-Silbernitratlösung und 5 ccm Ammoniakflüssigkeit versetzt, und gut bedeckt 24 Stunden lang unter häufigem Umschütteln stehen gelassen. Nach dem Auffüllen bis zur Marke sollen auf 50 ccm des klaren Filtrats, nach Zusatz von 3 ccm Salpetersäure und 1 ccm Ferriammoniumsulfatlösung, 2,2 bis 2,5 ccm Zehntel-Normal-Ammoniumrhodanidlösung bis zum Eintritt der Rotfärbung erforderlich sein.

Das Isobutylsenföl (Isosulfocyanbutyl) verbindet sich mit dem Ammoniak durch Addition zu Butylthioharnstoff (a). Diese Verbindung setzt sich mit Silbernitrat um in Silbersulfid, das sich ausscheidet, und Butylcyanamid, das in Lösung ist (b).

a) $SCN \cdot C_4H_9 \;+\; NH_3 \;=\; CS{<}^{NH \cdot C_4H_9}_{NH_2}$
   Isobutylsenföl Ammoniak Butylthioharnstoff
   115,19

b) $CS{<}^{NH \cdot C_4H_9}_{NH_2} \;+\; 2\,AgNO_3 \;+\; 2\,NH_3 \;=\;$
   Butylthioharnstoff   Silbernitrat   Ammoniak
                         2 . 169,97

$Ag_2S \;+\; CN \cdot NH \cdot C_4H_9 \;+\; 2\,(NH_4)NO_3$
Silbersulfid Butyl-Cyanamid Ammoniumnitrat

Nachdem überschüssige Silbernitratlösung zugesetzt wurde, so wird der Überschuss durch Zehntel-Normal-Ammoniumrhodanidlösung zurücktitirt. Letzteres fällt aus dem Silbernitrat Silberrhodanid.

Formel siehe bei Charta sinapisata.

Als Indikator dient Ferriammoniumsulfat, welches mit Ammoniumrhodanid rotes Ferrirhodanid bildet. Diese rote Färbung bleibt aber erst bestehen, wenn alles Silber als Silberrhodanid gefällt ist.

Formel siehe bei Charta sinapisata.

Gleiche Volumina der Zehntel-Normallösungen sind einander äquivalent. Braucht man zum Zurücktitrieren 2,2 bis 2,5 ccm Zehntel-Normal-Ammoniumrhodanidlösung, so wurden, da nur die Hälfte der Flüssigkeit zum Titrieren verwendet wurde, 5 — 2,2

Spiritus dilutus. 267

bis 2,5 = 2,8 bis 2,5 ccm Zehntel-Normal-Silbernitratlösung zur Zersetzung des Butylsenföles verwendet.

1 Molekül Butylsenföl = 115,19 braucht 2 Moleküle Silbernitratlösung = 2 . 169,97 zur Zersetzung (siehe obige Formel).

1 ccm Zehntel-Normal-Silbernitratlösung enthält 0,016997 g Silbernitrat,

1 „   „   „   „   entspricht $\dfrac{0,011519}{2}$

= 0,005759 g Butylsenföl.

2,8 bis 2,5 ccm „   „   „   entsprechen 2,8 bis 2,5 × 0,005759 = 0,016125 bis 0,014397 g Butylsenföl.

Diese Menge soll in 25 ccm Löffelkrautspiritus enthalten sein. Das spez. Gew. des letzteren beträgt im Mittel 0,913.

25 ccm wiegen daher 25 × 0,913 = 22,825 g. In 100 g Löffelkrautspiritus sollen enthalten sein:

$$\dfrac{0,016125 \text{ bis } 0,014397 \times 100}{22,825} = 0,0706 \text{ bis } 0,0626 \text{ g Butylsenföl.}$$

50 ccm Löffelkrautspiritus werden mit 10 ccm Ammoniakflüssigkeit in einem Kolben einige Stunden lang im Wasserbade erwärmt und darauf zur Trockne eingedampft. Der Rückstand wird in wenig absolutem Alkohol gelöst und nach dem Filtrieren auf einem Uhrglas verdunstet. Der Schmelzpunkt der reinsten Krystalle liegt zwischen 125° und 135°.

Beim Eindampfen des Löffelkrautspiritus mit Ammoniak bildet sich sekundärer Butylthioharnstoff.

Formel siehe oben.

Ist Allylsenföl zugegen, so entsteht in diesem Falle Allylsulfoharnstoff (Thiosinamin).

Formel siehe bei Oleum Sinapis.

Der Schmelzpunkt des Allylsulfoharnstoffs ist schon bei 74°.

Spiritus dilutus — Verdünnter Weingeist.

$C_2H_5 . OH + x \text{ Aq}$.

Verdünnter Weingeist soll weder durch Silbernitratlösung (a), noch durch Baryumnitrat- (b) oder Ammoniumoxalatlösung (c) verändert werden.

a) Chloride erzeugen eine weisse Fällung von Silberchlorid. Formel siehe bei Saccharum.

b) **Sulfate** geben eine weisse Fällung von Baryumsulfat. Formel siehe bei Borax.

c) **Calciumverbindungen** geben eine weisse Fällung von Calciumoxalat. Formel siehe bei Glycerinum.

Spiritus Formicarum — Ameisenspiritus.

Derselbe enthält 1 Prozent Ameisensäure, CH_2O_2.

Ameisenspiritus scheidet beim Schütteln mit etwas Bleiessig Krystallsplitter von Bleiformiat aus.

$$6\ CH_2O_2\ +\ 2\ [Pb(C_2H_3O_2)_2]\ .\ Pb(OH)_2\ =\ 3\ Pb(CHO_2)_2$$
Ameisensäure — Bleiessig — Bleiformiat
$$+\ 4\ C_2H_4O_2\ +\ 2\ H_2O$$
Essigsäure

Er färbt Silbernitratlösung beim Erwärmen dunkel, indem sich metallisches Silber abscheidet.

$$CH_2O_2\ +\ 2\ AgNO_3\ =\ Ag_2\ +\ 2\ HNO_3\ +\ CO_2$$
Ameisensäure — Silbernitrat — Kohlendioxyd

Spiritus saponatus — Seifenspiritus.

Darstellung. 6 Teile Olivenöl werden mit 7 Teilen Kalilauge und 7,5 Teilen Weingeist in einer verschlossenen Flasche unter häufigem Umschütteln bei Seite gestellt, bis die Verseifung vollendet ist und eine Probe der Flüssigkeit mit Wasser und Weingeist sich klar mischen lässt. Darauf fügt man noch 22,5 Teile Weingeist und 17 Teile Wasser zu, und filtriert die Mischung.

Das Olivenöl besteht aus den Glyceriden der Stearinsäure $(C_{18}H_{35}O_2)_3\ .\ C_3H_5$, der Palmitinsäure $(C_{16}H_{31}O_2)_3\ .\ C_3H_5$, der Arachinsäure $(C_{20}H_{39}O_2)_3\ .\ C_3H_5$ und der Ölsäure $(C_{18}H_{33}O_2)_3\ .\ C_3H_5$.

Beim Zusammenschütteln mit Kalilauge und Weingeist wird das Olivenöl verseift, indem sich die Fettsäuren mit dem Kalium verbinden, eine Kaliseife bildend, und Glycerin wird frei.

$$(C_{18}H_{33}O_2)_3\ .\ C_3H_5\ +\ 3\ KOH\ =\ 3\ C_{18}H_{33}KO_2$$
Ölsäure-Glycerid — Kaliumhydroxyd — Ölsaures Kalium
$$+\ C_3H_5(OH)_3$$
Glycerin

Auf analoge Weise werden die übrigen Glyceride zerlegt.

Spiritus Sinapis — Senfspiritus.

5 ccm Senfsp s werden in einem 100 ccm fassenden Messkolben mit n Zehntel-Normal-Silbernitratlösung und 10 ccm Ammoni igkeit versetzt, und gut bedeckt unter häufigem Umschütteln 24 Stunden lang stehen gelassen. Nach dem Auffüllen bis zur Marke sollen auf 50 ccm des klaren Filtrats, nach Zusatz von 6 ccm Salpetersäure und 1 ccm Ferriammoniumsulfatlösung 16,6 bis 17,2 ccm Zehntel-Normal-Ammoniumrhodanidlösung bis zum Eintritt der Rotfärbung erforderlich sein.

Das Allylsenföl verbindet sich mit dem Ammoniak durch Addition zu Allylsulfoharnstoff (Thiosinamin) und diese Verbindung setzt sich mit Silbernitrat um in Silbersulfid, welches sich ausscheidet und Allylcyanamid, das in Lösung geht.

Formeln siehe bei Oleum Sinapis.

Da überschüssige Silbernitratlösung zugesetzt, so wird der Überschuss mit Zehntel-Normal-Ammoniumrhodanidlösung zurücktitriert. Letzteres fällt aus dem Silbernitrat Silberrhodanid.

Formel siehe bei Charta sinapisata.

Als Indikator dient Ferriammoniumsulfatlösung, welches mit Ammoniumrhodanid rotes Ferrirhodanid bildet. Diese Verbindung bleibt aber erst bestehen und die Flüssigkeit bleibt gerötet, wenn alles Silber als Silberrhodanid gefällt ist.

Formel siehe bei Charta sinapisata.

Gleiche Volumina der Zehntel-Normal-Lösungen sind einander äquivalent. Braucht man zum Zurücktitrieren 16,6 bis 17,2 ccm Zehntel-Normal-Ammoniumrhodanidlösung, so wurden, da nur die Hälfte der Flüssigkeit zum Titrieren verwendet wurde, 25 — 16,6 bis 17,2 = 8,4 bis 7,8 ccm Zehntel-Normal-Silbernitratlösung zur Bindung des Schwefels des Senföles gebraucht.

1 ccm Zehntel-Normal-Silbernitratlösung entspricht 0,004957 g Allylsenföl (siehe bei Oleum Sinapis),

8,4 bis 7,8 ccm Zehntel-Normal-Silbernitratlösung entsprechen 8,4 bis 7,8 × 0,004957 = 0,041638 bis 0,038661 g Allylsenföl.

Diese Menge soll in 2,5 ccm Senfspiritus enthalten sein. Letztere wiegen unter Zugrundelegung des spez. Gew. 2,5 × 0,833 bis 0,837 = 2,08 bis 2,09 g.

In 100 Teilen Senfspiritus müssen enthalten sein:

$$\frac{0{,}041638 \text{ bis } 0{,}038661 \times 100}{2{,}08 \text{ bis } 2{,}09} = 2 \text{ bis } 1{,}85 \text{ Teile Allylsenföl.}$$

Stibium sulfuratum aurantiacum — Goldschwefel.

Sb_2S_5.

Beim Erhitzen von Goldschwefel in einem engen Probierrohre sublimiert Schwefel, während schwarzes Schwefelantimon zurückbleibt.

$$Sb_2S_5 \;=\; S_2 \;+\; Sb_2S_3$$
Antimonpentasulfid Schwefel Antimontrisulfid

0,5 g Goldschwefel werden mit 5 ccm einer bei gewöhnlicher Temperatur gesättigten Ammoniumcarbonatlösung bei einer Temperatur von 50° bis 60° 2 Minuten lang unter wiederholtem Umschütteln stehen gelassen. In der erhaltenen Lösung soll, nach dem Filtrieren und Übersättigen mit Salzsäure innerhalb 6 Stunden eine gelbe, flockige Ausscheidung nicht entstehen.

Enthält der Goldschwefel **Arsentrisulfid** beigemengt, so löst sich dieses in Ammoniumcarbonatlösung als Ammoniummetarsenit und Ammoniummetasulfarsenit auf (a). Wird die Lösung mit Salzsäure übersättigt, so scheidet sich gelbes Arsentrisulfid aus und Ammoniumchlorid geht in Lösung (b).

a) $2\,As_2S_3 \;+\; 2\left[(NH_4)HCO_3 + CO\begin{Bmatrix}NH_2\\O(NH_4)\end{Bmatrix}\right]$
Arsentrisulfid Ammonium Carbonicum

$= (NH_4)AsO_2 \;+\; 3\,(NH_4)AsS_2 \;+\; 4\,CO_2$
Ammoniummetarsenit Ammoniummetasulfarsenit Kohlendioxyd

$+\; 2\,NH_3$
Ammoniak

b) $(NH_4)AsO_2 \;+\; 3\,(NH_4)AsS_2 \;+\; 4\,HCl$
Ammoniummetarsenit Ammoniummetasulfarsenit

$= 2\,As_2S_3 \;+\; 4\,NH_4Cl + 2\,H_2O$
Arsentrisulfid Ammoniumchlorid

1 g Goldschwefel soll, mit 20 ccm Wasser geschüttelt, ein Filtrat geben, welches durch Silbernitratlösung höchstens schwach opalisierend getrübt (a) aber nicht gebräunt wird (b); durch Baryumnitratlösung darf das Filtrat nicht sofort getrübt werden (c).

a) **Chloride** erzeugen eine weisse Fällung von Silberchlorid.

Formel siehe bei Argent. nitric. cum Kalio nitrico.

b) Ein lösliches Sulfid erzeugt eine braune Fällung von Silbersulfid.

$$Na_2S + 2\,AgNO_3 = Ag_2S + 2\,NaNO_3$$
Natriumsulfid   Silbernitrat   Silbersulfid   Natriumnitrat

c) **Schwefelsäure** und **Sulfate** erzeugen eine weisse Fällung von Baryumsulfat.

Formel siehe bei Acetum und Borax.

Der Goldschwefel muss vor **Licht geschützt** aufbewahrt werden.

Unter dem Einfluss von Licht, Feuchtigkeit und Luft erleidet das Antimonpentasulfid eine Zersetzung, indem Antimontrisulfid, Antimonoxyd und freie Schwefelsäure gebildet werden.

$$2\,Sb_2S_5 + 7\,H_2O + 24\,O = Sb_2S_3$$
Antimonpentasulfid   Antimontrisulfid

$$+\,Sb_2O_3 + 7\,H_2SO_4$$
Antimonoxyd

Stibium sulfuratum nigrum — Spiessglanz.

Sb_2S_3.

2 g feingepulverter Spiessglanz sollen sich, mit 20 ccm Salzsäure gelinde erwärmt und schliesslich unter Umrühren gekocht, bis auf einen nicht mehr als 0,02 g betragenden Rückstand auflösen.

Antimontrisulfid wird von Salzsäure als Antimontrichlorid unter Entwicklung von Schwefelwasserstoff aufgelöst.

$$Sb_2S_3 + 6\,HCl = 2\,SbCl_3 + 3\,H_2S$$
Antimontrichlorid   Antimontrichlorid

Strychninum nitricum — Strychninnitrat.

$C_{21}H_{22}N_2O_2 \cdot HNO_3$.

Aus der wässerigen Lösung des Strychninnitrats scheidet Kaliumdichromatlösung rotgelbe Krystalle von Strychnindichromat aus.

$$2\,(C_{21}H_{22}N_2O_2 \cdot HNO_3) + K_2Cr_2O_7 = (C_{21}H_{22}N_2O_2)_2 \cdot H_2Cr_2O_7$$
Strychninnitrat   Kaliumdichromat   Strychnindichromat

$$+\,2\,KNO_3$$
Kaliumnitrat

Strychninnitrat löst sich in Schwefelsäure ohne Färbung auf; wird diese Lösung mit einem Körnchen Kaliumdichromat oder Kaliumpermanganat verrieben, so nimmt dieselbe eine blauviolette Färbung von geringer Beständigkeit an.

Die Schwefelsäure macht aus dem Kaliumdichromat Chromsäure frei und diese wirkt oxydierend auf das Strychnin, wodurch eine blauviolette Färbung erzeugt wird.

$$\underset{\text{Kaliumdichromat}}{K_2Cr_2O_7} + 2\,H_2SO_4 = \underset{\text{Chromsäureanhydrid}}{2\,CrO_3}$$
$$+ \underset{\text{Saures Kaliumsulfat}}{2\,KHSO_4} + H_2O$$

Auch aus dem Kaliumpermanganat wird bei Gegenwart oxydierbarer Körper mittels Schwefelsäure Sauerstoff in Freiheit gesetzt unter Bildung von Kaliumsulfat und Manganosulfat.

Formel siehe bei Acetum pyrolignos. rectific.

Sulfonalum — Sulfonal.

$$\underset{CH_3}{\overset{CH_3}{>}}C\underset{SO_2C_2H_5}{\overset{SO_2C_2H_5}{<}} \text{ (Diäthylsulfondimethylmethan).}$$

Beim Erhitzen von 0,1 g Sulfonal mit gepulverter Holzkohle im Probierrohre tritt der charakteristische Mercaptangeruch auf.

Der Kohlenstoff wirkt reduzierend und es entsteht Äthylmercaptan neben Aceton und Kohlenoxyd.

$$\underset{\text{Sulfonal}}{\overset{CH_3}{\underset{CH_3}{>}}C\overset{SO_2C_2H_5}{\underset{SO_2C_2H_5}{<}}} + H_2O + 4\,C = \underset{\text{Äthylmercaptan}}{2\,(C_2H_5.SH)}$$
$$+ \underset{\text{Aceton}}{CH_3-CO-CH_3} + \underset{\text{Kohlenoxyd}}{4\,CO}$$

Beim Lösen von Sulfonal in siedendem Wasser (1 = 50) soll sich irgend ein Geruch nicht entwickeln.

Der Geruch könnte von Mercaptol (Dithioäthyldimethylmethan) herrühren, welches bei der Darstellung des Sulfonals nicht vollständig durch Kaliumpermanganat zu Sulfonal oxydiert wurde.

$$\underset{\text{Mercaptol}}{\overset{CH_3}{\underset{CH_3}{>}}C\overset{SC_2H_5}{\underset{SC_2H_5}{<}}} + 4\,O = \underset{\text{Sulfonal}}{\overset{CH_3}{\underset{CH_3}{>}}C\overset{SO_2C_2H_5}{\underset{SO_2C_2H_5}{<}}}$$

Sulfur depuratum.

Die wässerige Lösung soll, nach dem Erkalten filtriert, weder durch Baryumnitrat- (a) noch durch Silbernitratlösung (b) verändert werden.

a) **Schwefelsäure** erzeugt eine weisse Fällung von Baryumsulfat.

Formel siehe bei Acetum.

b) **Chloride** erzeugen eine weisse Fällung von Silberchlorid. Formel siehe bei Argent. nitric. cum Kalio nitric.

1 Tropfen Kaliumpermanganatlösung soll durch 10 ccm dieser Lösung nicht sofort entfärbt werden.

Enthält das Sulfonal **Mercaptol** oder andere **oxydierbare Substanzen**, so findet sofort Entfärbung statt, indem diese durch den Sauerstoff des Kaliumpermanganats oxydiert werden.

Formel siehe oben bei Prüfung auf Mercaptol.

Sulfur depuratum — Gereinigter Schwefel.

S

Darstellung. 10 Teile gesiebter Schwefel werden mit 7 Teilen Wasser und 1 Teil Ammoniakflüssigkeit angerührt, unter wiederholtem Durchmischen einen Tag lang stehen gelassen, dann vollständig ausgewaschen, bei mässiger Wärme getrocknet und zerrieben.

Der Schwefel enthält stets freie Schwefelsäure und in der Regel arsenige Säure und Arsentrisulfid.

Das Ammoniak neutralisiert die Schwefelsäure unter Bildung von Ammoniumsulfat (a) und die arsenige Säure unter Bildung von Ammoniumarsenit (b). Das Arsentrisulfid wird von Ammoniak unter Bildung von Ammoniumsulfarsenit und Ammoniumarsenit gelöst (c).

a) $H_2SO_4 \;+\; 2\,NH_3 \;=\; (NH_4)_2SO_4$
Schwefelsäure Ammoniak Ammoniumsulfat

b) $As_2O_3 \;+\; 6\,NH_3 \;+\; 3\,H_2O \;=\; 2\,(NH_4)_3AsO_3$
Arsenige Säure Ammoniak Ammoniumarsenit

c) $As_2S_3 \;+\; 6\,NH_3 \;+\; 3\,H_2O \;=\; (NH_4)_3AsS_3$
Arsentrisulfid Ammoniak Ammoniumsulfarsenit
$+\; (NH_4)_3AsO_3$
Ammoniumarsenit

Prüfung. Gereinigter Schwefel soll sich in Natronlauge beim Kochen auflösen, indem sich Natriumsulfid und Natriumthiosulfat bildet.

$$4\,S + 6\,NaOH = 2\,Na_2S + Na_2S_2O_3 + 3\,H_2O$$
Natriumhydroxyd   Natriumsulfid   Natriumthiosulfat

Gereinigter Schwefel soll, mit 20 Teilen Ammoniakflüssigkeit bei 35° bis 40° unter wiederholtem Umschütteln stehen gelassen, ein Filtrat geben, welches weder nach dem Ansäuern mit Salzsäure, noch auf nachherigen Zusatz von Schwefelwasserstoffwasser gelb gefärbt werden darf.

Enthält der Schwefel Arsentrisulfid, so wird dieses durch das Ammoniak als Ammoniumsulfarsenit und Ammoniumarsenit gelöst (a). Wird das Filtrat mit Salzsäure übersättigt, so scheidet sich Arsentrisulfid aus unter Bildung von Ammoniumchlorid (b).

a) Formel siehe oben bei Darstellung.

b) $(NH_4)_3AsS_3 + (NH_4)_3AsO_3 + 6\,HCl = As_2S_3$
Ammoniumsulfarsenit   Ammoniumarsenit   Arsentrisulfid
$+ 6\,NH_4Cl + 3\,H_2O$
Ammoniumchlorid.

Enthält der Schwefel arsenige Säure, so wird diese von Ammoniak als Ammoniumarsenit gelöst (a) und nach Ansäuern dieser Lösung mit Salzsäure fällt Schwefelwasserstoff Arsentrisulfid (b).

a) Formel siehe bei Darstellung.

b) $2\,(NH_4)_3AsO_3 + 3\,H_2S + 6\,HCl = As_2S_3$
Ammoniumarsenit   Arsentrisulfid
$+ 6\,NH_4Cl + 6\,H_2O$
Ammoniumchlorid.

100 Teile gereinigter Schwefel sollen nach dem Verbrennen höchstens 1 Teil Rückstand hinterlassen.

Der Schwefel verbrennt zu Schwefeldioxyd SO_2.

Sulfur praecipitatum — Schwefelmilch.

S.

Schwefelmilch soll, mit 20 Teilen Ammoniakflüssigkeit bei 35° bis 40° unter wiederholtem Umschütteln stehen gelassen, ein Filtrat geben, welches weder nach dem Ansäuern mit Salzsäure noch auf nachherigen Zusatz von Schwefelwasserstoffwasser gelb gefärbt werden darf.

Enthält das Präparat Arsentrisulfid, so wird dieses von Ammoniak als Ammoniumsulfarsenit und Ammoniumarsenit gelöst, und auf Zusatz von überschüssiger Salzsäure fällt Arsentrisulfid aus dieser Lösung.

Formeln siehe bei Sulfur depuratum.

Ist arsenige Säure zugegen, so wird diese von Ammoniak als Ammoniumarsenit gelöst, und aus der angesäuerten Lösung fällt Schwefelwasserstoff Arsentrisulfid.

Formeln siehe bei Sulfur depuratum.

Tartarus boraxatus — Boraxweinstein.

Darstellung. 2 Teile Natriumborat werden in 15 Teilen Wasser gelöst und mit 5 Teilen mittelfein gepulvertem Weinstein versetzt. Diese Mischung lässt man unter häufigem Umrühren im Wasserbade stehen, bis sich der Weinstein gelöst hat, worauf man die filtrierte Flüssigkeit bei gelinder Temperatur zu einer zähen, nach dem Erkalten zerreiblichen Masse eindampft und noch weiter austrocknet.

Das Natriumborat $Na_2B_4O_7 . 10 H_2O$ und der Weinstein $C_4H_5KO_6$ verbinden sich chemisch nicht miteinander, sondern das Präparat stellt ein Gemenge dieser beiden Stoffe dar.

Prüfung. Die wässerige Lösung wird durch verdünnte Essigsäure und durch kleine Mengen verdünnte Schwefelsäure nicht verändert; durch eine grössere Menge Schwefelsäure wird Borsäure ausgeschieden.

$Na_2B_4O_7 + H_2SO_4 + 5 H_2O = 4 B(OH)_3 + Na_2SO_4$
Natriumborat　　　　　　　　　　　　Borsäure　Natriumsulfat

Weinsäure scheidet aus der wässerigen Lösung einen krystallinischen Niederschlag von saurem Kaliumtartrat, $C_4H_5KO_6$, aus.

Beim Erhitzen bläht sich derselbe auf unter Entwicklung von Dämpfen, welche nach Karamel riechen, und es verbleibt ein kohlehaltiger, alkalischer Rückstand.

Beim Erhitzen bläht sich der Borax auf und schmilzt, die Weinsäure des Weinsteins verbrennt und es bleibt kohlehaltiges Kaliumcarbonat zurück, weshalb der Rückstand alkalisch reagiert.

Die wässerige Lösung (1 = 10) darf durch Schwefelwasserstoffwasser nicht verändert werden.

Metalle, wie Kupfer, Blei erzeugen eine dunkle Fällung von Metallsulfid.

$$C_4H_4CuO_6 + H_2S = CuS + C_4H_6O_6$$
Kupfertartrat　　　　　Kupfersulfid　Weinsäure

Durch Ammoniumoxalatlösung (a), sowie nach Zusatz einiger Tropfen Salpetersäure durch Baryumnitrat- (b) und durch Silbernitratlösung darf sie nicht mehr als opalisierend getrübt werden.

a) Calciumsalze erzeugen eine weisse Fällung von Calciumoxalat.

$$C_4H_4CaO_6 + (NH_4)_2C_2O_4 + H_2O = CaC_2O_4 \cdot H_2O$$
Calciumtartrat　Ammoniumoxalat　　　　Calciumoxalat
$$+ C_4H_4(NH_4)_2O_6$$
Ammoniumtartrat

b) Sulfate erzeugen eine weisse Fällung von Baryumsulfat. Formel siehe bei Borax.

c) Chloride geben eine weisse Fällung von Silberchlorid. Formel siehe bei Argent. nitric. cum Kalio nitrico.

Tartarus depuratus — Weinstein.

$$C_4H_5KO_6.$$

Der Weinstein löst sich in Natronlauge unter Bildung von Kaliumnatriumtartrat.

$$C_4H_5KO_6 + NaOH = C_4H_4KNaO_6$$
Saures Kaliumtartrat　Natriumhydroxyd　Kaliumnatriumtartrat
$$+ H_2O$$

In Kaliumcarbonatlösung ist er unter Entwicklung von Kohlendioxyd zu Kaliumtartrat löslich.

$$2\ C_4H_5KO_6 + K_2CO_3 = 2\ C_4H_4K_2O_6$$
Saures Kaliumtartrat　Kaliumcarbonat　Kaliumtartrat
$$+ CO_2 + H_2O$$

Weinstein verkohlt beim Erhitzen unter Verbreitung des Karamelgeruches zu einer grauschwarzen Masse, die beim Auslaugen mit Wasser eine alkalische Flüssigkeit liefert; letztere giebt nach dem Filtrieren, auf Zusatz von überschüssiger Weinsäure, unter Aufbrausen einen krystallinischen, in Natronlauge leicht löslichen Niederschlag.

Beim Erhitzen verbrennt der Weinstein und es bleibt ein Gemenge von Kohle und Kaliumcarbonat zurück, wodurch die alkalische Reaktion bedingt wird. Auf Zusatz von überschüssiger

Tartarus depuratus.

Weinsäure scheidet sich saures Kaliumtartrat aus und Kohlendioxyd entweicht (a); ersteres löst sich in Natronlauge unter Bildung von Kaliumnatriumtartrat (b).

a) $K_2CO_3 \;+\; 2\,C_4H_6O_6 \;=\; 2\,C_4H_5KO_6 \;+\; CO_2 \;+\; H_2O$
Kaliumcarbonat Weinsäure Saures Kaliumtartrat

b) Formel siehe oben.

5 g Weinstein sollen, mit 100 ccm Wasser geschüttelt, ein Filtrat geben, welches, nach Zusatz von Salpetersäure, durch Baryumnitratlösung nicht verändert (a), durch Silbernitratlösung höchstens schwach opalisierend getrübt wird (b).

a) Schwefelsäure erzeugt eine weisse Fällung von Baryumsulfat.

Formel siehe bei Acidum sulfuricum.

b) Salzsäure giebt eine weisse Fällung von Silberchlorid.

Formel siehe bei Acidum hydrochloricum.

Die Lösung von 1 g Weinstein in Ammoniakflüssigkeit soll durch Schwefelwasserstoffwasser nicht verändert werden.

Beim Auflösen des Weinsteins in Ammoniakflüssigkeit bildet sich Kaliumammoniumtartrat (a). Bei Gegenwart von Metallen, wie Kupfer, Blei, entsteht durch Schwefelwasserstoff eine dunkle Fällung von Metallsulfid. Eisen erzeugt eine grüne Färbung, da Weinsäure die Fällung des Eisens verhindert.

a) $C_4H_5KO_6 \;+\; NH_3 \;=\; C_4H_4K(NH_4)O_6$
Saures Kaliumtartrat Ammoniak Kaliumammoniumtartrat

b) $(C_4H_4CuO_6 + 4\,NH_3) \;+\; 3\,H_2S \;=\; CuS$
Kupfertartratammoniak Kupfersulfid
$C_4H_4(NH_4)_2O_6 \;+\; 2\,NH_4SH$
Ammoniumtartrat Ammoniumhydrosulfid

Wird eine Mischung aus 1 g Weinstein und 5 ccm verdünnter Essigsäure eine halbe Stunde lang unter wiederholtem Umschütteln stehen gelassen, und alsdann mit 25 ccm Wasser versetzt, so soll die nach dem Absetzen klar abgegossene Flüssigkeit auf Zusatz von 8 Tropfen Ammoniumoxalatlösung innerhalb einer Minute eine Veränderung nicht zeigen.

Calciumtartrat löst sich in verdünnter Essigsäure und wird durch Ammoniumoxalat als Calciumoxalat gefällt.

$C_4H_4CaO_6 \;+\; (NH_4)_2C_2O_4 \;+\; H_2O \;=\; CaC_2O_4 \cdot H_2O$
Calciumtartrat Ammoniumoxalat Calciumoxalat
$+\; C_4H_4(NH_4)_2O_6$
Ammoniumtartrat

Weinstein soll beim Erwärmen mit Natronlauge Ammoniak nicht entwickeln.

Ammoniumverbindungen entwickeln mit Natronlauge erwärmt Ammoniak.

$$C_4H_4(NH_4)KO_6 \; + \; NaOH$$
Kaliumammoniumtartrat Natriumhydroxyd
$$= C_4H_4KNaO_6 \; + \; NH_3 \; + \; H_2O$$
Kaliumnatriumtartrat Ammoniak

Tartarus natronatus — Kaliumnatriumtartrat.

$$C_4H_4KNaO_6 + 4\,H_2O.$$

In der wässerigen Lösung des Salzes erzeugt Essigsäure einen weissen, krystallinischen Niederschlag von saurem Kaliumtartrat (a), welcher in Natronlauge leicht löslich ist, indem sich Kaliumnatriumtartrat bildet (b)..

a) $C_4H_4KNaO_6 \; + \; C_2H_4O_2 \; = \; C_4H_5KO_6$
Kaliumnatriumtartrat Essigsäure Saures Kaliumtartrat
$+ \; C_2H_3NaO_2$
Natriumacetat

b) Formel siehe bei Tartarus depuratus.

Im Wasserbade schmilzt es zu einer farblosen Flüssigkeit; diese verliert bei stärkerem Erhitzen das Wasser und verwandelt sich unter Verbreitung des Karamelgeruchs in eine schwarze Masse, welche durch Auslaugen mit Wasser eine alkalisch reagierende Flüssigkeit liefert. Diese hinterlässt nach dem Verdunsten einen weissen, die Flamme gelb färbenden Rückstand.

Bei stärkerem Erhitzen verbrennt die Weinsäure und es bleibt ein Gemenge von Kohle, Kaliumcarbonat und Natriumcarbonat zurück; letztere bedingen die alkalische Reaktion der Lösung, und die gelbe Färbung der Flamme zeigt Natriumsalz an.

Wird 1 g Kaliumnatriumtartrat in 10 ccm Wasser gelöst, und die Lösung mit 5 ccm verdünnter Essigsäure geschüttelt, so scheidet sich ein Krystallmehl von saurem Kaliumtartrat aus (a); die durch Abgiessen vom Niederschlag getrennte und mit gleichen Teilen Wasser verdünnte Flüssigkeit soll durch 8 Tropfen Ammoniumoxalatlösung innerhalb einer Minute nicht verändert werden.

Calciumtartrat wird in verdünnter Essigsäure gelöst, und durch Ammoniumoxalat als Calciumoxalat gefällt (b).

a) Formel siehe oben.
b) Formel siehe bei Tartarus depuratus.

Die wässerige Lösung (1 = 20) soll durch Schwefelwasserstoffwasser nicht verändert werden.

Metalle, wie Kupfer, Blei, erzeugen eine dunkle Fällung von Metallsulfid.

Formel siehe bei Kalium tartaricum.

Dieselbe Lösung darf, nach Zusatz von Salpetersäure und Entfernung des ausgeschiedenen Krystallmehls (a), durch Baryumnitratlösung nicht verändert (b), durch Silbernitratlösung höchstens opalisierend getrübt werden (c).

a) Salpetersäure scheidet saures Kaliumtartrat aus, und Natriumnitrat geht in Lösung.

Formel ganz analog wie bei Zusatz von Essigsäure; siehe oben.

b) Sulfate erzeugen eine weisse Fällung von Baryumsulfat. Formel siehe bei Borax.

c) Chloride geben eine weisse Fällung von Silberchlorid. Formel siehe bei Argent. nitric. cum Kalio nitrico.

Kaliumnatriumtartrat soll beim Erwärmen mit Natronlauge Ammoniak nicht entwickeln.

Ammoniumverbindungen entwickeln mit Natronlauge erwärmt Ammoniak.

Formel siehe bei Tartarus depuratus.

Tartarus stibiatus — Brechweinstein.

$$[C_4H_4K(SbO)O_6]_2 + H_2O.$$

Die wässerige Lösung des Brechweinsteins giebt mit Kalkwasser einen weissen, in Essigsäure leicht löslichen Niederschlag von Antimonylcalciumtartrat.

$$2\,[C_4H_4K(SbO)O_6] \;+\; Ca(OH)_2$$
Antimonylkaliumtartrat   Calciumhydroxyd
$$= (C_4H_4(SbO)O_6)_2Ca \;+\; 2\,KOH$$
Antimonylcalciumtartrat   Kaliumhydroxyd

Mit Schwefelwasserstoffwasser entsteht in der wässerigen Lösung nach Ansäuern mit Salzsäure ein orangeroter Niederschlag von Antimontrisulfid.

$$2\,[C_4H_4K(SbO)O_6] + 3\,H_2S \;=\; Sb_2S_3$$
Antimonylkaliumtartrat   Antimontrisulfid
$$2\,C_4H_5KO_6 \;+\; 2\,H_2O$$
Saures Kaliumtartrat

Tartarus stibiatus.

Eine Mischung aus 1 g gepulvertem Weinstein und 3 ccm Zinnchlorürlösung soll im Laufe einer Stunde eine dunklere Färbung nicht annehmen.

Enthält das zur Darstellung von Brechweinstein verwendete Antimonoxyd Arsen, so löst sich dieses beim Kochen mit Weinstein als Arsenylkaliumtartrat auf (a). Beim Zusammenbringen mit Zinnchlorür scheidet sich metallisches Arsen aus unter Bildung von Zinnchlorid und saurem Kaliumtartrat (b).

a) As_2O_3 + 2 $C_4H_5KO_6$ = 2 $[C_4H_4K(AsO)O_6]$
Arsenige Säure   Saures Kaliumtartrat   Arsenylkaliumtartrat
+ H_2O

b) 2 $[C_4H_4K(AsO)O_6]$ + 3 $SnCl_2$ + 6 HCl = 3 $SnCl_4$
Arsenylkaliumtartrat   Zinnchlorür   Zinnchlorid
+ As_2 + 2 $C_4H_5KO_6$ + 2 H_2O
Arsen   Saures Kaliumtartrat

Zur Blaufärbung einer Lösung von 0,2 g Brechweinstein und 0,2 g Weinstein in 100 ccm Wasser sollen, nach Zusatz von 2 g Natriumbicarbonat und einigen Tropfen Stärkelösung, 12 ccm Zehntel-Normal-Jodlösung erforderlich sein.

Das Jod oxydiert das Antimonylkaliumtartrat bei Gegenwart von Natriumbicarbonat. Hat vollständige Oxydation stattgefunden, so verbindet sich das Jod mit dem Stärkemehl zur blauen Jodstärke.

$[C_4H_4K(SbO)O_6]_2$ + H_2O + 4 J + 4 $NaHCO_3$ =
Antimonylkaliumtartrat   4 . 126,85   Natriumbicarbonat
664,4

2 $(C_4H_4K(SbO_2)O_6]$ + 4 NaJ + 4 CO_2 + 3 H_2O
     Natriumjodid   Kohlendioxyd

4 Atome Jod oxydieren 1 Molekül Antimonylkaliumtartrat = 664,4. 1 Atom Jod = 126,85 oxydiert $^1/_4$ Molekül Antimonylkaliumtartrat = $\dfrac{664,4}{4}$ = 166,1.

1 ccm Zehntel-Normal-Jodlösung enthält 0,012685 g Jod,
1 „   „   „   „   entspricht 0,01661 g Antimonylkaliumtartrat,
12 „   „   „   „   entsprechen 12 × 0,01661
= 0,19932 g Antimonylkaliumtartrat.

Diese Menge Antimonylkaliumtartrat soll in 0,2 g Brechweinstein enthalten sein; in 100 Teilen des letzteren:

500 × 0,19932 = 99,66 Teile Antimonylkaliumtartrat,

Terpinum hydratum — Terpinhydrat.

$$C_{10}H_{16} \cdot 3\,H_2O.$$

Die heisse wässerige Lösung des Terpinhydrats entwickelt auf Zusatz von Schwefelsäure unter Trübung einen stark aromatischen Geruch, indem Terpineol gebildet wird.

$$\underset{\text{Terpinhydrat}}{C_{10}H_{16} \cdot 3\,H_2O} = \underset{\text{Terpineol}}{C_{10}H_{18}O} + 2\,H_2O$$

Theobrominum natrio-salicylicum — Theobrominnatriosalicylat.

$$C_7H_7NaN_4O_2 \cdot C_6H_4 \begin{cases} OH \\ COONa \end{cases}.$$

Aus der wässerigen Lösung des Salzes (1 = 5) wird durch Salzsäure sowohl Salicylsäure als auch nach einiger Zeit Theobromin als weisser Niederschlag abgeschieden (a); durch Natronlauge, nicht aber durch Ammoniakflüssigkeit findet wieder vollständige Lösung statt, indem sich wieder Theobrominnatriosalicylat bildet. Das Ammoniak löst nur die Salicylsäure als Ammoniumsalicylat auf (b).

a) $\underset{\text{Theobrominnatriosalicylat}}{C_7H_7NaN_4O_2 \cdot C_6H_4 \begin{cases} OH \\ COONa \end{cases}} + 2\,HCl = \underset{\text{Theobromin}}{C_7H_8N_4O_2}$

$+ \underset{\text{Salicylsäure}}{C_6H_4 \begin{cases} OH \\ COOH \end{cases}} + \underset{\text{Natriumchlorid}}{2\,NaCl}$

b) $\underset{\text{Salicylsäure}}{C_6H_4 \begin{cases} OH \\ COOH \end{cases}} + \underset{\text{Ammoniak}}{NH_3} = \underset{\text{Ammoniumsalicylat}}{C_6H_4 \begin{cases} OH \\ COO(NH_4) \end{cases}}$

10 ccm der durch Natronlauge wieder aufgehellten Flüssigkeit werden mit 10 ccm Chloroform ausgeschüttelt; der Verdampfungsrückstand des letzteren soll auf 1 g Theobrominnatriosalicylat nicht mehr als 0,005 g betragen.

Bei Gegenwart von Coffein löst sich dieses in Chloroform, während das Theobromin viel weniger löslich ist.

2 g Theobrominnatriosalicylat werden in einem Porzellanschälchen in 10 ccm Wasser durch gelindes Erwärmen gelöst;

diese Lösung wird mit etwa 5 ccm oder so viel Normal-Salzsäure versetzt, dass blaues Lackmuspapier kaum merklich gerötet wird, hierauf wird 1 Tropfen verdünnte Ammoniakflüssigkeit (1 = 10) hinzugefügt und die jetzt sehr schwach alkalische Mischung nach gutem Umrühren 3 Stunden lang bei 15° bis 20° stehen gelassen. Der entstandene Niederschlag wird auf ein bei 100° getrocknetes und nachher gewogenes Filter von 8 cm Durchmesser gebracht, zweimal mit je 10 ccm kaltem Wasser gewaschen, im Filter bei 100° getrocknet und gewogen; sein Gewicht soll mindestens 0,8 g betragen.

Die Salzsäure zerlegt zuerst das Theobrominnatrium, so lange die Flüssigkeit alkalisch reagiert (a). Sobald die Flüssigkeit sauer wird, beginnt auch die Zersetzung des Natriumsalicylats und es scheidet sich Salicylsäure aus, die aber sogleich wieder in Lösung geht, sobald man die Flüssigkeit durch Ammoniak alkalisch macht, indem sich leicht lösliches Ammoniumsalicylat bildet (b).

$$\text{a)}\ C_7H_7NaN_4O_2 \cdot C_6H_4\begin{cases}OH\\COONa\end{cases} + HCl = C_7H_8N_4O_2$$

Theobrominnatrosalicylat 36,46 Theobromin
362,38   180,24

$$+\ C_6H_4\begin{cases}OH\\COONa\end{cases} + NaCl$$

Natriumsalicylat Natriumchlorid

b) Formel siehe oben.

1 Molekül Theobrominnatriumsalicylat = 362,38 braucht zur Abscheidung des Theobromins 1 Molekül Chlorwasserstoff = 36,46; 2 g des Präparats brauchen:

$$362{,}38 : 36{,}46 = 2 : x$$
$$x = 0{,}201\ g\ \text{Chlorwasserstoff}$$

1 ccm Normal-Salzsäure enthält 0,03646 g Chlorwasserstoff; obige Menge ist enthalten in $\dfrac{0{,}201}{0{,}03646} = 5{,}5$ ccm Normal-Salzsäure.

1 Molekül Theobrominnatriosalicylat = 362,38 giebt 1 Molekül Theobromin = 180,24; 2 g des Präparats liefern:

$$362{,}38 : 180{,}24 = 2 : x$$
$$x = 0{,}99\ g\ \text{Theobromin}$$

Da das Salz meist etwas Feuchtigkeit enthält, und etwa 0,13 g Theobromin im Filtrate und im Waschwasser gelöst werden, so begnügt sich das Arzneibuch mit 0,8 g Rückstand,

Rechnet man obige gelöst bleibende 0,13 g dazu, so ergiebt sich für 2 g des Präparats ein Mindestgehalt von 0,93 g Theobromin, entsprechend einen Prozentgehalt von 46,5.

Wird ein Teil dieses Niederschlags rasch mit 100 Teilen Chlorwasser im Wasserbade eingedampft, so verbleibt ein gelbroter Rückstand, welcher bei sofortiger Einwirkung von wenig Ammoniakflüssigkeit schön purpurrot gefärbt wird.

Beim Eindampfen von Theobromin mit Chlorwasser bildet sich Amalinsäure (Tetramethylalloxantin) $C_8(CH_3)_4N_4O_7$, welche mit Ammoniak eine rote Verbindung, Murexoin, bildet.

Thymolum — Thymol.

$$C_6H_3 \begin{cases} CH_3 \\ OH \\ C_3H_7 \end{cases} \text{(Methylpropylphenol)}.$$

Thymol ist in 2 Teilen Natronlauge löslich, indem sich Thymolnatrium bildet.

$$C_6H_3 \begin{cases} CH_3 \\ OH \\ C_3H_7 \end{cases} + NaOH = C_6H_3 \begin{cases} CH_3 \\ ONa \\ C_3H_7 \end{cases} + H_2O$$

Thymol   Natriumhydroxyd   Thymolnatrium

In 4 Teilen Schwefelsäure löst sich Thymol bei gewöhnlicher Temperatur mit gelblicher, beim gelinden Erwärmen mit schön rosenroter Farbe, indem sich Thymolschwefelsäure bildet.

$$C_6H_3 \begin{cases} CH_3 \\ OH \\ C_3H_7 \end{cases} + H_2SO_4 = C_6H_2(SO_3H) \begin{cases} CH_3 \\ OH \\ C_3O_7 \end{cases} + H_2O$$

Thymol   Thymolschwefelsäure

Giesst man obige Lösung in 10 Raumteile Wasser und lässt die Mischung bei 35° bis 40° mit einer überschüssigen Menge Bleiweiss unter wiederholtem Umschütteln stehen und filtriert sie, so soll ein Filtrat entstehen, welches sich auf Zusatz einer geringen Menge Eisenchloridlösung schön violett färbt. Diese Färbung entsteht nur durch Thymolschwefelsäure, nicht aber durch Thymol.

Der Bleiweisszusatz (basisches Bleicarbonat) bezweckt die überschüssige Schwefelsäure zu entfernen, indem sich Bleisulfat bildet.

$$2\,PbCO_3 \cdot Pb(OH)_2 + 3\,H_2SO_4 = 3\,PbSO_4 + 2\,CO_2 + 4\,H_2O$$

Basisches Bleicarbonat — Bleisulfat — Kohlendioxyd.

In der wässerigen Thymollösung wird durch Bromwasser eine milchige Trübung hervorgerufen.

Ist Phenol zugegen, so entsteht ein krystallinischer Niederschlag von Tribromphenol.

$$C_6H_5 \cdot OH + 6\,Br = C_6H_2Br_3 \cdot OH + 3\,HBr$$

Phenol — Tribromphenol — Bromwasserstoff

Tinctura Ferri chlorati aetherea —
Ätherische Chloreisentinktur.

Eine ätherweingeistige Lösung von Ferrochlorid und Ferrioxychlorid mit Äthylchlorid und Aldehyd.

Darstellung. 1 Teil Ferrichloridlösung mische man mit 2 Teilen Äther und 7 Teilen Weingeist, und setze die Mischung in weissen, nicht ganz gefüllten, gut verkorkten Flaschen den Sonnenstrahlen aus, bis sie völlig entfärbt ist. Sodann lässt man die Flaschen, bisweilen geöffnet, an einem schattigen Orte stehen, bis der Inhalt wieder eine gelbe Farbe angenommen hat.

Durch das Sonnenlicht wird das Ferrichlorid zu farblosem Ferrochlorid reduziert unter Freiwerden von Chlor (a). Dieses setzt sich mit dem Äthylalkohol in Äthylchlorid und Aldehyd um (b).

a) $FeCl_3 = FeCl_2 + Cl$
Ferrichlorid — Ferrochlorid

b) $3\,C_2H_5 \cdot OH + Cl_2 = 2\,C_2H_5Cl + CH_3 \cdot COH + 2\,H_2O$
Äthylalkohol — Äthylchlorid — Acetaldehyd

Wird die farblose Flüssigkeit an einen schattigen Ort gebracht und lässt man Luft einwirken, so bildet sich etwas Ferrooxychlorid, und die Flüssigkeit färbt sich gelb.

$$2\,FeCl_2 + O = Fe_2Cl_4O$$
Ferrochlorid — Ferrioxychlorid

Prüfung. In mit Wasser verdünnter ätherischer Chloreisentinktur soll sowohl durch Kaliumferrocyanid- als auch durch Kaliumferricyanidlösung ein blauer Niederschlag hervorgebracht werden.

Da in der Tinktur sowohl Ferrochlorid als auch Ferrichlorid enthalten ist, so wird durch beide Reagentien ein blauer Niederschlag hervorgerufen. Ferrochlorid giebt mit Kaliumferricyanidlösung einen blauen Niederschlag von Ferroferricyanid (Turnbulls-Blau) (a), Ferrichlorid mit Kaliumferrocyanidlösung einen solchen von Ferriferrocyanid (Berlinerblau) (b).

a) Formel siehe bei Liquor Ferri sesquichlorati.
b) Formel siehe bei Acidum boricum.

Ammoniakflüssigkeit erzeugt in obiger Lösung einen schmutziggrünen bis braunen Niederschlag von Eisenhydroxyduloxyd.

$$FeCl_2 + 2\,FeCl_3 + 8\,NH_3 + x\,H_2O$$
Ferrochlorid Ferrichlorid Ammoniak
$$= Fe_3O_4 \cdot x\,H_2O + 8\,NH_4Cl$$
Eisenhydroxyduloxyd Ammoniumchlorid

Silbernitratlösung fällt daraus weisses Silberchlorid.

$$FeCl_2 + 2\,AgNO_3 = Fe(NO_3)_2 + 2\,AgCl$$
Ferrochlorid Silbernitrat Ferronitrat Silberchlorid

Nach dem Schütteln von 10 ccm ätherischer Chloreisentinktur mit 10 ccm Kaliumacetatlösung sollen sich beim ruhigen Stehen 3 bis 4 ccm ätherische Flüssigkeit ansammeln.

Kaliumacetatlösung und Weingeist mischen sich, während sich der Äther aus der Salzlösung zum grössten Teil ausscheidet.

Tinctura Jodi — Jodtinktur.

Eine Auflösung von 1 Teil Jod in 10 Teilen Weingeist.

Spez. Gew.: 0,895 bis 0,898.

2 ccm Jodtinktur sollen, nach Zusatz von 25 ccm Wasser und 0,5 g Kaliumjodid, nicht weniger als 12,1 ccm Zehntel-Normal-Natriumthiosulfatlösung zur Bindung des Jods verbrauchen.

Das Natriumthiosulfat bindet das Jod unter Bildung von Natriumjodid und Natriumtetrathionat.

Formel siehe bei Adeps suillus.

1 Molekül Natriumthiosulfat = 248,32 bindet 1 Atom Jod = 126,85.

1 ccm Zehntel-Normal-Natriumthiosulfatlösung enthält 0,024832 g Natriumthiosulfat,
1 „ „ „ „ bindet 0,012685 g Jod,
12,1 „ „ „ „ binden 12,1 × 0,012685 = 0,15348 g Jod.

Diese Menge soll mindestens in 2 ccm Jodtinktur enthalten sein. Letztere wiegen unter Zugrundelegung ihres spez. Gew. $2 \times 0{,}895$ bis $0{,}898 = 1{,}79$ bis $1{,}796$ g. In 100 Teilen Jodtinktur müssen enthalten sein: $\dfrac{0{,}15348 \times 100}{1{,}79 \text{ bis } 1{,}796} = 8{,}57$ bis $8{,}54$ Teile Jod.

Ein Teil Jod wird bei längerer Aufbewahrung der Jodtinktur als Jodwasserstoff, Jodoform, Äthyljodid unter Zersetzung von Weingeist gebunden und gelangt dann nicht zur Titrierung.

Tinctura Opii crocata — Safranhaltige Opiumtinktur.

100 Teile der Tinktur enthalten nahezu das Lösliche aus 10 Teilen Opium oder 1 bis 1,2 Teilen Morphin.

Zur Bestimmung des Morphingehaltes dampft man 50 g der Tinktur in gewogener Schale auf 15 g ein, verdünnt alsdann mit Wasser bis zum Gewicht von 38 g, fügt 2 g Natriumsalicylatlösung (1 = 2) zu, filtriert nach kräftigem Umschütteln 32 g der geklärten Flüssigkeit durch ein trockenes Filter von 10 cm Durchmesser in ein Kölbchen. Dieses Filtrat mischt man durch Umschwenken mit 10 g Äther und fügt noch 5 g einer Mischung aus 17 g Ammoniakflüssigkeit und 83 g Wasser zu. Man schüttelt die Mischung 10 Minuten lang kräftig, und lässt 24 Stunden lang stehen. Die weitere Behandlung ist gerade so wie bei Opium angegeben. Die getrockneten Morphinkrystalle sind in 25 ccm Zehntel-Normal-Salzsäure zu lösen, und die überschüssige Salzsäure ist in der Hälfte der Lösung mit Zehntel-Normal-Kalilauge unter Anwendung von Jodeosinlösung als Indikator zurückzutitrieren. Man soll hierzu nicht mehr als 5,5 ccm und nicht weniger als 4,2 ccm Lauge erfordern.

Das Abdampfen der Tinktur auf 15 g bezweckt den Weingeist zu verjagen. Über den Zusatz von Natriumsalicylatlösung, sowie über die Fällung des Morphins mit verdünnter Ammoniakflüssigkeit und über die Behandlung mit Äther siehe bei Opium.

Die Morphinkrystalle lösen sich in Salzsäure als chlorwasserstoffsaures Morphin.

Formel siehe bei Opium.

Da 50 g Tinktur nach dem Eindampfen durch Wasser und Natriumsalicylatlösung auf 40 g gebracht wurden, so entsprechen 32 g des Filtrats 40 g Tinktur. Aus dieser wird das Morphin gefällt, und nur die Hälfte der salzsauren Lösung, entsprechend 20 g Tinktur, zum Titrieren verwendet.

Tinctura Opii simplex. — Tinctura Strychni.

Werden zum Zurücktitrieren 5,5 bis 4,2 ccm Zehntel-Normal-Kalilauge verwendet, so wurden 12,5 — 5,5 bis 4,2 = 7 bis 8,3 ccm Zehntel-Normal-Salzsäure zum Neutralisieren des Morphins gebraucht.

1 ccm Zehntel-Normal-Salzsäure neutralisiert 0,0285 g Morphin
(siehe Opium),
7 „   „   „   „   neutralisieren 7 × 0,0285
= 0,1995 g Morphin,
8,3 „   „   „   „   neutralisieren 8,3 × 0,0285
= 0,2365 g Morphin.

Diese Menge Morphin soll in 20 g der Tinktur sein; in 100 Teilen der letzteren sollen 5 × 0,1995 bis 0,2365 = 0,997 bis 1,182 g Morphin enthalten sein.

Tinctura Opii simplex — Einfache Opiumtinktur.

100 Teile enthalten das Lösliche aus 10 Teilen Opium oder 1 bis 1,2 Teile Morphin.

Die Bestimmung des Morphingehaltes geschieht auf die nämliche Weise wie bei Tinctura Opii crocata. Auch die Berechnung des Morphingehaltes geschieht auf dieselbe Weise.

Tinctura Strychni — Brechnusstinktur.

Zur Bestimmung des Alkaloidgehaltes dampft man 50 g der Tinktur in einem gewogenen Schälchen auf 10 ccm ein, bringt diesen Rückstand, unter Nachspülen mit 5 g absolutem Alkohol in ein Arzneiglas und giebt 50 g Äther und 20 g Chloroform sowie nach kräftigem Umschütteln 10 ccm Natriumcarbonatlösung (1 = 3) zu und lässt die Mischung unter kräftigem Umschütteln eine Stunde lang stehen. Dann filtriert man 50 g der klaren Chloroform-Ätherlösung ab, destilliert etwa die Hälfte ab, bringt den Rückstand in einen Scheidetrichter, spült das Kölbchen 3 mal mit je 5 ccm eines Gemisches von 3 Teilen Äther und 1 Teil Chloroform nach, und schüttelt die vereinigten Flüssigkeiten mit 40 ccm Hundertel-Normal-Salzsäure. Nach vollständiger Klärung filtriert man die saure Flüssigkeit in eine 200 ccm fassende Flasche, schüttelt die Chloroform-Ätherlösung noch 3 mal mit je 10 ccm Wasser aus, filtriert auch diese Auszüge durch dasselbe Filter, wäscht letzteres mit Wasser aus, und verdünnt die gesamte Flüssigkeit auf etwa 100 ccm. Nach Zusatz von so viel Äther, dass die Schichte des letzteren etwa 1 cm Höhe erreicht, und von 5 Tropfen Jodeosinlösung lässt man soviel Hundertel-Normal-Kalilauge, nach jedem Zusatz die Mischung kräftig umschüttelnd, zufliessen, bis die untere, wässerige Schichte eine blassrote Farbe angenommen hat. Zur Erzielung dieser Färbung sollen nicht mehr als 17 ccm Lauge erforderlich sein.

Die Brechnusstinktur enthält die Alkaloide Strychnin und Brucin an Gerbsäure gebunden.

Das Eindampfen der Tinktur bezweckt, den Weingeist zu verjagen. Das Natriumcarbonat setzt die Alkaloide in Freiheit, und diese gehen in Chloroform-Äther in Lösung. Beim Schütteln mit Hundertel-Normal-Salzsäure werden chlorwasserstoffsauren Alkaloide gebildet, welche in die wässerige Lösung gehen. Nachdem ein Überschuss von Salzsäure zugesetzt wurde, so wird der Überschuss durch Hundertel-Normal-Kalilauge zurücktitriert.

Die Anwendung des Jodeosins als Indikator siehe bei Cortex Granati.

Wurden zum Zurücktitrieren 17 ccm Hundertel-Normal-Kalilauge gebraucht, so wurden $40 - 17 = 23$ ccm Hundertel-Normal-Salzsäure zur Bindung der Alkaloide verwendet.

1 ccm Hundertel-Normal-Salzsäure bindet 0,0036432 g Alkaloide
(siehe bei **Extractum Strychni**),
23 „   „   „   „   binden $23 \times 0,0036432$
$= 0,08379$ g Alkaloide.

Nachdem 50 g Brechnusstinktur mit 5 g absolutem Alkohol, 50 g Äther und 20 g Chloroform behandelt, und davon 50 g abfiltriert wurden, so entsprechen letztere $\frac{50 \cdot 50}{75} = 33,33$ g Tinktur. Diese Menge Tinktur soll obige Menge Alkaloide mindestens enthalten; 100 Teile Tinktur müssen mindestens enthalten:
$$\frac{0,08379 \times 100}{33,33} = 0,25116 \text{ Teile Alkaloide.}$$

Tubera Aconiti — Akonitknollen.

Zur Bestimmung des Alkaloidgehaltes übergiesst man 12 g mittelfein gepulverte, bei 100^0 getrocknete Akonitknollen mit 90 g Äther und 30 g Chloroform, sowie nach kräftigem Umschütteln mit 10 ccm einer Mischung von 2 Teilen Natronlauge und 1 Teil Wasser, und lässt das Gemisch nach kräftigem Umschütteln 3 Stunden lang stehen. Sodann versetzt man mit so viel Wasser, dass sich das Akonitknollenpulver beim Umschütteln zusammenballt, und filtriert 100 g der geklärten Chloroform-Ätherlösung ab. Von dieser destilliert man etwa die Hälfte ab, bringt den Rückstand in einen Scheidetrichter, spült das Kölbchen noch 3 mal mit je 5 ccm eines Gemisches von 3 Teilen Äther und 1 Teil Chloroform nach, und schüttelt die vereinigten Flüssigkeiten mit 25 ccm Hundertel-Normal-Salzsäure tüchtig durch. Die saure Flüssigkeit filtriert man in einen Kolben von 100 ccm, schüttelt die Chloroform-Ätherlösung noch 3 mal mit je 10 ccm Wasser aus, filtriert durch dasselbe Filter, wäscht letzteres mit Wasser nach, und verdünnt die gesamte Flüssigkeit mit Wasser auf 100 ccm.

Von dieser Flüssigkeit bringe man 50 ccm in eine 200 ccm fassende Flasche, füge etwa 50 ccm Wasser zu und so viel Äther, dass die Schicht des letzteren etwa 1 cm Höhe erreicht, setze 5 Tropfen Jodeosinlösung hinzu und dann so viel Hundertel-Normal-Kalilauge, bis die untere, wässerige Schicht nach dem Umschütteln eine blassrote Farbe angenommen hat. Man soll zur Erzielung dieser Färbung nicht mehr als 8,5 ccm Lauge gebrauchen.

Der wesentliche Bestandteil der Akonitknollen ist das Alkaloid, Akonitin $C_{33}H_{45}NO_{12}$ (Molekulargew.: 647) neben dem amorphen Napellin und Akonin. Die Alkaloide sind an Akonitsäure gebunden.

Beim Behandeln der Akonitknollen mit Äther-Chloroform und verdünnter Natronlauge werden die Alkaloide in Freiheit gesetzt und lösen sich in Äther-Chloroform auf. Wird letztere Lösung mit Hundertel-Normal-Salzsäure geschüttelt, so gehen die Alkaloide als chlorwasserstoffsaure Salze in wässerige Lösung. Nachdem überschüssige Salzsäure zugesetzt wurde, so wird der Überschuss durch Hundertel-Normal-Kalilauge zurücktitriert. Als Indikator verwendet man Jodeosin (siehe bei Cortex Granati).

Hat man zum Zurücktitrieren 8,5 ccm Hundertel-Normal-Kalilauge gebraucht, so wurden, da nur die Hälfte der Flüssigkeit zum Titrieren verwendet wurde, 12,5 — 8,5 = 4 ccm Hundertel-Normal-Salzsäure zur Bindung der Alkaloide verwendet.

1 ccm Hundertel-Normal-Salzsäure enthält 0,0003646 g Chlorwasserstoff,
1 „ „ „ „ bindet 0,00647 g Aconitin,
4 „ „ „ „ binden 4 × 0,00647
= 0,02588 g „

12 g Akonitknollen wurden mit 120 g Äther-Chloroform behandelt, davon 100 g abfiltriert und nach Behandeln mit Hundertel-Normal-Salzsäure die Hälfte der wässerigen Flüssigkeit zum Titrieren verwendet. Diese entspricht 5 g Akonitknollen, und soll mindestens obige Menge Akonitin enthalten. In 100 g Akonitknollen sollen mindestens $20 \times 0{,}02588 = 0{,}5176$ g Akonitin enthalten sein.

Veratrinum — Veratrin.

Das Veratrin stellt ein Gemenge mehrerer Alkaloide dar. Den Hauptbestandteil bildet das krystallisierbare Veratrin, $C_{32}H_{49}NO_9$ und das damit isomere amorphe Veratridin.

In verdünnter Schwefelsäure und in Salzsäure löst es sich auf, indem schwefelsaures Veratrin $(C_{32}H_{49}NO_9)_2 \cdot H_2SO_4$ und chlorwasserstoffsaures Veratrin, $C_{32}H_{49}NO_9 \cdot HCl$ entsteht.

Zincum aceticum — Zinkacetat.

$$Zn(C_2H_3O_2)_2 + 2\,H_2O.$$

Die schwach saure, wässerige Lösung des Salzes wird durch Eisenchloridlösung dunkelrot gefärbt, indem Ferriacetat in Lösung geht.

$3\,[Zn(C_2H_3O_2)_2] + 2\,FeCl_3 = 2\,Fe(C_2H_3O_2)_3 + 3\,ZnCl_2$
Zinkacetat   Ferrichlorid   Ferriacetat   Zinkchlorid

Mit Kalilauge giebt die wässerige Lösung einen weissen Niederschlag von Zinkhydroxyd (a), der sich in überschüssiger Kalilauge als Zinkoxydkalium auflöst (b).

a) $Zn(C_2H_3O_2)_2 + 2\,KOH = Zn(OH)_2 \cdot$
Zinkacetat   Kaliumhydroxyd   Zinkhydroxyd
$+ 2\,C_2H_3KO_2$
Kaliumacetat

b) $Zn(OH)_2 + 2\,KOH = Zn(OK)_2 + 2\,H_2O$
Zinkhydroxyd   Kaliumhydroxyd   Zinkoxydkalium

In der wässerigen Lösung (1 = 10) soll durch überschüssiges Schwefelwasserstoffwasser ein rein weisser Niederschlag von Zinksulfid entstehen.

$Zn(C_2H_3O_2)_2 + H_2S = ZnS + 2\,C_2H_4O_2$
Zinkacetat   Zinksulfid   Essigsäure

Sind fremde Metalle, wie Blei, Eisen, zugegen, so werden diese als Metallsulfide gefällt, und der Niederschlag erscheint dunkel gefärbt.

Formel siehe bei Plumbum aceticum.

Die von dem Niederschlag abfiltrierte Flüssigkeit soll nach dem Verdampfen einen wägbaren Rückstand nicht hinterlassen.

Alkali- und Erdalkalisalze werden durch Schwefelwasserstoff nicht gefällt und bleiben beim Verdampfen des Filtrats im Rückstand.

Bei gelindem Erwärmen mit Schwefelsäure soll Zinkacetat eine Schwärzung nicht erleiden.

Enthält die zur Darstellung des Salzes verwandte Essigsäure empyreumatische Stoffe, oder ist eine andere organische Verbindung vorhanden, so findet eine Schwärzung statt.

Zincum chloratum — Zinkchlorid.

$$ZnCl_2.$$

Zinkchlorid schmilzt beim Erhitzen, zersetzt sich dabei unter Ausstossung weisser Dämpfe, indem sich etwas Zinkchlorid und Chlor verflüchtigt, und hinterlässt einen in der Hitze gelben Rückstand, bestehend aus einem Gemenge von Zinkchlorid und Zinkoxyd.

Die wässerige Lösung giebt mit Silbernitratlösung einen weissen Niederschlag von Silberchlorid (a), mit Ammoniakflüssigkeit einen solchen von Zinkhydroxyd (b), der sich im Überschusse des Ammoniaks auflöst, indem sich Additionsprodukte, wie $ZnCl_2 . 5 NH_3 . H_2O$, oder $ZnCl_2 . 4 NH_3 . H_2O$, oder $ZnCl_2 . 2 NH_3$ bilden (c).

a) $ZnCl_2 + 2 AgNO_3 = 2 AgCl + Zn(NO_3)_2$
Zinkchlorid Silbernitrat Silberchlorid Zinknitrat

b) $ZnCl_2 + 2 NH_3 + 2 H_2O = Zn(OH)_2$
Zinkchlorid Ammoniak   Zinkhydroxyd
$+ 2 NH_4Cl$
Ammoniumchlorid

c) $Zn(OH)_2 + 2 NH_4Cl + 2 NH_3$
Zinkhydroxyd Ammoniumchlorid Ammoniak
$= ZnCl_2 . 4 NH_3 . H_2O + H_2O$
Zinkchlorid-Ammoniak

Die wässerige Lösung (1 = 2) soll klar oder höchstens schwach getrübt sein.

Zincum chloratum.

Eine trübe Lösung würde von Zinkoxychlorid herrühren, welches sich beim Eindampfen der Lösung zur Trockne gebildet hat, indem etwas Chlorwasserstoff entweicht.

$$2\ ZnCl_2 + H_2O = ZnCl_2 . ZnO + 2\ HCl$$
Zinkchlorid   Zinkoxychlorid

Ein in obiger Lösung bei Zusatz von 3 Raumteilen Weingeist entstehender, flockiger Niederschlag soll, auf Zusatz von 1 Tropfen Salzsäure wieder verschwinden.

Weingeist scheidet Zinkoxychlorid aus; es soll sich nicht mehr ausscheiden, als durch 1 Tropfen Salzsäure wieder zu Zinkchlorid gelöst werden kann.

$$ZnCl_2 . ZnO + 2\ HCl = 2\ ZnCl_2 + H_2O$$
Zinkoxychlorid   Chlorwasserstoff   Zinkchlorid

Die wässerige Lösung (1 = 10) soll, nach Zusatz von Salzsäure weder durch Baryumnitratlösung getrübt (a), noch durch Schwefelwasserstoffwasser gefärbt werden (b).

a) **Sulfate** erzeugen eine weisse Fällung von Baryumsulfat.

$$ZnSO_4 + Ba(NO_3)_2 = Zn(NO_3)_2 + BaSO_4$$
Zinksulfat   Baryumnitrat   Zinknitrat   Baryumsulfat

b) Zink wird in saurer Lösung durch Schwefelwasserstoff nicht gefällt. **Fremde Metalle**, wie Kupfer, Blei, geben eine dunkle, Cadmium, Arsen eine gelbe Fällung von Metallsulfid.

Formel siehe bei Acidum hydrochloricum.

1 g Zinkchlorid soll mit 10 ccm Wasser und 10 ccm Ammoniakflüssigkeit eine klare Lösung geben (siehe oben). **Fremde Metalle**, wie Cadmium, Blei, Eisen, werden als Hydroxyde gefällt.

$$FeCl_3 + 3\ NH_3 + 3\ H_2O = Fe(OH)_3$$
Ferrichlorid   Ammoniak   Ferrihydroxyd
$$+ 3\ NH_4Cl$$
Ammoniumchlorid

In obiger Lösung soll durch überschüssiges Schwefelwasserstoffwasser ein rein weisser Niederschlag von Zinksulfid hervorgerufen werden.

$$ZnCl_2 . 5\ NH_3 . H_2O + 4\ H_2S = ZnS + 2\ NH_4Cl$$
Zinkchloridammoniak   Zinksulfid   Ammoniumchlorid
$$+ 3\ NH_4SH + H_2O$$
Ammoniumhydrosulfid

Zincum oxydatum.

Sind fremde Metalle, wie Cadmium, Blei, Kupfer, Eisen, zugegen, so werden diese als Metallsulfide gefällt und mischen sich dem Zinksulfid bei, dasselbe gelb oder braun färbend.

Die vom Niederschlag abfiltrierte Flüssigkeit soll nach dem Abdampfen und Glühen einen wägbaren Rückstand nicht hinterlassen.

Die Salze der Alkalien und alkalische Erden werden durch Schwefelwasserstoffwasser nicht gefällt, und bleiben beim Verdampfen des Filtrats im Rückstand.

Zincum oxydatum — Zinkoxyd.

ZnO.

Das Zinkoxyd löst sich in verdünnter Essigsäure als Zinkacetat auf.

$$ZnO + 2\ C_2H_4O_2 = Zn(C_2H_3O_2)_2 + H_2O$$
Zinkoxyd   Essigsäure   Zinkacetat

Eine Mischung aus 1 g Zinkoxyd und 3 ccm Zinnchlorürlösung soll im Laufe einer Stunde eine dunklere Färbung nicht annehmen.

Enthält das Zinkoxyd eine Arsenverbindung, so scheidet sich metallisches Arsen aus unter Bildung von Zinnchlorid.

Formel siehe bei Acidum aceticum.

Werden 2 g Zinkoxyd mit 20 ccm Wasser geschüttelt und wird die Mischung filtriert, so darf das Filtrat durch Baryumnitrat- (a) und durch Silbernitratlösung (b) höchstens opalisierend getrübt werden.

a) Sulfate geben eine weisse Fällung von Baryumsulfat.
Formel siehe bei Zincum chloratum.

b) Chloride geben eine weisse Fällung von Silberchlorid.
Formel siehe bei Zincum chloratum.

Zinkoxyd soll sich in 10 Teilen verdünnter Essigsäure ohne Aufbrausen auflösen. In Lösung ist Zinkacetat (siehe oben).

Das Zinkoxyd zieht gerne Kohlendioxyd aus der Luft an, damit basisches Zinkcarbonat bildend. Ist dieses zugegen, so entsteht beim Auflösen in Essigsäure ein Aufbrausen, indem Kohlendioxyd entweicht.

$$2\ ZnCO_3 \cdot 3\ Zn(OH)_2 + 10\ C_2H_4O_2 = 5\ Zn(C_2H_3O_2)_2$$
Basisches Zinkcarbonat   Essigsäure   Zinkacetat
$$+\ 2\ CO_2 + 8\ H_2O$$
Kohlendioxyd

Obige Lösung soll mit überschüssiger Ammoniakflüssigkeit versetzt, eine klare farblose Flüssigkeit geben, indem sich ein Additionsprodukt, $Zn(C_2H_3O_2)_2 + x\ NH_3$, bildet.

Eine blaue Färbung der Flüssigkeit zeigt einen Kupfergehalt an, indem sich Kupferacetat-Ammoniak, $Cu(C_2H_3O_2)_2 + 4\ NH_3$, auflöst.

Ist **Thonerde** oder **Eisen** zugegen, so wird Aluminiumhydroxyd oder Eisenhydroxyd gefällt.

$$Fe(C_2H_3O_2)_3 + 3\ NH_3 + 3\ H_2O = Fe(OH)_3$$
Ferriacetat   Ammoniak   Eisenhydroxyd
$$+\ 3\ (NH_4)C_2H_3O_2$$
Ammoniumacetat

Obige Lösung soll weder durch Ammoniumoxalatlösung (a), noch durch Natriumphosphatlösung (b) getrübt werden; beim Überschichten mit Schwefelwasserstoffwasser soll sich eine rein weisse Zone bilden (c).

a) **Calciumsalze** erzeugen eine weisse Fällung von Calciumoxalat.

Formel siehe bei Calcaria chlorata.

b) **Magnesiumsalze** geben eine weisse Fällung von Ammonium-Magnesiumphosphat.

$$Mg(C_2H_3O_2)_2 + Na_2HPO_4 + NH_3 + 6\ H_2O$$
Magnesiumacetat Natriumphosphat Ammoniak
$$= Mg(NH_4)PO_4 \cdot 6\ H_2O + 2\ C_2H_3NaO_2$$
Ammonium-Magnesiumphosphat   Natriumacetat

c) Der weisse Niederschlag ist Zinksulfid.

Formel siehe bei Zincum aceticum.

Sind fremde Metalle, wie Eisen, Kupfer, Cadmium, zugegen, so werden diese als Metallsulfide gefällt, und die Zone erscheint nicht weiss, sondern dunkel gefärbt.

Zincum oxydatum crudum — Rohes Zinkoxyd.

$ZnO.$

Rohes Zinkoxyd soll sich in verdünnter Essigsäure ohne Aufbrausen lösen. Es geht Zinkacetat in Lösung.

Formel siehe bei Zincum oxydatum.

Findet beim Auflösen ein Aufbrausen statt, so ist **basisches Zinkcarbonat** zugegen.

Formel siehe bei Zincum oxydatum.

Zincum sulfuricum.

Der in dieser Lösung durch Natronlauge entstehende Niederschlag soll sich im Überschusse des Fällungsmittels zu einer klaren, farblosen Flüssigkeit auflösen.

Natronlauge fällt Zinkhydroxyd (a), dieses löst sich in überschüssiger Natronlauge als Zinkoxydnatrium (b).

a) $Zn(C_2H_3O_2)_2$ + 2 NaOH = $Zn(OH)_2$
Zinkacetat   Natriumhydroxyd   Zinkhydroxyd
+ 2 $C_2H_3NaO_2$
Natriumacetat

b) $Zn(OH)_2$ + 2 NaOH = $Zn(ONa)_2$ + 2 H_2O
Zinkhydroxyd   Natriumhydroxyd   Zinkoxydnatrium

Ist die Lösung durch Natronlauge keine vollständige, so ist **Magnesiumoxyd** zugegen, welches von der Essigsäure als Magnesiumacetat gelöst und aus dieser Lösung durch Natronlauge als Magnesiumhydroxyd gefällt wird; dieses löst sich im Überschusse von Natronlauge nicht auf.

Formel analog wie oben bei Fällung von Zinkacetat durch Natronlauge.

Scheiden sich gelbe Flocken bei Fällung mit Natronlauge aus, so rührt dieses von **Eisen** her, welches als Eisenhydroxyd gefällt wird.

$Fe(C_2H_3O_2)_3$ + 3 NaOH = $Fe(OH)_3$
Ferriacetat   Natriumhydroxyd   Eisenhydroxyd
+ 3 $C_2H_3NaO_2$
Natriumacetat

0,2 g rohes Zinkoxyd sollen, in 2 ccm verdünnter Essigsäure gelöst, nach dem Erkalten durch Kaliumjodidlösung nicht verändert werden.

Zinkoxyd geht als Zinkacetat in Lösung.

Formel siehe bei Zincum oxydatum.

Ist **Blei** zugegen, so wird dieses durch Kaliumjodid als gelbes Bleijodid gefällt.

$Pb(C_2H_3O_2)_2$ + 2 KJ = PbJ_2 + 2 $C_2H_3KO_2$
Bleiacetat   Kaliumjodid   Bleijodid   Kaliumacetat

Zincum sulfuricum — Zinksulfat.

$ZnSO_4 + 7 H_2O$.

Die wässerige Lösung des Salzes giebt mit Baryumnitratlösung einen weissen Niederschlag von Baryumsulfat.

Formel siehe bei Zincum chloratum.

Zincum sulfuricum.

Durch Natronlauge wird zuerst eine Fällung von Zinkhydroxyd hervorgerufen (a); durch einen Überschuss der Lauge entsteht eine klare, farblose Flüssigkeit, indem Zinkoxydnatrium gelöst wird (b).

a) $ZnSO_4 \; + \; 2\,NaOH \; = \; Zn(OH)_2 \; + \; Na_2SO_4$
Zinksulfat Natriumhydroxyd Zinkhydroxyd Natriumsulfat

b) Formel siehe bei Zincum oxydatum crudum.

Bei Gegenwart von **Magnesiumsalz** entsteht durch Natriumlauge eine Fällung von Magnesiumhydroxyd, welches aber in überschüssiger Natronlauge nicht löslich ist.

Formel analog wie bei der Fällung von Zinksulfat durch Natronlauge; siehe oben.

Ist **Ferrisulfat** zugegen, so scheidet Natronlauge braune Flocken von Eisenhydroxyd aus.

$Fe_2(SO_4)_3 \; + \; 6\,NaOH \; = \; 2\,Fe(OH)_3 \; + \; 3\,Na_2SO_4$
Ferrisulfat Natriumhydroxyd Eisenhydroxyd Natriumsulfat

In obiger alkalischer Lösung fällt Schwefelwasserstoffwasser einen weissen Niederschlag von Zinksulfid.

$Zn(ONa)_2 \; + \; H_2S \; = \; ZnS \; + \; 2\,NaOH$
Zinkoxydnatrium Zinksulfid Natriumhydroxyd

Eine Lösung von 0,5 g Zinksulfat in 10 ccm Wasser und 5 ccm Ammoniakflüssigkeit soll klar sein. Es löst sich das Additionsprodukt $ZnSO_4 \cdot 4\,NH_3 \cdot 4\,H_2O$ auf.

Ist die Lösung blau gefärbt, so enthält sie **Kupfersulfat-Ammoniak**, $CuSO_4 \cdot 4\,NH_3$, aufgelöst.

Eine weisse Trübung der Lösung rührt von **Thonerdesalz** her, indem sich Aluminiumhydroxyd ausscheidet.

$Al_2(SO_4)_3 \; + \; 6\,NH_3 + 6\,H_2O \; = \; 2\,Al(OH)_3$
Aluminiumsulfat Ammoniak Aluminiumhydroxyd
$+ \; 3\,(NH_4)_2SO_4$
Ammoniumsulfat

Scheiden sich braune Flocken ab, so ist **Ferrisulfat** zugegen, indem Eisenhydroxyd gefällt wird.

Formel analog wie bei Aluminiumsulfat; siehe oben.

Die ammoniakalische Lösung soll durch Schwefelwasserstoffwasser weiss gefällt werden. Es scheidet sich Zinksulfid aus.

$ZnSO_4 \cdot 4\,NH_3 \cdot 4\,H_2O + 3\,H_2S = ZnS \; + \; (NH_4)_2SO_4$
Zinksulfat-Ammoniak Zinksulfid Ammoniumsulfat
$+ \; 2\,NH_4SH \; + \; 4\,H_2O$
Ammoniumhydrosulfid

Zincum sulfuricum.

Fremde Metalle, wie Kupfer, Blei, Eisen, Cadmium, werden als Metallsulfide gefällt und mengen sich dem Zinksulfid bei, dasselbe gelb oder dunkel färbend.

Beim Versetzen mit Natronlauge soll Zinksulfat Ammoniak nicht entwickeln.

Sind Ammoniumsalze zugegen, so macht das Natriumhydroxyd das Ammoniak frei.

$(NH_4)_2SO_4$ + 2 NaOH = 2 NH_3 + Na_2SO_4
Ammoniumsulfat Natriumhydroxyd Ammoniak Natriumsulfat
+ 2 H_2O

2 ccm der wässerigen Zinksulfatlösung (1 = 10) sollen, mit 2 ccm Schwefelsäure versetzt, und mit 1 ccm Ferrosulfatlösung überschichtet, auch bei längerem Stehen eine gefärbte Zone nicht geben.

Sind Nitrate zugegen, so macht die Schwefelsäure die Salpetersäure frei, diese oxydiert einen Teil Ferrosulfat zu Ferrisulfat, und wird dadurch zu Stickoxyd, das sich mit einem andern Teil Ferrosulfat zu der braunen Verbindung $FeSO_4 . NO$ vereinigt.

Formel siehe bei Acetum.

Die wässerige Lösung (1 = 20) soll durch Silbernitratlösung nicht verändert werden.

Chloride erzeugen eine weisse Fällung von Silberchlorid.

Formel siehe bei Zincum chloratum.

Schüttelt man 2 g Zinksulfat mit 10 ccm Weingeist und filtriert nach 10 Minuten, soll ein Filtrat entstehen, welches nach dem Verdünnen mit 10 ccm Wasser blaues Lackmuspapier nicht verändert.

Haftet dem Zinksulfat freie Schwefelsäure an, so löst sich diese in Weingeist, während Zinksulfat in Weingeist unlöslich ist, und das Filtrat reagiert sauer.

Reagentien und volumetrische Lösungen.

Acidum aceticum — Essigsäure. Siehe Seite 6.

Acidum aceticum dilutum — Verdünnte Essigsäure. Siehe Seite 7.

Acidum carbolicum — Karbolsäurelösung. Siehe Seite 14.

Bei Bedarf ist 1 Teil Karbolsäure in 19 Teilen Wasser zu lösen.

Acidum chromicum — Chromsäurelösung. Siehe Seite 15.

Bei Bedarf sind 3 Teile Chromsäure in 97 Teilen Wasser zu lösen.

Acidum hydrochloricum — Salzsäure. Siehe Seite 23.

Acidum hydrochloricum fumans — Rauchende Salzsäure.

Bezüglich der Reinheit der Salzsäure entsprechend. Siehe Seite 23.

Acidum hydrochloricum volumetricum — Normal-Salzsäure.

Sie soll 36,46 g Chlorwasserstoff in 1 Liter enthalten.

Sie wird auf wasserfreies Natriumcarbonat eingestellt; 1 g desselben braucht 18,84 ccm Normal-Salzsäure zur Sättigung.

Die Sättigung erfolgt nach folgender Gleichung:

$$Na_2CO_3 + 2\,HCl = 2\,NaCl + CO_2 + H_2O$$

Natriumcarbonat 2 . 36,46 Natriumchlorid Kohlendioxyd
106,1

1 Molekül Natriumcarbonat = 106,1 braucht 2 Moleküle Chlorwasserstoff = 72,92 zur Sättigung, demnach braucht 1 g Natriumcarbonat $\frac{72,92}{106,1} = 0{,}687$ g Chlorwasserstoff.

Da 1 ccm Normal-Salzsäure 0,03646 g Chlorwasserstoff enthält, so entspricht obige Menge Chlorwasserstoff $\frac{0{,}687}{0{,}03646}$ = 18,84 ccm Normal-Salzsäure.

Reagentien und volumetrische Lösungen. 299

Acidum hydrochloricum volumetricum $^1/_2$ normale —
Halb-Normal-Salzsäure.

Sie soll 18,23 g Chlorwasserstoff in 1 Liter enthalten.
Durch Mischen von 500 ccm Normal-Salzsäure mit 500 ccm Wasser zu bereiten.

Acidum hydrochloricum volumetricum $^1/_{10}$ normale —
Zehntel-Normal-Salzsäure.

Sie soll 3,646 g Chlorwasserstoff in 1 Liter enthalten.
Bei Bedarf durch Mischen von 10 ccm Normal-Salzsäure und 90 ccm Wasser zu bereiten.

Acidum hydrochloricum volumetricum $^1/_{100}$ normale —
Hundertel-Normal-Salzsäure.

Sie soll 0,3646 g Chlorwasserstoff in 1 Liter enthalten.
Bei Bedarf durch Mischen von 10 ccm Zehntel-Normal-Salzsäure mit 90 ccm Wasser zu bereiten.

Acidum nitricum — Salpetersäure. Siehe Seite 26.

Acidum nitricum crudum — Rohe Salpetersäure.

Acidum nitricum dilutum — Verdünnte Salpetersäure.

Bei Bedarf durch Verdünnung von 1 Teil Salpetersäure und 1 Teil Wasser zu bereiten.

Acidum nitricum fumans — Rauchende Salpetersäure.

Acidum oxalicum — Oxalsäure.
$H_2C_2O_4 \cdot 2 H_2O$.

Auf dem Platinbleche erhitzt müssen die Krystalle ohne Rückstand verdampfen. Sie zerfallen dabei teilweise in Ameisensäure, Kohlendioxyd, Kohlenoxyd und Wasser.

$$2 (H_2C_2O_4 \cdot 2 H_2O) = CH_2O_2 \;+\; CO \;+\; 2 CO_2$$
Oxalsäure   Ameisensäure   Kohlenoxyd   Kohlendioxyd
$$+ \; 5 H_2O$$

Ein Rückstand würde von Alkali- oder Calciumsalzen herrühren.

300 Reagentien und volumetrische Lösungen.

Die wässerige, mit Salpetersäure angesäuerte Lösung werde durch Baryumnitratlösung nicht getrübt. Schwefelsäure erzeugt eine weisse Fällung von Baryumsulfat.
Formel siehe bei Acetum.

Mit Natronlauge erwärmt, darf sich kein Ammoniak entwickeln. Ammoniumverbindungen entwickeln dabei Ammoniak.

$$(NH_4)_2C_2O_4 + 2\,NaOH = 2\,NH_3 + Na_2C_2O_4$$
Ammoniumoxalat Natriumhydroxyd Ammoniak Natriumoxalat
$$+ 2\,H_2O$$

Acidum sulfuricum − Schwefelsäure. Siehe Seite 30.

Acidum sulfuricum dilutum — Verdünnte Schwefelsäure.

Acidum sulfurosum — Schweflige Säure.

Bei Bedarf durch Ansäuern einer frisch bereiteten Lösung von Natriumsulfit (1 = 10) mit verdünnter Schwefelsäure zu bereiten.

$$Na_2SO_3 \cdot 7\,H_2O + H_2SO_4 = Na_2SO_4 + SO_2$$
Natriumsulfit Natriumsulfat Schwefeldioxyd
$$+ 8\,H_2O$$

Acidum tannicum — Gerbsäurelösung.

Bei Bedarf ist 1 Teil Gerbsäure (siehe Seite 32) in 19 Teilen Wasser zu lösen.

Acidum tartaricum — Weinsäurelösung.

Bei Bedarf ist 1 Teil Weinsäure (siehe Seite 33) in 4 Teilen Wasser zu lösen.

Aether — Äther. Siehe Seite 37.

Alcohol absolutus — Absoluter Alkohol. Siehe Seite 40.

Alcohol amylicus — Amylalkohol.

Farblose, vollständig flüchtige Flüssigkeit.
Spez. Gew.: 0,814.
Siedepunkt: 129° bis 131°.

Reagentien und volumetrische Lösungen.

Ammonium carbonicum — Ammoniumcarbonatlösung.

1 Teil Ammoniumcarbonat (siehe Seite 46) ist in einer Mischung von 3 Teilen Wasser und 1 Teil Ammoniakflüssigkeit zu lösen.

In der Lösung ist neutrales Ammoniumcarbonat enthalten.

$$\left[(NH_4) HCO_3 + CO \begin{Bmatrix} ONH_4 \\ NH_2 \end{Bmatrix} \right] + NH_3 + H_2O$$

Käufl. Ammoniumcarbonat   Ammoniak
$$= 2\ (NH_4)_2 CO_3$$
Neutrales Ammoniumcarbonat

Ammonium chloratum — Ammoniumchloridlösung.

1 Teil Ammoniumchlorid (siehe Seite 48) ist in 9 Teilen Wasser zu lösen.

Ammonium oxalicum — Ammoniumoxalatlösung.

1 Teil Ammoniumoxalat, $C_2O_4(NH_4)_2 \cdot H_2O$, ist in 24 Teilen Wasser zu lösen.

Beim Glühen des Ammoniumoxalats im Platintiegel darf kein Rückstand bleiben.

Es zerfällt zuerst in Oxamid und Wasser; bei stärkerem Erhitzen zerfällt das Oxamid in Kohlendioxyd, Kohlenoxyd, Cyan und Cyanwasserstoff.

$$(NH_4)_2 C_2 O_4 \cdot H_2 O = \begin{matrix} CO \cdot NH_2 \\ | \\ CO \cdot NH_2 \end{matrix} + 3\ H_2 O$$
Ammoniumoxalat   Oxamid

Die wässerige Lösung des Salzes darf mit Salzsäure angesäuert durch Baryumnitratlösung nicht verändert werden (a) und durch Schwefelwasserstoff und Schwefelammonium keine Trübung erleiden (b).

a) **Schwefelsäure** erzeugt eine weisse Fällung von Baryumsulfat.

Formel siehe bei Ammonium bromatum.

b) **Schwermetalle**, wie Kupfer, Blei, werden durch Schwefelwasserstoff als Metallsulfide gefällt.

Formel siehe bei Acidum hydrochloricum.

Eisen wird durch Schwefelammonium als Eisensulfid gefällt.

$$2\ FeCl_3\ +\ 3\ (NH_4)_2 S_2\ =\ 2\ FeS\ +\ 6\ NH_4Cl$$
Ferrichlorid   Schwefelammonium   Eisensulfid   Ammoniumchlorid
$$+\ 4\ S$$

Aqua Barytae — Barytwasser.

1 Teil krystallisierter Ätzbaryt (Ba(OH)$_2$ + 8 H$_2$O) ist in 19 Teilen Wasser zu lösen.

Die wässerige Lösung des Ätzbaryts (1 = 30) soll, mit Salpetersäure angesäuert, durch Silbernitratlösung nicht getrübt werden.

Ist **Baryumchlorid** zugegen, so entsteht eine weisse Fällung von Silberchlorid.

$$BaCl_2 \;+\; 2\,AgNO_3 \;=\; 2\,AgCl \;+\; Ba(NO_3)_2$$
Baryumchlorid Silbernitrat Silberchlorid Baryumnitrat

Wird die wässerige Lösung mit Schwefelsäure im Überschusse versetzt, so scheidet sich Baryumsulfat aus. Das Filtrat darf beim Eindampfen und Glühen keinen Rückstand hinterlassen.

Salze der Alkalien sowie Calcium bilden einen Glührückstand.

$$Ba(OH)_2 \;+\; H_2SO_4 \;=\; BaSO_4 \;+\; 2\,H_2O$$
Baryumhydroxyd   Baryumsulfat

Aqua bromata — Bromwasser.

Die gesättigte wässerige Lösung von Brom (siehe Seite 73) in Wasser. Brom löst sich in 30 Teilen Wasser.

Aqua Calcariae — Kalkwasser. Siehe Seite 55.

Aqua chlorata — Chlorwasser. Siehe Seite 56.

Aqua hydrosulfurata — Gesättigtes Schwefelwasserstoffwasser.

Das Schwefelwasserstoffwasser muss in kleinen, gut verschlossenen Gläsern aufbewahrt werden, da es durch den Sauerstoff der Luft unter Abscheidung von Schwefel zerlegt wird.

$$H_2S \;+\; O \;=\; H_2O \;+\; S$$

Aqua Jodi — Jodwasser.

Die gesättigte, wässerige Lösung von Jod (siehe Seite 147).

Argentum nitricum — Silbernitratlösung.

1 Teil Silbernitrat (siehe Seite 59) ist in 19 Teilen Wasser zu lösen.

Reagentien und volumetrische Lösungen. 303

Baryum nitricum — Baryumnitratlösung.

1 Teil Baryumnitrat ($BaNO_3$) ist in 19 Teilen Wasser zu lösen. Prüfung auf Chloride, Kalk und Alkalien wie bei Aqua Barytae.

Benzinum Petrolei — Petroleumbenzin.

Benzolum — Benzol.

$$C_6H_6.$$

Farblose Flüssigkeit. Siedepunkt 80 bis $82°$. Spez. Gew.: 0,880 bis 0,890.

Mit rauchender Salpetersäure übergossen entsteht Nitrobenzol, welches einen Geruch nach Bittermandelöl besitzt.

$$C_6H_6 + HNO_3 = C_6H_5(NO_2) + H_2O$$
Benzol   Nitrobenzol

Beim Schütteln mit konzentr. Schwefelsäure soll es sich nicht stark färben und sich nicht erhitzen.

Organische Beimengungen und empyreumatische Stoffe erzeugen Erhitzung und Bräunung.

Schüttelt man Benzol mit einer Spur von Isatin (ein Oxydationsprodukt des Indigo) und konzentr. Schwefelsäure, so darf keine blaue Lösung entstehen.

Bei Gegenwart von Thiophen, das sich in leichtem Steinkohlenteeröl findet, entsteht eine blaue Färbung, indem sich dasselbe mit dem Isatin zu Indophenin verbindet.

$$C_4H_4S + C_8H_5NO_2 = C_{12}H_7NOS + H_2O$$
Thiophen   Isatin   Indophenin

Borax — Natriumborat. Siehe Seite 72.

Bromum — Brom. Siehe Seite 73.

Calcaria chlorata — Chlorkalk.

Bei Bedarf ist 1 Teil Chlorkalk (siehe Seite 74) mit 9 Teilen Wasser anzureiben und die Lösung zu filtrieren.

Calcaria hydrica — Kalkhydrat.

$$Ca(OH)_2.$$

Das Calciumhydroxyd zieht aus der Luft Kohlendioxyd an und verwandelt sich in Calciumcarbonat.

$$Ca(OH)_2 + CO_2 = CaCO_3 + H_2O$$
Calciumhydroxyd   Kohlendioxyd   Calciumcarbonat

Calcaria usta e marmore — Gebrannter Marmor.
CaO.

Siehe Calcaria usta Seite 75.

Calcium carbonicum — Calciumcarbonat.
$CaCO_3$.

Es soll frei von Chlorverbindungen sein. Siehe Calcium carbonicum Seite 76.

Calcium chloratum — Calciumchloridlösung.

1 Teil krystallisiertes Calciumchlorid, $CaCl_2 + 6 H_2O$ ist in 9 Teilen Wasser zu lösen.

Das Calciumchlorid ist vollkommen löslich in 10 Teilen absolutem Alkohol.

Fremde Salze scheiden sich aus.

Die wässerige Lösung des Salzes (1 = 5) wird weder durch Schwefelammonium (a) noch nach Ansäuern mit Salzsäure durch Schwefelwasserstoffwasser (b) verändert.

a) Eisen wird durch Schwefelammonium als Ferrosulfid gefällt.

Siehe bei Ammonium oxalicum Seite 301.

b) Schwermetalle, wie Kupfer, Blei werden als dunkle Metallsulfide gefällt.

Formel siehe bei Acidum hydrochloricum.

Die wässerige Lösung des Salzes darf durch Ammoniakflüssigkeit keine Trübung erleiden.

Eine Trübung könnte von Magnesium- oder Aluminiumsalz herrühren, indem sich Magnesiumhydroxyd (a) oder Aluminiumhydroxyd (b) ausscheidet. Ersteres löst sich in Ammoniumchloridlösung unter Bildung eines Doppelsalzes, letzteres in Natronlauge, indem sich Natriumaluminat $Al(ONa)_3$ bildet.

a) $MgCl_2 + 2 NH_3 + 2 H_2O = Mg(OH)_2 + 2 NH_4Cl$
Magnesiumchlorid   Ammoniak   Magnesiumhydroxyd
Ammoniumchlorid

b) $AlCl_3 + 3 NH_3 + 3 H_2O = Al(OH)_3 + 3 NH_4Cl$
Aluminiumchlorid   Ammoniak   Aluminiumhydroxyd

Calcium sulfuricum = Calciumsulfatlösung.

Die gesättigte wässerige Lösung von gefälltem Calciumsulfat, $CaSO_4 + 2\,H_2O$.

Carboneum sulfuratum — Schwefelkohlenstoff.

Farblose, flüchtige, neutrale Flüssigkeit. Siedepunkt 46^0, spez. Gew.: 1,272.

Schüttelt man Schwefelkohlenstoff mit Wasser, so darf letzteres nicht sauer reagieren und Lackmuspapier nicht bleichen.

Schwefelsäure bewirkt saure Reaktion, schweflige Säure bleicht Lackmuspapier.

Mit basischem Bleicarbonat geschüttelt darf dieses nicht gebräunt werden.

Enthält der Schwefelkohlenstoff Schwefelwasserstoff beigemengt, so entsteht dunkles Bleisulfid.

$$2\,PbCO_3 . Pb(OH)_2 + 3\,H_2S = 3\,PbS + 2\,CO_2$$
Basisches Bleicarbonat   Bleisulfid Kohlendioxyd
$$+ 4\,H_2O$$

Charta exploratoria coerulea — Blaues Lackmuspapier.

Charta exploratoria lutea — Kurkumapapier.

Charta exploratoria rubra — Rotes Lackmuspapier.

Chloroform — Chloroform. Siehe Seite 94.

Collodium — Kollodium. Siehe Seite 100.

Eosinum jodatum — Jodeosin.

Die Eosine, Farbstoffe, leiten sich ab von Fluorescin und stellen Substitutionsprodukte desselben dar.

Fluorescin erhält man durch Zusammenschmelzen von Phtalsäureanhydrid mit Resorcin und Auskochen der geschmolzenen Masse mit Wasser.

$$C_6H_4{<}{{CO}\atop{CO}}{>}O + 2\,C_6H_4(OH)_2 = C_{20}H_{12}O_5$$
Phtalsäureanhydrid   Resorcin   Fluorescin
$$+ 2\,H_2O$$

Löst man Fluorescin in überschüssiger, verdünnter Natronlauge und setzt Jod zu bis zur Auflösung, so bildet sich Tetrajodfluorescin, $C_{20}H_8J_4O_5$, Eosinum jodatum.

Es stellt ein scharlachrotes, krystallinisches Pulver dar, welches sich in Weingeist mit tiefroter, in Äther mit gelbroter Farbe löst. In Wasser, welches mit einer Spur Salzsäure angesäuert ist, soll Jodeosin unlöslich sein.

Ferrum pulveratum — Eisen. Siehe Seite 124.

Ferrum sulfuricum — Ferrosulfatlösung.

Bei Bedarf ist 1 Teil Ferrosulfat (siehe Seite 129) in einem Gemisch von 1 Teil Wasser und 1 Teil verdünnter Schwefelsäure zu lösen.

Ferrum sulfuricum oxydatum ammoniatum — Ferriammoniumsulfat.

$$Fe_2(NH_4)_2(SO_4)_4 + 24\ H_2O.$$

Bei Bedarf ist 1 Teil des Doppelsalzes in einem Gemisch von 8 Teilen Wasser und 1 Teil verdünnter Schwefelsäure zu lösen.

Glycerinum — Glycerin. Siehe Seite 135.

Hämatoxylinum — Hämatoxylin.

$$C_{16}H_{14}O_6 \cdot 3\ H_2O.$$

Man stellt diesen Farbstoff dar aus dem wässerigen Extrakt des Campecheholzes, indem man denselben mit wasserhaltigem Äther extrahiert, die Auflösung konzentriert und krystallisieren lässt. Die Krystalle werden aus kochendem Wasser umkrystallisiert.

Das Hämatoxylin stellt farblose Nadeln dar, welche in kaltem Wasser wenig, in heissem leicht, in Weingeist und in Äther löslich sind. Die wässerige Lösung wird durch ätzende und kohlensaure Alkalien bei Luftzutritt blauviolett gefärbt.

Bewahrt man die weingeistige Lösung des Hämatoxylins einige Zeit auf, so färbt sie sich gelb oder braun, indem Oxydation zu Hämateïn stattfindet.

$$\underset{\text{Hämatoxylin}}{C_{16}H_{14}O_6} + O = \underset{\text{Hämateïn}}{C_{16}H_{12}O_6} + H_2O$$

Hydrargyrum bichloratum — Quecksilberchloridlösung.

1 Teil Quecksilberchlorid (siehe Seite 138) ist in 19 Teilen Wasser zu lösen.

Reagentien und volumetrische Lösungen.

Kalium chromicum flavum — Kaliumchromatlösung.

1 Teil chlorfreies gelbes Kaliumchromat, K_2CrO_4, ist in 19 Teilen Wasser zu lösen.

Die wässerige Lösung des Salzes darf durch Phenolphtaleïnlösung nicht gerötet werden.

Freies Alkali erzeugt eine rote Färbung.

Sie darf nach Ansäuern mit Salpetersäure durch Silbernitratlösung nicht getrübt werden.

Kaliumchlorid erzeugt eine weisse Fällung von Silberchlorid.

Formel siehe bei Kali causticum fusum.

Kalium dichromicum — Kaliumdichromatlösung.

1 Teil Kaliumdichromat, $K_2Cr_2O_7$ (siehe Seite 160), ist in 19 Teilen Wasser zu lösen.

Kalium ferricyanatum — Kaliumferricyanidlösung.

$$K_3FeCy_6.$$

Bei Bedarf ist 1 Teil Kaliumferricyanid in 19 Teilen Wasser zu lösen.

Die wässerige Lösung des Salzes giebt mit Ferrosalzen einen blauen Niederschlag von Ferroferricyanid (Turnbulls Blau) (a).

Dieser wird durch Alkalien zersetzt, indem Ferrohydroxyd ausgeschieden wird und Kaliumferricyanid in Lösung geht (b).

a) Formel siehe bei Ferrum sulfuricum.
b) $Fe_3(FeCy_6)_2$ + 6 KOH = 2 $K_3(FeCy_6)$
Ferroferricyanid   Kaliumhydroxyd   Kaliumferricyanid
+ 3 $Fe(OH)_2$
Ferrohydroxyd

Die wässerige Lösung darf durch Ferrichloridlösung nicht blau gefärbt werden.

Bei Gegenwart von Ferrocyankalium würde eine blaue Fällung von Ferriferrocyanid (Berlinerblau) entstehen.

Formel siehe bei Acidum boricum.

Kalium ferrocyanatum — Kaliumferrocyanidlösung.

$$K_4FeCy_6 + 3\,H_2O.$$

Bei Bedarf ist 1 Teil Kaliumferrocyanid in 19 Teilen Wasser zu lösen.

Die wässerige Lösung des Salzes giebt mit Ferrisalzen einen blauen Niederschlag von Ferriferrocyanid (Berlinerblau) (a).

Dieser wird durch Alkalien zerlegt, indem sich Ferrihydroxyd ausscheidet, und Kaliumferrocyanid geht in Lösung (b).

a) Formel siehe bei Acidum boricum.

b) $\underset{\text{Ferriferrocyanid}}{Fe_4(FeCy_6)_3} + \underset{\text{Kaliumhydroxyd}}{12\ KOH} = \underset{\text{Kaliumferrocyanid}}{3\ K_4FeCy_6}$
$+ \underset{\text{Ferrihydroxyd}}{4\ Fe(OH)_3}$

Werden gleiche Teile Kaliumferrocyanidlösung und Salpeter verpufft, so entsteht Eisenoxyd, Kaliumcarbonat und Stickstoff und Kohlendioxyd entweicht.

Enthält das Präparat **Kaliumchlorid**, so löst sich dieses, wenn man die Schmelze mit Wasser auszieht, und die Lösung mit Salpetersäure angesäuert scheidet auf Zusatz von Silbernitratlösung weisses Silberchlorid aus.

Formel siehe Kali causticum fusum.

Kalium jodatum — Kaliumjodidlösung.

Bei Bedarf ist 1 Teil Kaliumjodid, KJ (siehe Seite 161), in 9 Teilen Wasser zu lösen.

Kalium permanganicum — Kaliumpermanganatlösung.

1 Teil Kaliumpermanganat, $KMnO_4$ (siehe Seite 166), ist in 1000 Teilen Wasser zu lösen.

Liquor Ammonii caustici — Ammoniakflüssigkeit.

Siehe Seite 174.

Liquor Ammonii rhodanati volumetricus — Zehntel-Normal-Ammoniumrhodanidlösung.

Sie soll 7,618 g Ammoniumrhodanid in 1 Liter enthalten.

Die Einstellung geschieht gegen Zehntel-Normal-Silbernitratlösung.

Als Indikator dient Ferriammoniumsulfatlösung.

Chemischer Vorgang und Formeln siehe bei Charta sinapisata Seite 85.

Liquor Amyli cum Zinco jodato — Jodzinkstärkelösung.

Darstellung. 4 g Weizenstärke, 20 g Zinkchlorid und 100 g Wasser werden unter Ersatz des verdampfenden Wassers gekocht, bis die Stärke fast vollständig gelöst ist. Es geht hier-

Reagentien und volumetrische Lösungen.   309

bei das Stärkemehl in das isomere Amylogen über. Der erkalteten Flüssigkeit wird die farblose filtrierte Zinkjodidlösung hinzugefügt, bereitet durch Erwärmen von 1 g Zinkfeile, 2 g Jod und 10 g Wasser, worauf die Flüssigkeit zu 1 Liter verdünnt und filtriert wird.

$$Zn + J_2 = ZnJ_2$$
Zinkjodid

Liquor Argenti nitrici volumetricus — Zehntel-Normal-Silbernitratlösung.

Sie soll 16,997 g Silbernitrat in 1 Liter enthalten.

Man stellt die Lösung auf reines, trockenes Natriumchlorid ein.

0,2 g Natriumchlorid sollen 34,18 ccm Zehntel-Normal-Silbernitratlösung zur Fällung brauchen.

Als Indikator dient Kaliumchromatlösung.

$$NaCl + AgNO_3 = AgCl + NaNO_3$$
Natriumchlorid   Silbernitrat   Silberchlorid   Natriumnitrat
5,85   169,97

Zugleich wird aus der Kaliumchromatlösung rotes Silberchromat gefällt (a), welches aber, so lange noch Natriumchlorid zugegen, beim Umrühren wieder in Natriumchromat und Silberchlorid (b) umgesetzt wird.

a) Formel siehe bei Acidum hydrobromicum.

b) $Ag_2CrO_4 + 2NaCl = 2AgCl + Na_2CrO_4$
Silberchromat   Natriumchlorid   Silberchlorid   Natriumchromat

1 ccm Zehntel-Normal-Silbernitratlösung enthält 0,016997 g Silbernitrat,
1 „   „   „   „   fällt 0,00585 g Natriumchlorid.

0,2 g Natriumchlorid brauchen daher zur Fällung:
0,00585 : 1 ccm = 0,2 : x
x = 34,18 ccm Zehntel-Normal-Silbernitratlösung.

Liquor Ferri sesquichlorati — Eisenchloridlösung.

Siehe Seite 181.

Liquor Hydrargyri bichlorati spirituosus volumetricus — Weingeistige Quecksilberchloridlösung.

30 g Quecksilberchlorid sind in 500 ccm Weingeist enthalten.

310 Reagentien und volumetrische Lösungen.

Liquor Jodi spirituosus volumetricus – Weingeistige Jodlösung.

25 g Jod sind in 500 ccm Weingeist enthalten.

Je 25 ccm der letzten beiden Flüssigkeiten werden mit einander gemischt, 4 Stunden stehen gelassen, sodann 1,5 g Kaliumjodid zugesetzt und der Gehalt an freiem Jod durch Zehntel-Normal-Natriumthiosulfatlösung bestimmt (siehe bei Liquor Natrii thiosulfurici volumetricus).

Liquor Jodi volumetricus — Zehntel-Normal-Jodlösung.

Sie soll 12,685 g Jod, welche mit Hilfe von 20 g Kaliumjodid gelöst werden, in 1 Liter enthalten.

Man stellt die Lösung auf Zehntel-Normal-Natriumthiosulfatlösung, welche im Liter 24,832 g Natriumthiosulfat gelöst enthält, ein. Als Indikator dient Stärkelösung.

$$J_2 + 2(Na_2S_2O_3 \cdot 5 H_2O) = 2 NaJ + Na_2S_4O_6$$
$$2 \cdot 126,85 \text{ Natriumthiosulfat} \quad \text{Natriumjodid} \quad \text{Natrium-}$$
$$2 \cdot 248,32 \quad \text{tetrathionat}$$
$$+ 10 H_2O$$

1 ccm Zehntel-Normal-Natriumthiosulfatlösung enthält 0,024822 g Natriumthiosulfat,

1 „ „ „ „ bindet 0,012685 g Jod.

Es sind daher gleiche Raumteile beider Flüssigkeiten einander äquivalent.

Liquor Kali caustici — Kalilauge. Siehe Seite 185.

Liquor Kali caustici spirituosus — Weingeistige Kalilauge.

Bei Bedarf ist 1 Teil geschmolzenes Kaliumhydroxyd, KOH (siehe Seite 149), in 9 Teilen Weingeist zu lösen.

Liquor Kali caustici spirituosus volumetricus $^1/_2$ normalis — Weingeistige Halb-Normal-Kalilauge.

Weingeistige Lösung von Kaliumhydroxyd, welche in 1 Liter 28,08 g enthalten soll. Farblose, oder doch nur blassgelbliche Flüssigkeit.

Bei Bedarf gegen Halb-Normal-Salzsäure einzustellen.

$$HCl + KOH = KCl + H_2O$$
$$36,46 \quad \text{Kaliumhydroxyd} \quad \text{Kaliumchlorid}$$
$$56,16$$

Reagentien und volumetrische Lösungen. 311

1 ccm Halb-Normal-Salzsäure enthält $\dfrac{0{,}03646}{2} = 0{,}01823$ g Chlorwasserstoff,

1 „ „ „ „ sättigt $\dfrac{0{,}05616}{2} = 0{,}02808$ g Kaliumhydroxyd.

Gleiche Raumteile dieser beiden Flüssigkeiten sind daher äquivalent.

Liquor Kali caustici volumetricus — Normal-Kalilauge.

Sie soll 56,16 g Kaliumhydroxyd in 1 Liter enthalten.
Man stellt dieselbe gegen krystallisierte Oxalsäure ein. Als Indikator dient Phenolphtaleïnlösung.
1 g Oxalsäure braucht 15,86 ccm Normal-Kalilauge zur Neutralisation.

$H_2C_2O_4 \cdot 2\,H_2O \;+\; 2\,KOH \;=\; K_2C_2O_4 \;+\; 4\,H_2O$
Oxalsäure   Kaliumhydroxyd   Kaliumoxalat
126,06   2 . 56,16

1 ccm Normal-Kalilauge enthält 0,05616 g Kaliumhydroxyd,

1 „ „ „ sättigt $\dfrac{0{,}12606}{2} = 0{,}06303$ g Oxalsäure.

1 g Oxalsäure braucht daher zur Sättigung:
0,06303 : 1 ccm = 1 : x
x = 15,86 ccm Normal-Kalilauge.

Liquor Kali caustici volumetricus $^1/_{10}$ normalis — Zehntel-Normal-Kalilauge.

Sie soll 5,616 g Kaliumhydroxyd in 1 Liter enthalten.
Bei Bedarf durch Mischen von 10 ccm Normal-Kalilauge und 90 ccm Wasser zu bereiten und alsdann gegen Zehntel-Normal-Salzsäure unter denjenigen Versuchsbedingungen einzustellen, welche bei der Verwendung der Zehntel-Normal-Kalilauge obwalten.
Der chemische Vorgang bei der Einstellung ist derselbe, wie oben bei Liquor Kali caustici spirituos. volumetr. $^1/_2$ normalis angegeben.

1 ccm Zehntel-Normal-Salzsäure enthält 0,003646 g Chlorwasserstoff
(siehe Acid. hydrochloric. volum. $^1/_{10}$ norm.),

1 „ „ „ „ sättigt 0,005616 g Kaliumhydroxyd.

Gleiche Raumteile dieser Flüssigkeiten sind demnach einander äquivalent.

Liquor Kali caustici volumetricus $^1/_{100}$ normalis — Hundertel-Normal-Kalilauge.

Sie soll 0,5616 g Kaliumhydroxyd in 1 Liter enthalten.

Bei Bedarf durch Mischen von 10 ccm Zehntel-Normal-Kalilauge und 90 ccm Wasser zu bereiten und alsdann gegen Hundertel-Normal-Salzsäure unter denjenigen Bedingungen einzustellen, welche bei Verwendung der Hundertel-Normal-Kalilauge obwalten.

Der chemische Vorgang bei der Einstellung ist derselbe, wie oben bei Liquor Kali caustici spirituosus volumetr. $^1/_2$ normalis angegeben.

1 ccm Hundertel-Normal-Salzsäure enthält 0,0003646 g Chlorwasserstoff (siehe Acid. hydrochl. volumetr. $^1/_{100}$-norm.),

1 „ „ „ „ sättigt 0,000561 g Kaliumhydroxyd.

Gleiche Raumteile dieser beiden Flüssigkeiten sind demnach einander äquivalent.

Liquor Kalii acetici — Kaliumacetatlösung. Siehe Seite 187.

Liquor Kalii carbonici — Kaliumcarbonatlösung.

Liquor Natri caustici — Natronlauge. Siehe Seite 190.

Liquor Natri chlorati volumetricus — Zehntel-Normal-Natriumchloridlösung.

Sie soll 5,85 g Natriumchlorid in 1 Liter enthalten.

Man löst 5,85 g reines, geglühtes Natriumchlorid zu 1 Liter und benutzt diese Lösung zur Einstellung der Zehntel-Normal-Silbernitratlösung.

Hat man eine eingestellte Zehntel-Normal-Silbernitratlösung, so kann man diese zur Einstellung der Natriumchloridlösung auf Zehntel-Normal benutzen. Als Indikator dient Kaliumchromatlösung.

Der chemische Vorgang ist derselbe wie bei der Einstellung der Zehntel-Normal-Silbernitratlösung durch Natriumchlorid (siehe Liquor Argenti nitrici volumetr.).

Reagentien und volumetrische Lösungen. 313

1 ccm Zehntel-Normal-Silbernitratlösung enthält 0,016997 g Silbernitrat,
1 „   „   „   „ fällt 0,00585 g Natriumchlorid.
Gleiche Raumteile dieser beiden Flüssigkeiten sind einander äquivalent.

Liquor Natrii thiosulfurici volumetricus —
Zehntel-Normal-Natriumthiosulfatlösung.

Sie soll 24,832 g Natriumthiosulfat in 1 Liter enthalten.
Die Einstellung geschieht mittels reinem, über Schwefelsäure getrocknetem Jod.
Chemischen Vorgang siehe oben bei Liquor Jodi volumetricus.
0,2 g Jod brauchen 15,77 ccm Zehntel-Normal-Natriumthiosulfatlösung.
1 ccm Zehntel-Normal-Natriumthiosulfatlösung enthält 0,024832 g Natriumthiosulfat,
1 „   „   „   „ bindet 0,012685 g Jod.
0,2 g Jod brauchen daher zur Bindung:
0,012685 : 1 ccm = 0,2 : x   x = 15,77 g Zehntel-Normal-Natriumthiosulfatlösung.

Oder man stellt die Lösung mittels Kaliumdichromatlösung ein. Man bereitet sich eine Auflösung von 3,87 g reinem geschmolzenem Kaliumdichromat in Wasser zu 1 Liter. 20 ccm dieser Lösung setzt man zu einer Lösung von 1 g Kaliumjodid in 10 ccm Wasser und fügt 5 ccm Salzsäure zu. Es wird Jod nach folgender Gleichung in Freiheit gesetzt:

$$K_2Cr_2O_7 \;+\; 6\,KJ \;+\; 14\,HCl \;=\; 2\,CrCl_3$$
Kaliumdichromat Kaliumjodid   Chromchlorid
294,5

$$+\; 8\,KCl \;+\; 7\,H_2O \;+\; 6\,J$$
Kaliumchlorid   Jod

1 Atom Jod = 126,85 wird von $\frac{1}{6}$ Molekül Kaliumdichromat
$= \dfrac{6 \cdot 126,85}{6} = \dfrac{294,5}{6} = 49,08$ in Freiheit gesetzt.

1 ccm Kaliumdichromatlösung enthält 0,00387 g Kaliumdichromat,
20 „   „   „ enthalten 20 × 0,00387 = 0,0774 g Kaliumdichromat.

Diese Menge Kaliumdichromat setzt Jod in Freiheit:
49,08 : 126,85 = 0,0774 : x
x = 0,2 g.

Man titriert nun das freigemachte Jod mit Zehntel-Normal-Natriumthiosulfatlösung, und muss hierzu 15,77 ccm zur Bindung gebrauchen (siehe oben).

Liquor Plumbi subacetici — Bleiessig. Siehe Seite 192.

Magnesium sulfuricum — Magnesiumsulfatlösung.

1 Teil Magnesiumsulfat, $MgSO_4 . 7 H_2O$ (siehe Seite 203), ist in 9 Teilen Wasser zu lösen.

Manganum hyperoxydatum nativum — Braunstein. MnO_2.

Der Braunstein enthält in der Regel 60 bis 90 Prozent Mangansuperoxyd. Zur Prüfung des Braunsteins auf seinen Gehalt an Mangansuperoxyd bringt man 1 g gepulverten Braunstein mit 100 ccm einer Lösung von Oxalsäure, welche im Liter 15 bis 16 g Oxalsäure, genau gewogen, gelöst enthält, und 5 ccm konzentrierte Schwefelsäure in einen Kolben zusammen und erhitzt, bis aller Braunstein gelöst ist. Es löst sich Manganosulfat unter Entwicklung von Kohlendioxyd auf.

$$MnO_2 + H_2SO_4 + H_2C_2O_4 . 2 H_2O = MnSO_4$$
Mangansuperoxyd Oxalsäure Manganosulfat
87 126,06

$$+ 2 CO_2 + 4 H_2O$$
Kohlendioxyd

1 Molekül Oxalsäure = 126,06 entspricht 1 Molekül Mangansuperoxyd = 87.

Man verdünnt die Lösung des Braunsteins auf 250 ccm, lässt absetzen und bestimmt in 50 ccm die überschüssig zugesetzte Oxalsäure mit Kaliumpermanganatlösung, welche auf die Oxalsäurelösung eingestellt ist.

Sind genau 15 g Oxalsäure zu 1 Liter gelöst, so enthalten 10 ccm dieser Lösung 0,15 g Oxalsäure. Zur Einstellung der Kaliumpermanganatlösung verdünnt man 10 ccm der Oxalsäurelösung mit der 5 fachen Menge Wasser, setzt 2 ccm konzentr. Schwefelsäure zu, erhitzt das Gemenge auf 80° bis 90° und setzt dann so viel Kaliumpermanganatlösung, welche etwa 3,5 bis 4 g Kaliumpermanganat enthält, hinzu, bis die Flüssigkeit bleibend schwach rosa gefarbt ist. Die Oxalsäure wird durch den Sauerstoff des Kaliumpermanganats zu Kohlendioxyd und Wasser oxydiert.

5 $(H_2C_2O_4 \cdot 2 H_2O) + 2 KMnO_4 + 3 H_2SO_4$
Oxalsäure   Kaliumpermanganat
= $K_2SO_4 + 2 MnSO_4 + 10 CO_2 + 18 H_2O$
Kaliumsulfat   Manganosulfat   Kohlendioxyd

Braucht man bis zur Rosafärbung z. B. 20 ccm Kaliumpermanganatlösung, so entsprechen diese 0,15 g Oxalsäure.

Will man in obigen 50 ccm Lösung des Braunsteins die überschüssige Oxalsäure bestimmen, so erwärmt man diese auf 80° bis 90° und setzt von der Kaliumpermanganatlösung so lange zu, bis die Flüssigkeit rosarot gefärbt erscheint. Hat man bis zu diesem Punkte 15 ccm Kaliumpermanganatlösung gebracht, so entsprechen diese Oxalsäure:

20 : 0,15 = 15 : x   x = 0,1125 g.

Nachdem man aber nur den fünften Teil der Braunsteinlösung zum Titrieren verwendet hat, so ist in der ganzen Lösung 5 × 0,1125 = 0,5615 g Oxalsäure im Überschuss. Nachdem man 100 ccm Oxalsäurelösung zum Lösen des Braunsteins verwendet, welche 1,5 g Oxalsäure enthalten, so wurden 1,5 — 0,5615 = 0,9385 g Oxalsäure zum Lösen des Braunsteins verwendet.

Diese entsprechen nach obiger Gleichung:

126,06 : 87 = 0,9385 : x   x = 0,647 g Mangansuperoxyd.

Diese Menge ist in 1 g Braunstein enthalten, entsprechend einem Gehalt von 64,7 Prozent Mangansuperoxyd.

Natrium aceticum — Natriumacetatlösung.

1 Teil Natriumacetat, $C_2H_3NaO_2 + 3 H_2O$ (siehe Seite 210), ist in 4 Teilen Wasser zu lösen.

Natrium bicarbonicum — Natriumbicarbonatlösung.

Bei Bedarf ist 1 Teil gepulvertes Natriumbicarbonat, $NaHCO_3$ (siehe Seite 211), unter leichter Bewegung in 19 Teilen Wasser zu lösen.

Natrium bisulfurosum — Natriumbisulfitlösung.

Die Lösung enthält in 100 Teilen etwa 30 Teile Natriumbisulfit, $NaHSO_3$.

Natrium carbonicum — Natriumcarbonatlösung.

1 Teil Natriumcarbonat, $Na_2CO_3 + 10 H_2O$ (siehe Seite 215), ist in 4 Teilen Wasser zu lösen.

Natrium phosphoricum — Natriumphosphatlösung.

1 Teil Natriumphosphat, $Na_2HPO_4 + 12 H_2O$ (siehe Seite 222), ist in 19 Teilen Wasser zu lösen.

Natrium sulfurosum — Natriumsulfitlösung.

Bei Bedarf ist 1 Teil Natriumsulfit $Na_2SO_3 + 7 H_2O$ in 9 Teilen Wasser zu lösen.

Die wässerige Lösung des Salzes entwickelt mit verdünnter Schwefelsäure angesäuert Schwefeldioxyd (siehe oben Acidum sulfurosum).

Natron causticum fusum — Ätznatron.

$NaOH$.

Die wässerige Lösung $1 = 6$ soll bezüglich der Reinheit der Natronlauge (siehe Seite 190) entsprechen.

Platinum chloratum — Platinchloridlösung.

1 Teil Platinchlorid-Chlorwasserstoff, $PtCl_6H_2 + 6 H_2O$, ist in 19 Teilen Wasser zu lösen.

Die Lösung schlägt viele Alkaloide aus ihren Lösungen nieder, und giebt mit Kaliumchlorid und Ammoniumchlorid gelbe Niederschläge von Kaliumplatinchlorid, beziehungsweise Ammoniumplatinchlorid.

$$PtCl_6H_2 \quad + \quad 2 NH_4Cl$$
Platinchlorid-Chlorwasserstoff Ammoniumchlorid
$$= PtCl_6(NH_4)_2 \quad + \quad 2 HCl$$
Ammoniumplatinchlorid

Plumbum aceticum — Bleiacetatlösung.

1 Teil Bleiacetat, $Pb(C_2H_3O_2)_2 + 3 H_2O$ (siehe Seite 248), ist in 9 Teilen Wasser zu lösen.

Solutio Acidi rosolici — Rosolsäurelösung.

Die Rosolsäure, $C_{20}H_{16}O_3$, kommt unter dem Namen Corallin oder Aurin in den Handel und ist ein Gemenge von Pararosolsäure $C_{19}H_{14}O_3$ und Rosolsäure $C_{20}H_{16}O_3$. Man kann sie darstellen durch Erhitzen von kresolhaltigem Phenol mit Oxalsäure und Schwefelsäure.

$$2 (C_6H_5 . OH) + C_7H_7 . OH + H_2C_2O_4 = C_{20}H_{16}O_3 + CH_2O_2$$
Phenol Kresol Oxalsäure Rosolsäure Ameisensäure
$$+ 2 H_2O$$

Die Lösung von 1 Teil Rosolsäure in 100 Teilen Weingeist dient als Indikator bei der Gehaltsbestimmung des Formaldehyds (siehe Seite 132).

Die Rosolsäure besitzt einen phenolartigen Charakter. Mit Ätzalkalien und Ammoniak verbindet sie sich zu salzartigen Verbindungen, Phenolaten, die rosarot gefärbt sind. Versetzt man eine solche Lösung mit einer Säure bis zur Neutralisation, so wird die Rosolsäure abgeschieden und die Rosafärbung geht in Gelb über.

Solutio Amyli — Stärkelösung.

Bei Bedarf durch Schütteln eines Stückchens weisser Oblate mit heissem Wasser und Filtrieren zu bereiten.

Solutio Cupri tartarici natronata — Kupfertartratlösung.

Bei Bedarf durch Mischen einer Lösung von 3,5 g Kupfersulfat in 30 ccm Wasser mit einer Lösung von 17,5 g Kaliumnatriumtartrat in 30 ccm Wasser, welche zuvor mit 40 ccm Natronlauge versetzt ist, zu bereiten.

Wird Kupfersulfatlösung mit alkalischer Kaliumnatriumtartratlösung zusammengebracht, so verhindert die Weinsäure die Fällung des Kupfers als Kupferhydroxyd, und es geht überbasisch Kupferkaliumnatriumtartrat in Lösung.

$$CuSO_4 + C_2H_2(OH)_2 \begin{cases} COOK \\ COONa \end{cases} + 2\,NaOH$$

Kupfersulfat   Kaliumnatriumtartrat   Natriumhydroxyd

$$= C_2H_2(O_2Cu) \begin{cases} COOK \\ COONa \end{cases} + Na_2SO_4 + 2\,H_2O$$

Überbasisch-Kupferkaliumnatriumtartrat   Natriumsulfat

Wird diese Lösung mit Traubenzucker erhitzt, so scheidet sich Kupferoxydul aus, und es entstehen Oxydationsprodukte des Traubenzuckers.

Siehe bei Ferrum lacticum Seite 121.

Solutio Eosini jodati — Jodeosinlösung.

1 Teil Jodeosin (siehe oben bei Eosinum jodatum) ist in 500 Teilen Weingeist zu lösen.

Übergiesst man in einer Flasche aus weissem Glase 100 ccm Wasser mit einer Schicht Äther von 1 cm Höhe, fügt 1 Tropfen Hundertel-Normal-Salzsäure und 5 Tropfen Jodeosinlösung zu, so bleibt die untere wässerige Schicht nach kräftigem Umschütteln ungefärbt. Fügt man hierauf der Mischung 2 Tropfen Hundertel-

Normal-Kalilauge zu, so wird die untere wässerige Schicht nach kräftigem Umschütteln blassrot gefärbt.

Jodeosin ist in Wasser unlöslich; enthält letzteres eine Spur Alkali, so entsteht ein rotgefärbtes Alkalisalz des Jodeosins, und dieses ist in Wasser löslich.

Solutio Jodi — Jodlösung.

Es ist Zehntel-Normal-Jodlösung anzuwenden.

Solutio Phenolphtaleïni — Phenolphtaleïnlösung.

$$C_{20}H_{14}O_4.$$

Durch Oxydation des Naphtalins $C_{10}H_8$ entsteht Phtalsäure $C_6H_4\begin{cases} COOH \\ COOH \end{cases}$ und durch stärkeres Erhitzen der letzteren Phtalsäureanhydrid $C_6H_4{<}{CO \atop CO}{>}O$. Wird letzteres mit Phenol und Schwefelsäure erhitzt, so tritt aus ersterem Wasser aus und es bildet sich Phenolphtaleïn. Nach Auskochen mit Wasser und Auflösen in Natronlauge wird das Phenolphtaleïn durch Essigsäure abgeschieden.

$$C_6H_4{<}{CO \atop CO}{>}O + 2(C_6H_5.OH) = C_6H_4{<}{C(C_6H_4.OH)_2 \atop CO\text{———}}{>}O$$

Phtalsäureanhydrid   Phenol   Phenolphtaleïn
$$+ H_2O$$

1 Teil Phenolphtaleïn ist in 99 Teilen verdünntem Weingeist zu lösen. Mit Alkalien färbt sich die Lösung rot, durch Säuren, auch durch Kohlensäure, wird sie farblos.

Solutio Stanni chlorati — Zinnchlorürlösung.

5 Teile krystallisiertes Zinnchlorür, $SnCl_2 + 2H_2O$, werden mit 1 Teil Salzsäure zu einem Brei angerührt und letzterer vollständig mit trockenem Chlorwasserstoff gesättigt. Die Lösung wird nach dem Absetzen durch Asbest filtriert.

Blassgelbliche, lichtbrechende, stark rauchende Flüssigkeit. Spez. Gew.: mindestens 1,900.

Mit 10 Raumteilen Weingeist vermischt soll die Zinnchlorürlösung auch nach Verlauf einer Stunde nicht getrübt werden.

Salze der Alkalien und alkalischen Erden scheiden sich in der weingeistigen Lösung aus.

Baryumchloridlösung (1 = 20) soll in der mit 10 Raumteilen Wasser verdünnten Zinnchlorürlösung auch nach Verlauf von 10 Minuten eine Trübung nicht hervorrufen.

Reagentien und volumetrische Lösungen.   319

Schwefelsäure erzeugt eine weisse Fällung von Baryumsulfat.

$$H_2SO_4 + BaCl_2 = BaSO_4 + 2\,HCl$$
Baryumchlorid   Baryumsulfat

Beim Aufbewahren an der Luft nimmt es Sauerstoff auf und verwandelt sich in Zinnchlorid und Zinnoxychlorid; letzteres ist in Wasser unlöslich.

$$3\,SnCl_2 + O = SnCl_4 + Sn_2OCl_2$$
Zinnchlorür   Zinnchlorid   Zinnoxychlorid

Spiritus — Weingeist. Siehe Seite 262.

Stannum — Zinn.

Es ist bleifreies Blattzinn anzuwenden.

1 Teil Zinn wird mit überschüssiger Salpetersäure gekocht, die weisse Masse zur Trockne verdampft, der Rückstand mit Wasser behandelt und die Lösung filtriert. 1 Teil der Lösung wird mit 3 Teilen verdünnter Schwefelsäure und mit 4 Teilen Weingeist versetzt.

Wird Zinn mit Salpetersäure erhitzt, so verwandelt es sich in unlösliche Metazinnsäure, welche bei stärkerem Erhitzen in Zinnoxyd übergeht.

$$Sn + 4\,HNO_3 = SnO(OH)_2 + 4\,NO_2 + H_2O$$
Zinn   Metazinnsäure   Stickstoffdioxyd

$$SnO(OH)_2 = SnO_2 + H_2O$$
Metazinnsäure   Zinnoxyd

Enthält das Zinn Blei, so löst sich dieses als Bleinitrat (a) und wird durch Schwefelsäure als Bleisulfat gefällt (b).

a) $3\,Pb + 8\,HNO_3 = 3\,Pb(NO_3)_2 + 2\,NO + 4\,H_2O$
Blei   Bleinitrat   Stickoxyd

b) $Pb(NO_3)_2 + H_2SO_4 = PbSO_4 + 2\,HNO_3$
Bleinitrat   Bleisulfat

Tinctura Curcumae — Kurkumatinktur.

Dient zur Darstellung von Kurkumapapier.

Zincum — Zink.

Zincum raspatum — Zinkfeile.

Zn.

Man löst Zink in verdünnter Schwefelsäure mit der Vorsicht, dass etwas Zink ungelöst bleibt.

Das Zink löst sich als Zinksulfat. Blei und Cadmium bleiben als schwarze, schwammige Masse ungelöst.

$$Zn + H_2SO_4 = ZnSO_4 + H_2$$
Zink $\qquad\qquad$ Zinksulfat

Man kocht die schwefelsaure Lösung mit Salpetersäure und versetzt mit überschüssiger Kaliumferrocyanidlösung. Es soll ein rein weisser Niederschlag entstehen.

Ist Eisen zugegen, so wird das gelöste Ferrosulfat durch die Salpetersäure in Ferrisulfat umgewandelt (a). Auf Zusatz von Kaliumferrocyanid wird weisses Zinkferrocyanid gefällt (b). Ferrisulfat wird dadurch als Ferriferrocyanid (Berlinerblau) (c) gefällt, und dieser Niederschlag mengt sich dem Zinkferrocyanid bei, dasselbe blau färbend.

a) $6\,FeSO_4 + 3\,H_2SO_4 + 2\,HNO_3 = 3\,Fe_2(SO_4)_3$
$\quad$Ferrosulfat $\qquad\qquad\qquad\qquad\qquad\qquad$ Ferrisulfat
$\qquad\qquad + 2\,NO + 4\,H_2O$
$\qquad\qquad\quad$ Stickoxyd

b) $2\,ZnSO_4 + K_4FeCy_6 = Zn_2FeCy_6 + 2\,K_2SO_4$
$\quad$Zinksulfat $\;$ Kaliumferrocyanid $\;$ Zinkferrocyanid $\;$ Kaliumsulfat

c) $2\,Fe_2(SO_4)_3 + 3\,K_4FeCy_6 = Fe_4(FeCy_6)_3$
$\quad$Ferrisulfat $\qquad$ Kaliumferrocyanid $\quad$ Ferriferrocyanid
$\qquad\qquad + 6\,K_2SO_4$
$\qquad\qquad\;\;$ Kaliumsulfat

Man bringt Zink im Marsh'schen Apparat mit verdünnter Schwefelsäure zusammen, und lässt das sich entwickelnde Wasserstoffgas durch eine glühende Glasröhre einige Stunden lang streichen.

Enthält das Zink Arsen, so entwickelt sich neben Wasserstoffgas Arsenwasserstoff, und dieser wird in der glühenden Röhre zu Arsen und Wasserstoffgas zerlegt; ersteres erzeugt einen schwarzen, glänzenden Anflug in der Röhre.

$$As_2O_3 + 6\,Zn + 6\,H_2SO_4 = 6\,ZnSO_4 + 2\,AsH_3$$
Arsentrioxyd $\qquad\qquad\qquad\qquad$ Zinksulfat $\;$ Arsenwasserstoff
$\qquad\qquad + 3\,H_2O$

Verlag von Julius Springer in Berlin N.

Anleitung zur Erkennung und Prüfung
aller im
Arzneibuche für das Deutsche Reich
(vierte Ausgabe)
aufgenommenen Arzneimittel.
Zugleich ein Leitfaden bei Apotheken-Visitationen für
Apotheker und Aerzte.
Von
Dr. Max Biechele.
Elfte, vielfach vermehrte und verbesserte Auflage.
In Leinwand gebunden Preis M. 5,—.

Anleitung zur Erkennung, Prüfung und Wertbestimmung
der
gebräuchlichsten Chemikalien
für den
technischen, analytischen und pharmaceutischen Gebrauch.
Von
Dr. Max Biechele.
In Leinwand gebunden Preis M. 5,—.

Pharmaceutische Uebungspräparate.
Anleitung zur Darstellung, Erkennung, Prüfung und stöchiometrischen Berechnung
von
officinellen chemisch-pharmaceutischen Präparaten.
Von
Dr. Max Biechele.
In Leinwand gebunden Preis M. 6,—.

Zu beziehen durch jede Buchhandlung.

Verlag von Julius Springer in Berlin N.

Hagers Handbuch der pharmaceutischen Praxis
für
Apotheker, Aerzte, Drogisten und Medicinalbeamte.

Unter Mitwirkung von

Max Arnold-Chemnitz, G. Christ-Berlin, K. Dieterich-Helfenberg, Ed. Gildemeister-Leipzig, P. Janzen-Blankenburg, C. Scriba-Darmstadt

vollständig neu bearbeitet und herausgegeben

von

B. Fischer und **C. Hartwich.**

Mit zahlreichen in den Text gedruckten Holzschnitten.

Zwei Bände.

Preis je M. 20,—; in Halbleder geb. je M. 22,50.
Auch in 20 Lieferungen zum Preise von je M. 2,— zu beziehen.

Das Mikroskop und seine Anwendung.

Ein Leitfaden bei mikroskopischen Untersuchungen
für Apotheker, Aerzte, Medicinalbeamte, Techniker, Gewerbtreibende etc.

Von **Dr. Hermann Hager.**

Nach dessen Tode vollständig umgearbeitet und neu herausgegeben

von Dr. Karl Mez,

Professor an der Universität Breslau.

Achte, stark vermehrte Auflage.

——— Mit 236 in den Text gedruckten Figuren. ———

In Leinwand gebunden Preis M. 7,—.

Neues pharmaceutisches Manual.

Herausgegeben

von **Eugen Dieterich.**

Mit in den Text gedruckten Holzschnitten.

Achte vermehrte Auflage.

In Moleskin geb. Preis M. 16,—; mit Schreibpapier durchschossen und in Moleskin geb. M. 18,—.

Zu beziehen durch jede Buchhandlung.

Verlag von Julius Springer in Berlin N.

Die
kaufmännische Buchführung in der Apotheke,
nach bequemer und praktischer Methode
an der Hand eines Beispiels in instruktiver Weise dargestellt
von **Dr. W. Mayer,**
Apotheker.

Dritte vermehrte Auflage.

Kartonirt Preis M. 1,40.

Kleiner Rathgeber für den Apothekenkauf.
Von
Dr. E. Mylius,
Besitzer der Engelapotheke in Leipzig.

Zweite vermehrte und verbesserte Auflage.

Preis M. 1,40.

Schule der Pharmacie
in 5 Bänden, herausgegeben von
**Dr. J. Holfert, Prof. Dr. H. Thoms, Dr. E. Mylius,
Dr. K. F. Jordan.**

Zweite vermehrte und verbesserte Auflage.

Band I: Praktischer Theil. Bearbeitet von Dr. E. Mylius. Mit 120 in den Text gedruckten Abbildungen. In Leinwand geb. Preis M. 4,—.
Band II: Chemischer Theil. Bearbeitet von Prof. Dr. H. Thoms. Mit 106 in den Text gedruckten Abbildungen. In Leinwand geb. Preis M. 7,—.
Band III: Physikalischer Theil. Bearbeitet von Dr. K. F. Jordan. Mit 142 in den Text gedruckten Abbildungen. In Leinwand geb. Preis M. 4,—.
Band IV: Botanischer Theil. Bearbeitet von Dr. J. Holfert. Mit 465 in den Text gedruckten Abbildungen. In Leinwand geb. Preis M. 5,—.
Band V: Waarenkunde. Bearb. von Prof. Dr. H. Thoms u. Dr. J. Holfert Mit 194 in den Text gedruckten Abbild. In Leinwand geb. Preis M. 6,—.

Jeder Band ist einzeln käuflich.

Zu beziehen durch jede Buchhandlung.

Verlag von Julius Springer in Berlin N.

Kommentar
zum
Arzneibuch für das Deutsche Reich.
Vierte Ausgabe.
(Pharmacopoea Germanica, editio IV.)

Ergänzungsband

zum Kommentar für die III. Ausgabe des Arzneibuches,
enthaltend Nachträge und die
Veränderungen der IV. Ausgabe des Arzneibuches,

herausgegeben von

| B. Fischer, | und | C. Hartwich, |
| Breslau. | | Zürich. |

In Leinwand gebunden M. 7,—.

Der obige Kommentar, in erster Linie für die Besitzer des Hager-Fischer-Hartwich'schen Kommentars zur III. Ausgabe berechnet, wird sich vermöge seiner praktischen Anlage auch für die Besitzer anderer Kommentare als ein werthvoller Führer für die IV. Ausgabe des Arzneibuches erweisen.

Um denjenigen Apothekern, welche den Hager-Fischer-Hartwich'schen Kommentar zur III. Ausgabe nicht besitzen, die Möglichkeit zu geben, mit Hilfe des Ergänzungsbandes einen absolut zuverlässigen, auf der Höhe der Zeit stehenden Kommentar zu einem wohlfeilen Preise zu erwerben, hat eine

Preisermässigung für den Hager-Fischer-Hartwich'schen Kommentar

zur III. Ausgabe des Arzneibuches, 2. Auflage 1896, 2 Bände

stattgefunden, wonach derselbe, solange der hierzu bestimmte Vorrath reicht, zum Preise von

M. 12,— (statt bisher M. 26,—) für das broschirte Exemplar,
M. 16,— (statt bisher M. 30,—) für das in 2 Halbfranzbänden gebundene Exemplar zu beziehen ist.

Zu beziehen durch jede Buchhandlung.

MIX
Papier aus verantwortungsvollen Quellen
Paper from responsible sources
FSC® C105338

If you have any concerns about our products,
you can contact us on
ProductSafety@springernature.com

In case Publisher is established outside the EU,
the EU authorized representative is:
**Springer Nature Customer Service Center GmbH
Europaplatz 3, 69115 Heidelberg, Germany**

Printed by Libri Plureos GmbH
in Hamburg, Germany